21世纪全国本科院校土木建筑类创新型应用人才培养规划教材

建筑构造原理与设计(下册)

主　编　梁晓慧　陈玲玲
副主编　张　琪　王乃嵩
　　　　谭　琳　傅艺兵

北京大学出版社
PEKING UNIVERSITY PRESS

内容简介

本书依据国家最新建筑设计规范、建筑设计资料集以及通用建筑图集编写而成，主要讲述高层、大型等专项建筑构造和高级构造的设计原理和构造方法。 全书共分10章，主要内容包括：高层建筑构造、地下室构造、大跨度建筑构造、建筑装饰装修构造、建筑防火构造、建筑节能构造、工业建筑构造、建筑工业化构造、建筑幕墙构造、天窗与中庭构造。 为了使学生能够综合运用所学的专业理论知识解决实际工程问题，本书各章设置知识目标、导入案例及习题，以帮助学生将知识转化为应用能力。

本书内容涉及面广、知识新、图文并茂、应用性突出，可作为普通高等院校建筑学、城乡规划、室内设计等专业的教材，也可作为建筑设计、房地产开发、建筑工程及相关工程技术人员的参考用书，还可作为注册建筑师考试复习参考书。

图书在版编目(CIP)数据

建筑构造原理与设计. 下册/梁晓慧，陈玲玲主编. —北京： 北京大学出版社， 2015.1
（21世纪全国本科院校土木建筑类创新型应用人才培养规划教材）
ISBN 978-7-301-25310-6

Ⅰ. ①建…　Ⅱ. ①梁…②陈…　Ⅲ. ①民用建筑—建筑构造—高等学校—教材　Ⅳ. ①TU22

中国版本图书馆CIP数据核字(2015)第001389号

书　　名　建筑构造原理与设计（下册）
著作责任者　梁晓慧　陈玲玲　主编
策划编辑　吴　迪　卢　东
责任编辑　伍大维
标准书号　ISBN 978-7-301-25310-6
出版发行　北京大学出版社
地　　址　北京市海淀区成府路205号　100871
网　　址　http://www.pup.cn　新浪微博：@北京大学出版社
电子信箱　pup_6@163.com
电　　话　邮购部62752015　发行部62750672　编辑部62750667
印 刷 者　三河市北燕印装有限公司
经 销 者　新华书店
787毫米×1092毫米　16开本　19.25印张　447千字
2015年1月第1版　2017年6月第2次印刷
定　　价　38.00元

前　　言

本书为适应普通高等院校应用型人才培养而编写。本书在继《建筑构造原理与设计(上册)》讲述民用建筑构造的基本原理及设计方法的基础上，着重介绍了高层建筑、地下室、大跨度建筑、建筑装饰装修、建筑防火、建筑节能、工业建筑、建筑工业化、建筑幕墙及天窗与中庭的构造原理和设计方法。本书结合现行最新国家规范、标准，对建筑构造知识的运用进行了较为全面和系统的阐述，同时在内容上精心组合，突出新材料和新技术的应用，使学生能够熟悉和掌握高层、大型等专项建筑构造和高级构造的设计原理和设计方法。

建筑构造是一门综合性、实践性很强的课程，学生不仅要能够很好地掌握理论知识，而且要懂得实践与应用。本书加强了实践性的教学内容，主要体现在各章节的导入案例和课后习题，可以加强与巩固学生的学习成果，培养他们的综合应用能力。

参与本书编写的人员有：广西科技大学梁晓慧，广西科技大学鹿山学院陈玲玲，广西科技大学张琪和王乃嵩，桂林理工大学土木与建筑工程学院谭琳，桂林理工大学博文管理学院傅艺兵。具体编写分工如下：第 1 章由张琪编写；第 2 章由傅艺兵编写；第 3 章由谭琳编写；第 4 章由陈玲玲、梁晓慧编写；第 5 章由陈玲玲编写；第 6 章由王乃嵩、梁晓慧编写；第 7 章由陈玲玲编写；第 8 章由陈玲玲、梁晓慧编写；第 9 章由张琪、梁晓慧编写；第 10 章由梁晓慧编写。全书由梁晓慧统稿。

在编写本书的过程中参考和引用了一些文献和著作，在此向相关作者表示诚挚的谢意！

由于编者水平有限，书中难免存在疏漏和不当之处，敬请广大专家和读者批评指正。

编者
2014 年 9 月

目　　录

第 1 章 高层建筑构造

知识目标

- 了解和掌握高层建筑的概念和发展概况。
- 熟悉和掌握高层建筑的结构体系。
- 了解和掌握高层建筑楼板构造的形式和做法。
- 熟悉和掌握高层建筑防火设计的要求以及防火构造。
- 了解和掌握高层建筑楼梯及电梯的设计。

导入案例

现代高层建筑起源于美国，由美国建筑师威廉·詹尼设计的家庭保险大楼(Home Insurance Building)建于 1885 年，位于美国伊利诺伊州的芝加哥，楼高 10 层，42m，是公认的世界第一幢摩天建筑(图 1.0)。1890 年这座大楼又加建了 2 层，增高至 55m。它也是第一座依照现代钢框架结构原理建造起来的高层建筑，墙仅承受自己的重力。

图 1.0 芝加哥家庭保险大楼

1.1 概 述

1.1.1 高层建筑的划分

高层建筑的界定主要有两个指标：建筑的高度和建筑的层数。建筑高度(Building Altitude)：当为坡屋面时，应为建筑物室外设计地面到其檐口的高度；当为平屋面(包括有女儿墙的平屋面)时，应为建筑物室外设计地面到其屋面面层的高度。当同一座建筑物有多种屋面形式时，建筑高度应按上述方法分别计算后取其中最大值(图 1.1)。屋顶上水箱间、电梯及排烟机房、楼梯出口小间等不计入建筑高度。当坡屋顶屋面坡度超过 45°(含 45°)时，建筑高度自室外地坪至坡屋顶的 1/2 处为止。

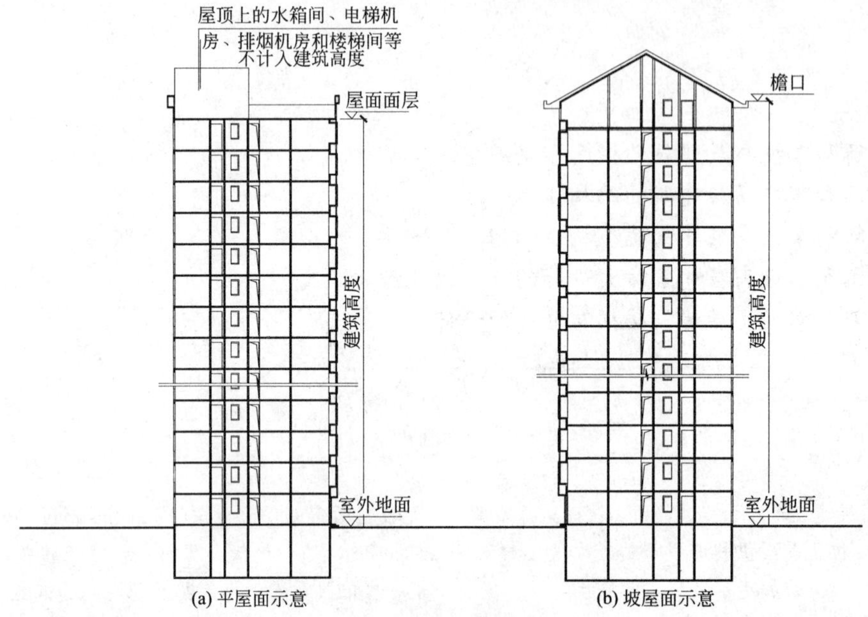

图 1.1　建筑高度示意

在计算建筑物的层数时，建筑的地下室、半地下室的顶板面高出室外设计地面的高度≤1.5m 者，建筑底部设置的高度不超过 2.2m 的自行车库、储藏室、敞开空间，以及建筑屋顶上突出的局部设备用房、出屋面的楼梯间等，可不计入建筑层数内；居住建筑顶部设有两层一套的跃层时，其跃层部分不计入层数内，其他情况，应分别按实际层数计算(图 1.2)。

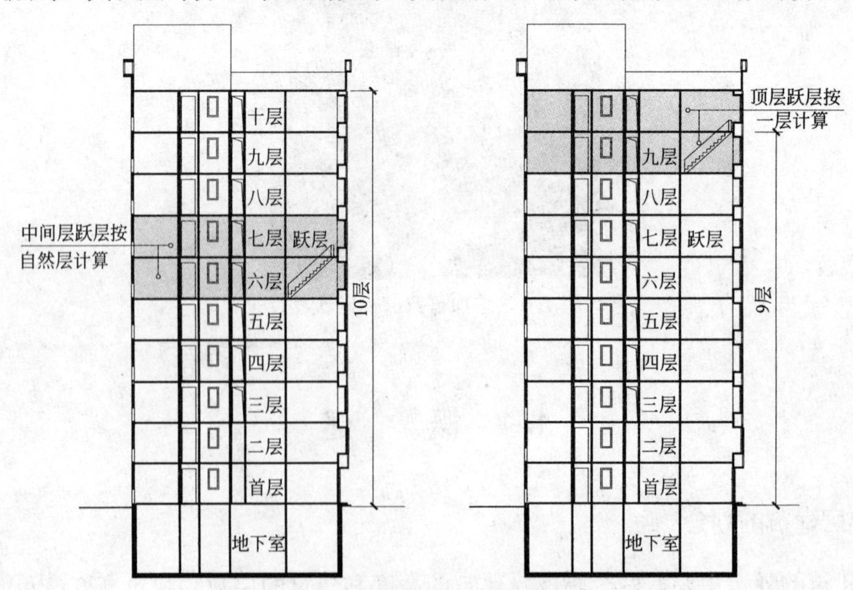

图 1.2　建筑物的层数计算

1. 高层民用建筑划分

高层民用建筑在高度和层数划分上，各个国家由于建筑技术、建筑设备、消防设施不同，起始高度和层数也各不相同，全世界至今没有统一的标准。

我国的高层民用建筑划分是根据我国现行的《高层民用建筑设计防火规范(2005 年版)》(GB 50045—1995)来进行划分的，10 层及 10 层以上的居住建筑(包括首层设置商业服务网点的住宅)或者建筑高度超过 24m 的公共建筑都属于高层民用建筑。单层主体建筑高度超过 24m 的体育馆、会堂、剧院等公共建筑，由于容纳人数较多，建筑空间大，不包括在高层民用建筑内。

高层民用建筑的起始高度或层数是根据消防车供水能力和火灾扑救实践提出的。大多数的通用消防车在最不利情况下直接吸水扑救火灾的最大高度约为 24m。而登高消防车扑救 24m 左右高度以下的建筑火灾最为有效，再高一些的建筑就不能满足扑救需要了。高层住宅建筑定为 10 层及 10 层以上的原因，除了考虑上述因素以外，还考虑它占的数量，这部分高层建筑约占全部高层建筑的 40%～50%，不论是塔式还是板式高层住宅，每个单元间防火分区面积均不大，并有较好的防火分离，火灾发生时蔓延扩大受到一定限制，危害性较小，故做了区别对待。

当高层建筑的建筑高度超过 250m 时，建筑设计采取的特殊防火措施，应提交国家消防主管部门组织专题研究、论证。

2. 我国的高层工业建筑划分

高层工业建筑是指建筑高度超过 24m 的 2 层及 2 层以上的厂房、库房。这里还需要区分高层仓库与高架仓库的概念。高层仓库是指 2 层及 2 层以上，且建筑高度超过 24m 的仓库。高架仓库是指货架高度超过 7m 且机械化操作或自动化控制的货架仓库。

1.1.2 高层建筑的发展

截至 2013 年全球十大高楼中，中国拥有了一半，分别是上海环球金融中心、台北 101 大楼、南京紫峰大厦、深圳京基 100 大厦、广州国际金融中心(图 1.3)。以超过 152m(500 英尺)为摩天大楼的定义计算，香港拥有 58 座，上海拥有 51 座，深圳拥有 46 座，然后是广州、南京、重庆、天津、武汉、北京和大连。

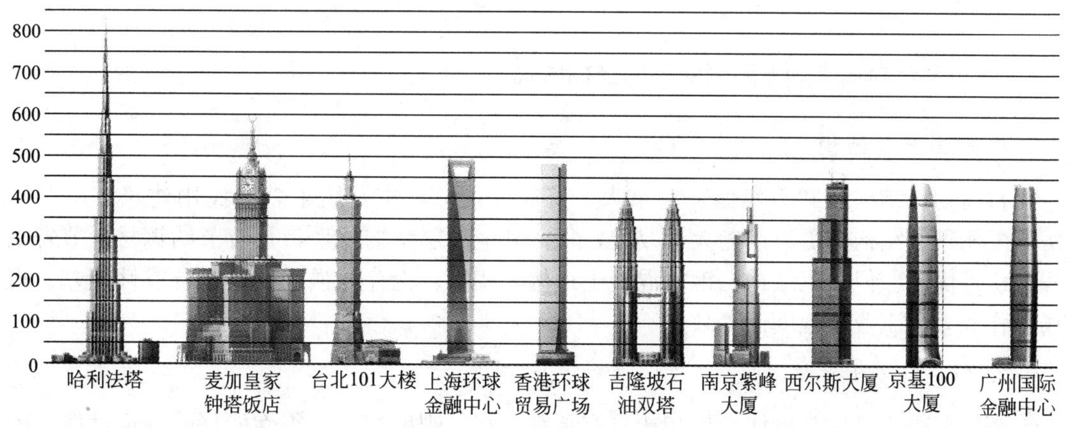

图 1.3 全球十大高层建筑(截至 2013 年)

1.1.3 高层建筑的分类

高层建筑按其功能要求可分为高层住宅、高层办公楼、高层商住楼、高层综合楼、高层酒店、高层医院、高层教学楼、高层实验楼等；按其体型可分为板式高层建筑和塔式高层建筑；按其使用性质、火灾危险性、疏散和扑救难度，可分为一类高层建筑和二类高层建筑。

一类、二类高层建筑的划分是按照我国现行规范《高层民用建筑设计防火规范(2005版)》(GB 50045—1995)进行划分的(表1-1)。性质重要、火灾危险性大、疏散和扑救难度大的高层民用建筑定为一类。一类高层建筑有的同时具备上述几方面的因素，有的则由其中较为突出的一两个方面的因素决定。例如，高层医院病房楼不计高度皆划为一类，这是由病人行动不便，疏散十分困难这一特点决定的。

表1-1　高层建筑的分类

名称	一　类	二　类
居住建筑	高级住宅 19层及19层以上的普通住宅	10～18层的普通住宅
公共建筑	(1) 医院 (2) 高级旅馆 (3) 建筑高度超过50m或24m以上任一楼层建筑面积超过1000m² 的商业楼、展览楼、综合楼、电信楼、财贸金融楼 (4) 建筑高度超过50m或24m以上任一楼层建筑面积超过1500m² 的商住楼 (5) 中央级和省级(含计划单列市)广播电视楼 (6) 网局级和省级(含计划单列市)电力调度楼 (7) 省级(含计划单列市)邮政楼、防灾指挥调度楼 (8) 藏书超过100万册的图书楼、书库 (9) 重要的办公楼、科研楼、档案楼 (10) 建筑高度超过50m的教学楼和普通的旅馆、办公楼、科研楼、档案楼等	(1) 除一类建筑以外的商业楼、展览楼、综合楼、电信楼、财贸金融楼、商住楼、图书馆、书库 (2) 省级以下邮政楼、防灾指挥调度楼、广播电视楼、电力调度楼 (3) 建筑高度不超过50m的教学楼和普通的旅馆、办公楼、科研楼、档案楼等

1.2 高层建筑的结构体系及造型要求

1.2.1 按建筑材料来划分高层建筑的结构形式

1. 配筋砌体结构

普通砌体结构承载力较低、自重大、抗震性能差，主要用于多层民用建筑和单层厂房。配筋砌体结构其受力性能大为改善，相比其他高层结构体系，具有节约钢材、节省工程造价等优点。但与钢结构、钢筋混凝土结构等相比，也存在强度较低、抗震性能差、现场湿作业多、工业化程度低等缺点。

2. 钢筋混凝土结构

钢筋混凝土结构与砌体结构相比具有承载力高、刚度好、抗震性能好、耐火性能、耐久性能良好等优点，是目前我国高层建筑中运用最为广泛的结构形式。钢筋混凝土结构主要缺点是自重大、抗裂性差、现场施工周期长，现浇钢筋混凝土结构还受季节性影响。

我国钢筋混凝土结构在高层建筑和超高层建筑中所占比重较大。我国著名的超高层建筑广州中信广场(80层，322m)(图1.4)，深圳国际贸易中心大厦(50层，160m)，香港中环广场大厦(75层，301m)，都是采用钢筋混凝土结构。

3. 钢结构

钢结构具有自重轻、构件断面小、工业化程度高、安装简便、施工周期短、抗震性能好、可回收利用、环境污染少等综合优势，与钢筋混凝土结构相比，在“高、大、轻”三个方面的独特优势更加明显。同时，钢结构也存在易腐蚀、耐火性差等特征，必须采用镀铝锌钢，且造价和传统结构相比偏高。

世界上著名的超高层建筑，密斯·凡·德·罗设计的西格拉姆大厦(图1.5)、SOM设计的西尔斯大厦和雅马萨奇设计的纽约世界贸易中心都是钢结构。我国钢结构起步较晚，高层、超高层中著名的钢结构建筑有重庆万豪国际会展中心(74层，303.6m)，天津国贸(68层，258m)，北京银泰中心(62层，249m)，它们都属于钢框架-钢支撑结构。我国现行《建筑抗震设计规范》(GB 50011—2010)中规定了钢结构建筑适用的最大高度(表1-2)。

图1.4 广州中信广场大厦

图1.5 西格拉姆大厦

表1-2 钢结构房屋适用的最大高度 单位：m

结构类型	6、7度 (0.10g)	7度 (0.15g)	8度 (0.20g)	8度 (0.30g)	9度 (0.40g)
框架	110	90	90	70	50
框架-中心支撑	220	200	180	150	120
框架-偏心支撑(延性墙板)	240	220	200	180	160
筒体(框筒、筒中筒、桁架筒、束筒)和巨型框架	300	280	260	240	180

注：1. 超过表内高度的房屋，应进行专门研究和论证，采取有效的加强措施。

2. 表内的筒体不包括混凝土筒。

4. 钢-混凝土混合结构

钢-混凝土混合结构一般是指由钢筋混凝土筒体或剪力墙以及钢框架组成的抗侧力体系，以刚度很大的钢筋混凝土部分承受风力和地震作用，钢框架主要承受竖向荷载，这样可以充分发挥两种材料各自的优势，既有钢结构的技术优势，又有混凝土造价相对低廉的特点，能达到良好的技术经济效果。钢-混凝土混合结构包括型钢混凝土、钢管混凝土。

国外高层、超高层建筑以钢结构为主，而我国根据国情，高层、超高层建筑以钢-混凝土混合结构为主。例如：上海金茂大厦(图 1.6)，高 88 层，365m，结构为钢筋混凝土核心筒＋外框钢骨混凝土柱＋钢柱；上海环球金融中心(图 1.7)，高 101 层，492m，其结构形式为钢筋混凝土核心筒＋外伸桁架＋巨型钢柱。

图 1.6　上海金茂大厦

图 1.7　上海环球金融中心

1.2.2　按结构受力体系来划分高层建筑的结构形式

1. 高层建筑的结构受力特征

高层建筑整个结构的简化计算模型就是一根竖向悬臂梁，受竖向荷载和水平荷载的共同作用。高层建筑垂直承重结构主要承担以重力为代表的竖向荷载；水平承重结构主要承担风荷载和地震水平荷载。重力荷载则是建筑物自身的总重力荷载。水平荷载是由风吹向建筑物引起的水平压力和水平吸力，或者是由地震时地面晃动引起的水平惯性力。这些水平荷载和竖向荷载的组合，趋向于既可能将它推倒(受弯曲)，又可能将它切断(受剪切)，还可能使它的地基发生过大的变形，使整个建筑物倾斜或滑移。随着高度的增加，水平荷载对结构设计起决定性的作用。

高层建筑的结构设计要求是结构不仅要有足够的承载力，还要有足够的抗侧推刚度和较好的抗震延性。由于风力和水平地震作用力对于高层建筑是动荷载，使建筑结构抗弯曲和抗剪切时都处于运动状态，这会导致建筑物中的人有震动的感觉，使人有不舒服感。如果建筑物晃动得太厉害，还会使非结构构件(如玻璃窗、隔墙、装饰物等)断裂，甚至危及建筑外部行人的安全。为保证其使用舒适度要求，侧向位移应该控制在一定限度内，避免震动过大。

2. 高层建筑的结构体系

1）框架结构体系

（1）结构特征及适用范围。

框架结构体系是整个结构的纵向和横向全部由框架单一构件组成的体系。由梁、柱、基础构成的平面框架是主要承重结构，各平面框架再由梁联系起来，形成空间结构体系。框架体系的结构特征是：建筑平面布置灵活，可形成大空间，结构自重轻，外墙采用非承重构件，立面设计也不受限制；但是框架结构本身刚度不大，抗侧力能力较差，水平荷载作用下会产生较大的水平位移，地震荷载作用下非结构构件破坏比较严重，因此不宜用于高烈度地震区。框架结构体系主要适用于 6～15 层，最经济的层数是 10 层左右，一般情况结构高宽比为 3～5，适用的建筑形式为学校、商场、旅馆、住宅、办公楼等建筑类型。

框架结构的最大适用高度场地类别、当地地震烈度等因素有关，我国《高层建筑混凝土结构技术规程》(JGJ 3—2010)规定了框架结构最大适用高度应不超过表 1-3 的规定。

表 1-3 框架结构的最大适用高度 单位：m

结构类型	非抗震设计	抗震设防烈度				
		6 度	7 度	8 度		9 度
				0.20g	0.30g	
框架结构	70	60	50	45	35	—

（2）结构布置及尺寸。

框架结构布置包括框架柱的布置和梁的布置。

① 框架柱布置。

(a) 框架柱的柱网布置首先应满足使用功能的需求，柱子应与内部空间分隔相协调，一般将柱子设在纵横墙交叉点上，以尽量减少柱网对建筑使用功能的影响。

(b) 柱网布置应规则、均衡、整齐、柱距适中、结构受力合理，应沿建筑两个主轴方向设置框架。考虑到梁的跨度限制，柱距一般在 6～9m 为宜。

(c) 框架柱截面通常为矩形，根据需要可设计为圆形、T 形、L 形、十字形等，矩形截面一般不宜小于 300mm，圆形截面直径一般不宜小于 350mm，柱截面的长宽比不大于 3。

(d) 柱网布置应便于施工。设计时，应尽可能采用模数化、标准化的构件尺寸，建筑的层高也宜采用 300mm、600mm 的倍数，如 3.3m，3.6m，…，4.2m，4.8m，…，且尽量减少构件规格种类，以此来加快施工速度，降低工程造价。

② 梁的布置。

确定柱网后，用梁将柱子连起来，便形成框架结构。框架结构实际上是一种空间受力体系，但为了便于计算，可将框架结构看成是纵横两个方向的平面体系。沿着建筑物长边的称为纵向框架，沿着建筑物短边的称为横向框架。

框架根据楼板布置的不同又分为横向框架承重体系、纵向框架承重体系和纵横向框架承重体系(图 1.8)。框架梁截面通常为矩形或 T 形，其经济跨度 L 通常在 4～9m 之间；梁截面高度 $h=(1/15\sim1/10)L$，其中 L 为梁的跨度，梁宽度 $b=(1/3\sim1/2)h$，且不宜小于 200mm。为了避免施工时梁两侧的钢筋与柱子竖向钢筋相碰，梁宽还应比柱宽小 5cm 左右。

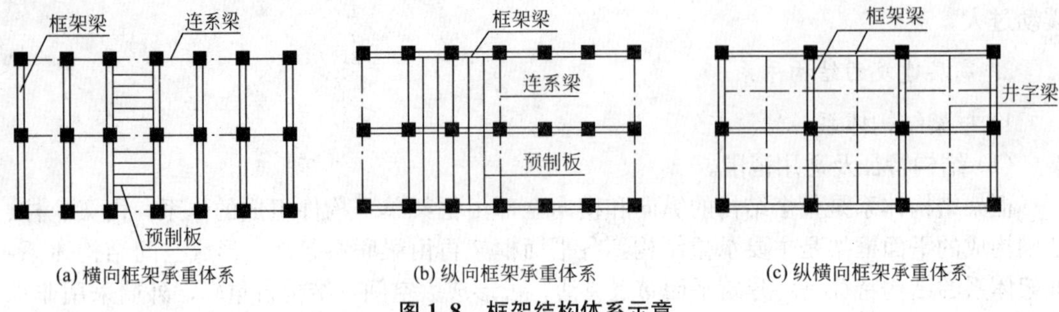

图 1.8　框架结构体系示意

(3) 平面要求。

① 高层框架结构平面宜简单、规则、对称，以减少偏心带来的不利影响。

② 平面长度不宜过长，建筑平面突出部分长度 l 不宜过大，L、l 的限值应满足表 1－4《高层建筑混凝土结构技术规程》(JGJ 3—2010)的规定(图 1.9)。

表 1－4　平面尺寸及突出部位尺寸的比值限值

设防烈度	L/B	l/B_{max}	l/b
6 度、7 度	≤6	≤0.35	≤2.0
8 度、9 度	≤5	≤0.30	≤1.5

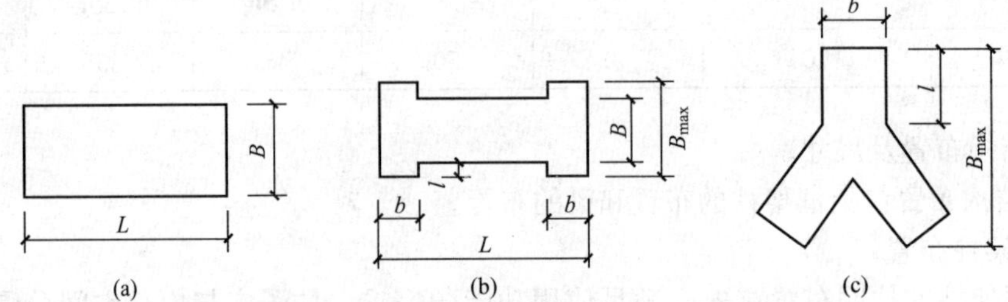

图 1.9　建筑平面突出部分 L、l 的示意

如图 1.10 所示为框架结构柱网布置举例。

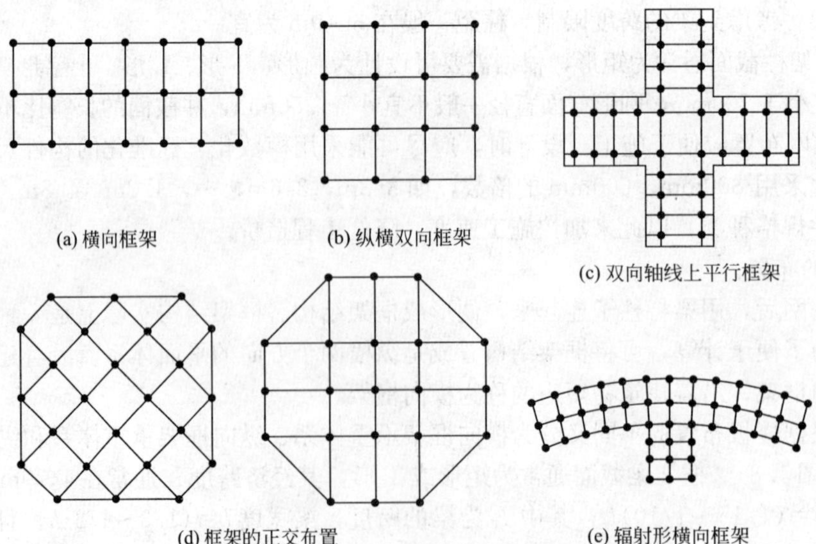

图 1.10　框架结构柱网布置举例

2) 剪力墙结构体系

(1) 结构特征及适用范围。

在高层建筑中为了提高房屋结构的抗侧力刚度，在其中设置的钢筋混凝土墙体称为剪力墙。剪力墙的主要作用在于承受平行于墙体平面的水平力，提高整个房屋的抗剪强度和刚度，剪力墙受剪且受弯，因此而得名，以便与一般仅承受竖向荷载的墙体相区别，在地震区，该水平力主要有地震作用产生，因此，剪力墙有时也称为抗震墙。剪力墙同时也作为维护及房间分隔构件。剪力墙的基本形状可分为开口截面和封闭截面两大类。开口截面包括一字形、T形、Z形、I形、U形等；封闭截面包括矩形、三角形、圆形等(图1.11)。

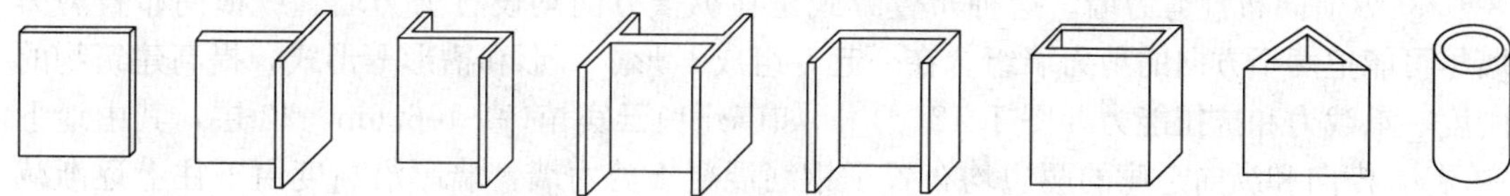

图1.11 剪力墙基本形状示意

剪力墙结构体系是利用钢筋混凝土墙体作为承受竖向荷载、抵抗水平荷载的结构体系。剪力墙结构中，由钢筋混凝土墙体承受全部水平和竖向荷载，剪力墙沿横向、纵向正交布置或沿多轴线斜交布置。剪力墙结构体系具有结构整体性好，刚度大，在水平荷载作用下侧向变形小，承载力(强度)要求容易满足等特征；其抗震性能良好，震害较少发生，而且程度也较轻微；其空间整体性好，可以使房间无梁柱外露，整齐美观。但是剪力墙结构间距不能太大，平面布置不灵活，而且不宜开过大的洞口，自重往往也较大，不是很能满足公共建筑的使用要求，相对框架结构而言造价也较高。剪力墙结构体系理论上可达100～150层，但层数太高墙体过厚，不经济，一般以40层以下为宜。剪力墙结构体系最大适用高度、高宽比应分为A级(普通级)和B级(放宽级)。B级最大适用高度可适当放宽，但其有关构造措施应按规范规定相应加严(表1-5和表1-6)。

表1-5 剪力墙结构的最大适用高度 单位：m

级别	非抗震设计	抗震设防烈度			
		6度	7度	8度	9度
A级	150	140	120	100	60
B级	180	170	150	130	不放宽

表1-6 剪力墙结构的高宽比限值

非抗震设计	抗震设防烈度		
	6、7度	8度	9度
7	6	5	4

(2)剪力墙结构布置。

剪力墙结构布置根据剪力墙方向不同，可以分为横向布置剪力墙、纵向布置剪力墙和纵横向布置剪力墙三种方式。

① 横向布置剪力墙。这种布置方式是将楼板(或屋面板)两端搁置在沿房屋平面横向

的墙体上，此时横墙承受竖向荷载，纵墙承受自身重力荷载。横墙的间距即楼板(或屋面板)的跨度，考虑到楼板(或屋面板)的经济跨度不可能太大，一般为 3～6.6m，这也决定了横向布置剪力墙间距较小，墙体较多，仅适用于小开间的高层住宅、旅馆、宿舍、办公等建筑［图 1.12(a)］。

② 纵向布置剪力墙。这种布置方式是将楼板(或屋面板)两端搁置在沿房屋平面纵向的墙体上，此时纵墙承受竖向荷载，横墙承受自身重力荷载。在纵向布置剪力墙方案中，横向墙体较少，空间划分比较灵活，可以获得较大的空间，但整体刚度较差，不利于抵抗风荷载和地震作用的影响［图 1.12(b)、(c)］。

③ 纵横向布置剪力墙。这种布置方式是在纵横方向均设置剪力墙。纵横向布置剪力墙尽可能把两个方向的剪力墙组合在一起，组成 L 形、T 形和槽形等形式，提高建筑物的刚度、承载力和抗扭能力［图 1.12(d)］。如广州白云宾馆(高 106.6m，33 层，其中地下一层)，横向和纵向走廊的两边均布置了钢筋混凝土剪力墙，墙厚沿高度由下往上逐渐减小，混凝土强度等级也随高度而降低(图 1.13)。在非地震区，可根据建筑物迎风面大小、风力大小设置剪力墙，纵横两个方向剪力墙数量可以不同；在震区，由于两个方向的地震力接近，在纵横两个方向布置的剪力墙数量要尽量接近。当形状不规则时，在受力复杂处还应加密一些。

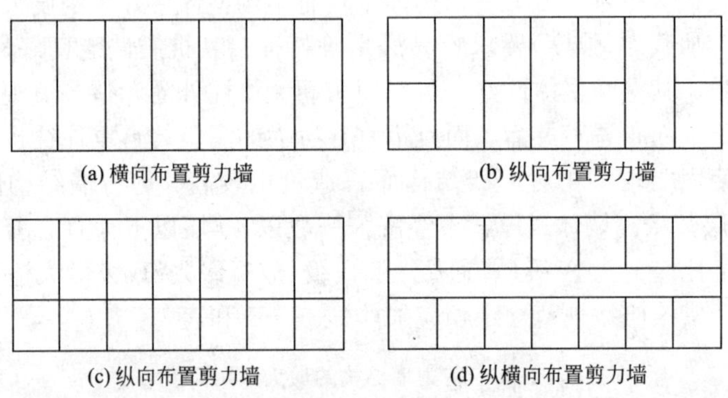

图 1.12　剪力墙结构

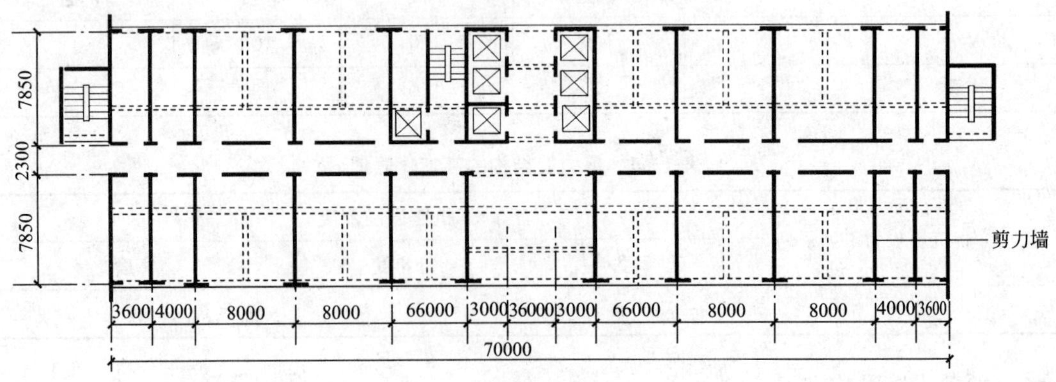

图 1.13　广州白云宾馆剪力墙结构

(3) 剪力墙开洞原则。

剪力墙不开洞比开洞好，少开洞比多开洞好，开小洞比开大洞好，单排洞比多排洞好，洞口靠中比洞口靠边好。剪力墙的门窗洞口宜上下对齐，成列、成排布置，形成明确的墙肢和连梁。宜避免使墙肢刚度相差悬殊的洞口设置，洞口面积不大于墙面面积的1/6，洞口梁高不小于层高的1/5。抗震设计时，剪力墙的底部加强部位不宜采用错洞墙，当功能需要无法避免错洞时，宜控制错洞墙洞口间的水平距离不小于2m［图1.14(a)］。一、二、三级抗震等级的剪力墙均不宜采用叠合错洞墙，无法避免错洞时，应在洞口周边采取有效构造措施［图1.14(b)、(c)］或采用其他轻质材料填充将叠合洞口转化为规则洞口［如图1.14(d)所示，其中阴影部分表示轻质填充墙体］。

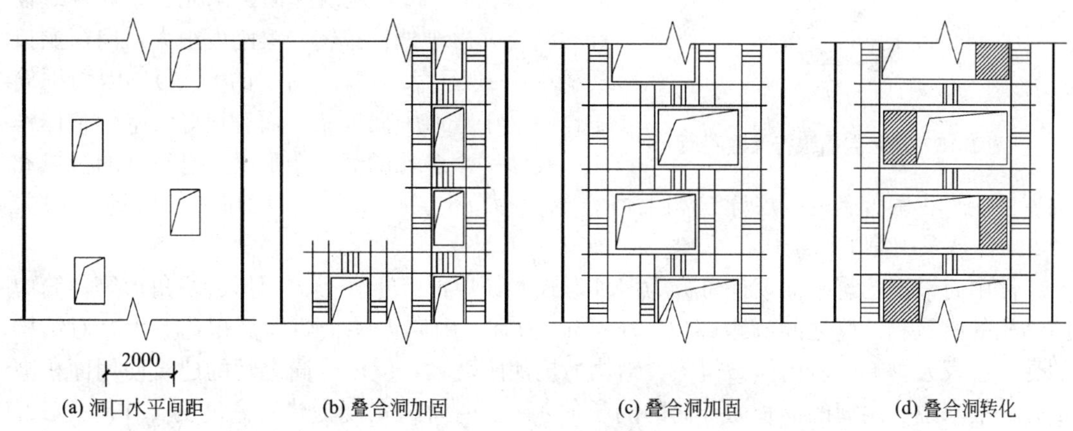

图1.14　剪力墙开洞不对齐构造措施

当剪力墙较长时，宜开设洞口，将其分成长度较为均匀的若干墙段，墙段之间宜采用弱连梁连接，各墙段的高度与墙段长度之比不宜小于3，墙段长度不宜大于8m。

3) 筒体结构体系

随着建筑层数、高度的增长和抗震设防要求的提高，以平面工作状态的框架、剪力墙来组成高层建筑结构体系，往往不能满足要求。这时可以由剪力墙构成空间薄壁筒体，成为竖向悬臂箱形梁，或者加密柱子，以增强梁的刚度，也可以形成的空间整体受力的框筒，由一个或多个筒体为主抵抗水平力的结构称为筒体结构。通常筒体结构可分为实腹式筒体、空腹式筒体和桁架筒体。由剪力墙构成的空间薄壁筒体称为实腹式筒体，或称为墙式筒体。由密集立柱围合而成的筒体，则称为空腹式筒体，或称为框架式筒体。筒体四壁由竖杆和斜杆形成的桁架组成则称为桁架筒体。根据筒体的数目和布置方式的不同可分为单筒、多筒、筒中筒和束筒结构。

(1) 单筒结构。

单筒结构很少单独使用，大多数情况是与框架混合使用，组成框架-筒体体系。剪力墙集中布置在建筑的内部或外部，形成封闭的筒体，不妨碍建筑的使用空间，平面布置灵活，结构整体刚度极大，抗扭性能较好。

(2) 多筒结构。

在建筑平面内设置多个筒体，以适应平面的布置要求，即为多筒结构。几个筒体由楼板联合，共同工作来抵抗侧向荷载。福斯特所设计的法兰克福银行大厦，为了仅靠自然通风和采光手段来满足内部通风和采光的需要，他对传统的办公塔楼进行了内外环境的重新配置，将传统位于塔楼中央的公共交通等核心筒(电梯、步梯、洗手间等)分散在建筑三角

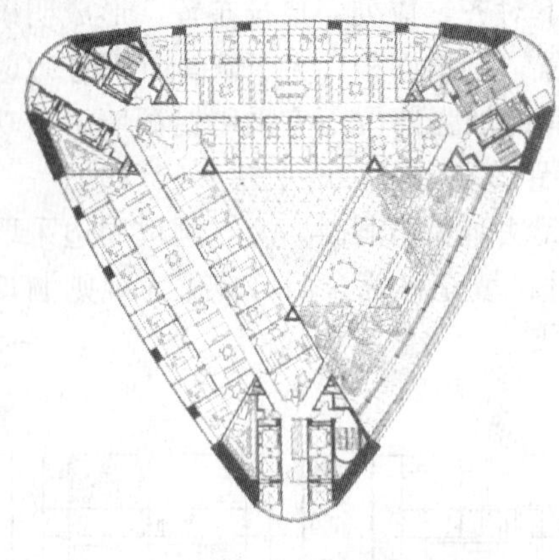

图 1.15　法兰克福银行大厦平面

形平面的三个角，形成多筒结构，而解放出中部较大的空间来重新围合出一个空透的三角形中庭，在高层建筑当中成功地营造出了绿色空间(图 1.15)。

(3) 筒中筒结构。

筒中筒结构由内、外两个筒体组合而成，内筒多采用剪力墙薄壁筒，一般设计为电梯间或楼梯间以及设备井道；外筒多采用密柱(通常柱距不大于3m)，柱子排列可与建筑立面、采光、景观视线设计相结合。由于外柱很密，梁刚度很大，门窗洞口面积小(一般不大于墙体面积的 60%)，因而框筒工作不同于普通平面框架，而有很好的空间整体作用，类似一个多孔的竖向箱形梁，有很好的抗风和抗震性能。我国著名的高层建筑如上海金茂大厦(88 层，420m)、广州中信广场(80 层，322m)都是采用筒中筒结构。

筒中筒根据建筑平面设计可分为多种形式，如矩形、正方形、圆形、三角形等，筒中筒结构的内筒和外筒之间的距离以 10～16m 为宜，内筒占整个筒体面积比重大，对结构的受力有较大影响。若内筒做得大，结构的抗侧刚度大，但内外筒之间的建筑使用面积减少。一般来说，内筒的周长为外筒的周长的 1/3，内筒的宽度为建筑高度的 1/15～1/12。当内外筒之间的距离较大时，可另设柱子作为楼面梁的支承点，以减少楼板(屋面板)结构所占的高度。

(4) 束筒结构。

束筒，两个以上的筒体结构排列在一起成束状称为束筒，也称为组合筒结构。当建筑高度或平面尺寸进一步加大时，框筒或筒中筒结构无法满足抗侧力刚度要求时，将建筑平面按网格布置，使外部框架式筒体和内部纵横剪力墙(或密排的柱)成为束筒结构体系，这就大大增强了建筑物的刚度和抗侧向力的能力。

由 SOM 建筑设计事务所设计的美国芝加哥西尔斯大厦(108 层，高 442.3m)就是采用了 9 个 22.9m×22.9m 的框筒集束而成(图 1.16)。束筒结构沿高度方向，可以逐个减少筒的数量，分段减少建筑平面尺寸，组成任何建筑外形，并能适应不同高度的体型组合的需要。西尔斯大厦平面充分利用束筒结构优势，随层数增加而分段收缩。在 51 层以上切去

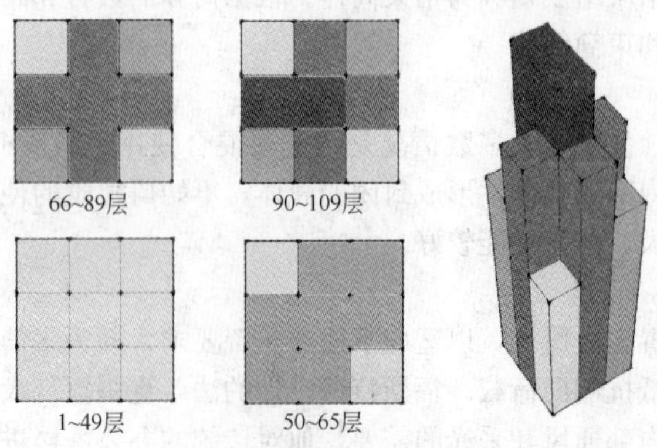

图 1.16　美国西尔斯大厦结构示意

两个对角正方形，67层以上切去另外两个对角正方形，91层以上又切去三个正方形，保有两个正方形至顶，是建筑设计与结构创新的完美结合。

4）组合结构体系

（1）框支剪力墙体系。

当旅馆或住宅的底层需要大空间作为商店或停车场时，部分剪力墙不能落地，采用框架梁支撑上部剪力墙，再由框架梁将荷载传至框架柱上，就形成框支剪力墙结构体系。承受上部剪力墙荷载的梁叫做框支梁，柱就叫框支柱，上面的剪力墙叫框支剪力墙。这是一个局部的概念，框支剪力墙指的是结构中的局部，因为结构中一般只有部分剪力墙会是框支剪力墙，大部分剪力墙一般都是落地的。

框支剪力墙结构的缺点是房屋刚度产生突变，可以采取以下措施避免房屋刚度的突变。

① 高层住宅或旅馆结合裙楼设计将底层框架扩展至2～3层，逐渐变化，使刚度逐渐增强而避免突变。

② 将框架的最上面一层设置为结构转化层，作为刚度的过渡层。

③ 尽可能把一部分剪力墙（电梯井、楼梯井或管道井）伸到底层以加强整个房间的刚度。

框支剪力墙结构在实际工程中还是经常被采用的。例如，北京中国国际贸易中心中国大饭店，4～21层为客房，采用剪力墙；1～3层布置用餐、会议等功能，局部采用框架支撑上部剪力墙，获得了较大的空间；第4层楼板为转换层楼盖，建筑两端各设置了两道落地的加厚剪力墙（图1.17）。

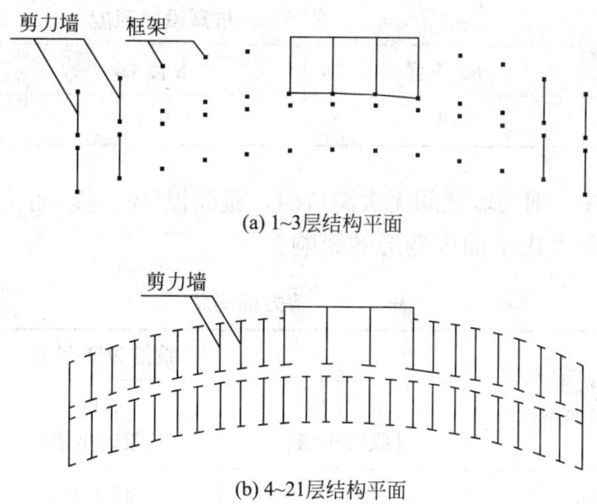

图1.17　北京中国国际贸易中心中国大饭店结构示意

（2）框架-剪力墙结构。

框架-剪力墙结构是在框架结构中布置一定数量的剪力墙来代替部分框架，以框架结构为主，以剪力墙为辅补充框架结构不足的半刚性结构（图1.18）。在框架-剪力墙结构中，剪力墙承担大部分的水平荷载，框架以负担竖向荷载为主。这种结构既有框架结构布置灵活、使用方便的特点，又有较大的刚度和较强的抗震能力。

框架-剪力墙结构广泛地应用于高层建筑中的办公楼、旅馆和住宅等建筑类型，适用

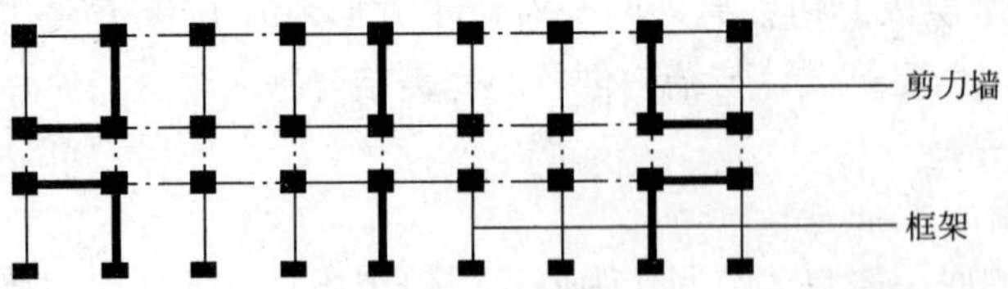

图 1.18 框架-剪力墙结构示意

高度为 15～25 层，最高不宜超过 30 层；还可以应用于地震区 5 层以上的工业厂房。上海华亭宾馆(高 29 层，90m)采用了以纵横剪力墙为主，纵向框架为辅的框架-剪力墙结构。按《高层建筑混凝土结构技术规程》(JGJ 3—2010)的规定，框架-剪力墙结构适用的最大高度见表 1-7，其结构高宽比限值见表 1-8。

表 1-7 框架-剪力墙结构的最大适用高度 单位：m

级别	非抗震设计	抗震设防烈度				
		6 度	7 度	8 度		9 度
				0.20g	0.30g	
A 级	150	130	120	100	80	50
B 级	170	160	140	120	100	—

注：甲类建筑，6、7 度时宜按本地区设防烈度提高一度后符合本表要求，8 度时应专门研究。

表 1-8 框架-剪力墙结构高宽比限值

非抗震设计	抗震设防烈度		
	6、7 度	8 度	9 度
7	6	5	4

框架-剪力墙结构中，剪力墙之间无大洞口时，楼面板(屋面板)的长宽比不宜超过表 1-9 中的限值规定，否则要考虑平面内变形的影响。

表 1-9 剪力墙间距 单位：m

板的类型	非抗震设计（取较小值）	抗震设防烈度		
		6、7 度（取较小值）	8 度（取较小值）	9 度（取较小值）
现浇式	5B，60	4B，50	3B，40	2B，30
装配整体式	3.5B，50	3B，40	2.5B，30	—

注：表中 B 为剪力墙之间的楼盖宽度。

框架-剪力墙结构布置的关键是剪力墙的数量和位置。在剪力墙数量较少的情况下，可使建筑平面布置更为灵活，节省材料，降低造价；但若剪力墙布置不足，会导致刚度过小，地震作用下结构侧向变形过大，从而产生严重的震灾。在框架-剪力墙结构设计中，应兼顾结构刚度和经济性两个方面来确定适宜的数量。其位置布置应遵循均匀、对称、分散、周边的原则。

(3) 框架-筒体结构。

框架-筒体结构是由框架和筒体共同组成的结构体系，其结构受力特点类似框架-剪力墙结构。一般情况下框架-筒体结构体系，外围为框架，内部为筒体，两者通过楼板或者连梁相连。内部筒体设计为电梯井、楼梯间、服务间或管道井等。核心筒应贯通建筑物全高，宽度不宜小于筒体高度的1/12，洞间墙肢的截面高度不宜小于1.2m，整个结构的高宽比宜大于4，结构平面的长宽比不宜大于2［图1.19(a)］。

若设计为外筒内框［图1.19(b)］的结构形式，为保证外筒在抵抗侧向荷载中的作用，充分发挥结构的空间工作性能，一般要求墙面上开洞面积不宜大于外墙总面积的50%。除了外框内筒和外筒内框形式之外，在复杂或长宽比过大的建筑平面中，还可设置多个核心筒，形成多筒-框架的结构形式。常见的多筒-框架结构有：两端筒＋框架、中央核心筒＋端筒＋框架、中央核心筒＋角筒＋框架等。

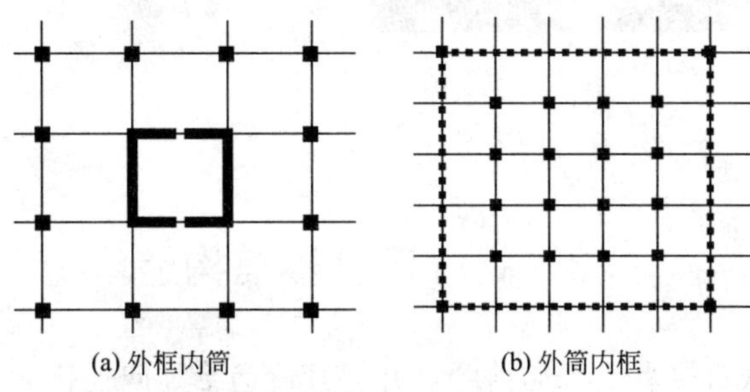

图1.19 框架-筒体结构示意

5) 巨型结构

巨型结构是由大型构件(巨型梁、巨型柱和巨型支撑)组成的，主结构与常规结构构件组成的次结构共同工作的一种结构体系。

巨型结构从平面整体上看，巨型结构的材料使用正好满足了尽量开展的原则，可以充分发挥材料性能；从结构角度看，巨型结构具有巨大抗侧刚度及整体工作性能，是一种超常规的大型结构，是一种非常适合超高层建筑的结构形式；从建筑角度看，巨型结构可以满足许多具有特殊形态和使用功能的建筑平立面要求，使建筑师们的许多天才想象得以实施。

巨型结构按材料可分为巨型钢筋混凝土结构、巨型钢骨混凝土结构、巨型钢-钢筋混凝土混合结构及巨型钢结构；按主要受力形式可分为巨型桁架结构、巨型框架结构、巨型悬挂结构和巨型分离式结构。

巨型结构由于其自身的优点及特点，作为高层或超高层建筑的一种崭新体系已越来越被人们重视，并越来越多地应用于工程实际。诺尔曼·福尔特设计的香港汇丰银行(高46层，180m)属于巨型桁架悬挂结构体系(图1.20)。该建筑主体结构由8个巨型钢立柱组成，用它们承受全楼的重力荷载和水平荷载。每个立柱由4个圆钢管柱组成，钢管柱之间每隔3.9m(层高)用矩形截面加肋钢梁连接，形成巨型空腹桁架巨型柱。立柱两侧延伸出两层高伸臂桁架，伸臂桁架悬吊3根吊杆分别承受4～7层楼盖的荷载，并将它们传递给巨型立柱。其他的著名高层建筑，如丹下健三设计的东京都新都厅舍、贝聿铭设计的香港中国银行大厦、SOM事务所设计的约翰·汉考克大厦都是采用的巨型结构体系。

(a) 实景

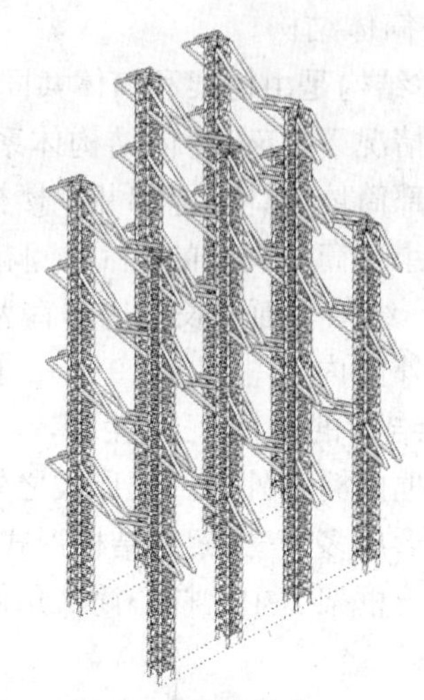

(b) 结构模型

图 1.20　香港汇丰银行

1.3　高层建筑楼盖构造

在高层建筑中楼盖直接承受竖向荷载，并将其传递给竖向构件，是水平方向分隔建筑空间的重要构件。高层建筑楼盖结构布置与建筑物的平面形状和结构体系有关。楼板的跨度由承重墙或柱的间距来确定，墙柱间距宜控制在楼板的经济跨度范围内。

1. *高层建筑楼盖结构形式*

高层楼盖方案选择的原则是：具有足够的承载力和刚度；满足建筑设计隔声、防火、热工等各方面的要求；满足经济性要求，自重小，便于施工。一般情况下，建筑高度大于50m 时采用现浇板，小于 50m 时可采用预制楼板(表 1－10)，顶层、开洞过多、平面复杂、结构转换的楼层应采用现浇板。一般楼层现浇板厚度不应小于 80mm；当板内需要敷设管线时，板厚度不宜小于 100mm；顶层楼板厚度不宜小于 120mm；转换层楼板厚度不宜小于 180mm。

表 1－10　高层建筑楼盖选型

<table>
<tr><th rowspan="2">结构体系</th><th colspan="2">高　度</th></tr>
<tr><th>不大于 50m</th><th>大于 50m</th></tr>
<tr><td>框架</td><td rowspan="3">宜采用现浇楼面(8、9 度抗震设计)，
可采用装配整体式楼面(灌板缝加现浇面)
(6、7 度抗震设计)</td><td>宜采用现浇楼面</td></tr>
<tr><td>剪力墙</td><td>宜采用现浇楼面</td></tr>
<tr><td>框架-剪力墙</td><td>应采用现浇楼面</td></tr>
<tr><td>板柱-剪力墙</td><td>应采用现浇楼面</td><td>—</td></tr>
<tr><td>框架-核心筒和筒中筒</td><td>应采用现浇楼面</td><td>应采用现浇楼面</td></tr>
</table>

钢筋混凝土楼板具有强度高、防火性好、耐久、便于工业化生产等优点，是我国应用最广泛的一种楼板形式，也是高层建筑常常选用的楼板形式。它按施工方式不同可分为三

种形式(详见上册第 3 章内容)，常用于高层建筑的是现浇整体式楼板(含梁板式楼板、密肋楼板、无梁楼板)、预制钢筋混凝土平板，以及各种预制装配整体式楼板，如叠合楼板、压型钢板组合楼板等。装配整体式楼板由于具有加大结构跨度、减少梁的数量、减轻楼板自重、加快施工的速度等种种优点，在高层建筑中运用广泛。

高层建筑楼盖设计没有唯一的形式，应综合考虑结构设计、建筑使用功能、内部空间造型以及合理的经济技术性能等各类因素。例如单筒高层结构宜布置双向肋梁楼板，这样筒体受力均匀，并且可提高楼层的有效净空高度。而筒中筒结构的楼盖布置则应根据内外筒之间的距离确定。当梁跨在 8～16m 时，一种方式可以将梁两端直接支承在内外筒上，在四个角可布置成双向肋梁楼板［图 1.21(a)］；另一种则可在内外筒之间沿对角线布置斜向主梁，然后垂直于筒体在内外筒之间布置次梁［图 1.21(b)］。当内外筒距离不大时，内外筒之间可直接设置平板，不设梁［图 1.21(c)］。

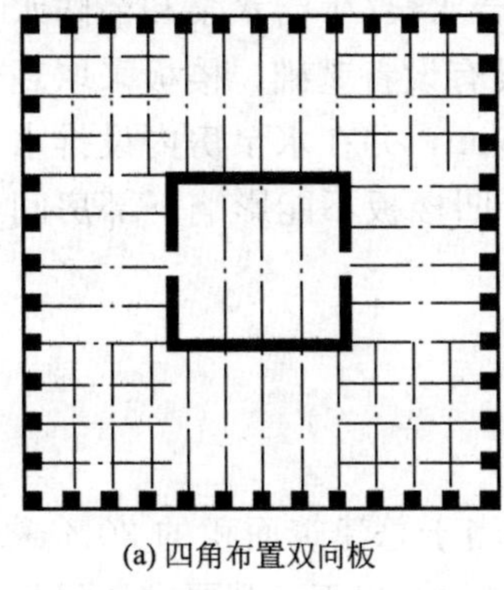
(a) 四角布置双向板

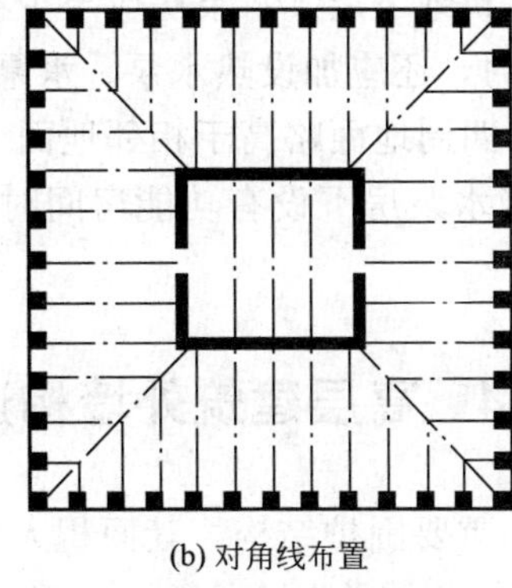
(b) 对角线布置

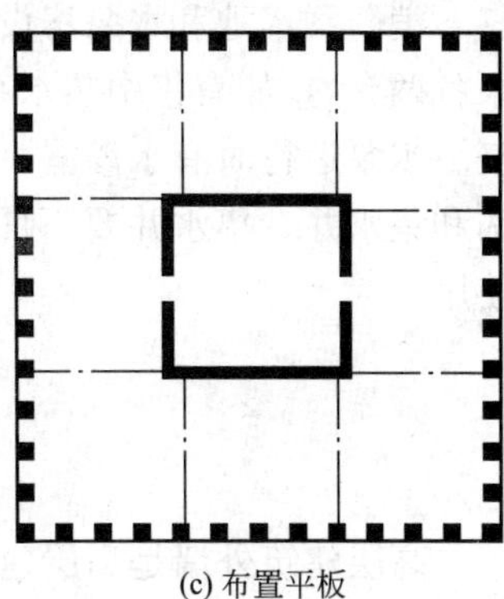
(c) 布置平板

图 1.21 楼盖布置示例

2. 高层建筑设备布置

高层建筑，需要设置复杂的设备系统，包括空调系统、给排水系统、电气系统、消防系统以及建筑智能化系统。高层建筑的设备层，即某一楼层，其有效面积全部或大部分用来作为空调、给排水、电气、电梯机房等设备的布置。

设备系统与建筑设计的合理配合应贯穿设计的全过程，设备布置应配合建筑的使用功能、结构布置、电梯分区、空调方式、给水方式等因素综合加以考虑。

1) 设备层的布置原则

设备层的布置应结合设备的特性与建筑设计，一般从以下几个方面综合考虑。

(1) 满足设备布置要求，合理利用空间。重型设备(制冷机、锅炉、水泵、蓄水池等)放在建筑最下部，体积大、散热量大、需要对外换气的设备(屋顶水箱、送风机、冷却塔等)放在建筑的最上层。一般高度在 30m 以下的建筑，设备层常常设置在地下层和顶层。

(2) 与结构布置相结合。有时必须在中间层设置设备层，以使空调、给水等设备的布置达到经济、合理的原则，这时可结合结构设计，利用结构转换层、加强层等特殊楼层来布置中间设备层。

(3) 与避难层相结合。建筑高度超过 100m 的公共建筑，需设置避难层，其间距不超过 15 层。一般情况下，每 10～20 层(通常为 15 层)设一层中间设备层。设备层高度以能满足各种设备及其管道的布置要求为准。

2）设备层的设计

有空调设备的设备层，通常从地坪以上 2m 内放空调设备，在此高度以上 0.75～1m 布置空调管道和风道，再上面 0.6～0.75m 为给排水管道，最上面 0.6～0.75m 为电气线路区。如果没有制冷机和锅炉，仅有各种管道和其他分散的空调设备，我国常采用 2.2m 以内的技术层。

3）水电设备位置

高压配电室、变压器室、低压配电室、柴油发电机房宜设在首层或负一层，气体灭火系统宜与高低压配电室临近设置。电力电缆、封闭式母线槽、桥架、线槽等设置在电力竖井中，竖井上下贯通整个建筑；在水平方向，线槽桥架在每层顶棚设置。专用避雷器安装于大厦顶面，防雷接闪器则沿女儿墙敷设，引下线可用柱内钢筋，接地线可用地基内钢筋或打专用接地线。消防控制中心设置于首层，并设直接通向室外的出入口。

消防蓄水池和水泵房设在建筑地下层。水泵房应至少有 4 台水泵(生活水泵和消防水泵各两台)，如有集中热水系统时，还应加设热水泵。水泵应设有设备基础，楼板采取现浇。水泵运行时有水渗漏，水泵四周地面略高于相邻地面 5～6cm，并在水泵房内设排水沟和集水井。集水井要下凹，当水泵房下设有功能房间时，下凹楼板不能影响下部房间使用。

1.4 高层建筑外墙构造

高层建筑外墙是高层建筑的重要围护结构，其面积大约相当于总建筑面积的 20%～40%；平均花在外墙上的费用约占土建总造价的 30%～35%(50%)。出于美观要求、耐久性要求和减轻建筑物自重等因素的考虑，高层建筑外墙多采用轻质薄壁和高档饰面材料。

目前，高层建筑外墙包括填充墙和幕墙。高层填充墙主要采用钢筋混凝土墙或各种轻混凝土外墙板，如陶粒混凝土、加气混凝土、膨胀珍珠岩、矿渣混凝土、石棉水泥等外墙板。设计师根据设计意图也可选用各种幕墙，包括玻璃幕墙、石材幕墙、金属幕墙等。

高层建筑外墙按材料分，还可分为实体墙、空体墙和复合墙三种。实体墙包括：普通砖墙、实心砌块墙、混凝土墙、钢筋混凝土墙等；空体墙包括空心砌块墙、空斗砖墙、空心板材墙等。

高层建筑外墙的做法参见上册第 2 章和本书第 4、8、9 章。

1.5 高层建筑的防火设计和要求

1.5.1 高层建筑的火灾特点

在防火条件相同的情况下，高层建筑比非高层建筑火灾危害性大，而且发生火灾后容易造成重大的损失和伤亡。高层建筑发生火灾主要有以下特点。

1. 火势蔓延快，途径多

高层建筑火势除了通过横向的门、窗、吊顶、走廊、孔洞、管道等蔓延外，还可通过竖向管井、竖向孔洞、共享空间、玻璃幕墙缝隙等垂直蔓延。垂直蔓延易产生烟囱效应，其蔓延速度要比水平蔓延高很多。一般情况下，在火势发展阶段其水平方向蔓延的速度为0.5～0.8m/s，垂直方向蔓延的速度为3～4m/s。

2. 人员疏散困难，易造成群死群伤

高层建筑火灾发生火灾时，会产生大量烟雾，这些烟雾扩散极快、浓度大、能见度低，给逃生人员的疏散带来了极大困难。高层建筑由于楼层高、建筑面积大，使得疏散距离比较远，需要比多层建筑更多的疏散时间。高层建筑人员众多，发生火灾时容易出现拥挤现象，影响人员疏散速度。

3. 易燃材料多

为了降低自重，便于室内空间布局，很多高层建筑都采用了大量易燃的室内分隔和装饰材料以及涂料，这些材料不仅易燃，还会释放大量的有毒气体，造成被困人员中毒身亡。

4. 功能复杂，扑救难度大

高层建筑功能复杂，设备用房多，使用人员多，容易发生大型火灾；再加上楼层高，登楼消耗体能大，攀登比较困难；并且登高路径比较少，不像多层建筑可利用阳台、落水管、扶梯，甚至徒手攀登，高层建筑只能依赖内部楼梯和电梯登高。当着火楼层较高时，供水压力高，用消防水带供水容易使水带爆裂，造成供水中断。目前我国最先进的举高消防车高度为101m，对于超高层建筑，被困人员救援也十分困难。

1.5.2 高层建筑的耐火等级和耐火极限

1. 耐火等级

高层建筑耐火等级是通过对已建成的高层民用建筑主体结构进行调查，并分析国内外高层建筑火灾中建筑结构烧损、破坏的程度，考虑到高层建筑结构满足耐火要求的可行性而确定的。高层建筑的耐火等级分为两级，一类高层建筑耐火等级为一级，二类高层建筑耐火等级不低于二级。高层建筑在满足耐火等级的情况下，在一定的时间范围内，其室内装修、物品、陈设、家具等损坏，甚至局部构件被烧坏，主体结构完好，高层建筑并未倒塌，在修复过程中，只要对火烧较严重的承重柱、梁、楼板等承重构件进行补强修复，即可全部修复使用。

2. 耐火极限

高层建筑的建筑构件燃烧性能和耐火极限不应低于建筑构造上册第1章表1-4的规定。二级耐火等级的高层建筑中，面积不超过100m^{2}的房间隔墙，可采用耐火极限不低于0.5h的难燃烧体或耐火极限不低于0.3h的不燃烧体。二级耐火等级高层建筑的裙房，当屋顶不上人时，屋顶的承重构件可采用耐火极限不低于0.5h的不燃烧体。高层建筑内存放可燃物的平均重量超过200kg/m^{2}的房间，当不设自动灭火系统时，其柱、梁、楼板和墙的耐火极限应按建筑构造上册第1章表1-4的规定提高0.5h。

1.5.3 高层建筑的总平面布局和平面布置

高层建筑在进行总平面设计时，应根据城市规划和相关规范，合理确定建筑的位置、防火间距、消防车道和消防水源。在总平面布局时，需要注意以下几个方面。

(1) 高层建筑基地入口在可能情况下，应尽量做到人车分流，将人行入口和机动车入口分别设置。人行入口尽量直接临接城市道路，该城市道路应有足够的宽度，以减少人员疏散时对城市正常交通的影响。建筑物主要出入口前应有供人员集散用的空地。

(2) 高层建筑的周围，应设环形消防车道。当设环形车道有困难时，可沿高层建筑的两个长边设置消防车道(图 1.22)。若消防车道为尽端式消防车道，则应设有回车道或回车场，回车场不宜小于 15m×15m。大型消防车的回车场不宜小于 18m×18m。

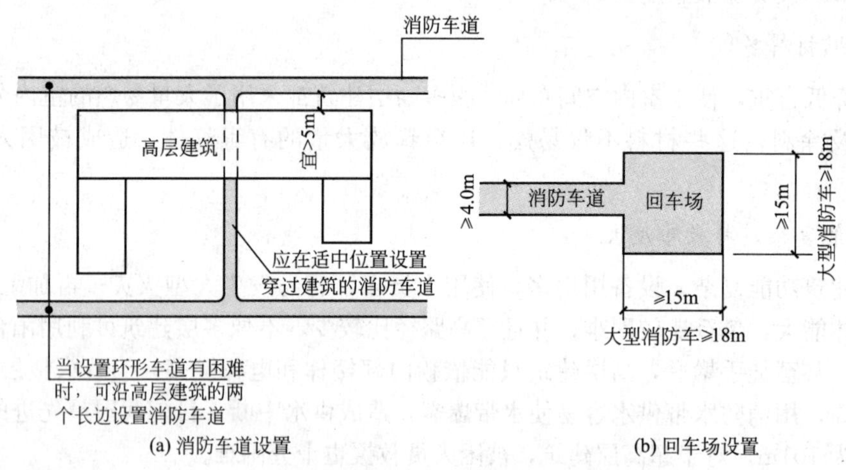

(a) 消防车道设置　　(b) 回车场设置

图 1.22　消防车道

(3) 当高层建筑的沿街长度超过 150m 或总长度超过 220m 时，应在适中位置设置穿过高层建筑的消防车道(图 1.23)。高层建筑应设有连通街道和内院的人行通道(可利用楼梯间)，通道之间的距离不宜超过 80m。高层建筑的内院或天井，当其短边长度超过 24m 时，宜设有进入内院或天井的消防车道。

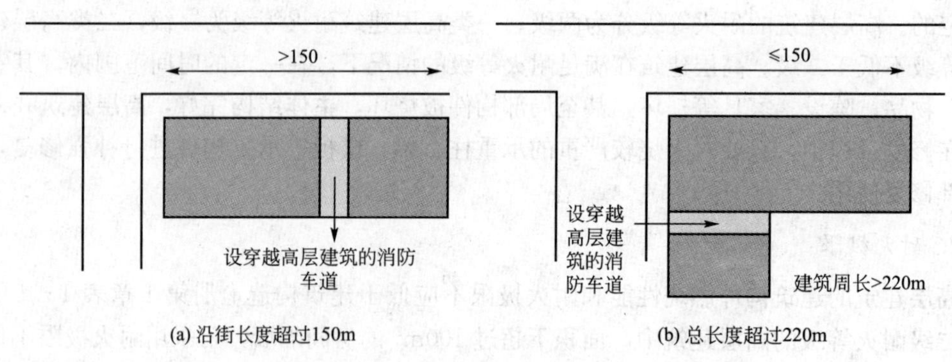

(a) 沿街长度超过150m　　(b) 总长度超过220m

图 1.23　消防车道设置

(4) 消防车道的宽度不应小于 4m。消防车道距高层建筑外墙宜大于 5m，消防车道上空 4m 以下范围内不应有障碍物，消防车道与高层建筑之间，不应设置妨碍登高消防车操作的树木、架空管线等。穿过高层建筑的消防车道，其净宽和净空高度均不应小于 4m。

(5) 高层建筑的底边至少有一个长边或周边长度的 1/4 且不小于一个长边长度，不应布置高度大于 5m、进深大于 4m 的裙房，且在此范围内必须设有直通室外的楼梯或楼梯间的出口(图 1.24)。

(6) 保持建筑间足够的防火间距，避免火灾蔓延。《高层民用建筑设计防火规范(2005版)》(GB 50045—1995)规定高层民用建筑防火间距如表 1-11 和图 1.25 所示。高层民用建筑底层周围，一般设置附属建筑，如商店、邮局、餐厅以及办公、修理服务等用房。为了节约用地，使附属建筑与高层主体建筑的防火间距要求有所区别，高层建筑与厂房的防火间距如表 1-12 所示。高层建筑不宜布置在火灾危险性为甲、乙类厂(库)房，甲、乙、丙类液体和可燃气体储罐以及可燃材料堆场附近。

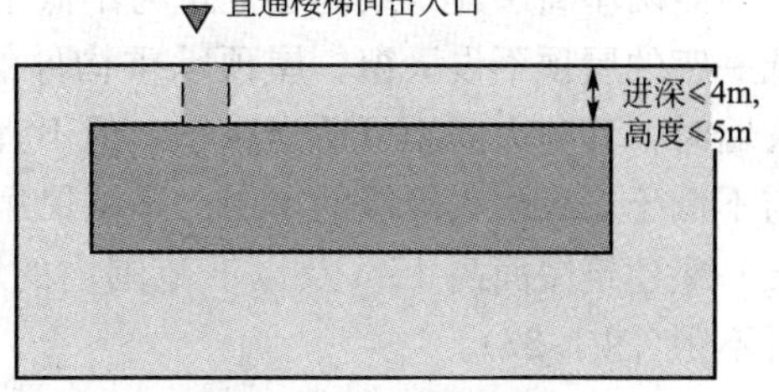

图 1.24　扑救面设置

表 1-11　高层民用建筑之间及高层建筑与其他民用建筑之间的防火间距　单位：m

建筑类别	高层建筑	裙房	其他民用建筑 耐火等级 一、二级	三级	四级
高层建筑	13	9	9	11	14
裙　房	9	6	6	7	9

注：防火间距应按相邻建筑外墙的最近距离计算；当外墙有突出可燃构件时，应从其突出的部分外缘算起。

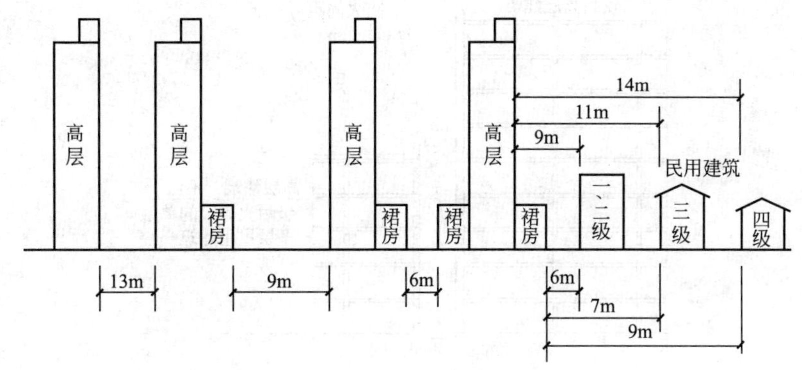

图 1.25　高层民用建筑防火间距

表 1-12　高层建筑与厂(库)房的防火间距　单位：m

厂(库)房			一类 高层建筑	一类 裙房	二类 高层建筑	二类 裙房
丙类	耐火等级	一、二级	20	15	15	13
		三、四级	25	20	20	15
丁类、戊类		一、二级	15	10	13	10
		三、四级	18	12	15	10

当两座高层建筑或高层建筑与不低于二级耐火等级的单层、多层民用建筑相邻，当较低一座的屋顶不设天窗、屋顶承重构件的耐火极限不低于1h，且相邻较低一面外墙为防火墙时，其防火间距可适当减小，但不宜小于4m(图1.26)；当两座高层建筑或高层建筑与不低于二级耐火等级的单层、多层民用建筑相邻，当较高一面外墙为防火墙或比相邻较低一座建筑屋面高15m及以下范围内的墙为不开设门、窗洞口的防火墙时，其防火间距可不限(图1.27)。

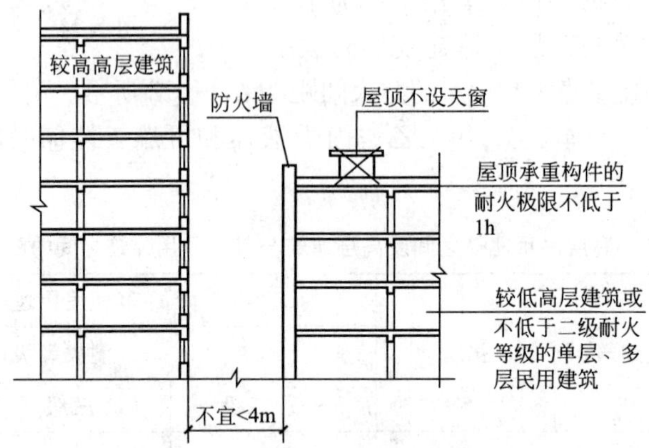

图1.26　高层民用建筑防火间距示意

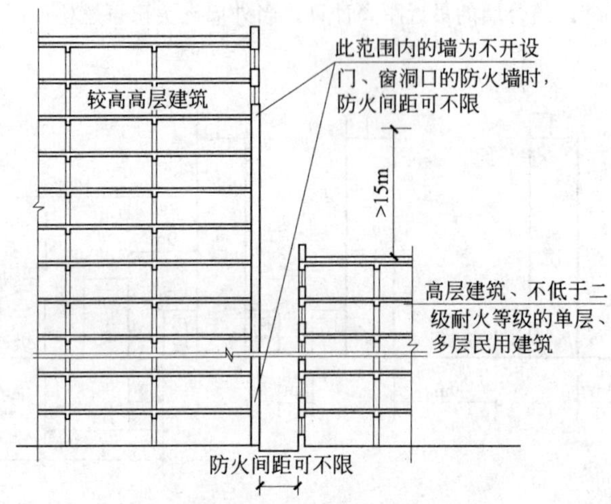

图1.27　高层民用建筑防火间距示意

1.5.4　高层建筑的防火分区与防烟分区

1. 高层建筑防火分区划分

防火分区的划分，既要从限制火势蔓延、减少损失方面考虑，又要顾及平时功能使用的需要。目前我国高层建筑防火分区的划分，由于用途、性能的不同，分区面积大小也不同。我国高层建筑防火规范上每个防火分区允许的最大建筑面积如表1-13所示。设自动喷水灭火系统时，分区面积可增加1倍。

表 1-13 每个防火分区的允许最大建筑面积

高层建筑类别	每个防火分区建筑面积/m^2
一类建筑	1000
二类建筑	1500
地下室	500

与高层建筑相连的裙房，建筑高度较低，火灾时疏散较快，且扑救难度也比较小，易于控制火势蔓延。当高层主体建筑与裙房之间用防火墙等防火分隔设施分开时，其裙房的最大允许建筑面积可按《建筑设计防火规范》(GB 50016—2006)的规定执行，其防火分区允许最大建筑面积不应大于2500m^2，设自动喷水灭火系统时，分区面积可增加1倍。

高层建筑内设有上下层相连通的走廊、敞开楼梯、自动扶梯、中庭等开口部位时，其防火分区面积应按上下连通层的面积叠加计算，其允许最大建筑面积之和不应超过表1-13的规定。如果总面积超过规定，应在开口部位采取防火分隔设施。

2. 高层建筑防烟分区划分及划分原则

1) 防烟分区划分

防烟分区可以按建筑物的面积、用途、楼层等进行划分。

(1) 按面积划分。

在建筑物内按面积将其划分为若干个基准防烟分区，这些防烟分区在各个楼层，一般形状相同、尺寸相同、用途相同。不同形状和用途的防烟分区，其面积也宜一致。每个楼层的防烟分区可采用同一套防排烟设施。如所有防烟分区共用一套排烟设备时，排烟风机的容量应按最大防烟分区的面积计算。

(2) 按用途划分。

建筑各个部分有其不同的用途，按用途来划分防烟分区比较合适，也比较方便。例如把高层办公楼可划分为办公用房、管理用房、疏散通道、楼梯、电梯及其前室、停车库等防烟分区。按照这种方式划分防烟分区，应注意各种管线(如通风管道 、电气配管、给排水管道等)穿墙和楼板处，应用不燃烧材料。

(3) 按楼层划分。

在高层建筑中，底层部分和上层部分的用途往往不太相同，如高层旅馆，底层一般布置餐厅、接待室、商店、会议室、多功能厅等，上层部分多为客房。据统计资料表明，一般底层发生火灾的概率较大，上部主体发生火灾的概率较小。因此，可根据房间的不同用途沿垂直方向按楼层划分防烟分区。

2) 防烟分区划分原则

防烟分区面积不宜过大，面积过大会使烟气波及面积扩大，增加受灾面，不利于安全疏散和扑救；面积也不宜过小，面积过小会影响功能使用，还会提高工程造价。

(1) 防烟分区不应跨越防火分区。

(2) 对于高层民用建筑，每个防烟分区的面积不宜大于500m^2(净高在6m以上的大空间房间除外)。防烟分区之间采用挡烟垂壁、隔墙或从顶棚突出不小于0.5m的梁来分隔，梁或垂壁底面至室内地面的净高不应小于1.8m。

(3) 不设排烟设施的房间(包括地下室)和走道，不划分防烟分区。

(4) 对有特殊用途的场所，如地下室、防烟楼梯间、消防电梯、避难层间等，应单独划分防烟分区。

(5) 防烟分区一般不跨越楼层，某些情况下，如 1 层面积过小，允许包括 1 个以上的楼层，但以不超过 3 层为宜。

1.5.5 高层建筑的安全疏散

安全疏散设计，是根据建筑物的使用性质、面积大小、容纳人数、人们在火灾事故时的心理状态与行动特点、火灾危险性来布置疏散设施，为人员的安全疏散设计一条安全路线。

1. 疏散口设置要求

高层建筑安全疏散口设置主要包括两个方面：一是房间内部疏散口设置；二是防火分区内疏散楼梯或外部出口的设置。

1) 房间内部安全疏散口

房间内部安全疏散口设置要求是：当房间位于两个安全疏散口之间，且面积≤60m^{2}时，可设置一个门；当房间位于走道尽端，且面积≤75m^2 时，可设置一个门；当地下室面积≤50m^2，经常停留人数不超过 15 人时，可设置一个门，其他情况均设置两个门。疏散门应向疏散方向开启，但房间内人数不超过 60 人，且每扇门的平均通行人数不超过 30 人时，门的开启方向可以不限。

2) 防火分区安全疏散口

高层建筑每个防火分区的安全疏散口不应少于两个，当防火分区内设置两个疏散口有困难时，符合以下条件可设置一个安全出口：高层建筑除地下室外，相邻两个防火分区之间的防火墙上有防火门连通时，且相邻的两个防火分区的建筑面积之和不超过表 1-14 规定的公共建筑，可设一个安全出口 [图 1.28(a)]。

表 1-14 两个防火分区之和最大允许建筑面积

建筑类别	两个防火分区建筑面积之和/m^2
一类建筑	1400
二类建筑	2100

高层住宅安全出口设置规定如下。

(1) 10 层以下的住宅建筑，当住宅单元任一层的建筑面积大于 650m^2，或任一套房的户门至安全出口的距离大于 15m 时，该住宅单元每层的安全出口不应少于 2 个 [图 1.28(b)]。

(2) 10 层及 10 层以上且不超过 18 层的住宅建筑，当住宅单元任一层的建筑面积大于 650m^2，或任一套房的户门至安全出口的距离大于 10m 时，该住宅单元每层的安全出口不应少于 2 个 [图 1.28(b)]。

(3) 19 层及 19 层以上的住宅建筑，每层住宅单元的安全出口不应少于 2 个 [图 1.28(c)]。

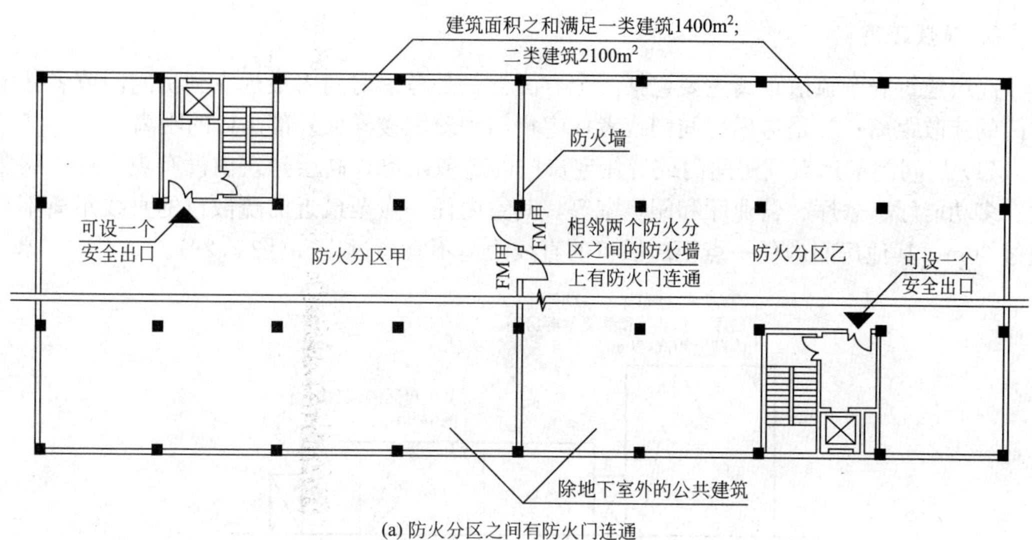

(a) 防火分区之间有防火门连通

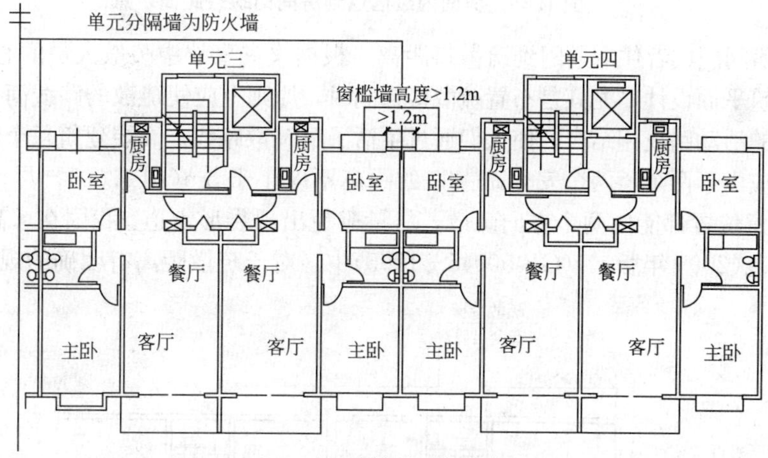

(b) 18层有以下单元住宅平面

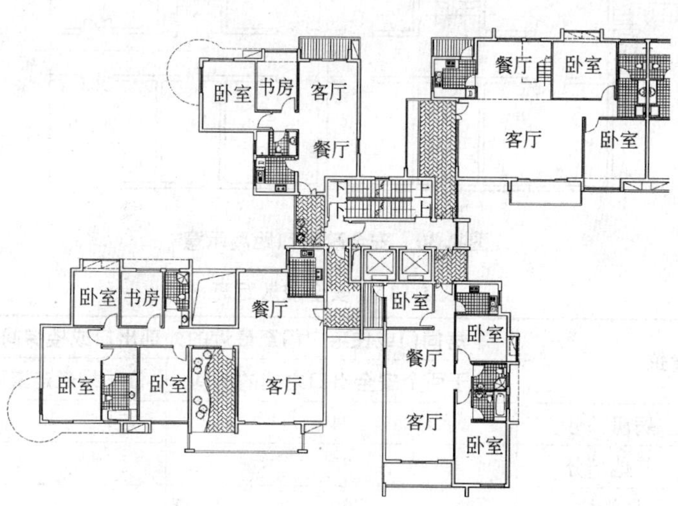

(c) 19层及以下单元住宅平面

图 1.28 高层民用建筑防火分区安全出口设置条件示意

2. 疏散距离

高层建筑安全疏散距离主要包括两个方面：一是考虑房间内最远点到房间门或者住宅户门的疏散距离；二是考虑房间门或者住宅户门到疏散楼梯或外部出口的距离。

(1) 房间内最远点到房间门或者住宅户门的疏散距离。高层建筑内设有观众厅、展览厅、多功能厅、餐厅、营业厅和阅览室等，其室内任一点至最近的疏散口的直线距离不宜超过 30m；其他房间内任一点至疏散口的直线距离不宜超过 15m(图 1.29)。

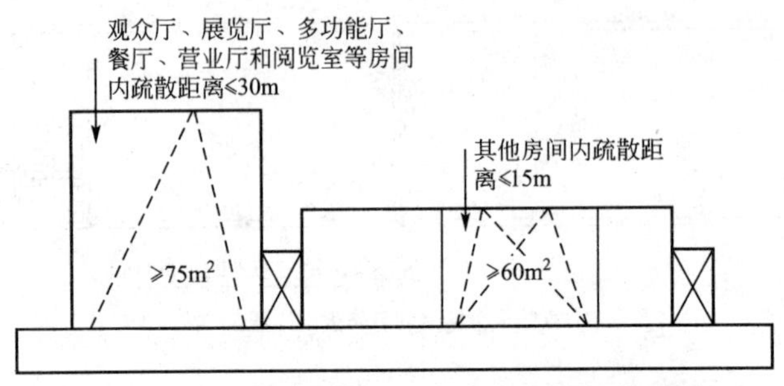

图 1.29　房间内最远点到房间门疏散距离示意

(2) 房间门或者住宅户门到疏散口距离。根据火灾事故中疏散人员的心理与行为特征，在进行建筑平面设计，尤其是布置疏散楼梯间时，原则上应使疏散的路线简捷，并能与人们日常生活的活动路线相结合，使人们通过生活了解疏散路线。高层建筑每个防火分区的安全疏散口不应少于两个，两个安全疏散口的距离不应小于 5m(图 1.30)，尽可能使建筑物内的房间任意位置都能向两个方向疏散，尽量避免出现袋形走道。我国在《高层民用建筑设计防火规范(2005 年版)》(GB 50045—1995)中，对于疏散距离有明确的规定(表 1-15)。

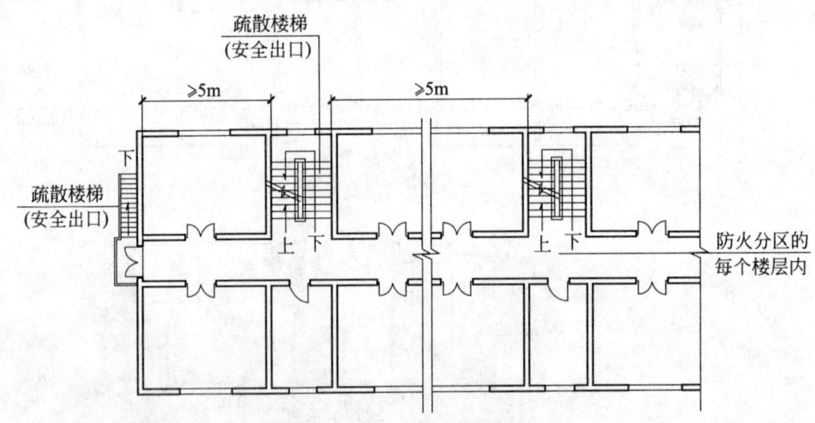

图 1.30　安全疏散口距离示意

表 1-15　安全疏散距离

高层建筑		房间门或住宅户门至最近的外部出口或楼梯间的最大距离/m	
		位于两个安全出口之间的房间	位于袋形走道两侧或尽端的房间
医院	病房部分	24	12
	其他部分	30	15
旅馆、展览楼、教学楼		30	15
其他		40	20

3. 疏散宽度

高层建筑除了安全疏散口数量、距离的要求之外，对于疏散口的宽度也有一定的要求(表1-16)。

表1-16 高层建筑首层疏散外门和走道的净宽 单位：m

高层建筑类别	每个外门的净宽	走道净宽	
		单面布房	双面布房
医 院	1.30	1.40	1.50
居住建筑	1.10	1.20	1.30
其 他	1.20	1.30	1.40

(1) 高层建筑内疏散走道的宽度，应按通过人数每100人不小于1.0m计算；高层建筑首层疏散外门的总宽度，应按人数最多的一层每100人不小于1.0m计算。

(2) 疏散楼梯间及前室的门净宽应按通过人数每100人不小于1.0m计算，但最小净宽不应小0.9m。单面布置房间的住宅，其走道出垛处的最小净宽不应小于0.9m。当建筑内各层人数不相等时，楼梯的总宽度可按照分段的办法计算，下层楼梯的总宽度要按该层及该层以上人数多的一层计算(图1.31)。室外楼梯作辅助防烟楼梯，其最小净宽不小于0.9m，倾斜角度不大于45°，栏杆扶手高度不小于1.1m时，室外楼梯宽度也可计入疏散楼梯总宽度之内。

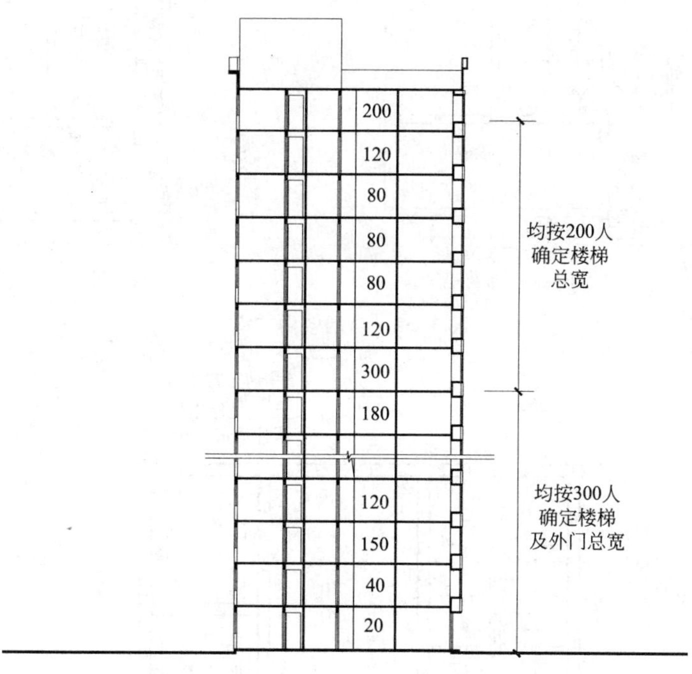

图1.31 各层人数不等时楼梯宽度计算方法

(3) 高层建筑内设有固定座位的观众厅、会议室等人员密集场所，其疏散走道、出口等应符合以下规定。

① 厅的疏散走道的净宽应按通过人数每100人不小于0.8m计算，且不宜小于1.0m；

边走道的最小净宽不宜小于 0.8m。

② 厅的疏散出口和厅外疏散走道的总宽度。平坡地面应按通过人数每 100 人不小于 0.65m 计算，阶梯地面应分别按通过人数每 100 人不小于 0.80m 计算。疏散出口和疏散走道最小净宽均不应小于 1.40m。

③ 疏散出口的门内、门外 1.40m 范围内不应设踏步，且门必须向外开，并不应设置门槛。厅内每个疏散出口的平均疏散人数不应超过 250 人，疏散门应为外开门。

1.5.6 高层建筑的楼梯间设计

当发生火灾时，普通电梯如未采取有效的防火防烟措施，因供电中断，一般会停止运行。此时，楼梯便成为最主要的垂直疏散设施。楼梯间防火性能的优劣、疏散能力的大小，直接影响着人员的生命安全与消防队的扑救工作。普通楼梯间相当于一个大烟囱，火灾时烟火就会拥入其间，造成火灾蔓延，增加人员伤亡，严重妨碍救火。高层建筑常用的楼梯间包括防烟楼梯间和封闭楼梯间。

1. 防烟楼梯间

为了阻止火灾时烟气进入楼梯间，在楼梯间入口之前，需设置能防烟的前室或利用阳台、凹廊做的开敞前室(图 1.32 和图 1.33)，这样的楼梯间称为防烟楼梯间。

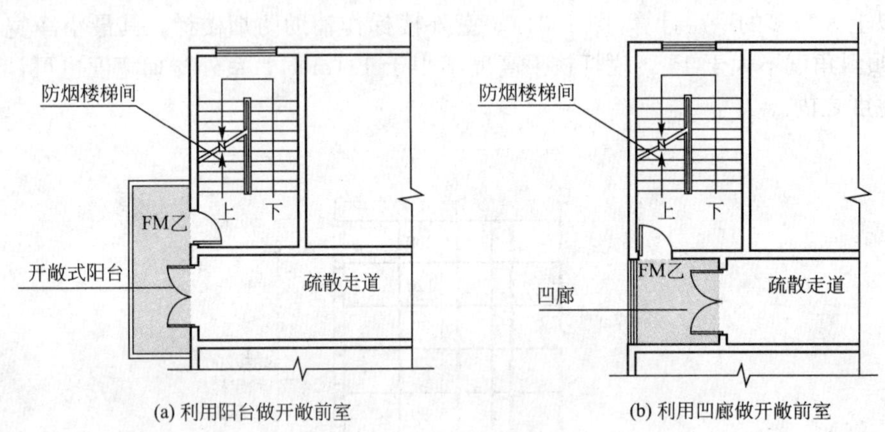

图 1.32　防烟楼梯前室

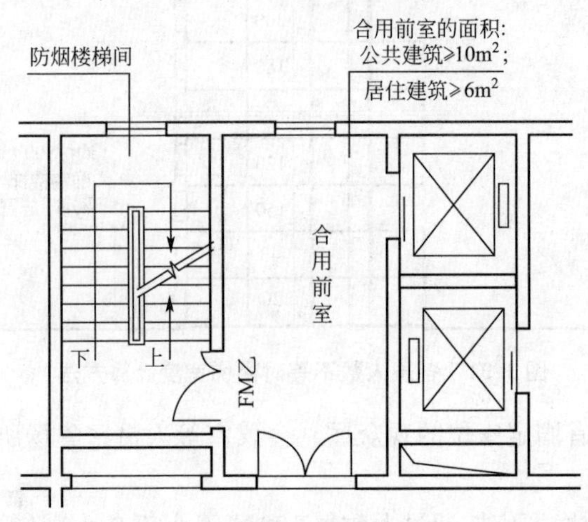

图 1.33　合用前室

1）高层建筑防烟楼梯间设计要点

（1）防烟楼梯间尽可能靠外墙布置，并附有能自然排烟的前室、阳台或凹廊。当高层建筑是利用标准层不靠外墙的核心筒部位来布置防烟楼梯或前室时，应设置独立的机械加压送风防烟设施。

（2）防烟楼梯间独立设置前室时，居住建筑前室建筑面积不应小于 4.5m^2，公共建筑不应小于 6m^2；当与消防电梯合用前室时，居住建筑不应小于 6m^2，公共建筑不应小于 10m^2(图 1.33)。

（3）楼梯间和前室的疏散门均为乙级防火门，且向疏散方向开启。楼梯间除了向防烟的前室、阳台、凹廊开口之外，不能向其他功能房间开口。

（4）防烟楼梯间前室应在首层设有直通室外的出入口或经过长度不超过 30m 的走道通向室外。

（5）建筑高度超过 50m 的一类高层公共建筑和高度超过 100m 的居住建筑，无论其防烟楼梯间和前室是否能自然排烟，均应设置独立的机械加压送风防烟设施。

（6）对于塔式高层建筑，两个疏散楼梯宜独立设置，当平面中可利用空间较为狭窄、独立设置有困难时，可采用剪刀楼梯。高层建筑的剪刀楼梯两个梯段间，应设置耐火极限不低于 1h 的不燃烧墙体，并要求每个楼梯分别布置防烟前室，设计成防烟楼梯间，分别设置机械加压送风系统。两个安全疏散口的距离应≥5m。

2）应设置防烟楼梯间的高层建筑

（1）一类高层民用建筑。

（2）除单元式、通廊式住宅外的建筑高度超过 32m 的二类高层民用建筑。

（3）高层塔式住宅。

（4）超过 11 层的通廊式住宅。

（5）19 层及 19 层以上的单元式住宅。

（6）建筑高度大于 32m 且任一层人数超过 10 人的高层厂房。

2. 封闭楼梯间

封闭楼梯间是指用耐火建筑构件分隔，能防止烟和热气进入的楼梯间。这类楼梯间比防烟楼梯间隔烟阻火能力差。

（1）封闭楼梯间设计要求：通向楼梯间的疏散门需采用乙级防火门，并向疏散方向开启。具体设计要求详见第 5 章。

（2）应设置封闭楼梯间的高层建筑。

① 高层建筑裙房。

② 除单元式和通廊式住宅之外的建筑高度不超过 32m 的二类建筑。

③ 不超过 11 层的通廊式住宅。

④ 12 层至 18 层的单元式住宅。

⑤ 高层厂房、仓库。

3. 高层建筑疏散楼梯设计应注意事项

（1）疏散楼梯、疏散走道台阶不应采用螺旋楼梯、弧形楼梯和扇形踏步。

（2）地下室、半地下室不宜与地上楼层共用一个楼梯间；当共用楼梯间时，在首层与地下室入口处应设有明显的标志，并用耐火极限不低于 2h 的墙体和乙级防火门隔开。

(3) 防火分区内两个疏散楼梯宜分别向两个不同的室外出入口进行疏散。

(4) 疏散楼梯平台设计时，宜考虑防火门开启过程中所需占用的平面尺寸(图 1.34)。

(5) 当上部为住宅、下部为商业用房时，应分别设置出入口。

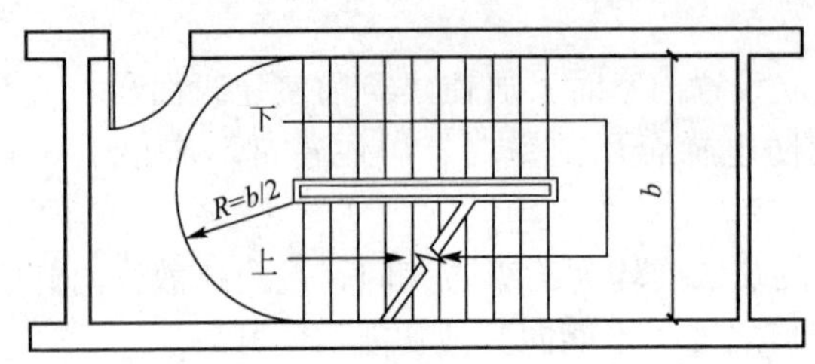

图 1.34　疏散楼梯平台平面设计

1.5.7　高层建筑的电梯设计

1. 电梯分类

高层建筑电梯按使用性质可分为消防电梯、客梯、货梯；按行驶速度可分为低速电梯(1.5m/s)、中速电梯(1.5～2m/s)、高速电梯(2m/s)。高层建筑常使用高速电梯，电梯速度过快会导致乘客身体不适，过慢会造成乘客停留时间过长。20 层以下的高层建筑，电梯速度不宜超过 3m/s；20～40 层的高层建筑，电梯速度宜选择 3～5m/s；40 层以上的高层建筑，电梯速度宜选择 5～7m/s。中速电梯可用于 20 层以下高层建筑的货梯或人流量不大的客梯。高层建筑消防电梯应采用高速电梯。

2. 消防电梯

高层建筑高度较高，消防员体力有限，在火灾发生时，消防员能迅速地通过消防电梯到达或撤离火灾现场，为救援创造有利的条件。消防电梯的设置要点及设置数量见上册第 4 章。

3. 超高层电梯分区

当建筑的高度超过约 75m，层数超过 25 层时，电梯宜垂直分区设置。电梯垂直分区的形式有高中低分区、高空大堂转换等。

(1) 高中低分区的电梯设计方式，是指每组电梯服务 50m 左右，约 8～12 层。这样整个建筑的电梯服务分区被划分成 2～3 段，分别为低区、中区和高区等。服务于中区、高区的电梯由于有相当一段距离无需停层，能保持高速运行，可以大大减少候梯的时间。低区电梯因为要不断加速启动，连续密集地停层，所以无须采用高速电梯[图 1.35(a)]。

(2) 高空大堂转换的电梯设计方式，在竖向上先划分为若干段，各段又包含各自的若干个电梯分区，在每段之间设置电梯转换大厅。乘客先从大厦底部乘坐快速穿梭电梯到达电梯转厅，再换乘各段内的区域电梯抵达所要到达的楼层。这种电梯设计方式优点在于：区段之间的快速穿梭电梯没有中间停靠层而能以最快的速度运行，不同分段里的区域电梯可以在同一个垂直投影面上运行，节约了面积；缺点是换乘比较麻烦［图 1.35(b)］。

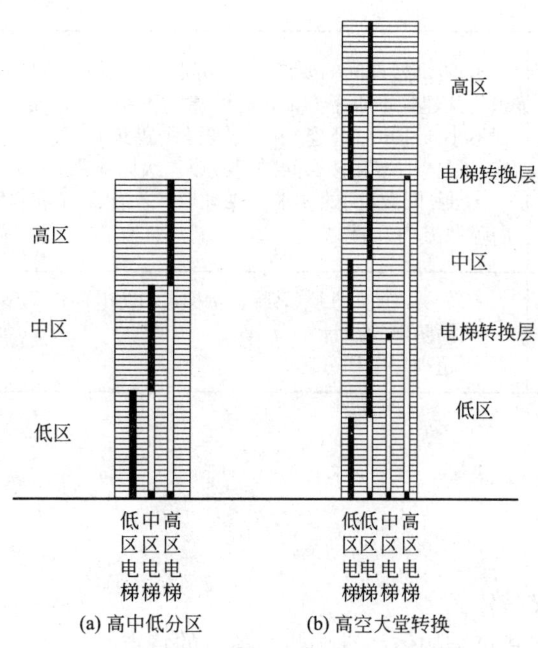

图 1.35 超高层电梯分区设计

本章小结

高层建筑分类	• 层数：第一类 9～16 层，第二类 17～25 层，第三类 26～40 层，第四类 40 层以上 • 高度：公共建筑 $h>24$m，超高层建筑 $h>100$m(建筑高度是指建筑物室外地面到其檐口或屋面面层的高度，屋顶上的水箱间、电梯机房、排烟机房和楼梯出口小间不计入建筑高度) • 体型：板式高层建筑，塔式高层建筑 • 防火：一类、二类
高层建筑结构体系	• 按建筑材料来划分：配筋砌体结构，钢筋混凝土结构，钢结构，钢-混凝土混合结构 • 按结构受力体系来划分：框架结构，剪力墙结构，筒体结构，组合结构 • 组合结构：框支剪力墙，框架-剪力墙，框架-筒体，巨型结构
高层建筑楼盖构造	• 楼盖的结构形式 • 高层建筑设备布置
高层建筑外墙构造	• 高层建筑外墙的特点和设置
高层建筑防火设计	• 高层建筑的火灾特点 • 高层建筑的耐火等级 • 高层建筑的总平面布局和平面布置 • 安全疏散设计：防火分区及防烟分区划分，疏散口设置要求，疏散距离设置，疏散宽度设计

（续）

高层建筑楼梯的设计	• 防烟楼梯间的要求：楼梯间入口处应设前室或阳台、凹廊等，前室面积公共建筑不小于 $6m^2$，居民建筑不小于 $4.5m^2$，若与消防电梯合用前室则不小于 $10m^2$(公建)和 $6m^2$(居住建筑)，楼梯间的前室应设防烟排烟设施，通向前室和楼梯间的门应设乙级防火门，向疏散方向开启 • 封闭楼梯间的要求：靠外墙，天然采光和自然通风，设乙级防火门，向疏散方向开启
高层建筑电梯的设计	• 分类：使用性质(客梯、货梯、消防电梯)行驶速度(高速、中速、低速) • 消防电梯设计 • 超高层电梯分区

习　　题

一、思考题

1. 高层建筑的定义是什么？
2. 按材料分，高层建筑结构体系有哪些？各自的特点是什么？
3. 按结构受力体系来划分，高层建筑结构体系有哪些？各自的特点和适用范围是什么？
4. 高层建筑常用楼盖的结构形式有哪几种？各种楼盖的经济跨度如何？
5. 简述设备层布置原则。
6. 高层建筑安全出口有哪些具体的规定？
7. 什么是防火分区？高层建筑的防火分区有什么规定？
8. 什么是防烟分区？高层建筑的防烟分区有什么规定？
9. 防烟楼梯的设计有什么要求？

二、选择题

1. 以下关于高层建筑起点高度计算，说法不正确的是(　　)。
   A. 建筑高度超过 24m 的两层及两层以上的厂房、库房为高层工业建筑
   B. 9 层及 9 层以上的居住建筑(包括首层设置商业服务网点的住宅)属于高层民用建筑
   C. 建筑高度超过 24m 的公共建筑属于高层民用建筑
   D. 建筑高度大于 100m 的民用建筑为超高层建筑
2. 常用的高层建筑结构形式有(　　)。
   Ⅰ. 砌体结构
   Ⅱ. 钢筋混凝土框架结构
   Ⅲ. 排架结构
   Ⅳ. 框筒结构
   A. Ⅰ、Ⅲ　　B. Ⅰ、Ⅳ　　C. Ⅱ、Ⅲ　　D. Ⅱ、Ⅳ
3. 框架-剪力墙结构中的剪力墙布置，下列哪一种说法是不正确的？(　　)
   A. 横向剪力墙宜均匀对称地设置在建筑物的端部附近、楼电梯间，平面形状变化处及恒载较大的地方

B. 纵向剪力墙不宜集中布置在建筑物的两端

C. 纵向剪力墙宜布置在结构单元的中间区段内

D. 剪力墙墙肢截面高度可大于 8m

4. 为满足登高消防车火灾扑救作业的要求，高层建筑底部应留出足够长度的扑救面，具体应满足以下 4 条中的哪两条要求？(　　)

Ⅰ. 扑救面长度不小于高层建筑主体的一条长边或 1/3 周长

Ⅱ. 扑救面长度不小于高层建筑主体的一条长边或 1/4 周长

Ⅲ. 扑救面范围内不应布置高度大于 5m，进深大于 4m 的裙房

Ⅳ. 扑救面范围内不应布置高度大于 4m，进深大于 5m 的裙房

A. Ⅰ、Ⅲ　　B. Ⅰ、Ⅳ　　C. Ⅱ、Ⅲ　　D. Ⅱ、Ⅳ

5. 高层建筑内走道的净宽，应按通过的人数每 100 人不小于(　　)m 计算。

A. 0.90　　B. 1.00　　C. 1.10　　D. 1.20

6. 以下关于高层建筑防烟分区划分，说法不正确的是(　　)。

A. 防烟分区不应跨越防火分区

B. 对于高层民用建筑，所有防烟分区的面积都不宜大于 $500m^2$

C. 不设排烟设施的房间(包括地下室)和走道，不划分防烟分区

D. 对有特殊用途的场所，如地下室、防烟楼梯间、消防电梯、避难层间等，应单独划分防烟分区

7. 当每层建筑面积大于 $1500m^2$ 但小于等于 $4500m^2$ 时，应设置(　　)消防电梯。

A. 一台　　B. 两台　　C. 三台　　D. 四台

三、判断题

1. 9 层及 9 层以上的居住建筑(包括首层设置商业服务网点的住宅)可适用《高层民用建筑设计防火规范》。(　　)

2. 商业建筑的营业厅，当高度在 24m 及以下时，可采用设有防火门的封闭楼梯；当高度在 24m 以上时，应采用防烟楼梯间。(　　)

3. 当高层建筑每层建筑面积≤$2000m^2$ 时，可设置一台消防电梯。(　　)

4. 防烟楼梯间独立设置前室时，居住建筑前室建筑面积不应小于 $4.5m^2$，公共建筑不应小于 $6m^2$。(　　)

第2章 地下室构造

知识目标

● 了解地下室的类型和设计要求。

● 熟悉和掌握地下室的一般构造，包括防潮防水、采光和通风构造。

● 了解和掌握地下及半地下车库的主要构造做法。

● 了解人防地下室构造的基本要求和主要构造做法。

导入案例

位于韩国首都首尔的D-Cube城(图2.0)，是一个集旅馆、办公、商业零售、文化娱乐于一体的大型复合体，高达42层，总建筑面积达320000m²。它与附近另外两幢50层高的住宅塔楼一道，成为首尔市首屈一指的生活、工作、娱乐与旅游目的地，每年吸引了数百万的游客。

值得一提的是，D-Cube城还尽可能地开发与利用地下空间，作为地面街道景观与步行系统的垂直拓展。在地下一、二层，设置了大型的花园以及公共空间作为娱乐区并与周围其他城市地下空间相连；再往下，还有6层的地下车库及设备层。可以说，D-Cube城的设计，是高层建筑复合体充分利用城市地下空间的典范。

图2.0 韩国首尔D-Cube城

2.1 概　　述

位于建筑物底层之下的房间叫作地下室，它是在有限的建筑占地面积中所争取到的使用空间，可作安装设备、储藏存放、商场、餐厅、车库以及战备防空等多种用途。

由于地下室位于地下，与地上房间相比有其自身的不足，主要表现在以下几个方面。其一，地下室的采光通风条件不利。低标准建筑的地下室可用作储藏间，高标准建筑则需采用机械通风和人工照明方可用作商场、餐厅。其二，地下室的四壁和底板受地下水的包围，因而防潮和防水的构造复杂、费用较多，如处置不好或年久失修，将有渗漏和潮湿现象发生，影响使用。其三，地下室的污水排水管低于市政管网标高，因而排水构造复杂、费用较高。

当然，地下室也有其自身的优越性。其一，地下室受外界影响较小，噪声和振动干扰甚微，故可用作手术室和精密仪表车间。其二，由于地下室受外界气温影响较小，即所谓的冬暖夏凉，故而减少了空调费用，并有较明显的节能效果。其三，随着我国城市化建设的发展，城市地面空间愈加紧张，对地下空间的利用是建筑发展的一大趋势。尤其是高层建筑，由于结构的关系，基础埋深较大，利用基础部分空间建造一层或多层地下室，可增加使用面积，从而节约了城市用地并降低了对地面环境景观的不良影响，又省掉了基坑回填土的费用。最后，地下室受厚土层的覆盖，可按人防工程设计规范建造，作为防御空袭之用。

2.2 地下室的类型与设计要求

2.2.1 地下室的类型

地下室按使用功能分，有普通地下室和防空地下室；按顶板标高分，有全地下室和半地下室；按结构材料分，有砖混结构地下室和钢筋混凝土结构地下室。

1. 按使用功能分类

1) 普通地下室

一般用作高层建筑的地下停车库、设备用房及其他功能用房。根据用途及结构需要可做成地下1～3层或多层。

2) 防空(人防)地下室

为保障人民防空指挥、通信、掩蔽等需要，具有预定防护功能的地下室。按人防地下室的使用功能和重要程度，可将人防地下室分为六级。防空(人防)地下室的设计应严格遵照人防工程的有关规范进行。

2. 按顶板标高分类

1) 全地下室

全地下室指房间地面低于室外设计地面的平均高度大于该房间平均净高1/2者，如图2.1所示。

2) 半地下室

半地下室指房间地面低于室外设计地面的平均高度大于该房间平均净高1/3，且小于等于1/2者。半地下室通常利用采光井采光，如图2.1所示。

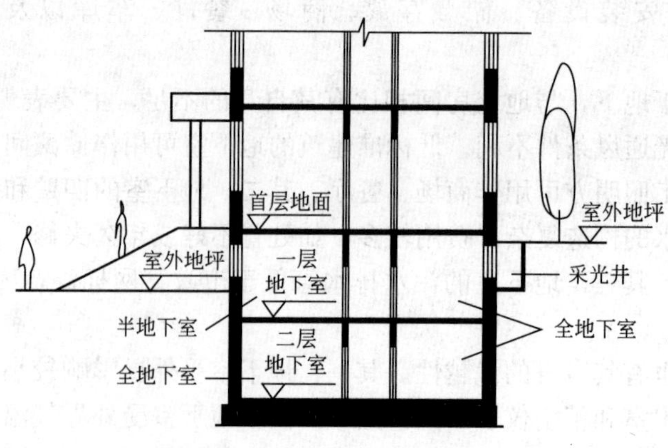

图 2.1　地下室的类型

3. 按结构材料分类

1）砖混结构地下室

地下室的外墙为砖墙、顶板和底板为钢筋混凝土结构，用于上部荷载不大及地下水位较低的情况。

2）钢筋混凝土结构地下室

地下室的外围墙体、顶板和底板均为钢筋混凝土结构，用于上部荷载较大及地下水位较高的情况。

2.2.2　地下室的设计要求

1. 满足防潮防水要求

由于地下室位于地表以下，地下室的四壁和底板常年受土壤及地下水的包围，因此，解决地下室的防潮和防水问题是地下室构造设计的首要任务和要求。

2. 满足防火及疏散要求

由于地下空间的特殊性，在发生火灾时不仅疏散扑救困难，而且烟火还会威胁地上建筑的安全，因此，做好防火和疏散设计也是地下室设计的重要任务。

3. 满足通风采光要求

地下室的通风一般采用机械通风，在无条件获得自然采光时，一般采用人工照明。

4. 满足平战功能结合要求

《中华人民共和国人民防空法》规定，城市的新建民用建筑，按国家有关规定，修建战时可用于防空的地下室。人民防空工程实行平战结合，因而具有双重功能，即战时具有防护功能，平时具有其他使用功能。因此，地下室的设计应做到平战功能结合与转换的要求。

5. 满足耐久性与经济性要求

地下工程涉及大量的土方、复杂的结构和隐蔽的构造，且维修难度高，因此，在确定构造方案、选择构造材料时必须在满足耐久性的前提下，尽量做到经济合理。

2.3 地下室的组成

地下室由墙体、顶板、底板、门窗、楼(电)梯等五大部分组成，如图 2.2 所示。

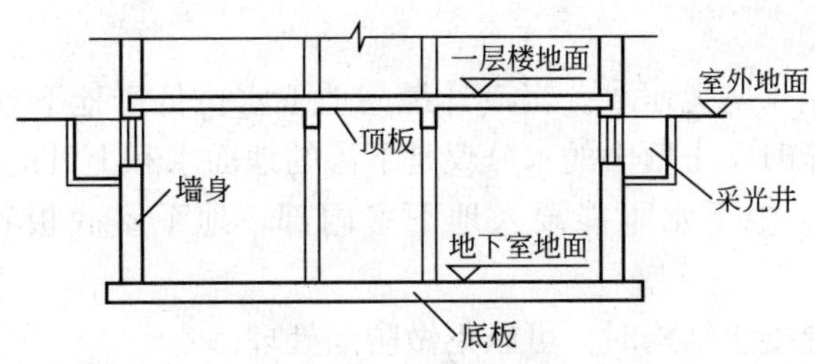

图 2.2 地下室的组成

1. 墙体

地下室的外墙应按挡土墙设计，如用钢筋混凝土或素混凝土墙，其厚度应按计算确定，其最小厚度除应满足结构要求外，还应满足抗渗厚度的要求。钢筋混凝土墙的最小厚度不低于 250mm(不包括甲类防空地下室)，外墙应做防潮或防水处理，如用砖墙(现在较少采用)其厚度不小于 490mm。

2. 顶板

可用预制板、现浇板或者预制板上做现浇层(装配整体式楼板)。如为防空地下室，必须采用现浇板，并按有关规定决定厚度和混凝土强度等级。在无采暖的地下室顶板上，即首层地板处应设置保温层，以利首层房间的使用舒适。

3. 底板

底板处于最高地下水位以上，并且无压力产生作用的可能时，可按一般地面工程处理，即垫层上现浇混凝土 60～80mm 厚，再做面层；如底板处于最高地下水位以下时，底板不仅承受上部垂直荷载，还承受地下水的浮力荷载，因此应采用钢筋混凝土底板，并双层配筋，底板下垫层上还应设置防水层，以防渗漏。

4. 门窗

普通地下室的门窗与地上房间门窗相同，地下室外窗如在室外地坪以下时，应设置采光井和防护箅，以利室内采光、通风和室外行走安全。防空地下室一般不允许设窗，如需开窗，应设置战时堵严措施。防空地下室的外门应按防空等级要求，设置相应的防护构造。

5. 楼梯

可与地面上房间结合设置，层高小或用作辅助房间的地下室，可设置单跑楼梯，防空要求的地下室至少要设置两部楼梯通向地面的安全出口，并且必须有一个是独立的室外出入口。这个安全出口周围不得有较高建筑物，以防空袭倒塌堵塞出口影响疏散。

2.4 地下室的防潮防水

地下室的防潮防水，应根据地下室的防水等级、不同地基土和地下水位的高低以及有无滞水的可能来确定地下室的防潮防水方案。

当设计最高地下水位高于地下室底板，或地下室周围土层属弱透水性土存在滞水可能时，应采取防水措施。当地下室周围土层为强透水性土，设计最高地下水位低于地下室底板且无滞水可能时应采取防潮措施。

1. 地下室防潮

地下室防潮只适用于防无压水。当设计最高地下水位低于地下室地面垫层下皮标高，且无形成上层滞水可能时，土壤中的水分仅是下渗的地面水和上升的毛细管水，对地下室没有侧压力和上浮力，地下水不能浸入地下室内部，地下室底板和外墙可以只做防潮处理。

当地下室为钢筋混凝土结构时，可以不做防潮处理。

当地下室为砖混结构时，防潮的构造做法及要求是：必须采用水泥砂浆砌筑，灰缝也必须饱满；在外墙外侧设置垂直防潮层，其一般做法为：1∶2.5 水泥砂浆找平、刷冷底子油一道、热沥青两道，防潮层做至室外散水以上 300mm 处，然后在防潮层外侧回填低渗透性土壤，如黏土、灰土等，并逐层夯实，宽度为 500mm 左右。此外，地下室所有墙体，必须设两道水平防潮层，一道设在底层地坪附近，一般设置在结构层之间。另一道设在室外地面散水以上 150～200mm 的位置，如图 2.3 所示。

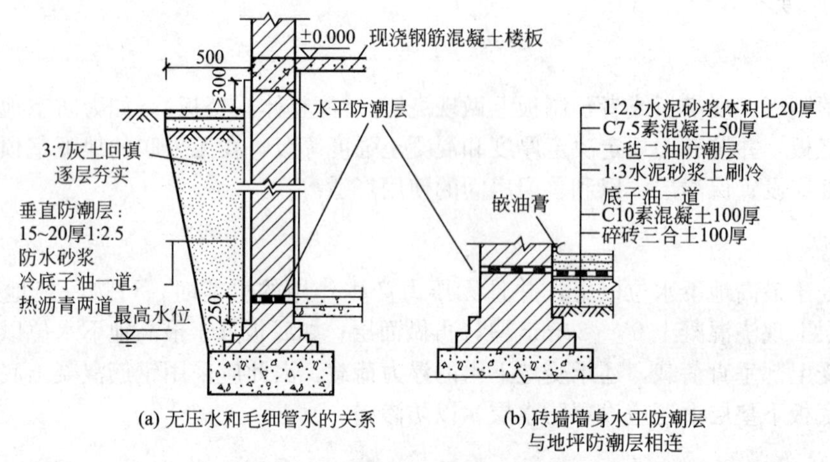

(a) 无压水和毛细管水的关系　　(b) 砖墙墙身水平防潮层与地坪防潮层相连

图 2.3　地下室防潮构造

2. 地下室防水

由于地下工程比较复杂，做防水设计时应考虑地表水、地下水、毛细管水等的作用，以及由于人为因素引起的附近水文地质改变的影响。

地下室工程防水设计内容如下。

(1) 防水等级和设防要求。

(2) 防水层选用的材料及其技术指标、质量保证措施。

(3) 工程细部构造的防水措施，选用的材料及其技术指标、质量保证措施。

(4) 工程的防排水系统，地面挡水、截水系统及工程各种洞口的防倒灌措施。

地下室防水工程设计方案，应该遵循以防为主、以排为辅的基本原则，防水设计应定级准确、方案可靠、施工简便、经济合理，可根据工程的重要性和使用中对防水的要求按地下室防水工程设防表的要求进行设计。按《地下工程防水技术规范》(GB 50108—2008)和《地下防水工程质量验收规范》(GB 50208—2011)的规定，如表 2-1 所示。

表 2-1 地下室防水工程设防表

防水等级	适用范围	标准	设防做法	选择要求
一级	人员长期停留的场所；因有少量湿渍会使物品变质、失效的储物场所及严重影响设备正常运转和危及工程安全运营的部位；极重要的战备工程、地铁车站等	不允许漏水，结构表面无湿渍	多道设防，其中应有一道钢筋混凝土结构自防水和一道柔性防水，其他各道可采取其他防水措施	(1) 自防水钢筋混凝土 (2) 优先选用合成高分子卷材 (3) 增加其他防水措施，如架空层或夹壁墙等
二级	人员经常活动的场所；在有少量湿渍的情况下不会使物品变质、失效的储物场所及基本不影响设备正常运转和工程安全运营的部位；重要战备工程	不允许漏水结构表面有少量湿渍；工业与民用建筑总湿渍面积不应大于总防水面积(包括顶板、墙面、地面)的 1/1000；任意 $100m^2$ 防水面积上的湿渍不超过 2 处，单个湿渍面积不大于 $0.1m^2$；其他地下工程总湿渍面积不应大于总防水面积的 2/1000；任意 $100m^2$ 防水面积上的湿渍不超过 3 处，单个湿渍面积不大于 $0.2m^2$；其中，隧道工程还要求平均渗水量不大于 $0.05L/(m^2 \cdot d)$，任意 $100m^2$ 防水面积上的渗水量不大于 $0.15L/(m^2 \cdot d)$	两道设防，一般为一道钢筋混凝土结构自防水和一道柔性防水	(1) 自防水钢筋混凝土 (2) 合成高分子卷材一层，或高聚物改性沥青防水卷材
三级	人员临时活动场所；一般战备工程	有少量漏水点，不得有线流和漏泥砂；任意 $100m^2$ 的防水面积上的漏水点数不超过 7 处，单个漏水点的最大漏水量不大于 $2.5L/(m^2 \cdot d)$，单个湿渍面积不大于 $0.3m^2$	可采用一道设防或两道设防；也可对结构做抗水处理，外做一道柔性防水层	合成高分子卷材一层或高聚物改性沥青防水卷材
四级	对漏水无严格要求的工程	有漏水点，不得有线流和漏泥砂；整个工程平均漏水量不大于 $2L/(m^2 \cdot d)$，任意 $100m^2$ 防水面积上的平均漏水量不大于 $4L/(m^2 \cdot d)$	一道设防，也可做一道外防水层	高聚物改性沥青防水卷材

目前我国地下工程防水常用的措施有卷材防水、混凝土构件自防水、涂料防水、塑料防水板防水和金属防水层等。防水材料的选用，应根据地下室的使用功能、结构形式、环境条件等因素合理确定。一般处于侵蚀介质中的工程应采用耐腐蚀的防水混凝土、防水砂浆或防水卷材、涂料；结构刚度较差或受振动影响的工程应采用卷材、涂料等柔性防水

材料。

随着新型防水材料的不断涌现，地下室的防水处理也在不断更新。

1）卷材防水

卷材防水是以防水卷材和相应的黏结剂分层粘贴，铺设在地下室底板垫层至地下室墙体顶端的基面上，形成封闭防水层的做法。卷材防水能适应结构的微量变形和抵抗地下水的一般化学侵蚀，是一种传统的防水做法，如图 2.4 所示。

图 2.4 地下室卷材防水施工

卷材防水的施工方法有两种：外防水和内防水。当卷材防水层设在地下工程围护结构外侧时，称为外防水，此时防水层处于迎水面，防水效果较好，工程中采用较多，但缺陷处难于查找，维护困难；当卷材粘贴于地下工程围护结构内表面时称为内包防水，此时防水层处于背水面，防水效果较差，但施工简单，便于修补，多用于修缮工程。

(1) 外防水具体做法(也称外包法)。底板做法：先浇筑混凝土垫层，在垫层上粘贴卷材防水层(卷材层数视水压大小选定)，在防水层上抹 20～30mm 厚水泥砂浆保护层，再在保护层上浇筑钢筋混凝土底板。在铺粘防水卷材时，须在底板四周预留甩槎，以便与垂直防水卷材衔接。

外墙应砌筑在底板四周之上，墙外皮抹 20mm 厚水泥砂浆，刷冷底子油一道、粘贴卷材防水层。此时各层卷材必须与底板卷材甩槎衔接牢靠。在垂直防水层外侧紧贴砌筑半砖厚保护墙，每隔 8～10m 设垂直通缝，保护墙根部与底板相交处干铺油毡条一层，以利回填土的侧向挤压使保护墙贴紧防水层。垂直防水层和保护墙要做到散水处，邻近保护墙 500mm 范围内的回填土应选用弱透水性土(黏土或 2∶8 灰土)，并逐层夯实，构成隔水层，如图 2.5(a)所示。

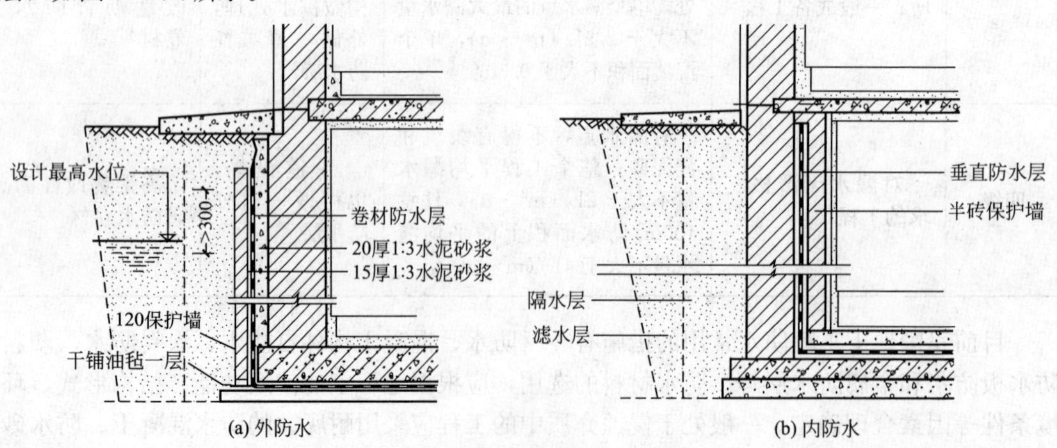

图 2.5 地下室卷材防水构造

(2) 内防水具体做法(也称内包法)。先采用渗透结晶型混凝土防渗处理剂对地下室外墙及底板进行防渗处理，然后将防水卷材铺贴于地下室外墙内表面及底板顶面，在防水层内侧砌筑半砖墙及浇筑混凝土面层进行保护，如图 2.5(b)所示。

2) 钢筋混凝土自防水

地下室的墙采用混凝土或钢筋混凝土结构时，可连同底板采用抗渗性能好的防水混凝土，使承重、围护、防水三者合一。防水混凝土墙和底板不能过薄，一般外墙厚为 200mm 以上，底板厚应在 150mm 以上，否则会影响抗渗效果。目前常采用的防水混凝土有普通防水混凝土和掺外加剂防水混凝土两类。

防水混凝土的抗渗性能用抗渗标号表示，抗渗标号是根据最高计算水头与防水混凝土结构最小壁厚比来确定的，分为 P4、P6、P8、P10、P12 五个级别。

普通防水混凝土一般通过集料级配法制备，即采用不同粒径的骨料进行级配，并提高混凝土中水泥砂浆的含量，使砂浆充满于骨料之间，在粗骨料周围形成一定数量的、质量好的包裹层，将粗骨料分隔开，从而堵塞因骨料间不密实而出现的渗水通路，以提高混凝土的密实性和抗渗性，从而达到防水的目的。

外加剂防水混凝土则是在混凝土中掺入一定量的外加剂，如引气剂、减水剂、三乙醇胺、氯化铁、明矾、UEA 等膨胀剂，来改善混凝土自身的密实性，以提高混凝土的抗渗性能，达到防水的目的，如图 2.6 所示。

3) 涂料防水

涂料防水指在施工现场以刷涂、刮涂、滚涂等方法将无定型液态冷涂料在常温下涂敷于地下室结构表面的一种防水做法。防水涂料经固化后形成的防水薄膜具有一定的延伸性、弹塑性、抗裂性、抗渗性及耐候性，能起到防水、防渗和保护作用。防水涂料有良好的温度适应性，施工时操作简便，易于维修与维护，如图 2.7 所示。

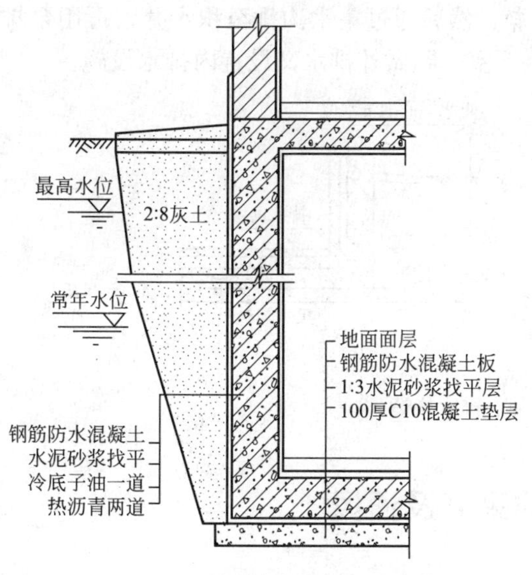

图 2.6 钢筋混凝土自防水构造

图 2.7 地下室涂料防水施工

目前常用的防水涂料有两大类：一类是聚氨酯类防水涂料；另一类为聚合物水泥基防水涂料，具体做法如图 2.8 所示。

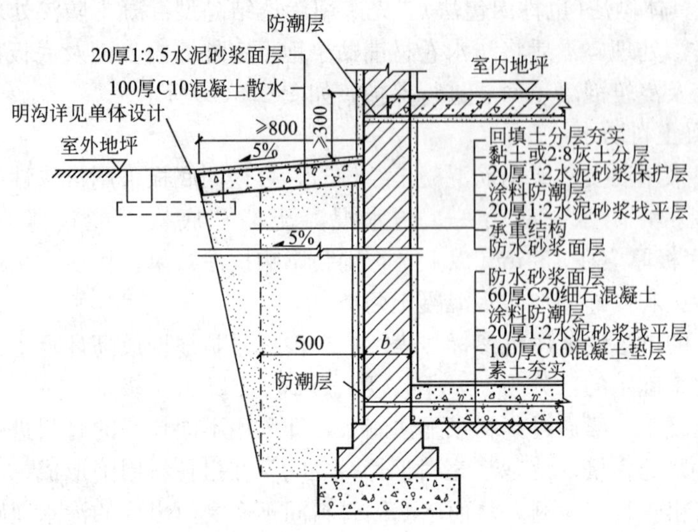

图 2.8　涂料防水构造

除上述防水措施外，采取辅助降、排水措施，可以有效地加强地下室的防水效果。

降、排水法可分为外排法和内排法两种。所谓外排法是指当地下室水位已高出地下室地面以上时，采取在建筑物的四周设置永久性降排水设施，通常是采用盲沟降、排水，即利用带孔套管埋设在建筑物的周围、地下室地坪标高以下。套管周围填充可以滤水的卵石及粗砂等材料，使地下水有组织地流入集水井，再经自流或机械排水排向城市排水管网，使地下水位降低至地下室底板以下，变有压水为无压水，以减少或消除地下水的影响，见图 2.9(a)。内排法是将渗入地下室内的水，通过永久性自流排水系统排至低洼处或用机械排除。但后者应充分考虑因动力中断引起的水位回升的影响，在构造上常将地下室地坪架空，或设隔水间层，以保持室内墙面和地坪干燥，然后通过集水沟排至积水井，再用泵排除，见图 2.9(b)。为保险起见，有些重要的地下室，既做外排水又设置内排水设施。

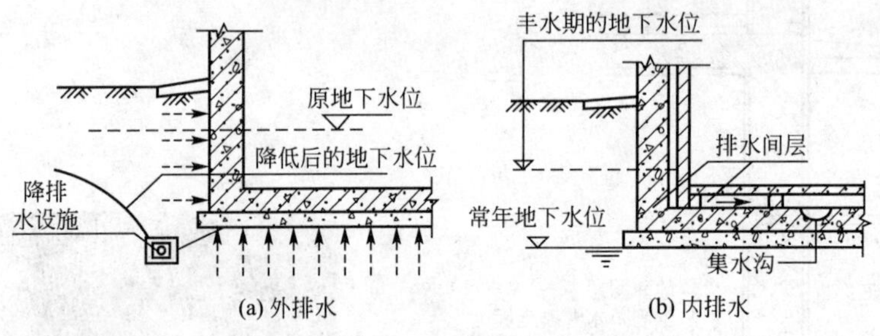

图 2.9　地下室降、排水构造

2.5　地下室的采光及通风

由于附建式地下室或半地下室上部都有对应的地上建筑，不可能像单建式地下建筑那样开设采光天窗或设采光中庭以利天然采光，因而大多数处于完全封闭的状态。全地下室一般可采用人工照明以及设备设施解决采光通风问题，半地下室可利用凸出地面部分的外墙设采光通风窗井，以获得自然采光和通风。

采光通风井可单独设置，也可联合设置，视外窗的间距而定。采光井由三面侧墙、底板和防护箅组成。侧墙可用砖砌筑，底板应使用混凝土浇筑。底板面应较窗台低250～300mm，以防雨水溅入和倒灌。井底应做1%～3%的纵坡，将雨水引入排水管道。采光井具体做法如图2.10所示。

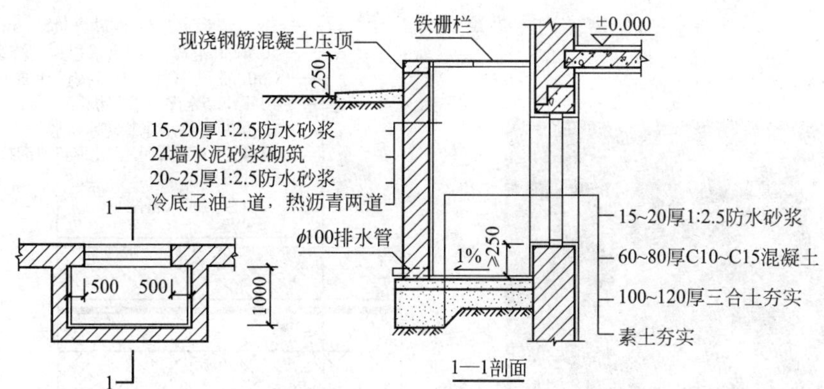

图2.10 地下室采光井构造

如果采光井井底的排水条件受到限制，也可以考虑通过在防护箅上设置井盖来排水。井盖可用钢筋混凝土制作，但考虑到采光需要，一般采用透明或半透明的钢化玻璃或有机玻璃井盖。

2.6 地下及半地下车库

地下或半地下车库，需要在满足相关规范的前提下进行周密设计。在做好平面和剖面设计的前提下，再根据具体情况采取恰当的构造措施。

地下车库柱网的选择主要应满足停车和行车的各种技术要求，兼顾结构与经济的合理，并考虑与上部建筑柱网的统一。

2.6.1 车库地坪构造

车库地坪的设计要求是：强度够、耐磨、防滑、防尘、美观等。地下车库地坪的做法，从面层材料上区分有普通混凝土地坪、金刚砂地坪、环氧树脂地坪三大类。

1. 普通混凝土地坪

一般采用C30细石混凝土面层随打随抹光。混凝土本身含有大量的毛细孔，其强度、耐磨度都有限，易起灰，造价低，施工简便，一般用于低档地下车库或简易地下室。其构造如图2.11所示。

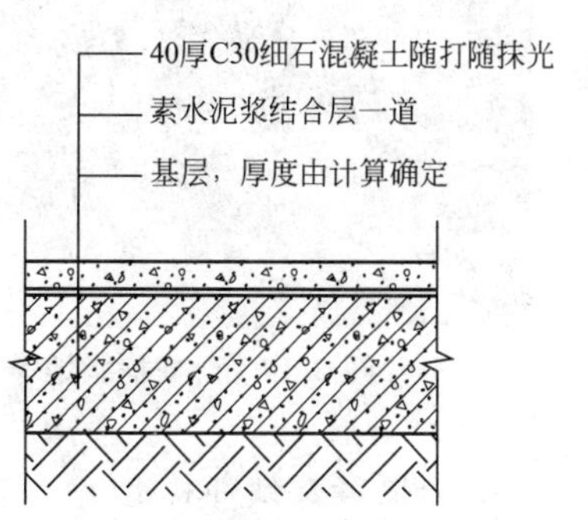

图2.11 普通混凝土地坪构造

2. 金刚砂地坪

又称硬化耐磨地坪，分为非金属硬化耐磨地坪和金属硬化耐磨地坪。两种硬化耐磨材料是由高标号特殊水泥和非金属矿物骨料(或金属矿物骨料)及多种特殊添加

剂组成，颜色有本色、灰色、绿色、红色、黄色等。在水泥或混凝土浇筑过程中掺入金刚砂或其他骨料，整体凝固而成。由于金刚砂等骨料硬度极高，所以硬质地坪坚硬、耐磨、平坦无缝，但容易吸纳污水和粉尘，使用寿命有限，一般使用寿命为5～8年，短的为2～3年。金刚砂地坪及其构造如图2.12和图2.13所示。

图2.12 金刚砂地坪

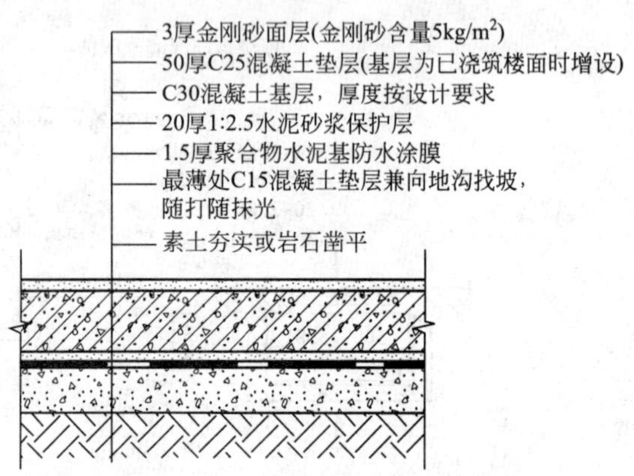

图2.13 金刚砂地坪构造

此外，在金刚砂地坪的水泥或混凝土浇筑过程中还可以同时加入混凝土密封固化剂，形成金刚砂＋混凝土密封固化剂硬地坪。这种地坪具有更高的耐磨、耐压、耐冲击以及抗渗性能，在防尘、防滑及使用寿命方面较金刚砂地坪均有较大改善，目前已得到广泛应用。

3. 环氧树脂地坪

环氧树脂地坪是指在已经凝固好的水泥地坪上覆涂环氧树脂涂料，覆涂厚度在1～5mm左右，形成密封的有机物保护层。

环氧树脂地坪的多层涂覆材料对混凝土、水泥地表有良好的附着力，能有效地防止停驶车辆带来的灰尘，尤其是阴雨天的泥泞和水渍，易于清洁，卫生环保；地坪的耐磨、抗压、抗弯强度高于一般水泥地坪；抗酸碱，吸水率低；无毒无味，阻燃，多层涂；色彩多样、鲜艳，通过现代调色技术，使停车场的色调更为和谐美观。环氧树脂地坪及其构造如图2.14和图2.15所示。

图2.14 环氧树脂地坪

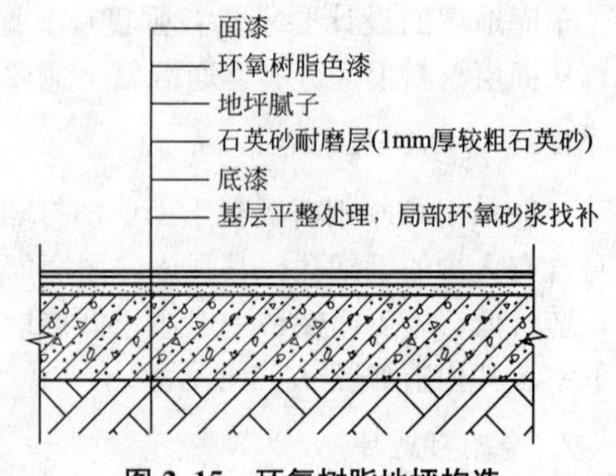

图2.15 环氧树脂地坪构造

4. 分隔缝及细部构造

为避免结构柱周围地面开裂，必须在地面与结构柱之间设置分隔缝，缝宽5mm，缝深为地面厚度的1/3，设置位置如图2.16所示。此外，结构墙及砌体墙，通风、电器、水箱间、消防等设备的基础边缘均应设置分隔缝，缝宽20mm。

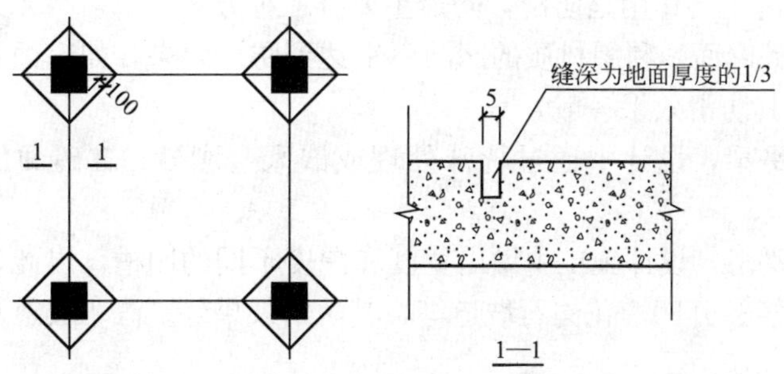

图2.16 分隔缝位置示意及构造

2.6.2 车库坡道构造

地下车库的汽车坡道，是地下车库重要的组成部分，是连接地下车库室外和室内、地上与地下的竖向交通枢纽。合理布置地下汽车库坡道，做好汽车坡道设计，在整个地下车库设计中非常重要。

地下车库坡道的类型从基本形式上可分为直线形坡道、曲线形坡道和螺旋形坡道。

地下车库坡道的坡度按《汽车库建筑设计规范》(JGJ 100—1998)中规定：直线坡道的允许最大纵坡为15%，当设计中确有困难时可放宽至20%，曲线坡道为12%。当条件允许时，汽车坡道的舒适坡度应设计在8%～10%之间。

当汽车坡道的纵向坡度大于10%时，坡道上、下端均应设相当于正常坡道1/2的缓坡。缓坡直线坡段水平长度不应小于3.6m，曲线坡段水平长度不应小于2.4m，且曲线半径不应小于20m。大于10%的坡道设缓坡，是为了防止汽车的车头、车尾和车底擦地。曲线坡道还应在横向设计2%～6%的超高坡度。当汽车在设有超高的弯道上行驶时，汽车的自重分力就会抵消一部分离心力，从而提高了弯道上行车的安全性和舒适性。

汽车坡道的最小净高按规定不小于2.2m。因地下汽车库经常与地下锅炉房、水泵房、变电站等设备用房毗邻，汽车坡道同时会兼作设备用房、设备安装进出口；所以此时设计净高应大于2.5m为宜。汽车坡道应有良好的排水措施，一般是在坡道两端各设一道截水沟排水。在第一道截水沟前设置0.1～0.15m高反坡段，有效防止室外水向内漫流。汽车坡道构造如图2.17所示。

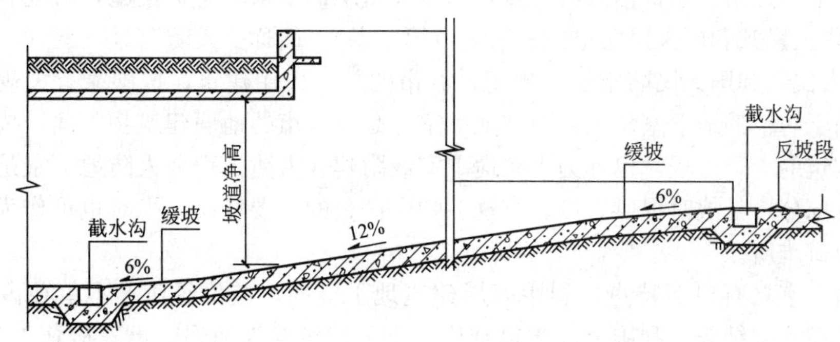

图2.17 汽车坡道构造

汽车坡道的做法，从面层材料上区分有混凝土坡道、水泥金刚砂防滑坡道、铺台工砖坡道、花岗岩坡道、环氧防滑涂料坡道等几种。

汽车坡道面层的主要作用是防滑，防滑主要有三种方式。

(1) 材质本身外麻面，利用材质的凹凸不平达到防滑效果，如毛面花岗石面层、环氧防滑涂料等面层，其防滑效果一般。

(2) 材质本身平滑，设计中通过特殊处理或嵌入金刚砂、缸砖面层等，其防滑效果中等。

(3) 材质本身平滑，设计施工中做出宽度和深度不同的凹槽，以此达到防滑效果，如凹线细石混凝土坡道、开凹槽花岗石坡道等，其防滑效果好。汽车坡道及其构造如图 2.18 和图 2.19 所示。

图 2.18　凹线细石混凝土坡道

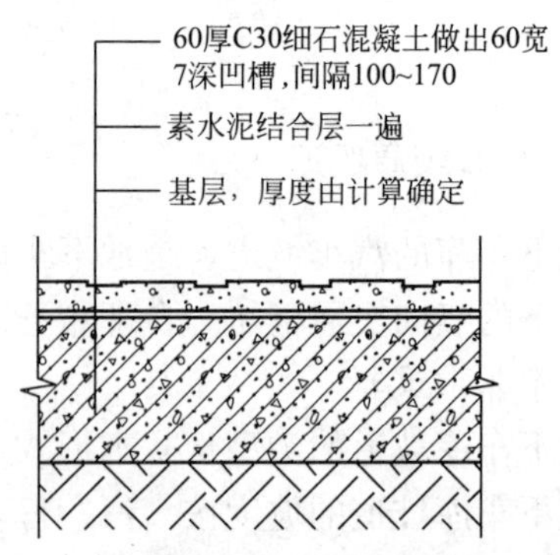

图 2.19　汽车坡道面层构造

实践中这三种面层做法的防滑效果越好的，其舒适性越差。做凹槽坡道使用时噪声很大，行车时的振动也较大。前两种做法在雨雪天气，尤其是冬天坡道上有积雪时，行车易打滑。目前很多汽车坡道在开口部位加顶盖，可有效避免坡道上积雪，这时应采用前两种做法，最好是第一种做法；当开口无顶盖时，应采用第三种做法。如果开口无顶盖时也采用前两种做法，则需车库值班人员及时清理积雪。

2.7　人防地下室

2.7.1　概述

人民防空，是指国家根据国防需要，动员和组织群众采取防护措施，防范和减轻空袭灾害(《中华人民共和国人民防空法》第一章第二条)，简称“人防”。

《中华人民共和国人民防空法》规定，城市的新建民用建筑，按国家有关规定，应修建战时可用于防空的地下室。人民防空地下室，是在城市的地面建筑物下面，按照一定的抗力要求构筑的人防工程，也称为人防地下室或附建式人防工程。人防地下室是人防工程的重要组成部分，是战时提供人员、车辆、物资掩蔽的主要场所，平时也可作为防灾、减灾指挥所及避难所。

防空地下室具有以下特点：利用高层建筑地下空间，造价经济；不单独占用城市用地，便于实现平战结合；利用上部建筑结构，上下建筑互为加强；迅速掩蔽人员或物资；形式容易受到上部建筑制约。

1. 人防工程的分类

1）按照构筑类型划分

可分为坑道式、地道式、单建掘开式和附建式(即防空地下室)。防空地下室是结合地面建筑修建的防护性建筑物，是人防工程的重要组成部分。

2）按防护特性划分

能够抵御核武器、生化武器及常规武器破坏效应的人防工程为甲类工程；能够抵御常规武器、生化武器破坏效应的人防工程为乙类工程。

3）按战时功能或工程类型划分

可分为指挥工程、医疗救护工程、防空专业队工程、人员掩蔽工程和配套工程。

2. 人防工程的分级

1）抗力等级

人防工程的抗力等级主要用以反映人防工程能够抵御敌人核袭击能力的强弱，其性质与地面建筑的抗震烈度有些类似，是一种国家设防能力的体现。抗力等级按防核爆炸冲击波地面超压的大小和抗常规武器的抗力要求划分。

目前常见的面广量大的防空地下室一般为抗核武器的核 4 级、核 4B 级、核 5 级、核 6 级和核 6B 级，抗常规武器的常 5 级和常 6 级。

2）防化等级

防化分级是以人防工程对化学武器的不同防护标准和防护要求划分的等级，共分为甲、乙、丙、丁四级。防化等级也反映了对生化武器和放射性污染等相应武器(或杀伤破坏因素)的防护。

2.7.2 武器破坏效应与工程防护措施

战时可能施加于防空地下室的武器破坏效应有核武器破坏效应、常规武器破坏效应、生化武器破坏效应以及城市次生灾害。人防工程设计的重点之一在于，针对可能出现的武器破坏效应预先采取相应的工程防护措施，主要包括以下几个方面。

1. 对地面冲击波的防护措施

(1) 人防工程的围护结构应具有足够的抗力，以满足抗核爆动荷载和建筑物倒塌荷载的强度要求。

(2) 战时出入口设置防护门或防护密闭门。

(3) 战时通风口、电缆引进口、进排水口设置消波设施。

(4) 专供平时使用的出入口、通风口和其他孔洞应临战封堵。

2. 对常规武器的防护

为了降低炸弹的命中率，提高人防工程的生存概率，需要控制主体的规模，对于较大的人防工程应按照规定在主体内划分防护单元和抗爆单元。

3. 对生化武器的防护

(1) 人防围护结构要满足密闭要求：战时出入口设置密闭门；通风口设置密闭阀门。

(2) 在室外染毒的情况下，为了给室内人员提供必要的新风，需要在进风系统中设置

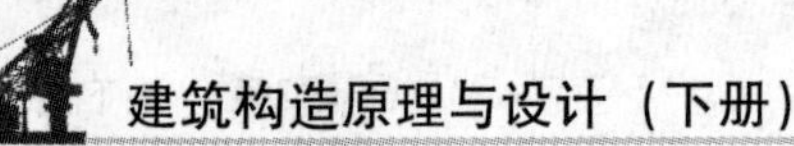

滤毒通风设施。

(3) 在室外染毒条件下，为使人员能够进出人防工程，需要在主要出入口设置防毒通道和洗消间(或简易洗消间)。

4. 对早期核辐射的防护

早期核辐射、热辐射和城市火灾其性质虽然不同，但对这三种杀伤因素的防护可以采用相近的工程防护措施。

2.7.3 人防地下室构造

人民防空地下室区别于普通地下室最重要的一点是有预定战时防护功能、防护等级要求，并具有平战两用的双重功能，因此，其构造设计与普通地下室相比较也有很大的不同。

人防地下室的构造设计受到人防工程的抗力等级、工程类型、不同武器破坏效应以及上部建筑空间结构、平战功能等多方面因素的限制或影响，在设计时，应严格按照《人民防空地下室设计规范》(GB 50038—2005)，并参考《防空地下室建筑设计》、《防空地下室建筑构造》进行。

人防地下室主要由主体和口部两大部分组成，因此，人防工程的构造处理也主要集中在主体与口部上。此外，附建式人防地下室在平时是作为其他功能之用的，而在战时，则应采取相应的转换措施以达到防御效果，因而临战转换措施也成为人防地下室构造的重要内容。

以下仅介绍人防地下室中部分特殊构造的做法。

1. 主体构造

人防工程的“主体”是指防护工程中能满足战时防护和主要功能要求的部分，对于有防毒要求的防护工程，即指最后一道密闭门以内的部分。它包括主要使用房间、交通空间、设备用房和辅助用房等功能组成部分。

1) 主体工程埋深与结构厚度

为满足对早期核辐射的防护要求，防空地下室顶板底面不宜高出室外地面，如高于室外地面必须满足相应条件。当甲类防空地下室的上部建筑为钢筋混凝土结构时，顶板底面不允许高出地面。当上部建筑为砌体结构时，其顶板底面可高出室外地面，但6B、6级防空地下室顶板底面高出室外地面的高度不得大于1.0m；5级不得大于0.5m，并要求在临战时覆土。乙类工程不得大于室内净高的1/2。主体工程的埋深如图2.20所示。

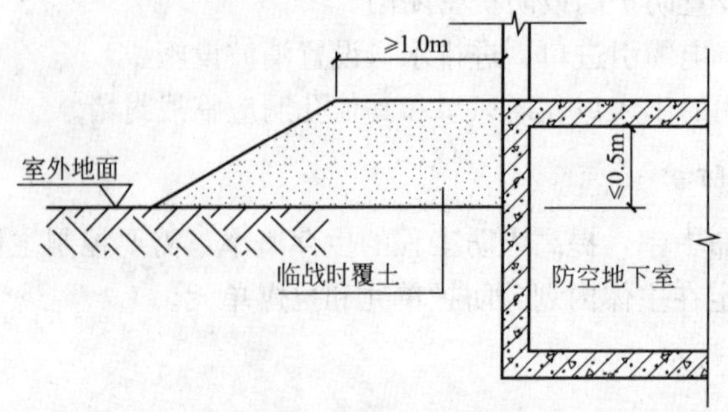

图 2.20　主体工程的埋深

防护单元钢筋混凝土顶板防护厚度(针对战时有人员停留的防空地下室)：乙类防空地下室顶板的防护厚度不应小于250mm，甲类防空地下室顶板的最小防护厚度如表2-2和表2-3所示。

表2-2 有上部建筑的顶板最小防护厚度 单位：mm

城市海拔/m	剂量限制/Gr	防核武器抗力等级			
		4	4B	5	6、6B
≤200	0.1	970	820	460	250
	0.2	860	710	360	
>200 <1200	0.1	1010	860	540	
	0.2	900	750	430	
>1200	0.1	1070	930	610	
	0.2	960	820	500	

表2-3 无上部建筑的顶板最小防护厚度 单位：mm

城市海拔/m	剂量限制/Gr	防核武器抗力等级			
		4	4B	5	6、6B
≤200	0.1	1150	1000	640	250
	0.2	1040	890	540	
>200 <1200	0.1	1190	1040	720	
	0.2	1080	930	610	
>1200	0.1	1250	1110	790	
	0.2	1140	1000	680	

2）防护单元与抗爆单元

对于主体工程而言，常5级以下的防空地下室不具备抗炸弹直接命中的能力，因此主要通过划分防护单元缩小炸弹破坏的范围，每个防护单元防护设施和设备应自成系统，其内不应设置伸缩缝和沉降缝，防护单元之间通过设置钢筋混凝土防护密闭隔墙进行分隔，以连通口联系。为提高人员与物资的生存概率，在较大的防护单元中还用抗爆隔墙来划分抗爆单元。抗爆隔墙与挡墙的构造要求为：平时采用≥120mm厚的钢筋混凝土墙或≥250mm厚的混凝土墙；临战构筑时采用≥120mm厚的预制钢筋混凝土墙或用砂袋堆垒，墙体断面为梯形，高度≥1.8m，最小处厚度≥500mm，如图2.21所示。

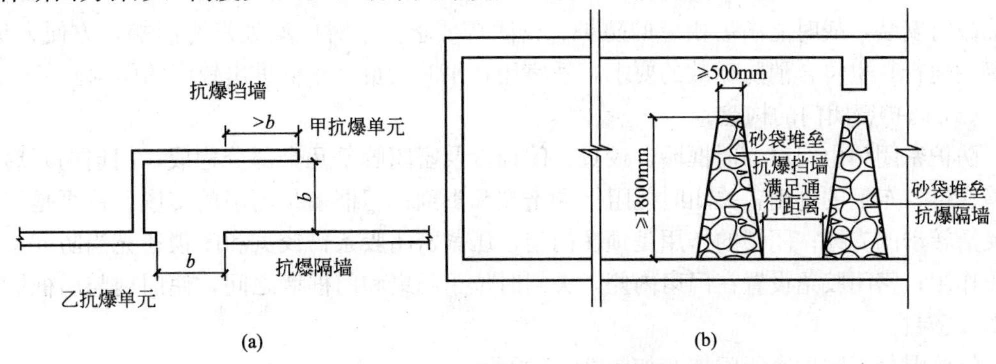

图2.21 临战抗爆单元隔墙与挡墙构造

2. 口部构造

口部指防空地下室主体与地表面或主体与其他地下建筑(包括人防建筑)的连接部分，是防护工程战时防护的关键环节，也是防护工程建筑设计的重点和难点。对于有防毒要求的防空地下室，其口部包括出入口防护密闭门以外的人员和设备出入口、竖井、进排风口、排烟口、扩散室，以及密闭通道、防毒通道、洗消间(简易洗消间)、除尘室、滤毒室等部分，即防空地下室最后一道密闭门以外的部分，以及其他各种相关设备与地面的连接部分，如集水井、防爆波电缆井等。

口部建筑，是口部地面建筑物的简称，在防空地下室室外出入口通道出地面段上方建造的小型地面建筑物。

由于口部所处的位置，口部的构造处理也主要集中在对地面冲击波和生化武器的防护以及出入口的防倒塌和堵塞等方面。口部构造主要包括楼梯式主要出入口、防倒塌棚架、通风采光窗井、竖井(包括通风竖井和竖井式出入口)、扩散室、防爆波电缆井、口部洗消污水集水坑等内容。

1）人防门构造

人防门是口部重要的防护设备，其设置数量、尺寸及强度均应严格按照人防工程的抗力等级、工程类别以及出入口的功能等要求确定。人防门主要有防护密闭门与密闭门两种类型。

(1) 防护密闭门与密闭门。

既能阻挡冲击波，又能阻挡毒剂进入室内的门称为防护密闭门。只能阻挡毒剂进入室内的门称为密闭门。

防护密闭门设置在出入口最外侧，具有阻挡冲击波和隔绝毒剂两种功能。防护密闭门应能阻挡冲击波，满足相应的抗力要求。选用时，不仅应满足洞口尺寸的需要，还应满足设计压力的要求。

(2) 防护密闭门分类。

防护密闭门按构成材料分有钢结构和钢筋混凝土结构两种。其中，钢筋混凝土门具有价格便宜、防早期核辐射性能好等优势。但因其自重较大，故一般用于尺寸相对较小的人员出入口。

钢筋混凝土防护密闭门采用平开式。按门扇数量划分，有单扇人防门和双扇人防门两种。

钢筋混凝土防护密闭门按洞口处有无门槛划分，有固定门槛、活门槛两种。固定门槛系列人防门具有防护可靠、造价较低等优势，但因洞口处有一高150mm的固定门槛，一般用于平时人员进出不多的门洞(如滤毒室的门)。活门槛系列人防门的造价稍高，其门槛在临战时安装，战时能满足相应的防护、密闭等要求；平时门洞处没有门槛，方便人员、车辆的通行，也符合消防疏散的要求，适宜用在平时人员、车辆进出较多的门洞。

(3) 防护密闭门的构造。

防护密闭门由门扇、门框墙、铰页、闭锁以及密闭胶条几个部分构成。门扇的开启能保障人员、车辆的进出，关闭时能阻挡冲击波和毒剂；门框墙是门扇的支座，铰页是使门扇灵活转动的支撑；闭锁的作用是锁住门扇，压紧密闭胶条；铰页和闭锁还充当防冲击波负压作用；密闭胶条设置在门扇内侧，关门时位于门扇和门框墙之间，使门扇与门框墙之间形成密封。

钢筋混凝土防护密闭门构造如图2.22所示。

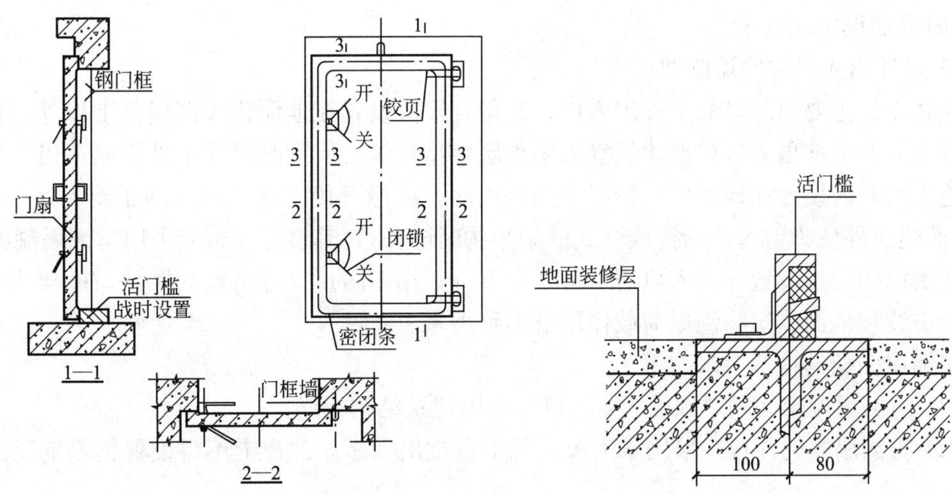

图 2.22 钢筋混凝土防护密闭门构造

(4) 人防门的规格和代号。

人防门的规格以门洞口净宽和净高来表示。

防护密闭门的代号是在门的规格前面加“BFM”，密闭门的代号是在门的规格前面加“BM”。在门的代号前加“G”表示钢结构，加“H”表示活门槛，加“S”表示双扇门。门的规格是以其洞口净宽和净高的分米数值表示，在门的规格后面加括号和数字表示抗力等级。如：钢结构防护密闭门表示为BGFM1520(5)，钢结构活门槛双扇防护密闭门表示为BGHSFM4025(6)，钢筋混凝土活门槛防护密闭门表示为BHFM1520(6)，钢结构活门槛密闭门表示为BGHM1520。

2) 楼梯式主要出入口

人防地下室对出入口的设置及设计有严格的规范要求。楼梯式主要出入口是人防地下室战时室外人员主要出入口(独立式)，也可作为内部人员的室外主要出入口，常采用钢筋混凝土双跑平行楼梯，如图 2.23 所示。

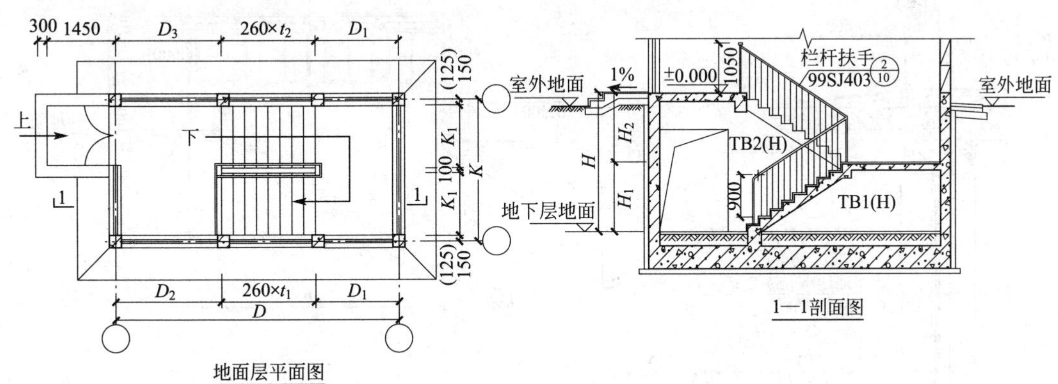

图 2.23 3000～4400mm 层高楼梯式主要出入口

楼梯式主要出入口的构造，除满足抗力要求外，还应满足以下要求：踏步高不宜大于180mm，宽不宜小于250mm；不宜采用扇形踏步，但踏步上下两级所形成的平面角小于10°，且每级离扶手 0.25m 处的踏步宽度大于 0.22m 时可不受此限；梯段净宽满足规范要求；出入口的梯段应至少在一侧设扶手，其净宽大于 2m 时应在两侧设扶手，其净宽大于

2.5m 时宜加设中间扶手。

3）室外出入口防倒塌棚架

战时作为主要出入口的室外出入口，其敞开段宜设置在地面建筑倒塌范围以外。在倒塌范围以外的室外出入口口部建筑宜采用单层轻型建筑。但有时因受条件限制，当室外出入口通道敞开段设置在地面建筑倒塌范围以内时，或敞开段至地面建筑的距离不足 5m 时（当地面建筑外墙为剪力墙结构或壁式框架结构时除外），其口部建筑应采用防倒塌棚架。

防倒塌棚架指设置在出入口通道敞开段上方，用于防止口部堵塞的棚架。棚架能在预定的冲击波和地面建筑物倒塌荷载作用下不致坍塌。

防倒塌棚架的构造要求如下。

（1）防倒塌棚架必须单独设置，不得与周围建筑结构相连。

（2）防倒塌棚架顶板应采用水平板，且不宜挑出太多，顶板上不得设置钢筋混凝土女儿墙。

（3）防倒塌棚架的围护墙应采用易被破坏的材料构筑，不得与柱用钢筋相连。

（4）防倒塌棚架的柱基础埋深应大于 1m。

防倒塌棚架的类型很多，不同类型的做法可参见《防空地下室建筑构造》（07FJ02）。Ⅲ型单跑楼梯室外出入口防倒塌棚架构造，如图 2.24 所示。

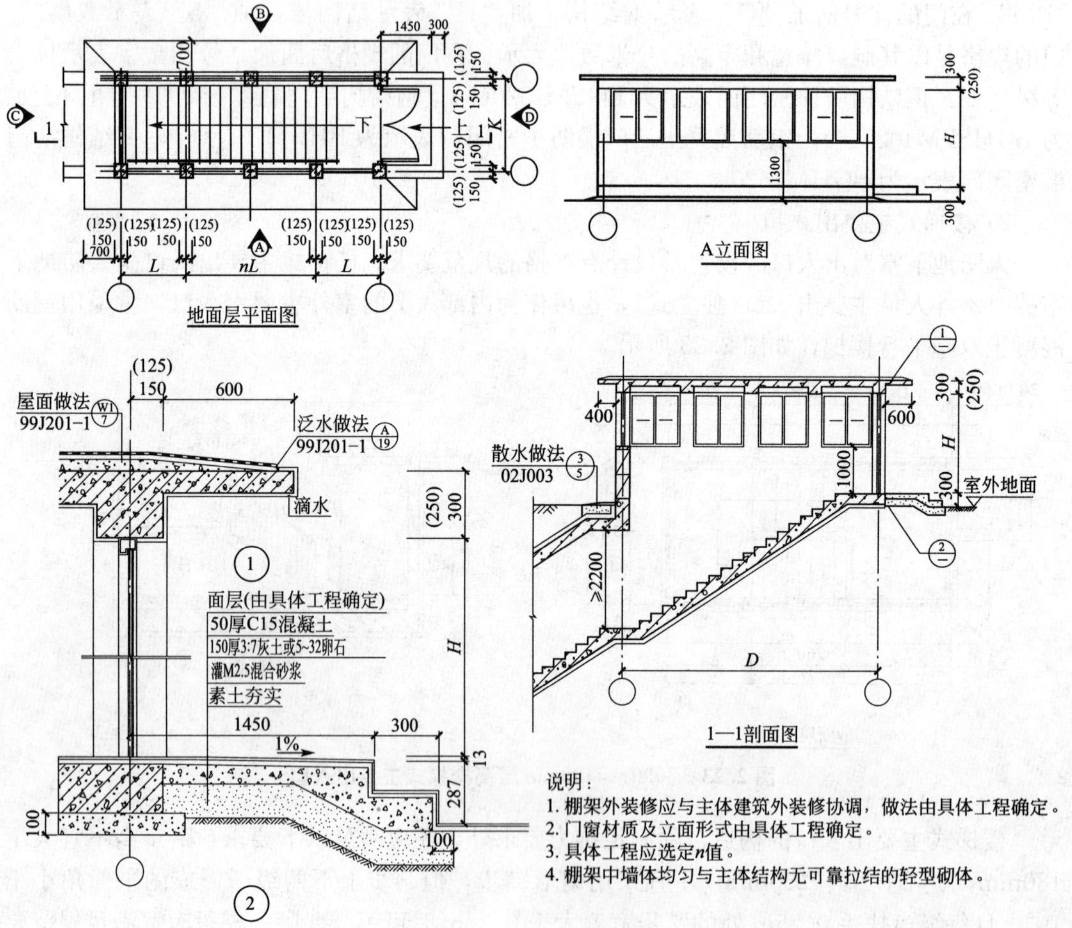
地面层平面图
A立面图
1—1剖面图
屋面做法 99J201-1
泛水做法 99J201-1
散水做法 02J003
滴水
室外地面
面层(由具体工程确定)
50厚C15混凝土
150厚3:7灰土或5~32卵石
灌M2.5混合砂浆
素土夯实
1%
说明：
1. 棚架外装修应与主体建筑外装修协调，做法由具体工程确定。
2. 门窗材质及立面形式由具体工程确定。
3. 具体工程应选定n值。
4. 棚架中墙体均匀与主体结构无可靠拉结的轻型砌体。

图 2.24　防倒塌棚架构造

4）通风采光窗井

设于地下室外墙的通风采光窗井构造如图 2.25 和图 2.26 所示。其中，采光井的顶盖一般可采用雨篷或钢质箅子两种做法。

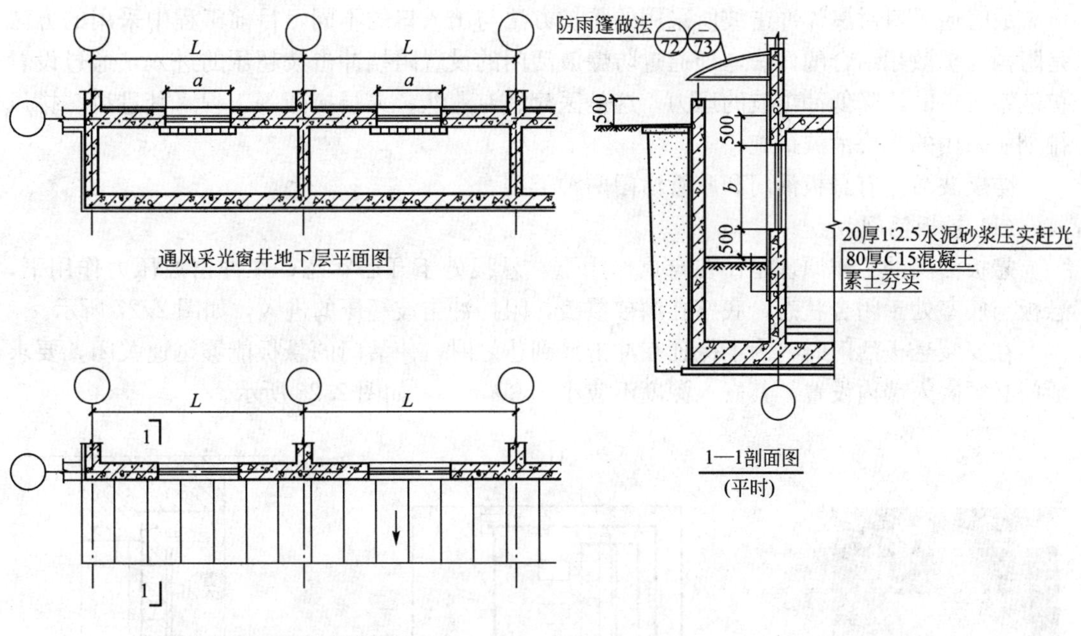

图 2.25　通风采光窗井构造(采光窗在地面以下)

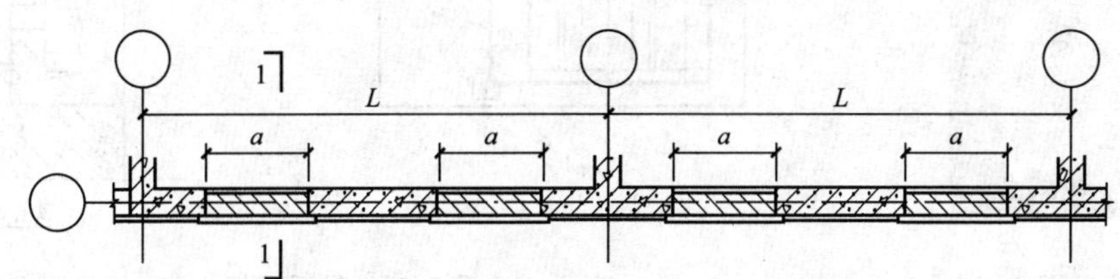

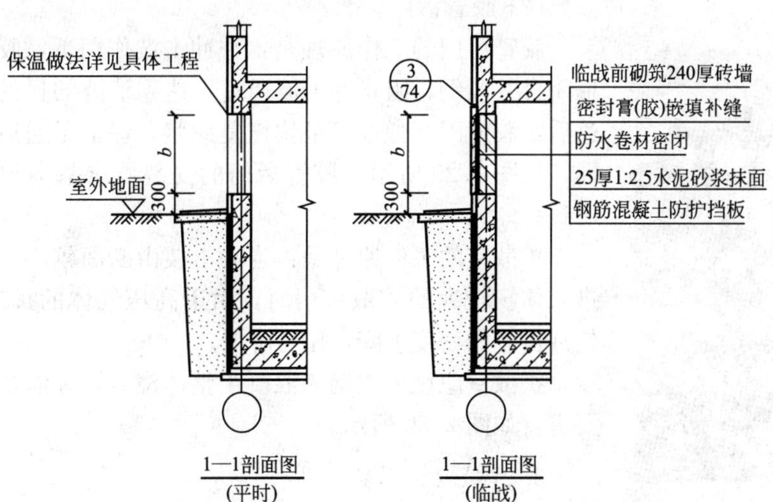

图 2.26　通风采光窗井构造(采光窗在地面以上)

5）防爆波活门与扩散室(箱)

医疗、专业队、人员掩蔽等工程，其进风、排风口和排烟口均采用“防爆波活门＋扩散室(扩散箱)”的消波措施。

战时通风口对爆炸冲击波所采用的防护方法与出入口的不同，目前工程中采用的方法是阻挡与扩散相结合的做法，即通过防爆波活门的设置阻挡冲击波超压的进入，通过设置扩散室或扩散箱降低冲击波的压力。这是医疗、专业队、人员掩蔽等工程，其进风、排风排烟所采用的主要消波措施。

防爆波活门有悬板活门和胶管活门两种类型。

(1) 悬板活门。

悬板活门的工作原理是：在自重作用下，悬板处于开启状态；在冲击波压力作用下，悬板与底座处于闭合状态，底座孔洞被覆盖，阻挡冲击波超压的进入，如图 2.27 所示。

在安装悬板活门时，为了保证在冲击波到达之时，使活门的悬板能够迅速关闭，要求活门必须嵌入墙内设置，其嵌入深度不应小于 300mm，如图 2.28 所示。

图 2.27　悬板活门

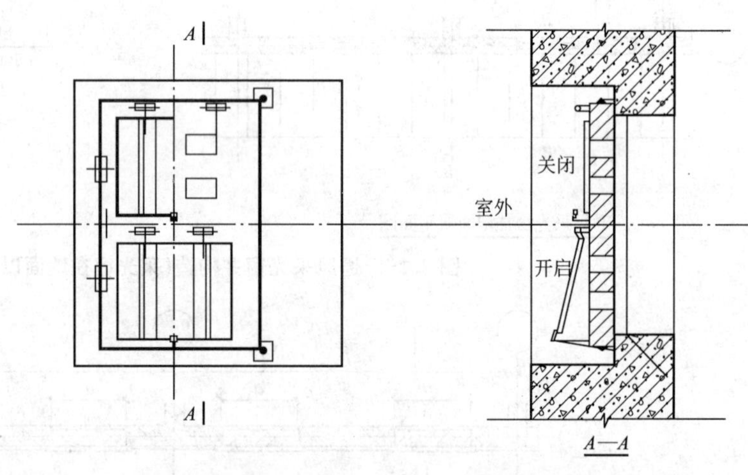

图 2.28　悬板活门构造

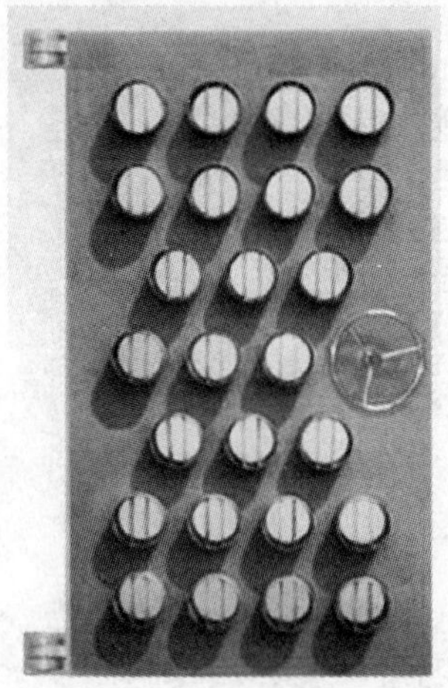

图 2.29　胶管活门

(2) 胶管活门。

胶管活门的工作原理是：在冲击波作用下，胶管快速变形闭合并倾倒，阻止冲击波通过，达到消波的目的。冲击波过后，胶管因其弹性又很快恢复原状，保证了通风管路的畅通，如图 2.29 所示。胶管活门的安装要求基本与悬板活门一致。

扩散室的工作原理是：当冲击波由断面较小的通风管道进入体积较大的扩散室内时，由于高压气体的扩散、膨胀，使冲击波的密度下降，压力降低。

扩散室应该采用钢筋混凝土整体浇筑，并满足相关规范要求，如图 2.30 所示。

3. 平战功能转换措施

为了使防空地下室设计能做到兼顾平、战的不同要求，

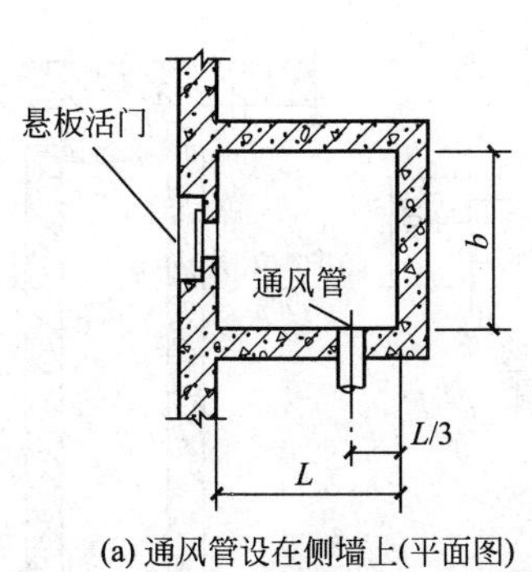

(a) 通风管设在侧墙上(平面图)

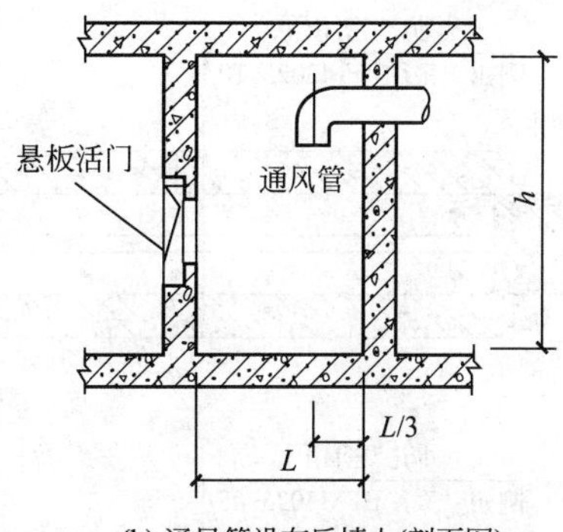

(b) 通风管设在后墙上(剖面图)

图 2.30 扩散室构造

缓解两者之间的矛盾，在防空地下室设计时，不仅要符合战时防护和使用功能的要求，对平战结合的工程还应满足平时的使用要求，当平时使用要求与战时防护要求不一致时，应采取平战功能转换措施。其所采用的临战加固措施应该满足下列要求：满足战时各项防护要求(包括不同抗力等级)，并在规定转换时限内完成；转换时应用的预制构件与工程施工同步完成，设置相应存放位置；平战转换设计与工程设计同步完成。

需进行平战功能转换措施的部位主要有防空地下室顶板上或多层防空地下室中防护密闭楼板上开设的采光窗，平时风管穿板孔和设备吊装口；专供平时使用的出入口；防护单元隔墙上开设的平时通行口，以及平时通风管穿墙孔；根据平时使用需要设置的通风采光窗。

1) 平时出入口转换构造

对于专为平时使用而设置的出入口，在临战时必须进行封堵。封堵措施宜优先选用防护密闭门封堵做法，其次才考虑预制构件封堵做法。预制构件主要有型钢和钢筋混凝土预制梁两种，如图 2.31 所示。

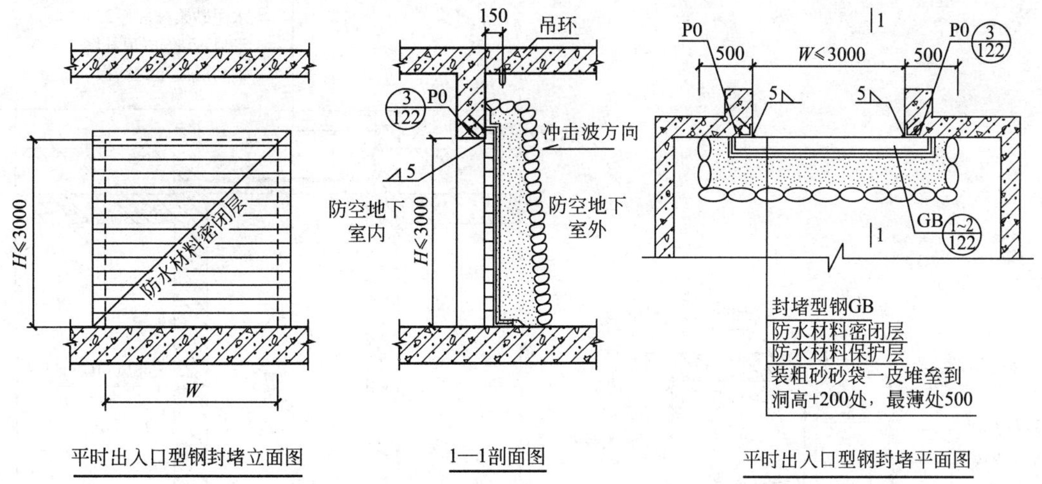

图 2.31 平时出入口(宽≤3000mm)型钢横向临战封堵

2) 相邻防护单元间平时通行口封堵

在防护单元隔墙上专为平时使用而开设的通行口，在战时需要进行封堵，以保证各单元在战时的独立性。封堵的主要措施为防护密闭门(一道或两道)，如图 2.32 所示，也可采用型钢预制构件进行封堵。

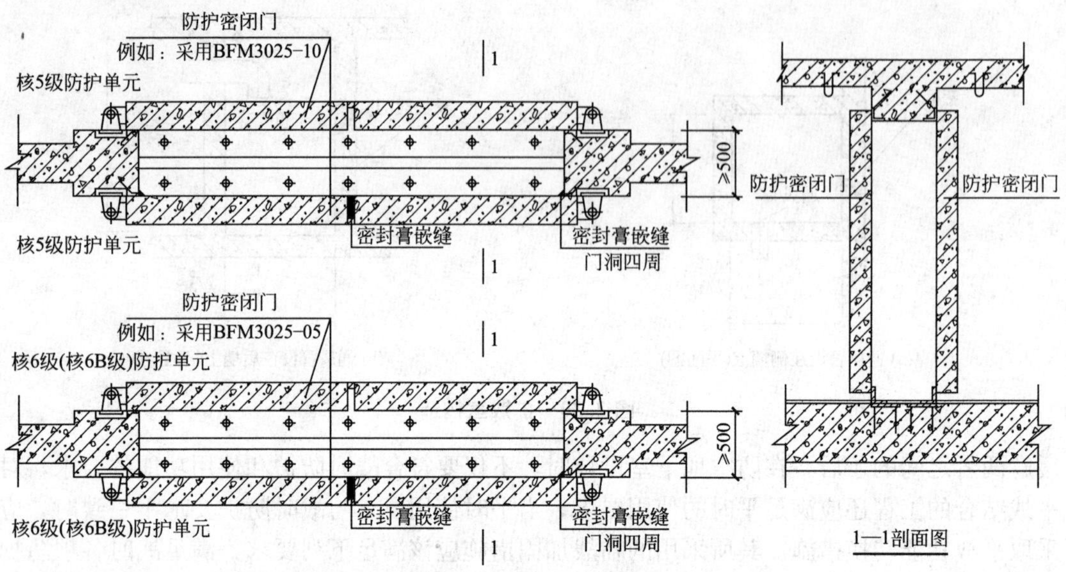

图 2.32　平时通行口临战封堵(两道防护密闭门)

3）平时通风竖井转换构造

平战结合防空地下室考虑到平时使用时的通风量与战时通风量差别较大，同时内部通风系统及平面布局也有较大差别，因此有的通风口只在平时使用而战时不用，战时需要一定的封堵措施；而有的通风口平战时都使用，但战时还需要一定的功能转换技术措施。

平时用而战时不用的通风竖井封堵构造如图 2.33 所示。

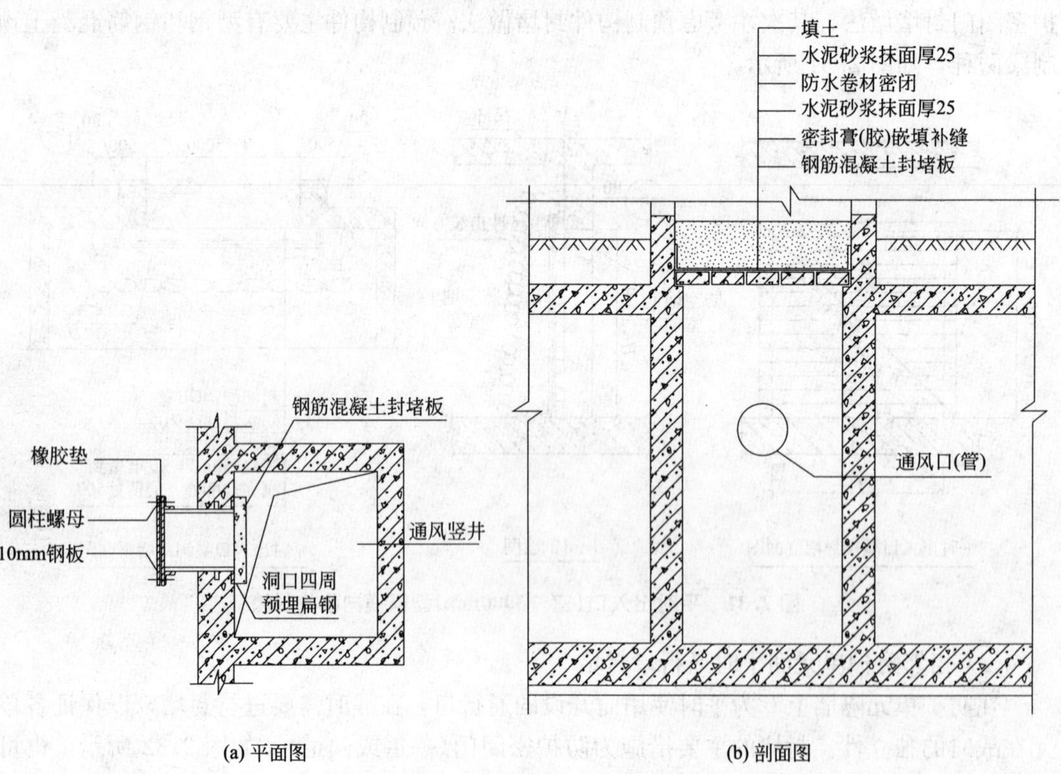

图 2.33　平时通风竖井转换构造

4）通风采光窗井转换措施

对平时使用的通风采光窗井所采取的临战封堵主要有战时全填土式、战时半填土式、高出地面式三种方式。封堵的主要构件为钢筋混凝土防护挡板或盖板，如图2.34所示。

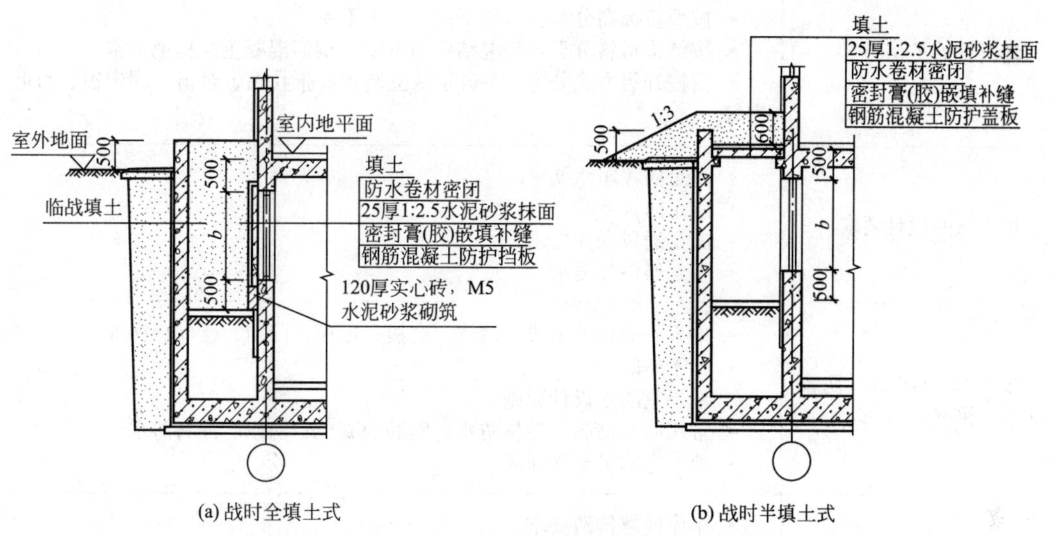

(a) 战时全填土式　　(b) 战时半填土式

图2.34　通风采光窗井临战封堵

5）主体转换措施

由于平时使用的需要(如汽车库、商场等)一般柱网间距较大，而战时用作人员掩蔽或物资贮存时，如果仍按这样的跨度设计，将会明显增加投资。为此，设计中可以按照不同的使用需要对结构分别处理，即平时为小荷载下的大跨度，战时适当增加支点，使其成为大荷载下的小跨度，这样能充分发挥防空地下室的结构潜力。规范要求一个房间后加柱数量不宜大于4根。主体转换措施如图2.35所示。

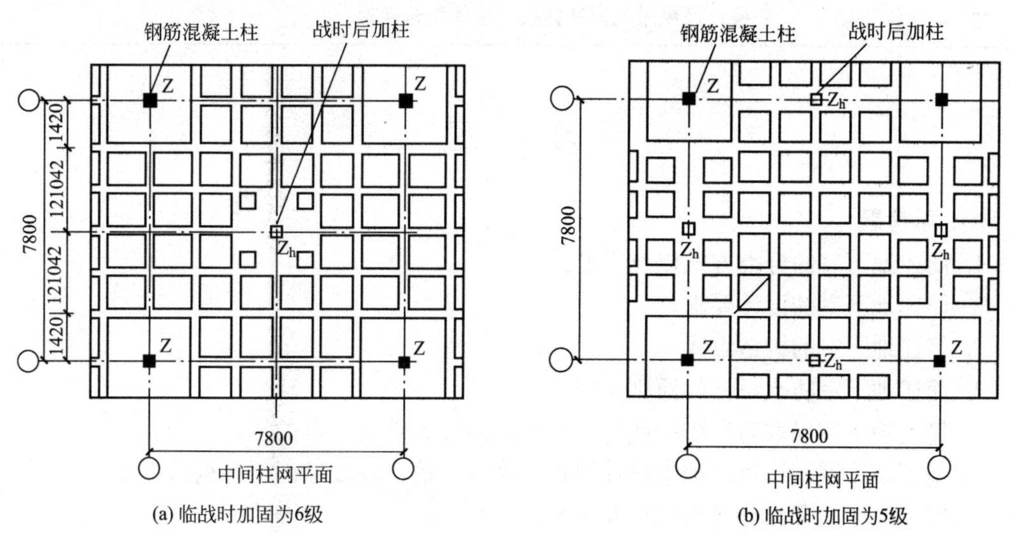

(a) 临战时加固为6级　　(b) 临战时加固为5级

图2.35　主体转换措施

本章小结

地下室的类型	• 按使用功能分类：普通地下室、人防地下室 • 按顶板标高分类：全地下室、半地下室 • 按结构材料分类：砖混结构地下室、钢筋混凝土结构地下室 • 窗按开启方式分为：平开窗、立转窗、推拉窗、悬窗、固定窗、百叶窗等
地下室的设计要求	• 满足防潮防水要求 • 满足防火要求 • 满足通风采光要求 • 满足经济性要求
地下室的组成、防潮防水、采光及通风	• 地下室的构造组成：墙体、底板、顶板、门窗、楼(电)梯等 • 地下室防潮 • 地下室防水设计原则 • 常用防水措施：卷材防水、钢筋混凝土自防水、涂料防水 • 地下室的采光和通风
地下及半地下车库	• 车库地坪构造要求 • 车库地坪构造做法：普通混凝土地坪、金刚砂地坪、环氧树脂地坪 • 车库坡道构造要求 • 车库坡道构造做法
人防地下室	• 人防工程的分类和分级 • 武器破坏效应与工程防护措施 • 主体构造：工程埋深与结构厚度、防护单元与抗爆单元隔墙或挡墙 • 口部构造：人防门构造、楼梯式主要出入口构造、室外出入口防倒塌棚架构造、通风采光井构造、防爆波活门与扩散室(箱) • 平战功能转换措施：出入口转换、平时通行口封堵、平时通风竖井转换、通风采光窗井转换、主体结构转换

习　　题

一、思考题

1. 简述地下室的分类方式以及类型。
2. 简述地下室的设计要求。
3. 简述地下室的构造组成。
4. 简述地下室防水设计的原则及内容。
5. 简述地下室采取防潮措施或防水措施的前提条件及各自的构造特点。
6. 地下车库汽车坡道的构造设计要点有哪些？请比较坡道面层各构造做法。
7. 简述人防工程的分类方式以及类型。
8. 人防地下室构造的特殊性主要表现在哪些方面？
9. 什么是人防地下室的口部？其主要组成内容有哪些？

二、选择题

1. 关于地下室的防潮防水，下面论述错误的是(　　)。
   A. 当地下室周围土层为强透水性土，设计最高地下水位低于地下室底板且无滞水可能时应采取防潮措施
   B. 当地下室为钢筋混凝土结构时，可以不做防潮处理
   C. 地下室防水工程设计方案，应该遵循以排为主、以防为辅的基本原则
   D. 卷材防水属于柔性防水
2. 卷材防水常用的施工方法是(　　)。
   A. 外排法　B. 内包法　C. 内排法　D. 外包法
3. 地下室采光通风井底板面应较窗台低(　　)，以防雨水溅入和倒灌。
   A. 250～300mm　B. 150～300mm
   C. 300mm 以上　D. 200mm 以上
4. 以下关于地下车库汽车坡道的论述，错误的是(　　)。
   A. 汽车坡道的舒适坡度应设计在 8%～10%之间
   B. 当汽车坡道的纵向坡度大于 15%时，坡道上、下端均应设缓坡
   C. 曲线坡道应在横向设计 2%～6%的超高坡度
   D. 汽车坡道的最小净高按规定不小于 2.2m
5. 以下汽车坡道面层做法，防滑效果最好的是(　　)。
   A. 环氧防滑涂料面层　B. 金刚砂面层
   C. 环氧金刚砂面层　D. 开凹槽花岗石面层
6. 乙类防空地下室顶板的防护厚度不应小于(　　)。
   A. 300mm　B. 250mm　C. 200mm　D. 350mm
7. 以下人防工程的各组成部分中，不属于口部的是(　　)。
   A. 进排风口　B. 扩散室　C. 抗爆单元隔墙　D. 设备出入口
8. 在防空地下室中，以下属于消波措施的构造部位的是(　　)。
   A. 密闭门　B. 悬板活门　C. 防护密闭门　D. 抗爆隔墙

三、判断题

1. 房间地面低于室外设计地面的平均高度大于该房间平均净高 1/3 的为半地下室。(　　)
2. 防空地下室的顶板可采用现浇板，也可采用装配整体式楼板。(　　)
3. 地下室都应该采取严格的防水措施。(　　)
4. 汽车坡道面层构造的重点在于防滑。(　　)
5. 人民防空地下室具有平战两用的双重功能。(　　)

第3章 大跨度建筑构造

知识目标

- 熟悉和掌握各种大跨度建筑的类型和特点。
- 熟悉和掌握各种大跨度建筑节点的构造设计。
- 熟悉和掌握各种大跨度建筑的屋顶构造及屋面排水设计。

导入案例

中国国家大剧院(图 3.0)：主体建筑由外部围护钢结构壳体和内部 2091 个座席的歌剧院、1859 个座席的音乐厅、957 个座席的戏剧院、公共大厅及配套用房组成。外部围护钢结构壳体呈半椭球形，平面投影东西方向长轴长度为 212.20m，南北方向短轴长度为 143.64m，建筑物高度为 46.285m，基础埋深的最深部分达到－32.5m。椭球形屋面主要采用钛金属板饰面，中部为渐开式玻璃幕墙。椭球壳体外环绕人工湖，湖面面积达 $35500m^2$，各种通道和入口都设在水面下。国家大剧院高 46.68m，比人民大会堂略低 3.32m。

国家大剧院主体建筑钢结构为一个超大空间壳体，集建筑、材料、设备等高科技于一身，其外围护装饰板面积约 $36000m^2$。巨大的壳体是建筑与结构的融合体，墙面与顶面浑然一体没有界限。整个钢壳体由顶环梁、钢架构成骨架，148 榀(其中 102 榀不露明，46 榀露明)弧形钢架呈放射状分布，钢架之间由连杆和斜撑连接，壳体钢架从外观看似是落在水中，实际上下部是支撑在 3m 宽、2m 高的巨大混凝土圈梁上。

图 3.0　中国国家大剧院

3.1 概　　述

大跨度建筑通常是指跨度在 30m 以上的建筑，主要用于民用建筑的影剧院、体育场馆、展览馆、大会堂、航空港以及其他大型公共建筑，在工业建筑中则主要用于飞机制造厂的总装配车间、飞机库，造船厂的船体结构车间和其他大跨度厂房。大跨度结构的跨度没有统一的衡量标准，《钢结构设计规范》(GB 50017—2003)、《网架结构设计与施工规程》(JGJ 7—1991)将跨度60m以上定义为大跨度结构，计算和构造均有特殊规定。

3.2 大跨度建筑的结构类型及构造特点

3.2.1 网架结构

网架结构就是将多根杆件根据建筑体型的要求，按照一定的规律布置，通过节点连接起来的一种空间杆系结构。网架结构可以看作是平面桁架的横向拓展，也可以看作是平板的格构化。网架结构的起源是仿照金刚石原子晶格的空间点阵排布，因而是一种仿生的空间结构，具有很高的强度和很大的跨越能力。网格结构的外形可以呈平板状，即网架，也可以呈曲面状，即网壳，其中尤以网架在国内外应用最为广泛。网架结构可用于体育馆、俱乐部、展览馆、影剧院、车站候车大厅等公共建筑，近年来也越来越多地用于仓库、飞机库、厂房等工业建筑中。网架结构主要用来建造大跨度公共建筑的屋顶，适用于多种平面形状，如圆形、方形、三角形、多边形等各种平面的建筑。

1. 网架结构

1) 网架结构的特点

网架结构是由许多规则的几何体组合而成，这些几何体就是网架结构的基本单元。常用的几何体有：三角锥、四角锥、三棱体、正方棱柱体、六角锥、八面体、十面体等，如图3.1所示。

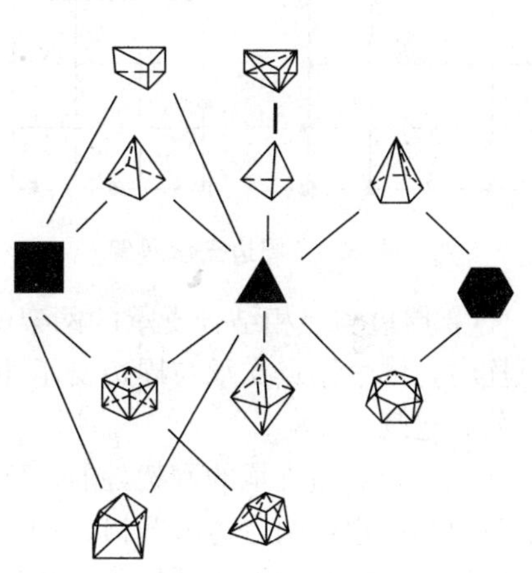
图3.1 网架结构的基本单元

网架结构是高次超静定空间结构，杆件之间相互起支撑作用，形成多向受力的空间结构，整体性强、稳定性好、空间刚度大，有利于抗震，能充分发挥材料的强度，节省材料。同时网架结构高度小，可以有效地利用空间，结构的杆件规格统一，有利于工厂化生产。网架形式多样，可创造丰富多彩的建筑形式。但汇交于节点上的杆件数量较多，制作安装较平面结构复杂，节点用钢量较大，加工制作费用仍较平面桁架为高。

2) 网架结构的形式

网架结构种类很多，可按不同的标准对其进行分类。

(1) 按结构组成分类。

① 双层网架(图3.2)：具有上下两层弦杆，由上弦、下弦和腹杆组成，是最常用的网架形式。

② 三层网架(图3.3)：是由上弦、中弦、下弦、上腹杆和下腹杆组成的空间结构，强度和刚度都比双层网架提高很大。

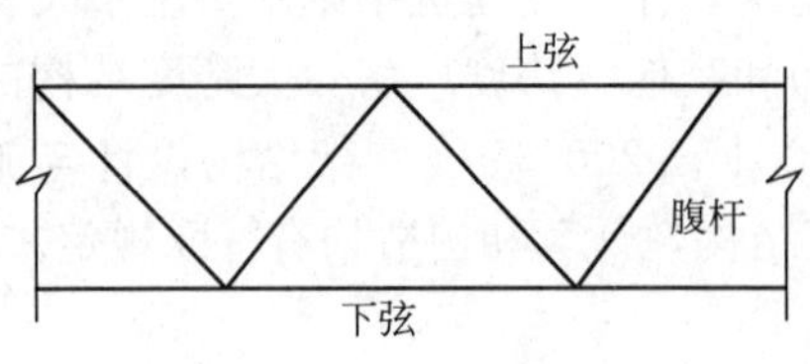

图 3.2　双层网架

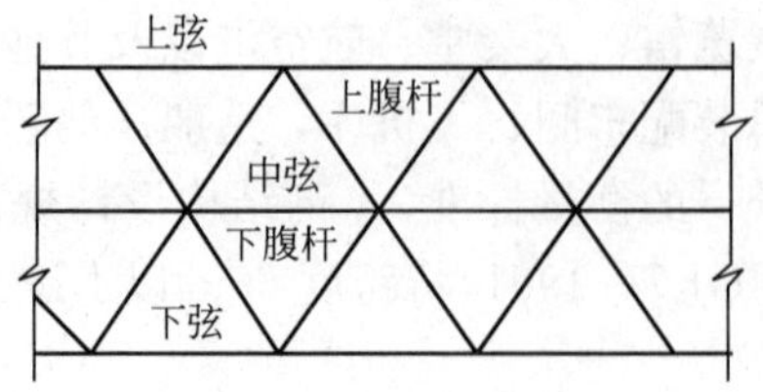

图 3.3　三层网架

③ 组合网架：根据不同材料各自的物理力学性质，使用不同的材料组成网架的基本单元，继而形成网架结构。一般是利用钢筋混凝土板良好的受压性能替代上弦杆。这种网架结构形式的刚度大，适宜于建造活动荷载较大的大跨度楼层结构。

(2) 按支承情况分类。

① 周边支承网架(图 3.4)：周边支承网架是目前采用较多的一种形式，所有边界节点都搁置在柱或梁上，传力直接，网架受力均匀。当网架周边支承于柱顶时，网格宽度可与柱距一致；当网架支承于圈梁时，网格的划分比较灵活，可不受柱距影响。这种支承方法适用于大跨度和中等跨度建筑。

② 点支承网架(图 3.5)：一般有四点支承和多点支承两种情形，由于支承点处集中受力较大，宜在周边设置悬挑，以减少网架跨中杆件的内力和挠度。这种支承方法适用于大柱距的厂房和仓库。

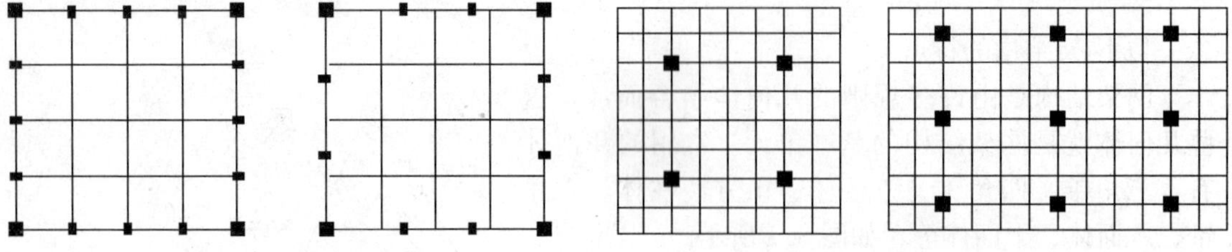

图 3.4　周边支承网架　　图 3.5　点支承网架

③ 周边与点相结合支承的网架(图 3.6)：在点支承网架中，当周边没有围护结构和抗风柱时，可采用点支承与周边支承相结合的形式。这种支承方法适用于工业厂房和展览厅等公共建筑。

三边或两边支承的网架(图 3.7)：在矩形平面的建筑中，由于考虑扩建的可能性或由于需要在一边或两对边上开口，因而使网架仅在三边或两对边上支承，另一边或两对边为自由边。这种支承方法适用于飞机库和飞机修理装配车间。

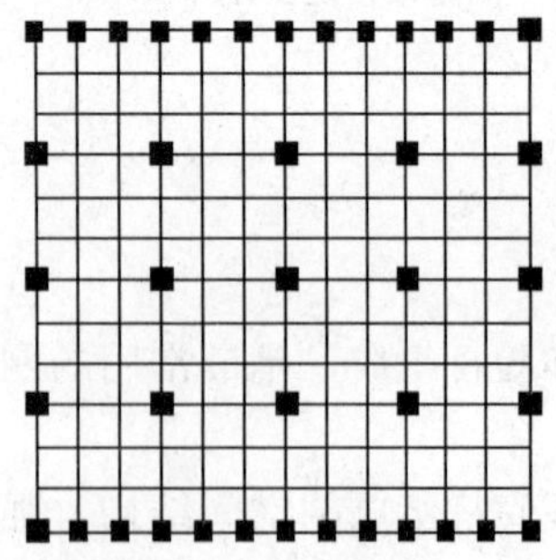

图 3.6　周边与点相结合支承

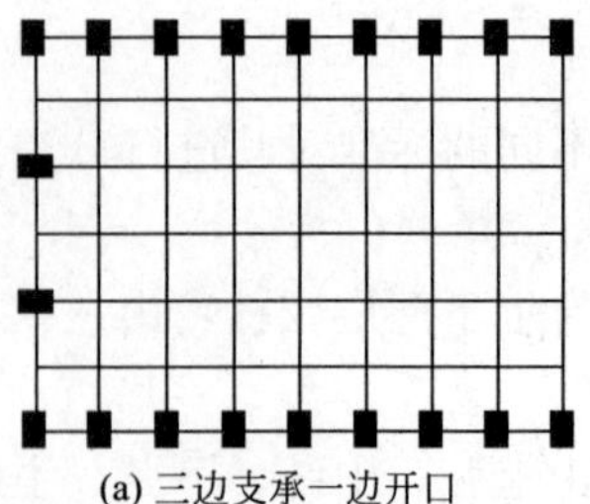

(a) 三边支承一边开口

(b) 两边支承两边开口

图 3.7　三边或两边支承的网架

(3) 按照跨度分类。

分类时，把跨度 $L<30m$ 的网架称为小跨度网架；跨度 $30m \leqslant L \leqslant 60m$ 的网架为中跨度网架；跨度 $L>60m$ 的网架为大跨度网架。此外，随着网架跨度的不断增大，出现了特大跨度和超大跨度的说法，但目前还没有严格的定义。一般地，当 $L>90m$ 或 120m 时称为特大跨度；当 $L>150m$ 或 180m 时为超大跨度。

(4) 按网格形式分类。

这是平板型网架结构分类中最普遍采用的一种分类方式，根据《网架结构设计与施工规程》(JGJ 7—1991)的规定，目前经常采用的网架结构分为三个体系十三种网架结构形式。

① 交叉平面桁架体系。

该体系的网架结构是由一些相互交叉的平面桁架组成，有以下 5 种。

(a) 两向正交正放网架(图 3.8)。

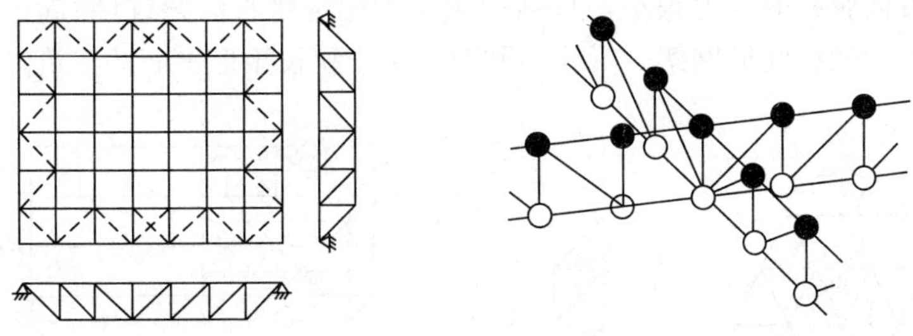

图 3.8　两向正交正放网架

两向正交正放网架的构成特点是：两个方向的平面桁架垂直交叉，且分别与边界方向平行。这种网架的上、下弦平面呈正方形，基本单元为六面体，属几何可变。为保证结构的几何不变性以及增加空间刚度，应适当设置水平支撑，以有效传递水平力。

两向正交正放网架适用于建筑平面为正方形或接近正方形，且跨度较小的两组平面桁架互成 90°交叉而成，弦杆与边界成 45°角的情况。上海黄浦区体育馆(45m×45m)和保定体育馆(55.34m×68.42m)采用了这种网架结构形式。

(b) 两向正交斜放网架(图 3.9)。

两向正交斜放网架由两组平面桁架互成 90°交叉而成，弦杆与边界成 45°角。边界可靠时，为几何不变体系。两向正交斜放网架适用于建筑平面为正方形或长方形情况。首都体育馆(99m×112.2m)和山东体育馆(62.7m×74.1m)采用了这种网架结构形式。

(c) 两向斜交斜放网架(图 3.10)。

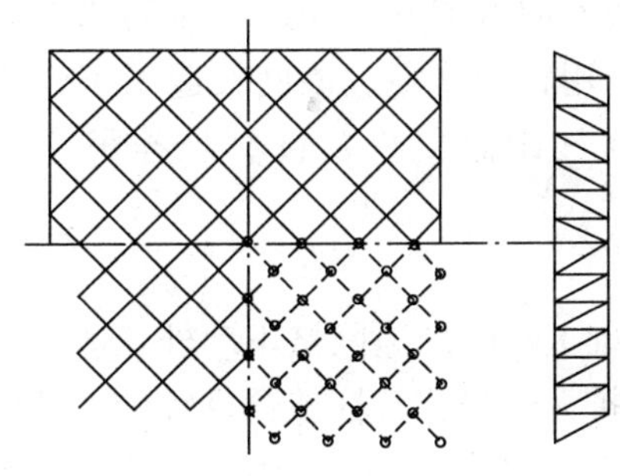

图 3.9　两向正交斜放网架

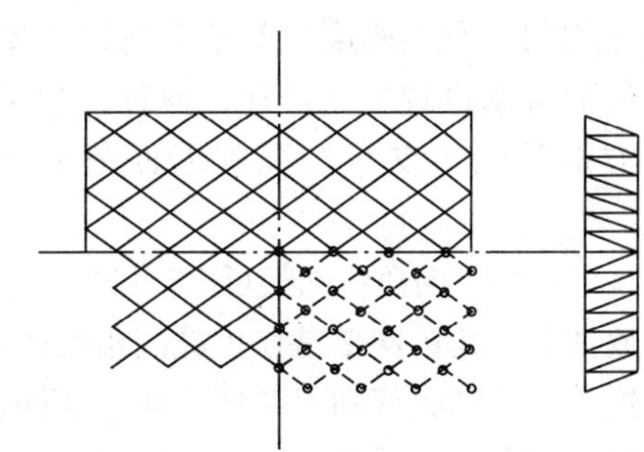

图 3.10　两向斜交斜放网架

两向斜交斜放网架由两组平面桁架斜向相交而成，弦杆与边界成一斜角。这类网架在网格布置、构造、计算分析和制作安装上都比较复杂，而且受力性能也比较差，除了特殊情况外，一般不宜使用。

(d) 三向网架(图 3.11)。

三向网架由三组互成 60°交角的平面桁架相交而成，网架受力均匀，空间刚度大。但也存在一定的不足，即在构造上汇交于一个节点的杆件数量多，最多可达 13 根，节点构造比较复杂，宜采用圆钢管杆件及球节点。三向网架适用于大跨度($L>60$m)，建筑平面为三角形、六边形、多边形和圆形等平面形状比较规则的情况。

(e) 折线形网架(图 3.12)。

折线形网架俗称折板网架，是由正放四角锥网架演变而来的，也可以看作是折板结构的格构化。当建筑平面长宽比大于 2 时，正放四角锥网架单向传力的特点就很明显，此时，网架长跨方向弦杆的内力很小，从强度角度考虑可将长向弦杆(除周边网格外)取消，就得到沿短向支承的折线形网架。折线形网架适用于狭长矩形平面的建筑。

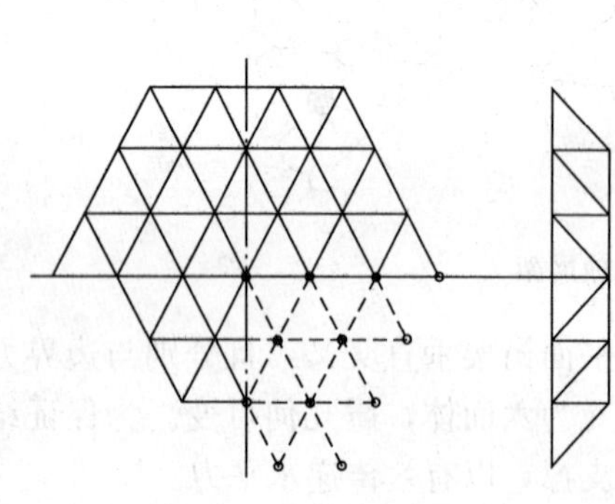

图 3.11　三向网架

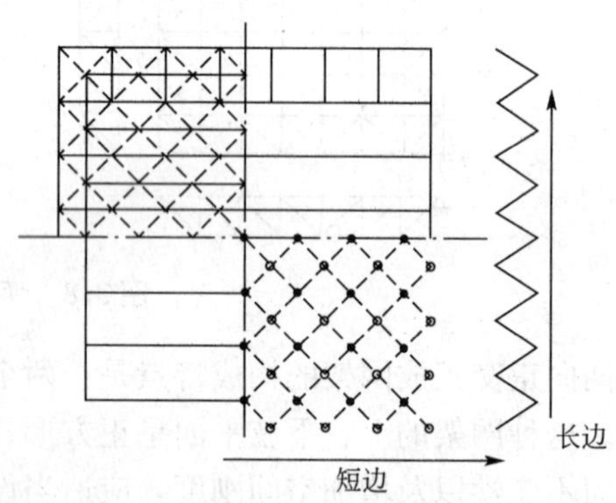

图 3.12　折线形网架

② 四角锥体系。

四角锥体系网架的上、下弦均呈正方形(或接近正方形的矩形)网格，相互错开半格，使下弦网格的角点对准上弦网格的形心，在上下弦节点间用腹杆连接起来，即形成四角锥体系网架。四角锥体系网架有 5 种形式，具体如下。

(a) 正放四角锥网架(图 3.13)。

正放四角锥网架由倒置的四角锥体组成，锥底的四边为网架的上弦杆，锥棱为腹杆，各锥顶相连即为下弦杆。它的弦杆均与边界正交，称为正放四角锥网架。此网架杆件受力均匀，空间刚度比其他类的四角锥网架及两向网架好，屋面板规格单一，便于起拱，屋面排水也较容易处理；但杆件数量较多，用钢量略高。该网架适用于建筑平面接近正方形的周边支承情况和屋面荷载较大、大柱距点支承及设有悬挂吊车的工业厂房。

(b) 正放抽空四角锥网架(图 3.14)。

正放抽空四角锥网架是在正放四角锥网架的基础上，除周边网格不动外，适当抽掉一些四角锥单元中的腹杆和下弦杆，使下弦网格尺寸扩大一倍。其杆件数目较少，降低了用钢量，抽空部分可作采光天窗，下弦内力较正放四角锥约放大一倍，内力均匀性、刚度有所下降，但仍能满足工程要求。该网架适用于屋面荷载较轻的中、小跨度网架。

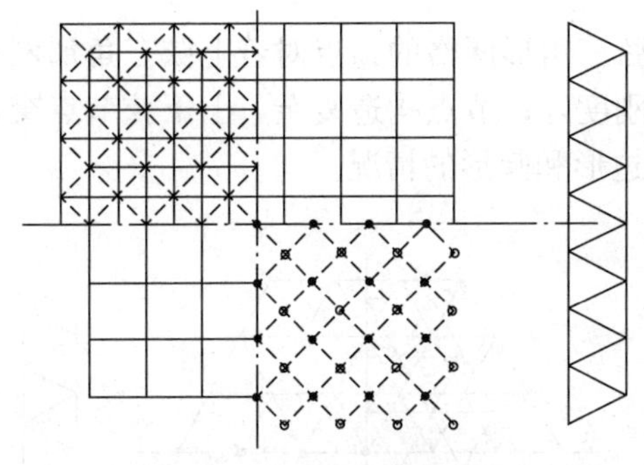

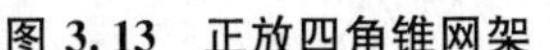

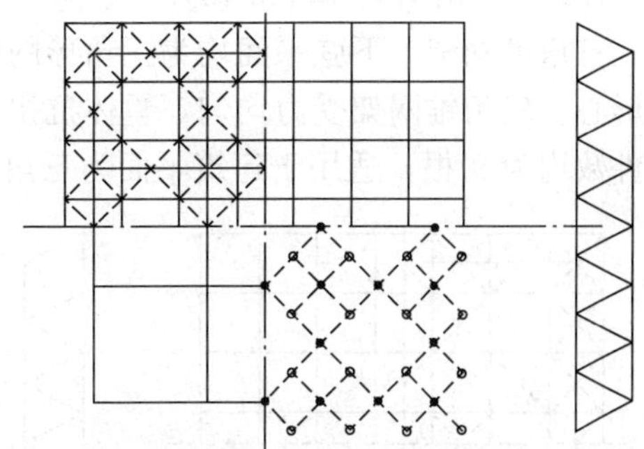

图 3.13 正放四角锥网架　　　　图 3.14 正放抽空四角锥网架

(c) 斜放四角锥网架(图 3.15)。

斜放四角锥网架的上弦杆与边界成 45°角，下弦正放，腹杆与下弦在同一垂直平面内。该网架适用于中、小跨度周边支承，或周边支承与点支承相结合的方形或矩形平面情况。

(d) 星形四角锥网架(图 3.16)。

这种网架的单元体形似星体，星体单元由两个倒置的三角形小桁架相互交叉而成。两个小桁架底边构成网架上弦，它们与边界成 45°角。在两个小桁架交汇处设有竖杆，各单元顶点相连即为下弦杆。因此，它的上弦为正交斜放，下弦为正交正放，斜腹杆与上弦杆在同一竖直平面内。上弦杆比下弦杆短，受力合理，但在角部的上弦杆可能受拉。该处支座可能出现拉力，网架的受力情况接近交叉梁系，刚度稍差于正放四角锥。星形四角锥网架适用于中、小跨度周边支承的网架。

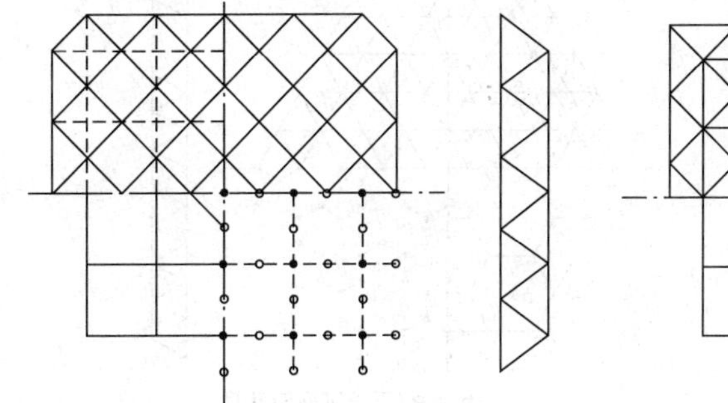

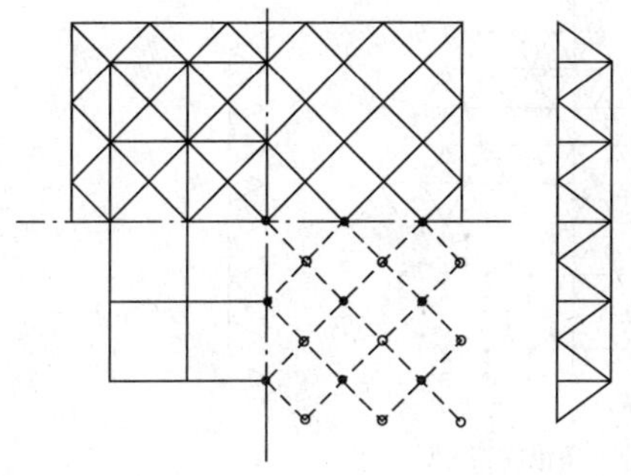

图 3.15 斜放四角锥网架　　　　图 3.16 星形四角锥网架

(e) 棋盘形四角锥网架 (图 3.17)。

棋盘形四角锥网架是在斜放四角锥网架的基础上，将整个网架水平旋转 45°角，并加设平行于边界的周边下弦；也具有短压杆、长拉杆的特点，受力合理；由于周边满锥，它的空间作用得到保证，受力均匀。棋盘形四角锥网架的杆件较少，屋面板规格单一，用钢指标良好。该网架适用于小跨度周边支承的网架。

③ 三角锥体系。

这类网架的基本单元是一倒置的三角锥体。锥底的正三角形的三边为网架的上弦杆，其棱为网架的腹杆。随着三角锥单元体布置的不同，上下弦网格可为正三角形或六边形，从而构成不同的三角锥网架。

(a) 三角锥网架（图 3.18）。

三角锥网架上下弦平面均为三角形网格，下弦三角形网格的顶点对着上弦三角形网格的形心。三角锥网架受力均匀，整体抗扭、抗弯刚度好；节点构造复杂，上下弦节点交汇杆件数均为 9 根，适用于建筑平面为三角形、六边形和圆形的情况。

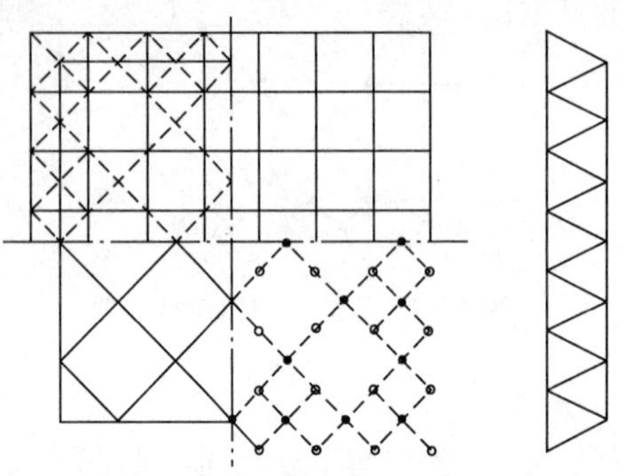

图 3.17　棋盘形四角锥网架

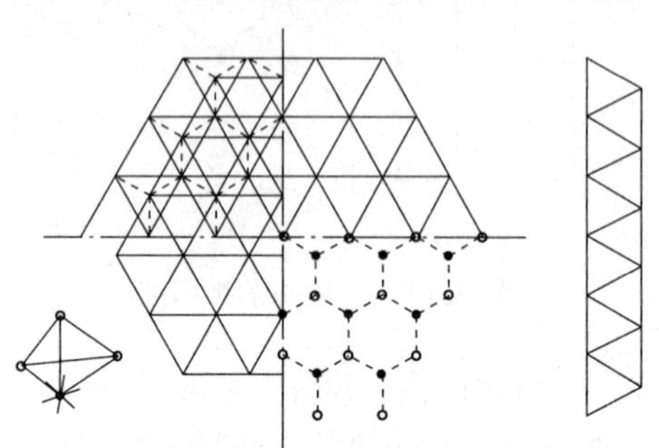

图 3.18　三角锥网架

(b) 抽空三角锥网架。

抽空三角锥网架是在三角锥网架的基础上，抽去部分三角锥下弦而形成的。当下弦由三角形和六边形网格组成时，称为抽空三角架Ⅰ型［图 3.19(a)］；当下弦全为六边形网格时，称为抽空三角锥网架Ⅱ型［图 3.19(b)］。这种网架减少了杆件数量，用钢量省，但空间刚度也较三角锥网架小。上弦网格较密，便于铺设屋面板，下弦网格较疏，以节省钢材。抽空三角锥网架适用于荷载较小、跨度较小的三角形、六边形和圆形平面的建筑。

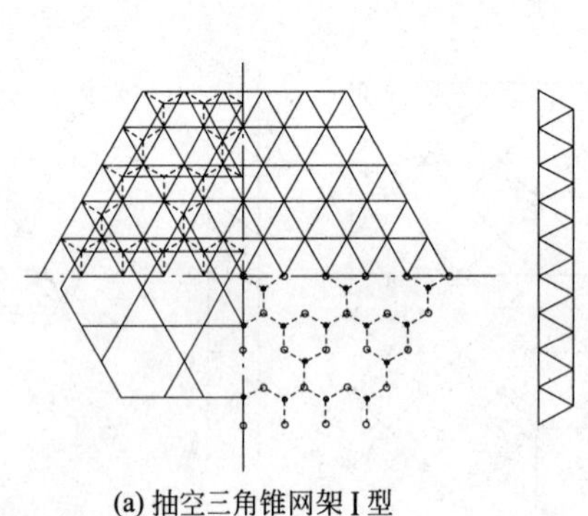

(a) 抽空三角锥网架Ⅰ型

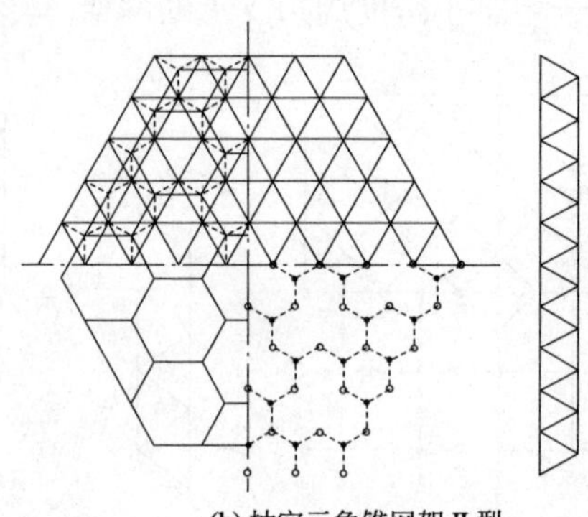

(b) 抽空三角锥网架Ⅱ型

图 3.19　抽空三角锥网架

(c) 蜂窝形三角锥网架(图 3.20)。

蜂窝形三角锥网架由一系列的三角锥组成。上弦平面为正三角形和正六边形网格，下弦平面为正六边形网格，腹杆与下弦杆在同一垂直平面内 。上弦杆短、下弦杆长，受力合理，每个节点只汇交 6 根杆件，是常用网架中杆件数和节点数最少的一种。但是，上弦平面的六边形网格，增加了屋面板布置与屋面找坡的困难。蜂窝形三角锥网架适用于中、小跨度周边支承的情况，可用

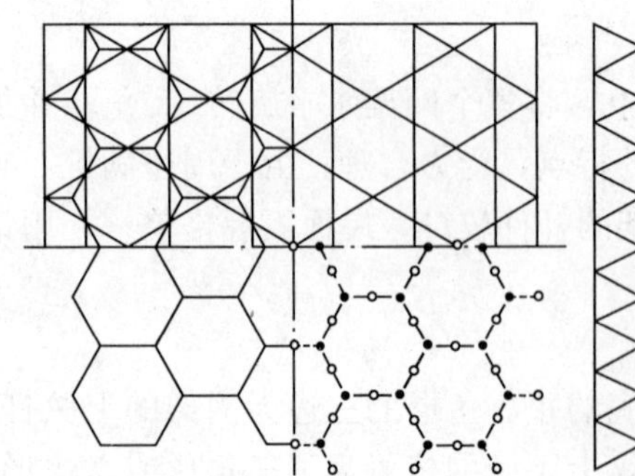

图 3.20　蜂窝形三角锥网架

于六边形、圆形或矩形。

以上这些都是常见的网架形式，还有一些其他形式的网架，例如六角锥网架和六边棱柱体网架、蛛网式网架、板架体系和表皮受力体系等。网架结构具有极为丰富的内容和形式，网架结构的应用范围也日益扩大，不仅用于作为大、中跨度建筑的屋盖结构，同时还可将网架与拱、悬索等结构结合，组成许多在几何形状和建筑造型上新颖合理的结构形式，进一步开拓了网架结构的应用范围。

2. 网壳结构

网壳是一种与平板网架类似的空间杆系结构，系以杆件为基础，按一定规律组成曲面形网格，按壳体结构布置的空间构架，它兼具杆系和薄壳结构的性质。网架结构是一个以受弯为主体的平板，而网壳结构不仅依赖材料本身的强度，还以曲面造型改变结构的受力，以薄膜内力为主要的受力模式，能跨越更大跨度，形成较为优越的结构体系。上海世博会阳光谷(图 3.21)就采用了下小上大的悬挑式单层网壳结构，高 40m，上口最大直径为 90m。

图 3.21 上海世博会阳光谷

1) 网壳结构的特点

① 结构受力合理，具有较大的刚度，能跨越较大的跨度，结构变形小，稳定性高，节省材料。

② 具有优美的建筑造型，在建筑平面上可以适应多种形状，在建筑外形上可以形成多种曲面，变化丰富。

③ 用小的构件组成很大的空间，杆件单一，构件在工厂预制实现工业化生产，安装简便快速，适应采用各种条件下的施工工艺，不需要大型设备，综合经济指标较好。

④ 计算方便，我国已有许多计算软件，为网壳结构的计算、设计和应用创造有利条件。

⑤ 网壳结构呈曲面形状，形成了自然排水功能，不需像网架结构那样采用小立柱找坡。

⑥ 杆件和节点几何尺寸的偏差以及曲面的偏离对网壳的内力、整体稳定性和施工精确度影响较大，结构设计难度大，对杆件和节点加工精度要求高。

⑦ 矢高大，网壳结构建筑空间高，建筑材料和能源消耗增加。

2) 网壳结构的分类

网壳结构的分类方法有多种，通常有按层数划分、按高斯曲率划分和按曲面外形划分 3 种分类方法。

① 按层数划分：主要有单层网壳、双层网壳和三层网壳 3 种，如图 3.22 所示。

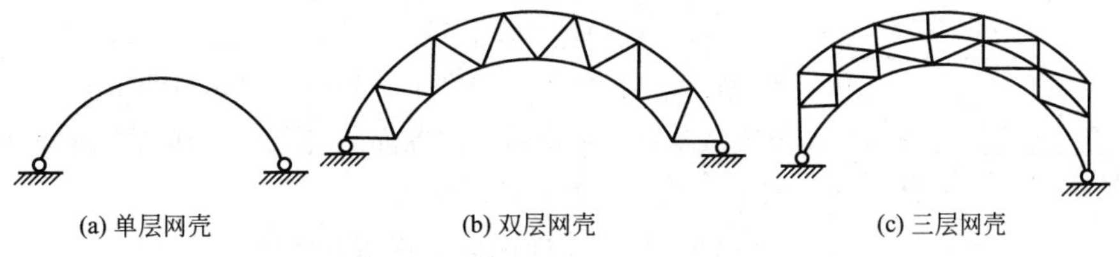

(a) 单层网壳　(b) 双层网壳　(c) 三层网壳

图 3.22 网壳结构层数划分类别

② 按高斯曲率划分。

(a) 零高斯曲率的网壳［图 3.23(a)］：零高斯曲率是指曲面一个方向的主曲率半径 $R_1=\infty$，即 $K_1=0$；而另一个主曲率半径 $R_2=a$ 或 $-a$(a 为某一数值)，即 $K\neq0$，故又称为单曲网壳。

(b) 正高斯曲率的网壳图［图 3.23(b)］：正高斯曲率是指曲面的两个方向主曲率同号，均为正或均为负，即 $K_1\times K_2>0$。

(c) 负高斯曲率的网壳［图 3.23(c)］：负高斯曲率是指曲面两个主曲率符号相反，即 $K_1\times K_2<0$，这类曲面一个方向是凸面，一个方向是凹面。

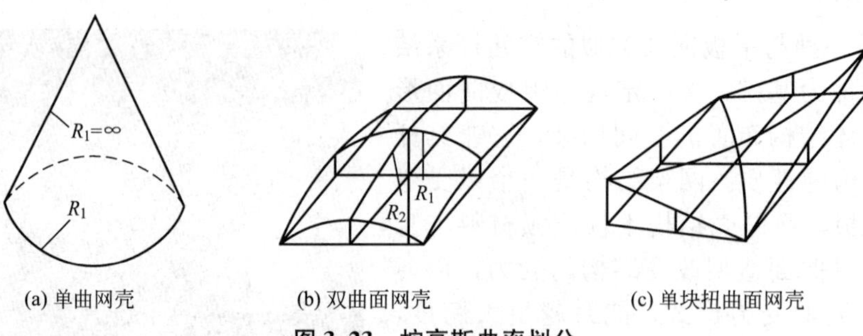

图 3.23　按高斯曲率划分

③ 按曲面外形划分。

(a) 柱面网壳(图 3.24)。由一根直线沿两根曲率相同的曲线平行移动而成，根据曲线形状不同，有圆柱面网壳、椭圆柱面网壳和抛物线柱面网壳。圆柱面网壳有单层柱面网壳、双层柱面网壳的形式。其中，单层柱面网壳，按网格形式划分，主要有单向斜杆型柱面网壳、人字型柱面网壳、双斜杆型柱面网壳、联方型柱面网壳、三向网格等几种形式；双层柱面网壳的形式，主要有交叉桁架体系和四角锥体系，而四角锥体系的柱面网壳形式主要有四种，即：正放四角锥柱面网壳、正放抽空四角锥柱面网壳、斜放四角锥柱面网壳、棋盘形四角锥柱面网壳。

(b) 球面网壳(图 3.25)。由一母线(平面曲线)绕 z 轴旋转而成，球面网壳结构也是目前常用的形式之一，可分单层与双层两大类。单层球面网壳按网格形式划分主要有 7 种，即肋环型、施威德勒型、联方型、凯威特型、短程线型、三向网格及两向格子型。双层球面网壳主要有交叉桁架体系和角锥体系两大类。

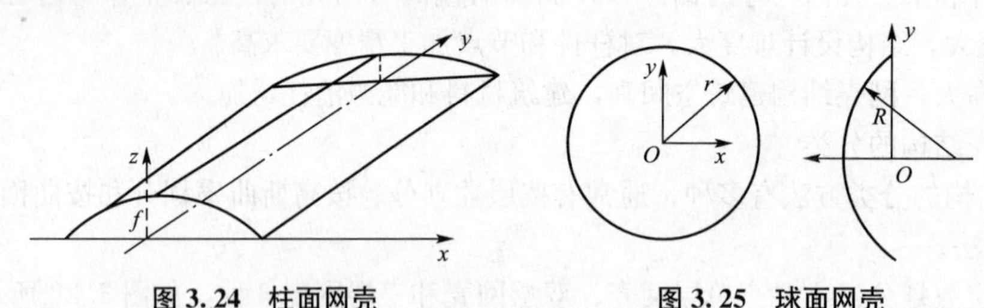

图 3.24　柱面网壳　　**图 3.25　球面网壳**

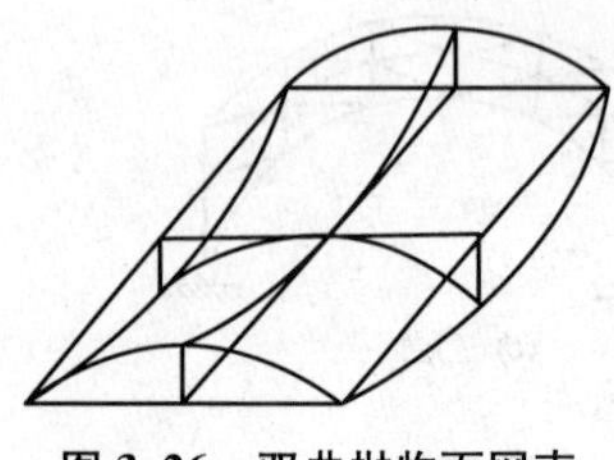

图 3.26　双曲抛物面网壳

(c) 双曲抛物面网壳(图 3.26)。由一根曲率向下($K_1>0$)的抛物线(母线)沿着与之正交的另一根具有曲率向上($K_2<0$)的抛物线平行移动而成。该曲面呈马鞍形，其高斯曲率 $K<0$，适用于矩形、椭圆形及圆形平面。

(d) 复杂曲面网壳。网壳结构可根据建筑平面、空间和功能的需要，通过对某种基本曲面的切割与组合，得到任意平面和各种美观、新颖的复杂曲面。其基本形式有柱面的切割与组合、球面的切割与组合、双曲抛物面的切割与组合及柱面与球面的组合等。

3. 网架和网壳的建筑造型

网架结构的建筑造型主要受两个因素的影响：一是网架的形式，二是网架的支承方式。平板网架的屋顶一般是平屋顶，但建筑的平面形式可多样化。拱形网壳的建筑外形呈拱曲面，但平面形式往往比较单一，多为矩形平面。穹形网壳的外形独具特色，平面为圆形或其他形状，外形呈半球形或抛物面圆顶。

网架的支承方式对建筑造型是一个重要的影响因素。网架四周或为墙，或为柱，或悬挑，或封闭，或开敞，都应根据建筑的功能要求、跨度大小、受力情况、艺术构思等因素确定。

(1) 当跨度不大时，网架可支承在四周圈梁上［图 3.27(a)、(b)］，圈梁则由墙或柱支承。这种支承方式对网格尺寸划分比较自由，网架受力均匀，门窗开设位置不受限制，建筑立面处理灵活。

(2) 当跨度较大时，网架宜直接支承于四周的立柱上［图 3.27(c)］。这种支承方式传力直接，受力均匀，但柱网尺寸要与网架的网格尺寸相一致，使网架节点正好处于柱顶位置。

(3) 当建筑不允许出现较多的柱时，网架可以支承在少数几根柱子上［图 3.27(d)、(e)］。这种支承方式网架的四周最好向外悬挑，利用悬臂来减小网架的内力和挠度，从而降低网架的造价。悬挑长度以 1/4 柱距为宜。对于两向正交正放的平板网架，采用四支点支承最有利。

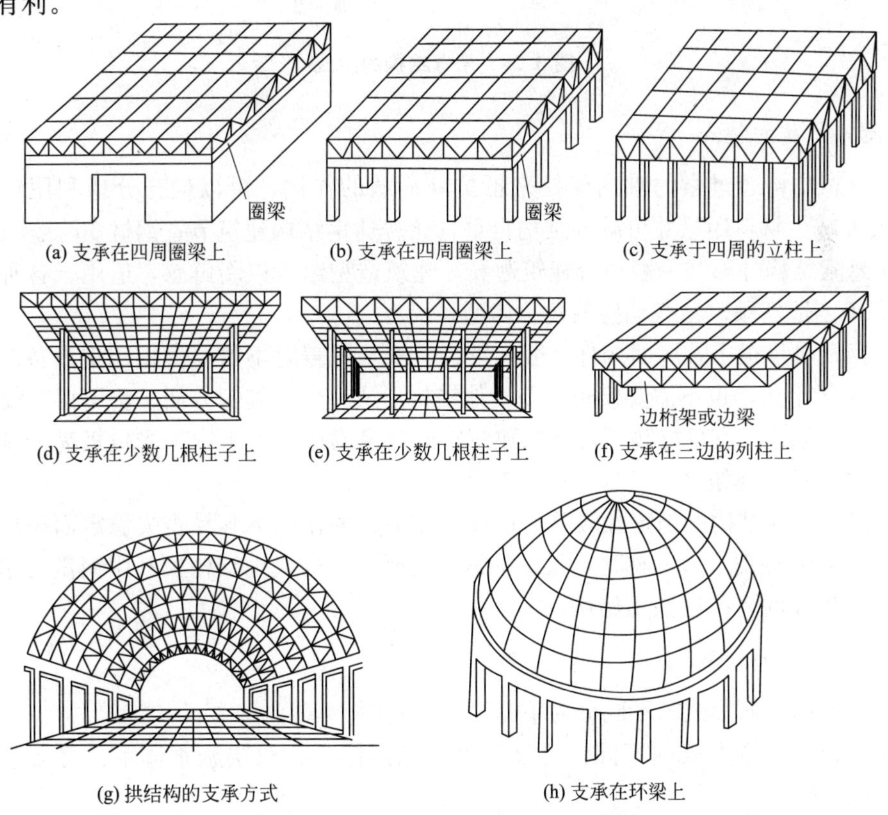

(a) 支承在四周圈梁上　(b) 支承在四周圈梁上　(c) 支承于四周的立柱上

(d) 支承在少数几根柱子上　(e) 支承在少数几根柱子上　(f) 支承在三边的列柱上

(g) 拱结构的支承方式　(h) 支承在环梁上

图 3.27　网架结构的支承方式与建筑造型

(4) 当建筑物的一边需要敞开或开设宽大的门时，网架可以支承在三边的列柱上［图 3.27(f)］。敞开的一面没有柱子，为了保证网架空间刚度和均匀受力，敞开的一面必须设置边梁或边桁架。

(5) 拱形网壳的支承需要考虑水平推力，解决办法可以参照拱结构的支承方式进行处理［图 3.27(g)］。穹形网壳常支承在环梁上，环梁置于柱或墙上［图 3.27(h)］。

3.2.2 悬索结构

悬索结构由受拉索、边缘构件和下部支承构件所组成(图 3.28)。拉索按一定的规律布置可形成各种不同的体系，边缘构件和下部支承构件的布置则必须与拉索的形式相协调，有效地承受或传递拉索的拉力。拉索一般采用由高强钢丝组成的钢绞线、钢丝绳或钢丝束，边缘构件和下部支承构件则常常为钢筋混凝土结构。悬索结构在大跨度建筑中应用较广，特别是跨度在 60～150m 范围内与其他结构比较，具有明显的优越性。除用于大跨度桥梁工程外，主要用来覆盖体育馆、大会堂、展览馆等类建筑的屋顶。

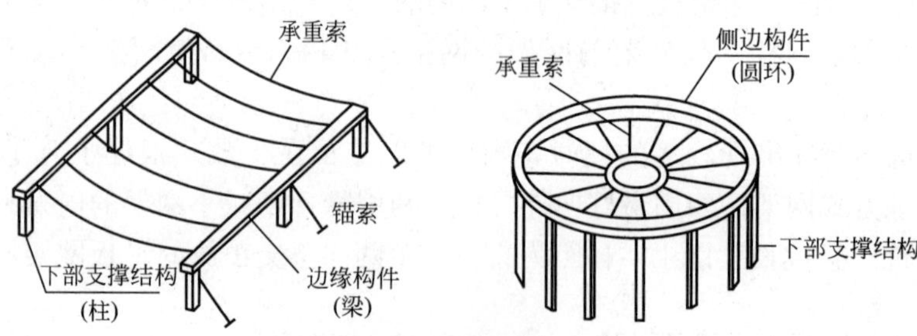

图 3.28　悬索结构的组成

1. 悬索结构的特点

(1) 悬索结构通过索的轴向受拉来抵抗外荷载的作用，可以最充分地利用钢材的强度，可大大减少材料用量并可减轻结构自重，比普通钢结构建筑节省钢材 50％。

(2) 悬索结构外形与一般传统建筑迥异，建筑造型给人以新鲜感，适用于各种建筑平面，有利于创造新颖、富有动感的建筑体型。

(3) 钢索自重很小，屋面构件一般也较轻，安装屋盖时不需要大型起重设备。施工时不需要大量脚手架，也不需要模板，与其他结构形式比较，施工方便，费用相对较低。

(4) 可以创造具有良好物理性能的建筑空间，悬索屋盖对室内采光也极易处理，适宜用于采光要求高的建筑物。

(5) 悬索屋盖结构的稳定性较差，在强风吸引力的作用下容易丧失稳定而破坏。其支承结构往往需要耗费较多的材料，无论是钢筋混凝土结构或钢结构，其用钢量均超过钢索部分，当跨度小时，往往并不经济。

2. 悬索结构的分类

(1) 按屋面几何形式的不同分为单曲面和双曲面。

(2) 按拉索布置方式的不同，可分为单层悬索体系、双层悬索体系、交叉索网体系(鞍形索网体系)。

① 单层悬索体系。单层悬索体系是由按一定规律布置的单根悬索组成，悬索两端

锚挂在支撑结构上。单层悬索结构具有构造简单、传力明确的优点，但结构稳定性差，需采取一定的加强措施，索系布置有平行式(图 3.29)、辐射式(图 3.30)、网格式(图 3.31)3 种。

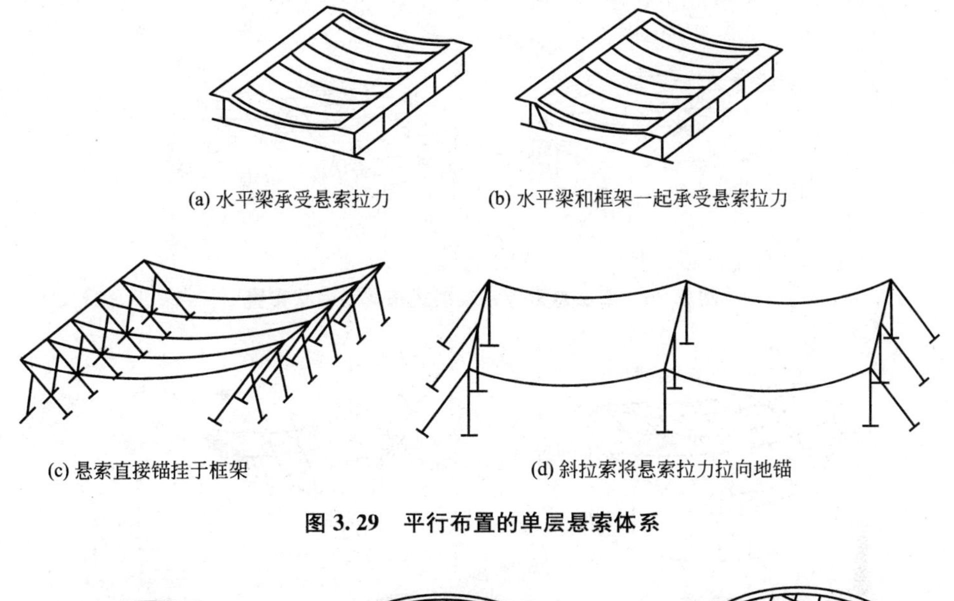

(a) 水平梁承受悬索拉力　(b) 水平梁和框架一起承受悬索拉力

(c) 悬索直接锚挂于框架　(d) 斜拉索将悬索拉力拉向地锚

图 3.29　平行布置的单层悬索体系

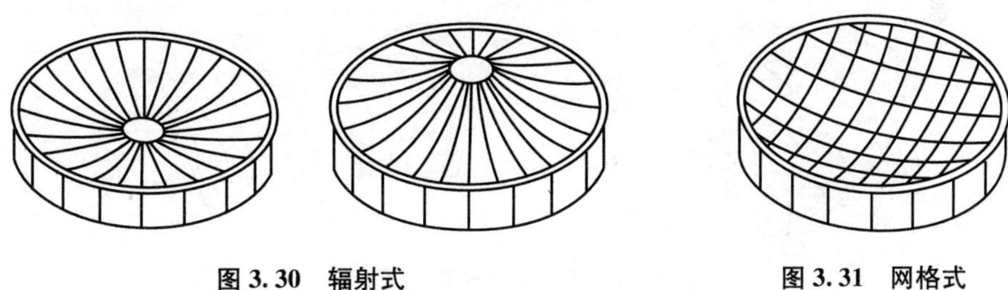

图 3.30　辐射式　　**图 3.31　网格式**

② 双层悬索体系(索桁架)(图 3.32 和图 3.33)。双层悬索体系是由一系列下凹的承重索、上凸的稳定索及两者之间的连系杆(拉杆活压杆)组成。其稳定性好，整体刚度大。

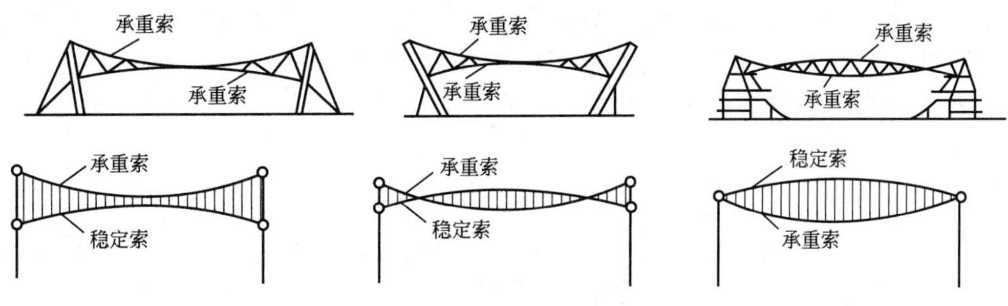

图 3.32　双层悬索体系平行布置方式示意

(3) 鞍形索网(图 3.34)。鞍形索网是由曲率相反的两组钢索相互正交做成的负高斯曲率的曲面悬索结构，索网周边悬挂在边缘构件上。鞍形索网下凹的承重索在下，上凸的稳定索在上，两组索在交点处连接。

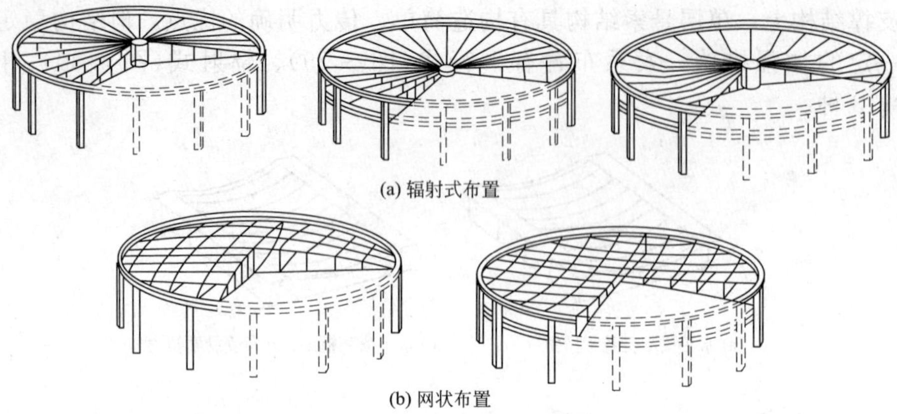

图 3.33　双层悬索体系辐射式布置和网状布置

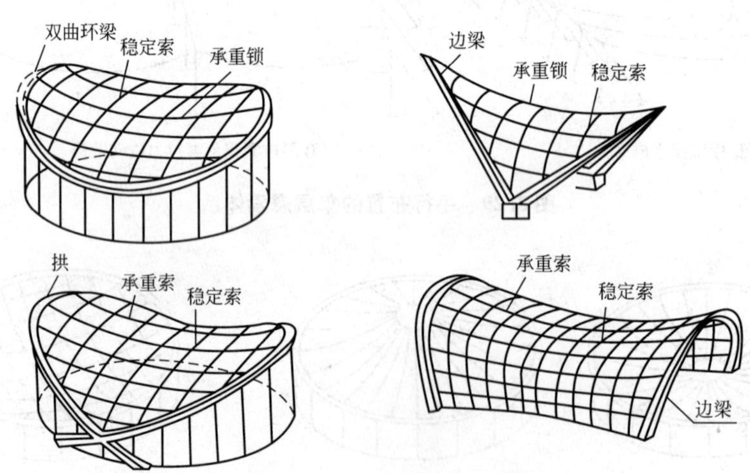

图 3.34　鞍形索网结构布置形式

3.2.3　膜结构

1. 膜结构的概念

膜结构(Membrane)是 20 世纪中期发展起来的一种新型建筑结构形式，是由多种高强薄膜材料(PVC 或 Teflon)及加强构件(钢架、钢柱或钢索)通过一定方式使其内部产生一定的预张应力以形成某种空间形状，作为覆盖结构，并能承受一定的外荷载作用的一种空间结构形式。

2. 膜结构的特点

膜结构作为一种建筑体系所具有的特性主要取决于其独特的形态及膜材本身的性能。

(1) 良好的透光性。膜材的透光性可以为建筑提供所需的照度，有利于建筑节能，通过自然采光与人工采光的综合利用，为建筑设计提供更大的美学创作空间。夜晚，透光性将膜结构变成了光的雕塑。

(2) 轻质。膜结构既能承重又能起围护作用，膜结构中所使用的膜材料 1kg/m^2 左右，仅为一般屋盖自重的 1/10～1/30，加上钢索、钢结构高强度材料的采用，使膜结构适合跨越大空间而形成开阔的无柱大跨度结构体系。

(3) 自洁性能好。由于PTFE膜材料的表面涂层采用的是聚四氟乙烯树脂自洁涂层，具有极高的非黏着性，能有效减小膜材表面的积灰的附着力，通过自然雨水冲刷即可得到有效清洗，其抗污能力远远大于其他传统覆盖材料，能使其长久保持亮丽的观感。

(4) 施工工期短。膜材裁剪、拼合成型，以及骨架的钢结构、钢索均在工厂加工制作，现场只需组装，施工简便，施工周期比传统建筑短。

(5) 雕塑感强，建筑造型优美。膜面通过张力达到自平衡，使体型较大的结构看上去像摆脱了重力的束缚般轻盈地飘浮于天地之间，给人耳目一新的感觉，给建筑师提供了更大的想象和创造空间。

(6) 足够的安全性。按照现有的各国规范和指南设计的轻型张拉膜结构具有足够的安全性。轻型结构在地震等水平荷载作用下能保持很好的稳定性。

(7) 隔热效果较好。对太阳热能可反射掉70%，膜材本身吸收了17%，传热13%，而透光率却在20%以上，经过10年的太阳光直接照射，其辉度仍能保留70%。

(8) 防火性与抗震性好。膜结构建筑所采用的膜材具有卓越的阻燃性和耐高温性，能很好地满足防火要求。结构为柔性结构且有较大变形能力，抗震性能好。结构自重较轻，即使发生意外坍塌，其危险性也较传统建筑结构小。

(9) 积雪应对。膜结构建筑的膜面屋顶和其他屋顶材料相比不易积雪，只要有比较小的倾斜角度积雪就会自动滑落。

(10) 耐久性差。膜结构现在的设计寿命可达20年以上，处于临时性建筑与永久性建筑的转变时期。由于薄膜张力的连续性，局部的破坏就会造成整个薄膜结构的垮塌。

3. 膜结构分类

从结构形式上膜结构建筑可简单地概括为充气式、骨架式和张拉式三大类型。

1) 充气式膜结构

充气式膜结构是指向由膜结构构成的室内充入空气，保持使室内的空气压力始终大于室外的空气压力，由此使膜材料处于张力状态来抵抗负载及外力的构造形式，具体可分为以下几种。

(1) 单层结构(图3.35)：如同肥皂泡，单层膜的内压大于外压。此结构具有大空间、自重轻、建造简单的优点，但需要不断输入超压气体及需日常维护管理。

(2) 双层结构(图3.36)：双层膜之间充入空气，和单层相比可以充入高压空气，形成具有一定刚性的结构，而且进出口可以敞开。

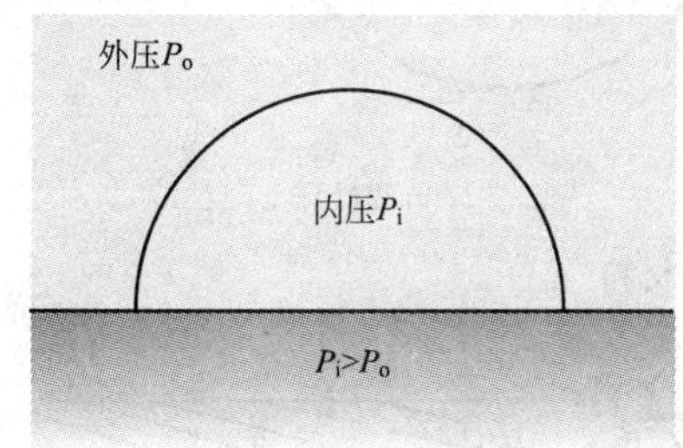

图3.35 单层结构

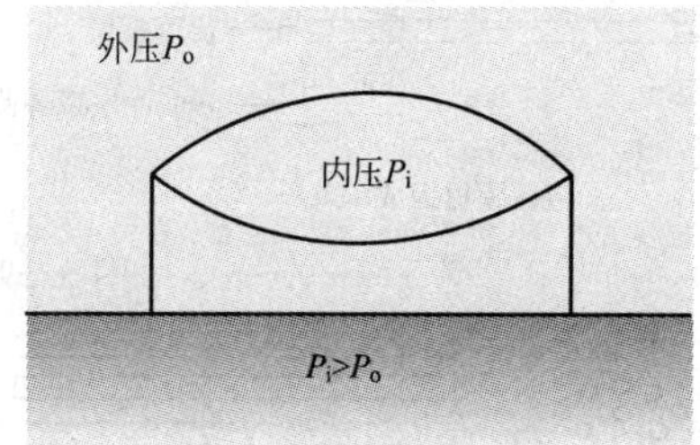

图3.36 双层结构

2) 骨架式膜结构

骨架式膜结构是指以钢构或集成材构成的屋顶骨架，在其上方张拉膜材的构造形式。

此结构广泛适用于任何大小规模的空间，日本秋田“天穹”（图 3.37）就采用了这种结构。

(a) “天穹”之外观　　(b) “天穹”之钢骨架

图 3.37　日本秋田“天穹”

3）张拉式膜结构

张拉式膜建筑是膜建筑的精华和代表，由膜材、钢索及支柱构成，利用钢索与支柱在膜材中导入张力以达到安定的形式，膜曲面通过预应力维持自身形状，膜既是建筑物的圈护体又作为结构来抵抗外部荷载效应。张拉式膜结构又可分为索网式、脊谷式等。这种体系结构性能强，具有高度的灵活性和适应性，建筑形象的可塑性好，广泛应用于各种类型的建筑，但造价稍高，施工精度要求也高，最典型的是美国丹佛机场候机大楼(图 3.38)，由 17 个连成一排的双支帐篷膜单元屋顶覆盖而成。

图 3.38　美国丹佛国际机场候机大厅

4. 膜结构的节点构造

1）膜结构屋顶的构造组成

膜结构建筑组成主要包括：造型膜(图 3.39)、支撑结构和钢索(图 3.40)等。

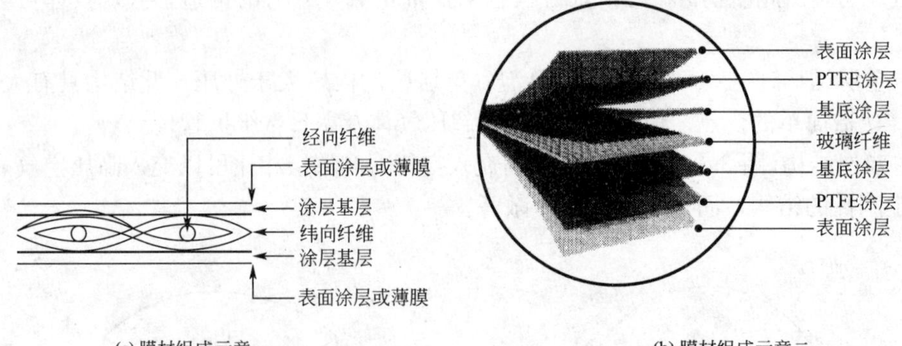

(a) 膜材组成示意一　　(b) 膜材组成示意二

图 3.39　膜结构材料

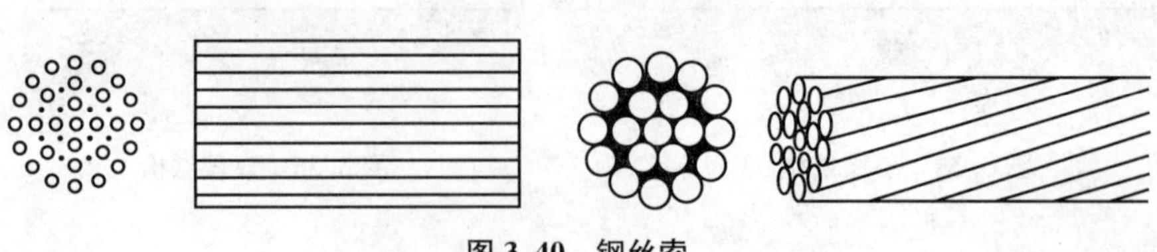

图 3.40　钢丝索

2）膜结构的连接构造(图 3.41～图 3.44)

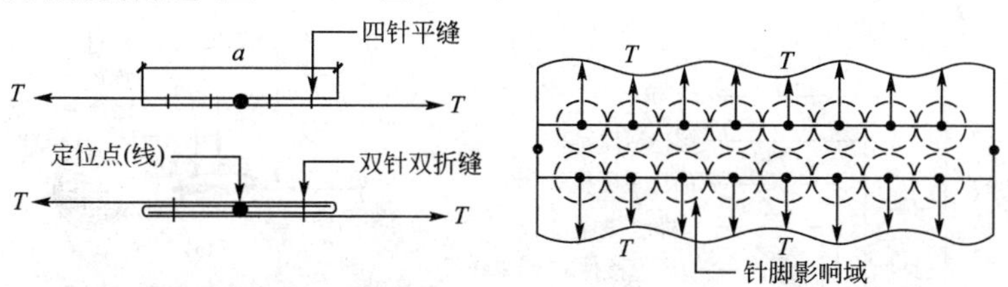

图 3.41 膜片缝纫连接

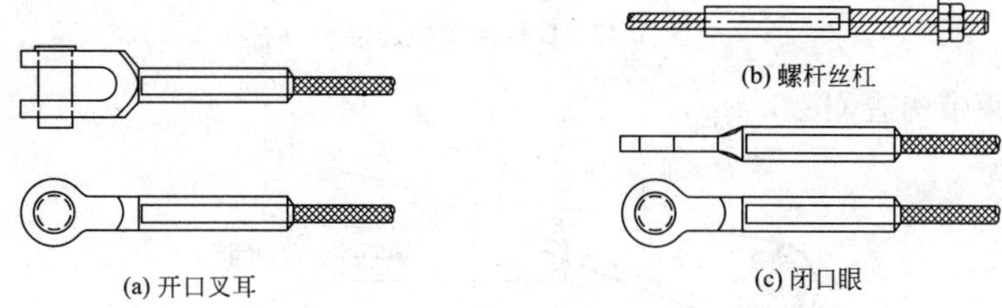

图 3.42 压接索头基本形式

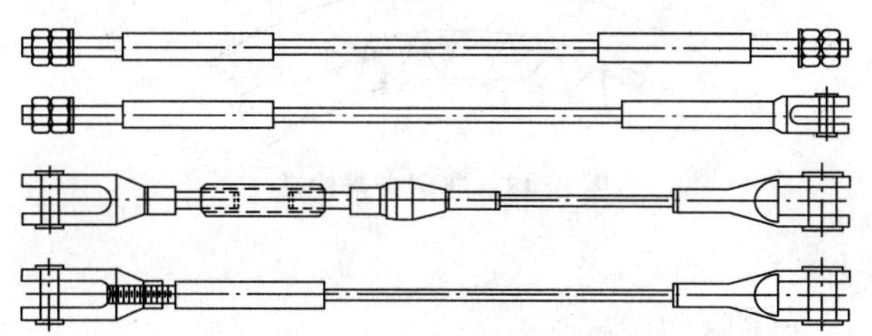

图 3.43 压接索头四种典型索体

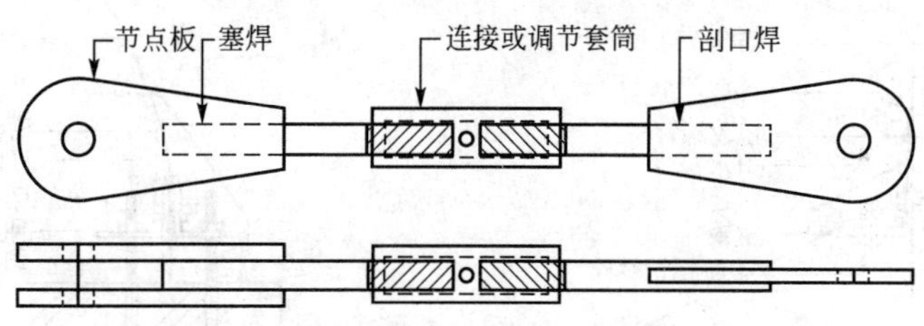

图 3.44 钢棒拉杆节点与形式

3）膜柔性边界构造

(1) 膜套连接(图 3.45 和图 3.46)。

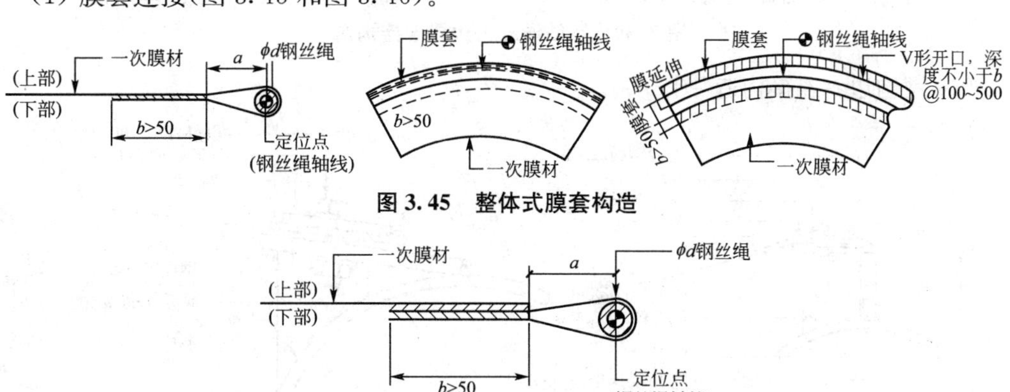

图 3.45 整体式膜套构造

图 3.46 分离式膜套构造

（2）U 形件夹板连接(图 3.47)。

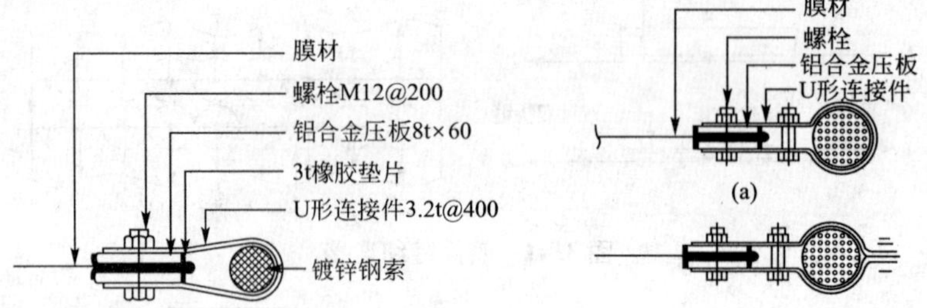

图 3.47　U 形件夹板连接

（3）典型束带构造（图 3.48）。

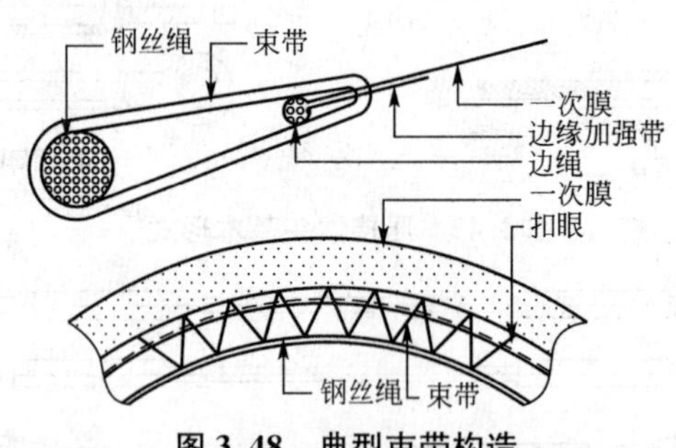

图 3.48　典型束带构造

4）膜刚性边界构造

（1）钢筋混凝土边界(图 3.49)。

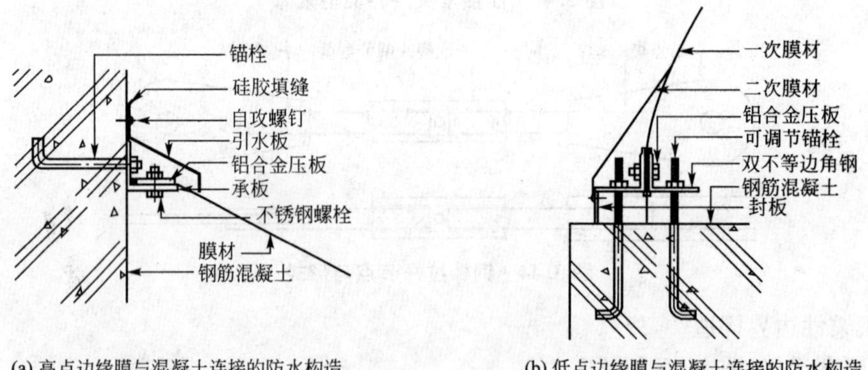

(a) 高点边缘膜与混凝土连接的防水构造　　(b) 低点边缘膜与混凝土连接的防水构造

图 3.49　钢筋混凝土边界连接构造

（2）钢构边界连接构造(图 3.50)。

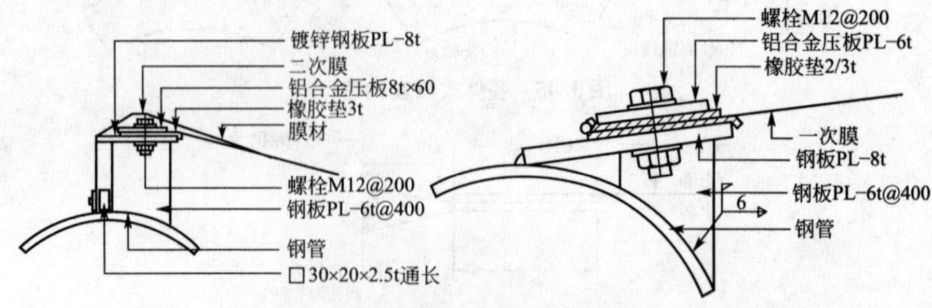

图 3.50　钢构边界连接构造

（3）膜角隅连接构造。

① 柔性膜角点(图 3.51)。

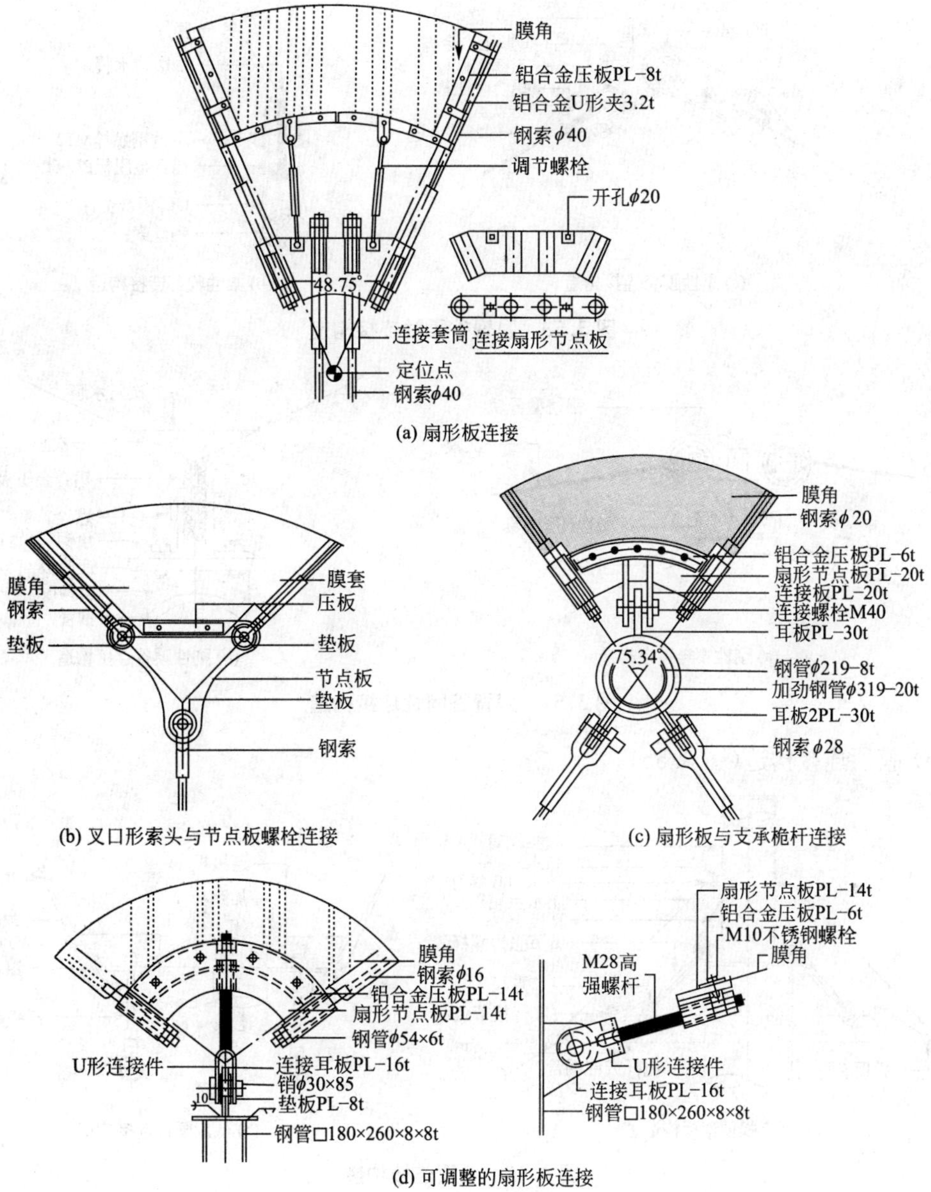

(a) 扇形板连接

(b) 叉口形索头与节点板螺栓连接

(c) 扇形板与支承桅杆连接

(d) 可调整的扇形板连接

图 3.51 柔性膜角点

② 刚性膜角点（图 3.52）。

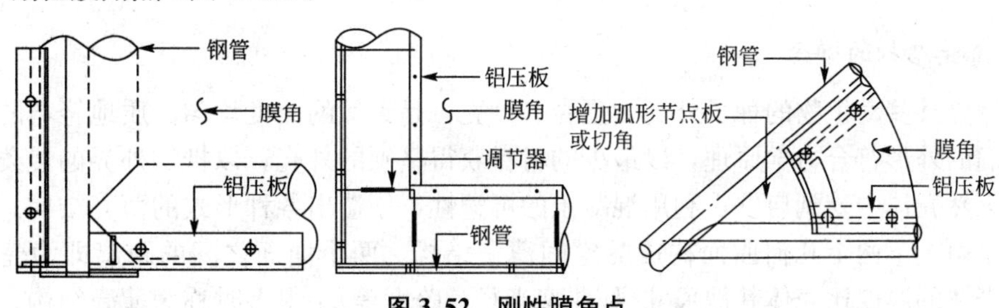

图 3.52 刚性膜角点

5）膜脊谷连接构造(图 3.53 和图 3.54)

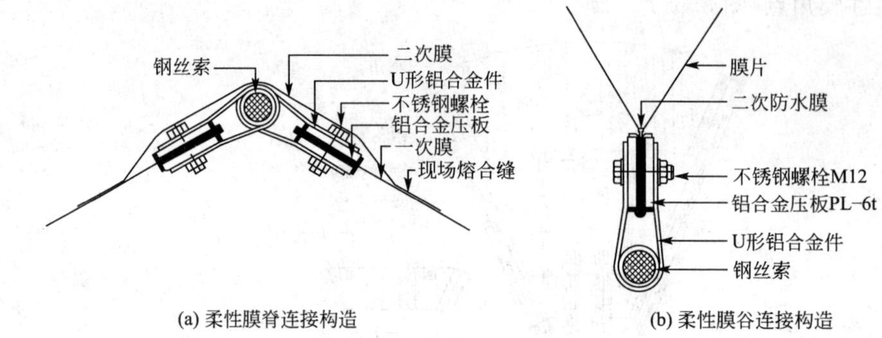

(a) 柔性膜脊连接构造　　(b) 柔性膜谷连接构造

图 3.53　膜脊谷柔性连接构造

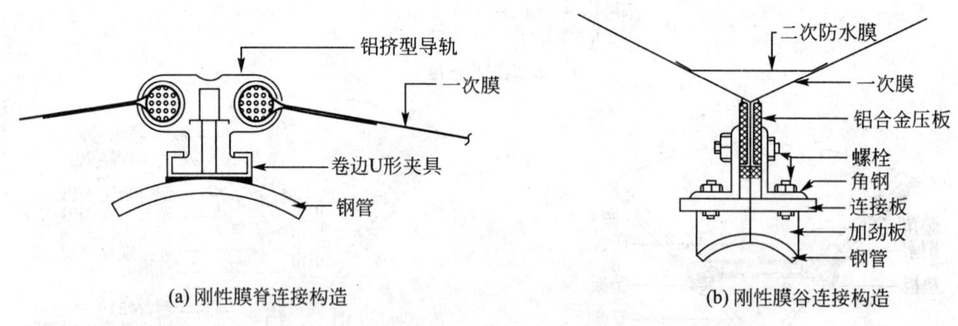

(a) 刚性膜脊连接构造　　(b) 刚性膜谷连接构造

图 3.54　膜脊谷刚性连接构造

6）膜顶连接构造(图 3.55)

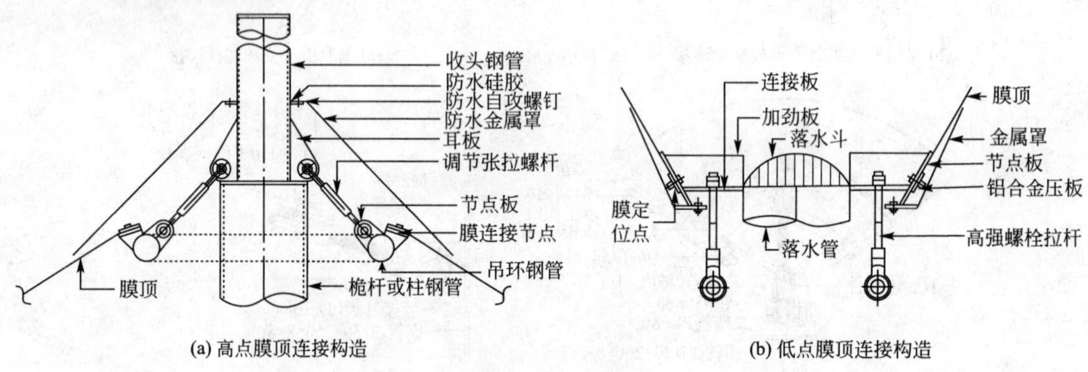

(a) 高点膜顶连接构造　　(b) 低点膜顶连接构造

图 3.55　膜顶连接构造

3.2.4　薄壳结构

1. 薄壳结构的概念

自然界某些动植物的种子外壳、蛋壳、贝壳，是天然的曲度均匀、质地轻巧的薄壳结构，它们的外形符合力学原理，以最少的材料获得坚硬的外壳，以抵御外界的侵袭。我们从这些天然壳体中受到启发，利用混凝土的可塑性，创造出各种形式的薄壳结构。壳体结构一般是由上下两个几何曲面构成的空间薄壁结构。两个曲面之间的距离即为壳体的厚度，当壳体的厚度比壳体其他尺寸(如曲率半径、跨度等)小得多时称为薄壳结构，现代建筑工程中所采用的壳体一般为薄壳结构。

2. 薄壳结构的特点

薄壳结构是用混凝土等刚性材料以各种曲面形式构成的薄板结构，呈空间受力状态，主要承受曲面内的轴向力，而其弯矩和扭矩很小，混凝土强度能得到充分利用，薄壳厚度仅为其跨度的几百分之一，强度和刚度都非常好，结构自重轻，覆盖面积大，无需中柱；在相同的面积及跨度之下价格更低，为普通结构建筑成本的60%～80%。薄壳结构拥有比普通钢结构更大的跨度及表现力。结构顶部及墙板可采用阳光板、耐力板、玻璃、彩板及传统建筑材料等，其具有造型多变、曲线优美、表现力强等特点，可用来覆盖各种平面形状的建筑物屋顶。薄壳结构多用于大跨度的建筑物，如展览厅、食堂、剧院、天文馆、厂房、飞机库等。

薄壳结构的体形多为曲线，复杂多变，采用现浇结构时，模板制作难度大，会费模费工，施工难度较大；一般壳体既作承重结构又作屋面，由于壳壁太薄，隔热保温效果不好；并且某些壳体(如球壳、扁壳)易产生回声现象，对音响效果要求高的大会堂、体育馆、影剧院等建筑不适宜。

3. 薄壳结构的形式

(1) 筒壳(图3.56)。筒壳由筒面、边梁、横隔构件三部分组成。筒壳为单曲面薄壳，形状较简单，便于施工，是最常用的薄壳形式。

(2) 圆顶壳(图3.57)。圆顶壳由壳面和支承环两部分组成。支承环对壳面起到箍的作用，主要内力为拉力，应适当加厚。壳面径向受压，环向上部受压，下部受拉或压。按壳板的构造不同，又可以分为平滑圆顶、肋形圆顶和多面圆顶三种(图3.58)。圆顶壳可以支承在墙上、柱上、斜拱或斜柱上(图3.59)，适用于大型公建，如天文馆、展览馆、体育馆、会堂等。

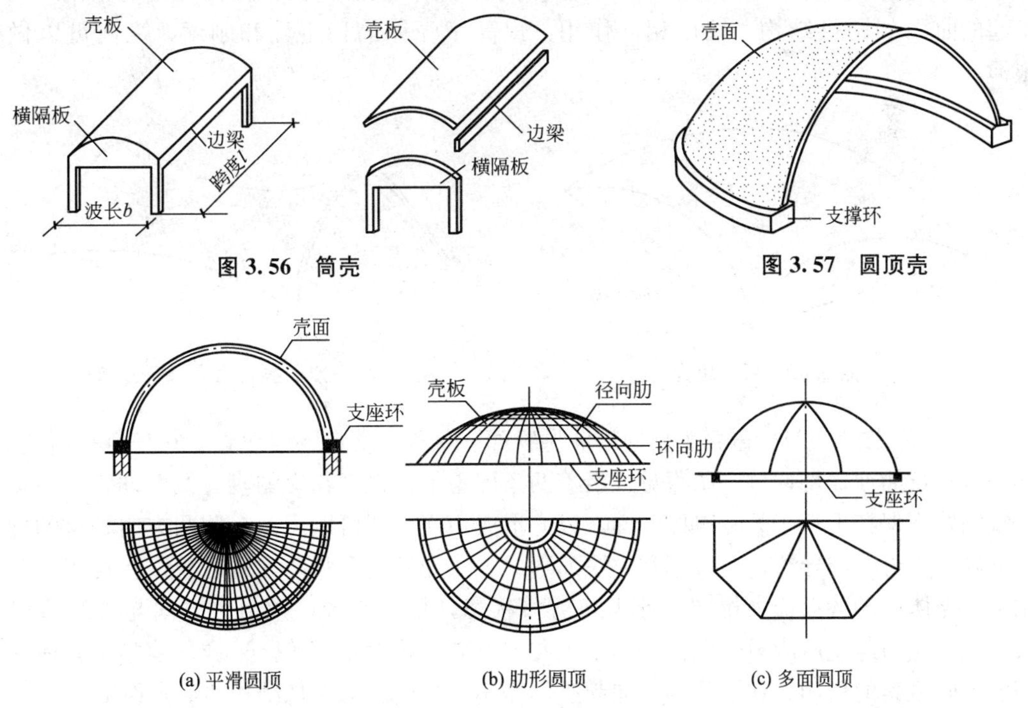

图3.56 筒壳

图3.57 圆顶壳

图3.58 圆顶壳的形式

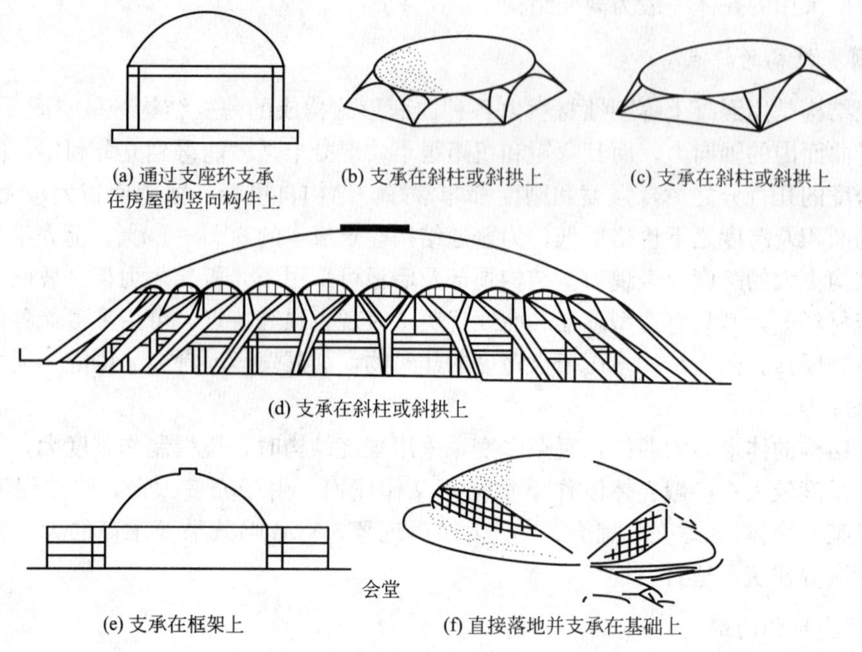

图 3.59　圆顶壳结构支承方式

(3) 双曲扁壳(图 3.60)。双曲扁壳由双向弯曲的壳面和四边的横隔构件组成。壳体中间区域为轴向受压，弯矩出现在边缘，四角有较大的拉力。双曲扁壳受力合理，厚度薄，可覆盖较大空间，较经济，适用于工业与民用建筑的各种大厅或车间。

(4) 双曲抛物面壳。

① 马鞍形壳(图 3.61)。马鞍形壳的外形像马鞍。倒悬的曲面如同受拉的索网，向上拱起的曲面如同拱结构，拉压相互作用，提高了壳体的稳定性和刚度，壳面可以做得很薄。

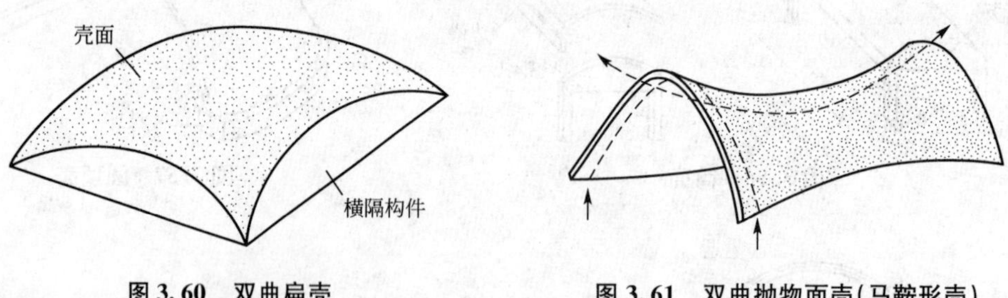

图 3.60　双曲扁壳　　**图 3.61　双曲抛物面壳(马鞍形壳)**

② 扭壳(图 3.62)。扭壳为反向双曲抛物面，又称双曲抛物面扭壳。它是负高斯曲面，又是双直纹曲面，可通过一条直母线沿着两条即不平行也不相交的直导线滑动，且滑动时母线须始终保持平行于某一参照平面，以此形成扭面，还可以用两个凹凸方向相反的抛物线分别作为母线与导线，通过平移方法而形成。扭壳的受力状态比较理想，在均布荷载作用下，壳体中的各点应力相同，处于纯剪力状态，且为常数；顺剪力方向与直纹方向一致，主拉应力与主压应力分别位于两个主曲率方向，且大小相等。这样，使整个壳体在下凹的方向呈索的作用，在上凸的方向起拱的作用，从而能够保持结构的形态稳定。

(a) 华南理工大学体育馆

(b) 瑞士"HSB扭转大楼"

图 3.62 扭壳

3.2.5 桁架结构

1. 桁架结构的概念

桁架结构是指由若干直杆在其两端用铰连接而成的结构，其杆件与杆件的结合假定为铰结，在外力作用下，杆件内力是轴向力，内力分布均匀、受力合理、计算简单、施工方便、适应性强，对支座没有横向推力，材料强度能充分利用，减少材料耗量和结构自重，使结构跨度增大，是大跨度建筑常用的一种结构形式。桁架结构广泛应用在体育馆、影剧院、展览馆、食堂、商场等公共建筑和大跨度厂房、桥梁中。由于大多用于建筑的屋盖结构，桁架通常也被称作屋架。

2. 桁架结构的特点

(1) 扩大了梁式结构的适用跨度，适应跨度范围很大。

(2) 桁架可用各种材料制造，如钢筋混凝土、钢、木均可。

(3) 桁架是由杆件组成的，桁架体型可以多样化。

(4) 施工方便，桁架可以整体制造后吊装，也可以在施工现场高空进行杆件拼装。

(5) 结构空间大，其跨中高度较大，对建筑造型设计有一定的限制，单层建筑尤难处理。

(6) 侧向刚度小，尤其是钢屋架，需要设置支撑，把各榀桁架联成整体，支撑按构造(长细比)要求确定截面，耗钢而未能材尽其用。

3. 桁架结构的形式

桁架的形式多种多样，根据材料的不同，可分为木屋架、钢屋架、钢-木组合屋架、轻型钢屋架、钢筋混凝土屋架、预应力混凝土屋架、钢筋混凝土-钢组合屋架等。按屋架外形的不同，有三角形屋架、梯形屋架、抛物线形屋架、折线形屋架、平行弦屋架等，具体如图 3.63 所示。

1)木屋架

(1) 木屋架的典型形式是豪式屋架(图 3.64)，豪式木屋架的适用跨度为 9～21m，最经济跨度为 9～15m。

(2) 三角形屋架的内力分布不均匀，支座处大而跨中小。一般适用于跨度在 18m 以内的建筑中。三角形屋架的上弦坡度大，有利于屋面排水，屋架的高跨比一般为 1/4～1/6。

(3) 当房屋跨度较大时，选用梯形屋架较为适宜，梯形屋架适用跨度为 12～18m。

(4) 跨度在 15m 以上时，因考虑竖腹杆的拉力较大，常采用竖杆为钢杆、其余杆件为

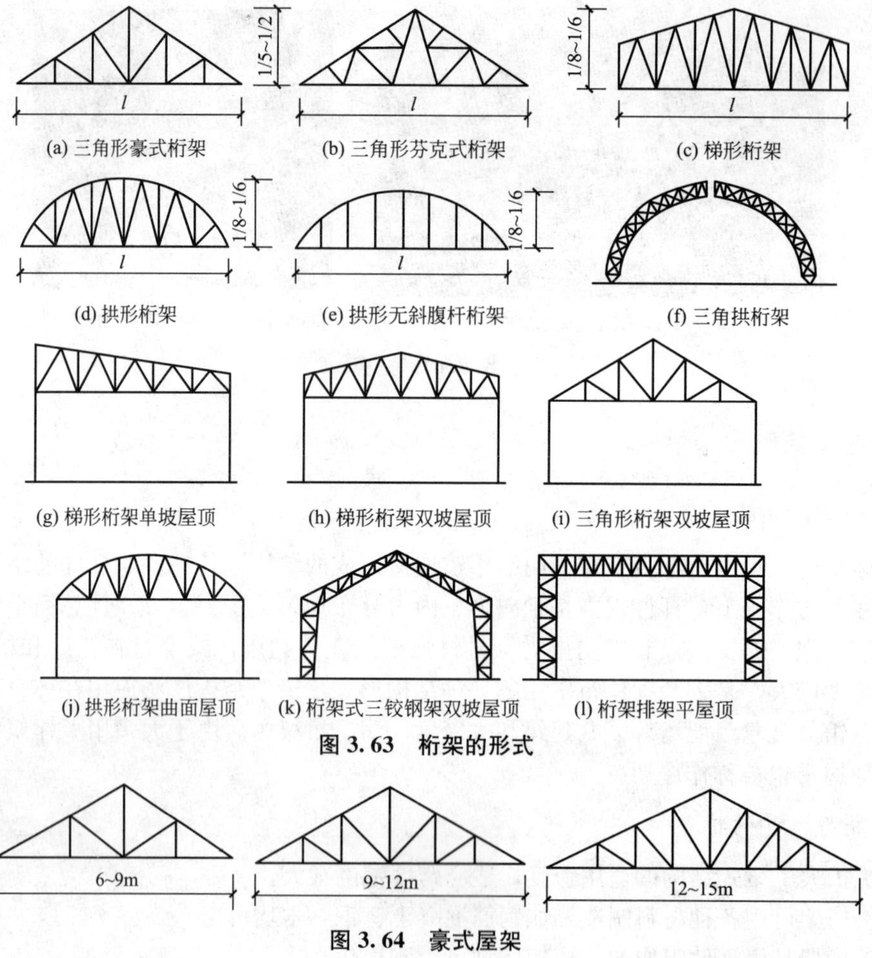

图 3.63　桁架的形式

图 3.64　豪式屋架

木材的钢木组合豪式屋架。

2）钢屋架

钢屋架的形式主要有三角形屋架、梯形屋架、平行弦屋架。有时为改善上弦杆的受力情况，也可采用再分式腹杆的形式。

（1）三角形屋架(图 3.65)：适用于陡坡屋面的屋盖结构中。

（2）芬克式屋架(图 3.66)：是钢屋架的典型形式，上弦为左右两个小桁架，下弦中段虽较长，但因下弦内力是受拉，适宜钢材抗拉。

图 3.65　三角形屋架

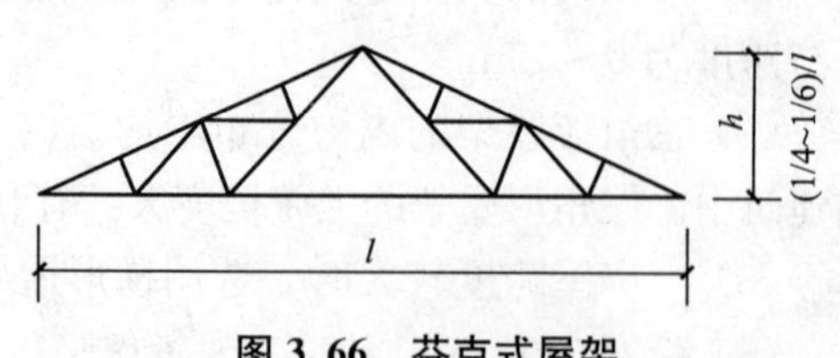

图 3.66　芬克式屋架

(3) 梯形屋架(图 3.67)：是由双梯形合并而成，弦杆内力沿跨度分布比较均匀，材料比较经济，是目前采用无檩设计的工业厂房屋盖中应用最广泛的一种屋架形式。梯形屋架的上弦坡度较小，对炎热地区和高温车间可以避免或减少油毡下滑和油膏的流淌现象，屋面的施工、修理、清灰等均较方便。梯形屋架之间能形成较大的空间，便于管道和人穿行，影剧院的舞台和观众厅的屋顶也常采用梯形屋架。

(4) 平行弦屋架(图 3.68)：杆件规格化，节点的构造也统一，因而便于制造，在均布荷载作用下，弦杆内力分布不均匀，平行弦屋架不宜用于杆件内力相差悬殊的大跨度建筑中。

图 3.67 梯形屋架

图 3.68 平行弦屋架

(5) 钢-木组合屋架：木屋架的跨度一般为 6～15m，大于 15m 时下弦通常采用钢拉杆，就形成了钢-木组合屋架。每平方米建筑面积的用钢量仅增加 2～4kg，但却显著地提高了结构的可靠性。同时由于钢材的弹性模量高于木材，且还消除了接头的非弹性变形，从而提高了屋架的刚度。钢-木组合屋架的跨度根据屋架的外形而不同：三角形屋架跨度一般为 12～18m；梯形、折线形等多边形屋架的跨度一般为 18～24m。

(6) 型钢屋架：当屋盖采用轻屋面时，屋架的杆力不大，可以采用小角钢、圆钢、薄壁型钢或钢管组成，称为轻型钢屋架。最常用的形式有芬克式和三铰拱式。两者均适用于屋面较陡时，与钢筋混凝土结构相比，用钢量指标接近，不但节约了木材和水泥，还可减轻自重 70%～80%，给运输、安装及缩短工期等提供了有利条件。但是，由于杆件截面小，组成的屋盖刚度较差，只宜用于跨度≤18m、吊车起重量不大于 5t 的轻中级工作制桥式吊车的房屋和仓库建筑，以及跨度≤18m 的民用房屋的屋盖结构中，并宜采用瓦楞铁、压型钢板或波形石棉瓦等轻屋面材料。

(7) 混凝土屋架(图 3.69)：混凝土屋架的常见形式有梯形屋架、折线形屋架、拱形屋架、无斜腹杆屋架等。根据是否对屋架下弦施加预应力，钢筋混凝土屋架可分为钢筋混凝

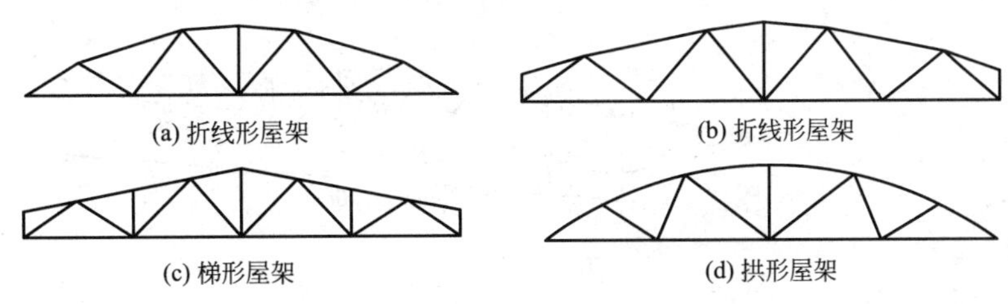

图 3.69 混凝土屋架

土屋架和预应力混凝土屋架。钢筋混凝土屋架的适用跨度为 15～24m，预应力混凝土屋架的适用跨度为 18～36m 或更大。

(8) 钢筋混凝土-钢组合屋架(图 3.70)：屋架的上弦和受压腹杆采用钢筋混凝土杆件，下弦及受拉腹杆可采用钢拉杆。常用的有折线形组合屋架、下撑式五角形组合屋架以及三铰组合屋架、两铰组合屋架等。

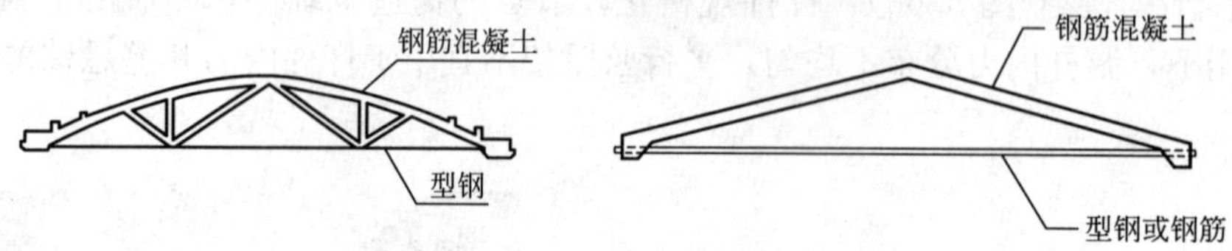

图 3.70　钢筋混凝土-钢组合屋架

(9) 板状屋架(图 3.71)：是将屋面板与屋架合二为一的结构体系。屋架的上弦采用钢筋混凝土屋面板，下弦和腹杆可采用钢筋，也可采用型钢制作。屋面板可选用普通混凝土，也可选用加气或陶粒等轻质混凝土制作。屋面板与屋架共同工作，屋盖结构传力简捷、整体性好，减少了屋盖构件，节省了钢材和水泥，结构自重轻，经济指标较好。

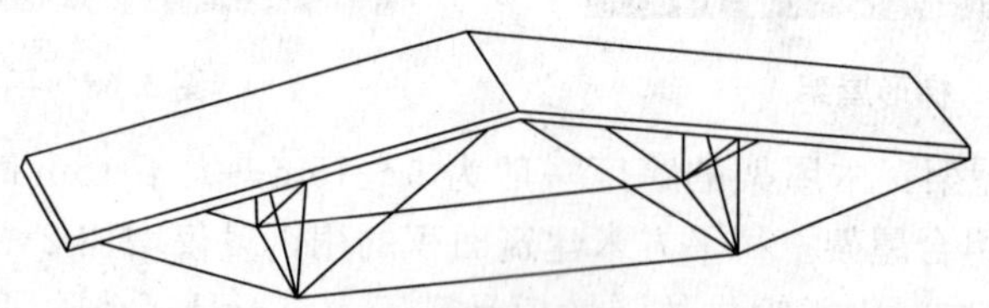

图 3.71　板状屋架

(10) 立体桁架：截面形式有矩形、倒三角形、正三角形(图 3.72)。

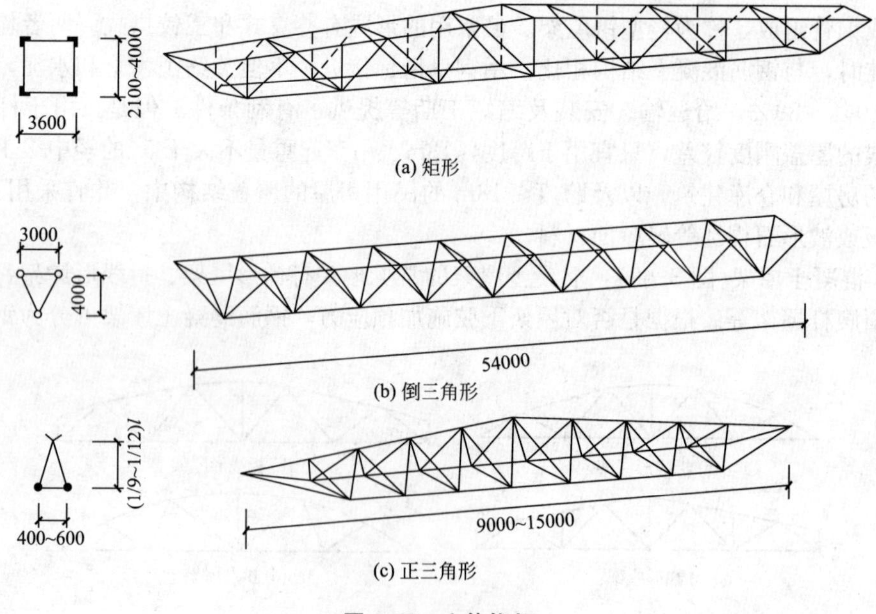

图 3.72　立体桁架

(11) 无斜腹杆屋架(图 3.73)：没有斜腹杆，结构造型简单，便于制作，综合技术经济指标较好。

图 3.73　无斜腹杆屋架

3.2.6　其他大跨度建筑结构类型

1. 拱结构

1) 拱的受力特点、优缺点和适用范围

由于拱呈曲面形状，在外力作用下，拱内的变矩值可以降低到最小限度，能充分利用材料的强度，比同样跨度的梁结构断面小，能跨越较大的空间。但是拱结构在承受荷载后将产生横向推力，为了保持结构的稳定性，必须设置宽厚坚固的拱脚支座抵抗横推力。古代建筑的拱主要采用砖石材料，近代建筑中，多采用钢筋混凝土拱，有的采用钢桁架拱，跨度可达百米以上。拱结构所形成的巨大空间常常用来建筑商场、展览馆、体育馆、散装货仓等建筑。

2) 拱的形式

根据铰的数量，拱可以分为无铰拱、两铰拱和三铰拱 3 种形式。工程上常用两铰拱和无铰拱形式，为超静定结构。拱的形式及各部分名称如图 3.74 所示。

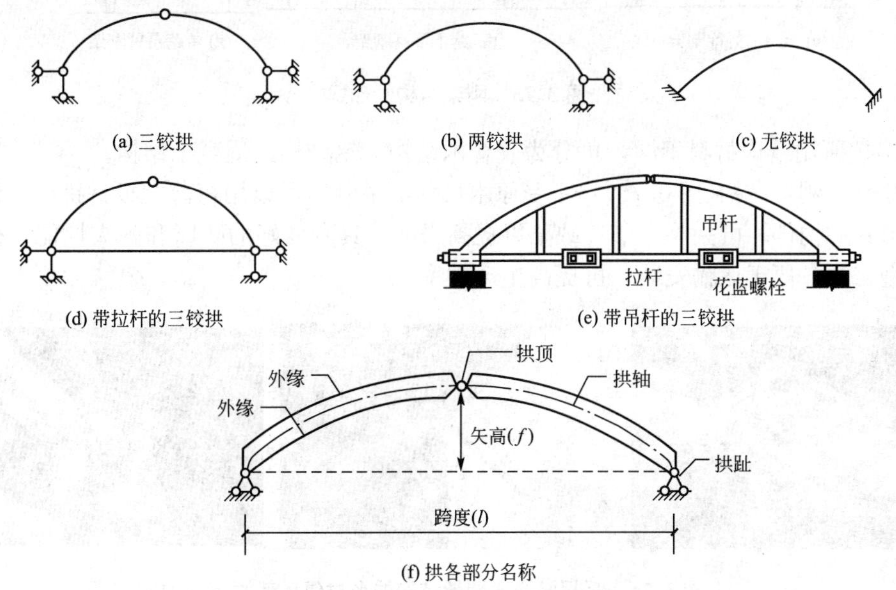

图 3.74　拱的形式及各部分的名称

2. 刚架结构

1）受力特点、优缺点和适用范围

刚架是横梁和柱以整体连接方式构成的一种门形结构。由于梁和柱是刚性结点，在竖向荷载作用下柱对梁有约束作用，能减少梁的跨中弯矩；同样，在水平荷载作用下，梁对柱也有约束作用，能减少柱内的弯矩。刚架结构比屋架和柱组成的排架结构轻巧，可以节省钢材和水泥。由于大多数刚架的横梁是向上倾斜的，不但受力合理，而且结构下部的空间增大，对某些要求高大空间的建筑特别有利。同时，倾斜的横梁使建筑的屋顶形式呈折线形，建筑外轮廓富于变化。刚架结构一般用于体育馆、礼堂、食堂等大空间的民用建筑，也可用于工业建筑。

2）刚架结构的形式(图 3.75)

(1) 按结构组成和构造方式的不同，可分为无铰刚架、两铰刚架、三铰刚架。其中，无铰刚架和两铰刚架是超静定结构，结构刚度较大，但当地基条件较差，发生不均匀沉降时，结构将产生附加内力。三铰刚架则属于静定结构，在地基产生不均匀沉降时，结构不会引起附加内力，但其刚度不如前两种好。一般来说，三铰刚架多用于跨度较小的建筑，两铰和无铰刚架可用于跨度较大的建筑。

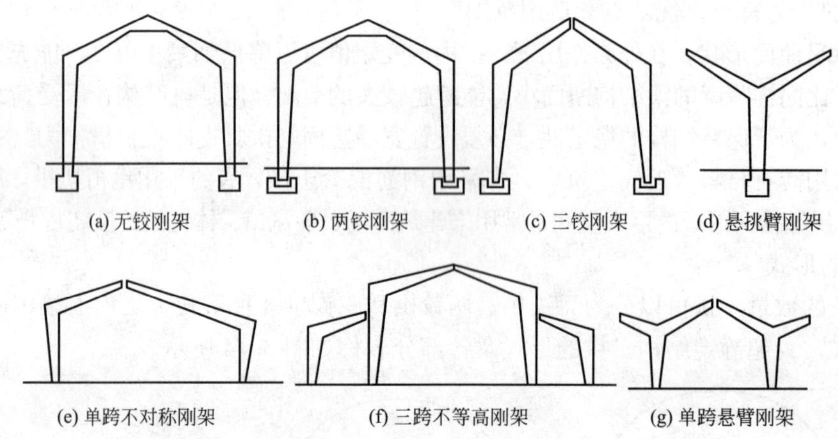

图 3.75 刚架结构的形式

(2) 按所用结构材料不同，可分为胶合木结构、钢结构、混凝土结构。

①胶合木刚架结构(图 3.76)：不受原木尺寸的限制，可以用短薄的板材拼接成任意合理截面形式的构件，可剔除木节等缺陷以提高强度，具有良好的防腐和耐火性能，构造简单，造型美观，便于运输安装，可提高生产效率。

图 3.76 采用胶合木刚架结构的乡村俱乐部酒店

② 钢刚架结构。

(a) 实腹式刚架(图 3.77)：适用于跨度不很大(50～60m)的结构，常常做成两铰刚架。其结构外露，外形可以做得比较美观，制作和安装也比较方便。

图 3.77 实腹式刚架

图 3.78 巴黎国际展览会的机械馆

(b) 格构式刚架：适用范围较大，跨度较小时可采用三铰式结构；跨度较大时，可采用两铰刚架或无铰刚架。格构式刚架的刚度大、用钢量少。1889 年巴黎国际展览会的机械馆(图 3.78)采用钢制三铰拱格构式刚架，跨度达到 115m。

③ 钢筋混凝土刚架：适用于跨度不超过 18m，檐高不超过 10m，无吊车或吊车起重量不超过 100kN 的建筑。由芬兰建筑师阿尔瓦·阿尔托设计的 Riola Parrish 教堂(图 3.79)较好地使用了这种形式。

图 3.79 Riola Parrish 教堂

3. 折板结构

1) 折板结构的概念

折板结构(图 3.80)是由若干狭长的薄板以一定角度相交连成折线形的空间薄壁体系。跨度不宜超过 30m，适宜于长条形平面的屋盖，两端应有通长的墙或圈梁作为折板的支点，其结构呈空间受力状态，具有良好的力学性能，结构厚度薄，省材料，可预制装配，省模板，构造简单。折板结构常用的有 V 形(图 3.81)、梯形等形式，是一种既能承重，又可围护，用料较省，刚度较大的薄壁结构，可用作车间、仓库、车站、商店、学校、住宅、亭廊、体育场看台等建筑的屋盖。此外，折板还可用作外墙、基础及挡土墙。

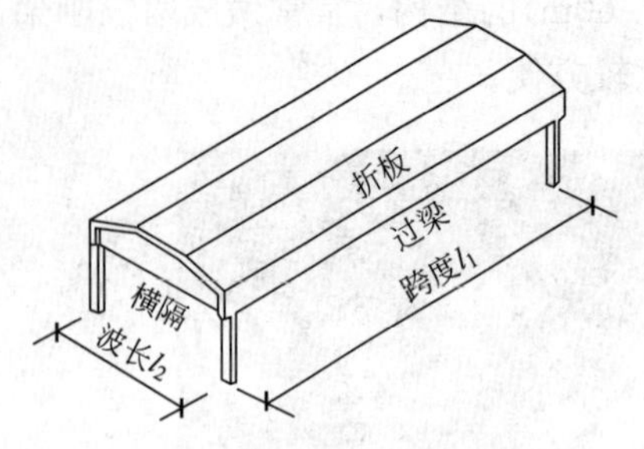

图 3.80 折板结构的组成

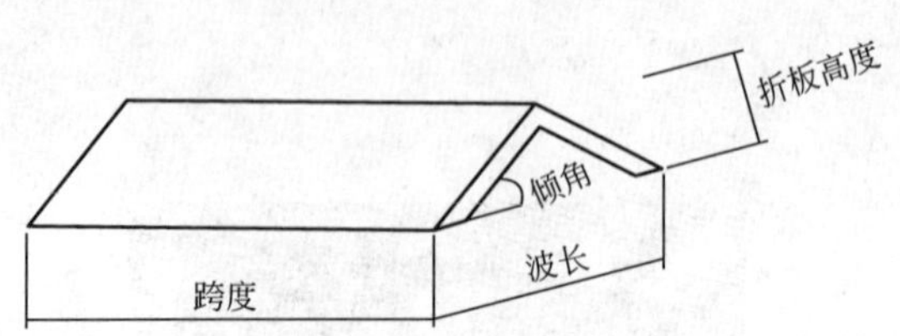

图 3.81 预制 V 形折板示意图

2）折板结构的形式

折板结构的分类方法多种多样，按截面形式分有折线多边形、槽形、Ⅱ形及 V 形折板等。按跨数分有单跨、多跨及悬臂折板。按覆盖平面分有矩形、扇形、环形及圆形的平面折板。按所用材料分有钢筋混凝土折板、预应力混凝土折板及钢纤维混凝土折板。如果折板沿跨度方向也是折线形或弧线形，则形成折板拱。

3.3 大跨度建筑屋面排水

大跨度建筑屋面尺度大，更需要迅速排水，设计时应该进行屋面排水设计。先应确定屋面的坡面数，进行排水分区的划分(图 3.82)，并选择合适的坡度，确定横缝及竖缝、分水线、屋脊及天沟等的位置，檐沟结合建筑外形设计。落水管可置于墙内，做成包砌式或者埋入式暗管(图 3.83)等内排水方式。膜结构屋面排水构造如图 3.84 所示，薄壳结构檐口及天沟做法如图 3.85 所示。

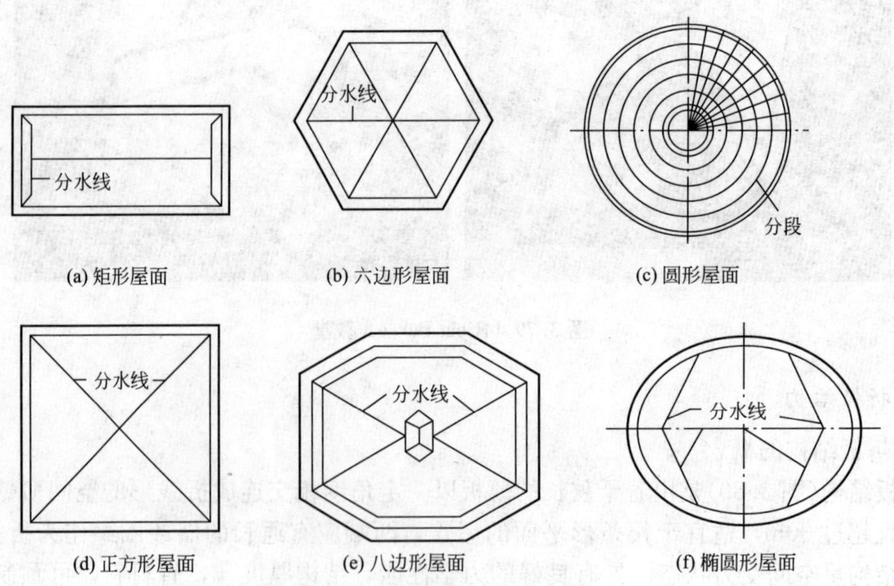

图 3.82 屋面划分与分水线

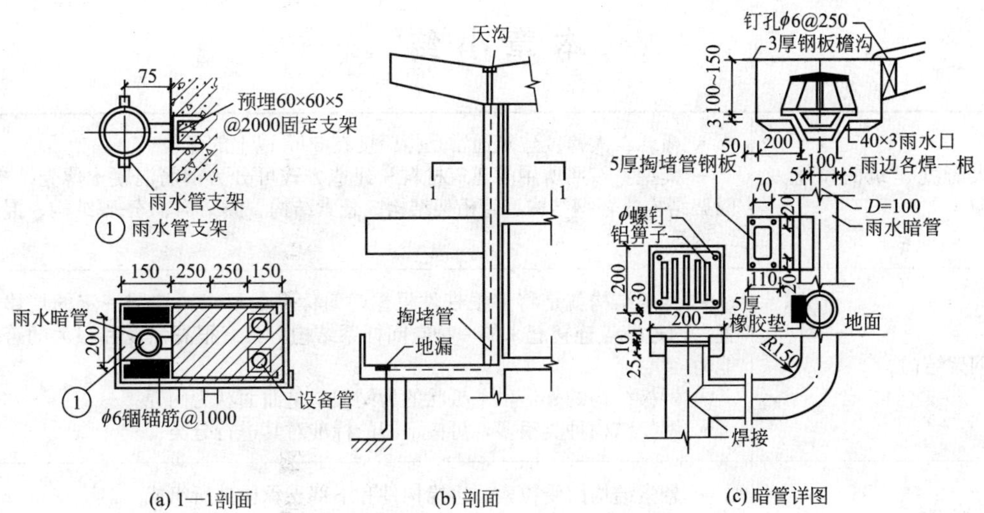

图 3.83　包砌式暗管系统示意

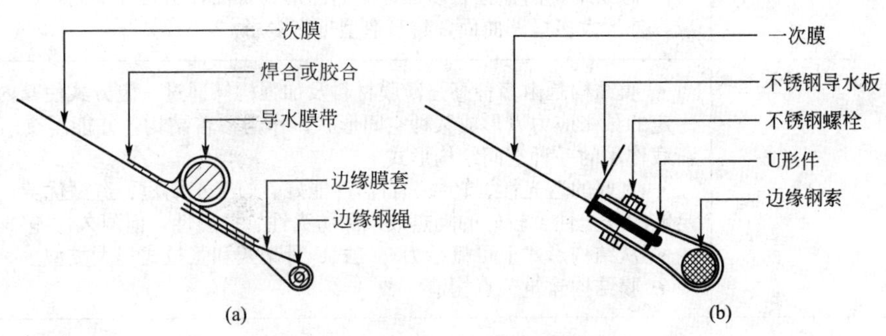

图 3.84　膜结构屋面边缘导水构造

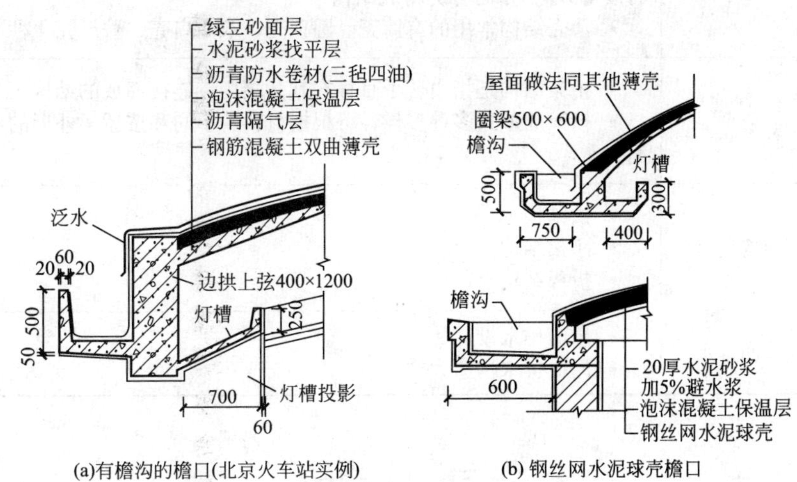

图 3.85　薄壳檐口天沟构造

本章小结

大跨度建筑的概念及类型	• 概念：大跨度建筑通常是指跨度在 30m 以上的建筑 • 类型：按照所用的建筑材料和建造方式可分为钢筋混凝土薄壳结构、网架结构、轻钢结构、管桁架结构、悬索结构、膜结构、索-膜结构、混合结构等
网架结构	• 网架结构就是将多根杆件根据建筑体型的要求，按照一定的规律布置，通过节点连接起来的一种空间杆系结构。具有很高强度和很大的跨越能力 • 网格结构的外形呈平板状的为网架，呈曲面状为网壳 • 网架结构种类很多，可按不同的标准对其进行分类
悬索结构	• 悬索结构由受拉索、边缘构件和下部支承构件所组成 • 悬索结构能充分利用高强材料的抗拉性能，可以做到跨度大、自重小、材料省、易施工 • 悬索结构的造型是以几何曲面图形为特征，由两种不同材料的构件组成，外形大多呈凹曲面，建筑造型丰富多彩
膜结构	• 膜结构是由多种高强薄膜材料及加强构件通过一定方式使其内部产生一定的预张应力以形成某种空间形状，作为覆盖结构，并能承受一定的外荷载作用的一种空间结构形式 • 良好的透光性、轻质、自洁性能好、施工工期短、造型优美，并具有足够的安全性、较好的隔热效果和防火性、抗震性，但耐久性差 • 从结构形式上可概括为充气式、骨架式和张拉式三大类型 • 膜结构建筑节点构造
薄壳结构	• 壳体结构一般是由上下两个几何曲面构成的空间薄壁结构。两个曲面之间的距离即为壳体的厚度，当壳体的厚度比壳体其他尺寸(如曲率半径、跨度等)小得多时称为薄壳结构 • 薄壳结构常用的有筒壳、圆顶壳、双曲扁壳、鞍形壳 4 种
桁架结构	• 桁架结构是指由若干直杆在其两端用铰连接而成的结构 • 桁架的形式多种多样，可根据材料的不同和按屋架外形的不同对其进行分类
其他大跨度结构类型	• 拱结构 • 刚架结构 • 折板结构
大跨度建筑屋面排水	• 屋面排水设计 • 屋面排水构造大样

习　　题

一、思考题

1. 大跨度建筑的类型有哪些？各自有什么特点？有哪些分类方法？各自的造型特点

是什么？举例分析说明。

2. 大跨度建筑节点构造设计中，不同材料体系的连接方式有哪些？结构主体与基础的节点连接方式有哪些？

3. 大跨度建筑屋面保温隔热构造做法有哪些？

4. 大跨度建筑屋面防水构造做法有哪些？

5. 彩板屋面的构造做法有哪些？

6. 膜结构屋面的构造做法有哪些？

二、选择题

1. 大跨度建筑通常是指跨度在(　　)m以上的建筑。

A. 30　　B. 40　　C. 50　　D. 60

2. 根据《网架结构设计与施工规程》(JGJ 7—1991)的规定，目前经常采用的网架结构分为3个体系(　　)种网架结构形式。

A. 11　　B. 12　　C. 13　　D. 14

3. 罗马小体育宫采用的是(　　)。

A. 桁架结构　　B. 薄壳结构　　C. 拱结构　　D. 悬索结构

4. 美国华盛顿杜勒斯机场候机厅采用的是(　　)。

A. 桁架结构　　B. 薄壳结构　　C. 拱结构　　D. 悬索结构

5. 在现代结构出现以前，(　　)是世界上跨度最大的大空间建筑。

A. 古希腊帕提农神庙　　B. 罗马卡瑞卡拉浴场

C. 罗马万神庙　　D. 罗马大角斗场

6. 有美国的“悉尼歌剧院”之美称的膜结构建筑是(　　)。

A. 美国亚特兰大奥运会佐治亚穹顶　　B. 美国圣迭戈会议中心

C. 大阪万国博览会美国馆　　D. 美国丹佛国际机场候机大厅

7. 1960年建成的罗马奥运会小体育宫其壳体折算厚度仅(　　)，堪称结构与建筑有机结合的典范。

A. 6cm　　B. 7cm　　C. 8cm　　D. 9cm

8. 我国现存最早的悬索桥是(　　)。

A. 北京卢沟桥　　B. 河北赵州桥　　C. 云南霁虹桥　　D. 四川泸定桥

三、判断题

1. 1964年建成的日本东京代代木体育馆采用的是组合薄壳结构。(　　)

2. 呈平板状的网格结构为网架，呈曲面状的网格结构为网壳。(　　)

3. 膜结构质轻，透光性好，安全，耐久性好，可以用来建造永久性建筑。(　　)

4. 聚氨酯防水涂料防水屋面中应加入玻璃丝布，能提高涂膜的抗裂性，防止屋面开裂漏水。(　　)

第 4 章 建筑装饰装修构造

知识目标

- 了解和掌握建筑装饰装修的作用、设计要求、等级、装饰材料等。
- 熟悉和掌握建筑墙面专项构造及高级装修构造。
- 熟悉和掌握建筑地面专项构造及高级装修构造。
- 熟悉和掌握特种装修(保温门窗、隔声门窗、防火门窗、卫浴间、游泳池防水等)构造。

导入案例

广州四季酒店位于坐落在风光旖旎的珠江河畔、楼高 103 层的广州国际金融中心主塔楼顶部的 30 层。享誉全球的酒店室内设计业翘楚 HBA/Hirsch Bedner AssociatesHBA 的室内出色设计概念，既突破了设计界限，也大胆挑战了传统酒店装潢的既有模式，精细的装修构造无不传达了精美的视觉效果，同时糅合了创新设计及本土特色，完整体现了四季酒店品牌的精粹（图 4.0）。

(a) 大堂 (b) 客房 (c) 天吧

图 4.0 广州四季酒店室内装修设计

4.1 概 述

建筑装修设计是建筑设计的延续和细化，它从建筑设计中分化出来，又不同于建筑设计，它更强调空间表层的处理，讲究材料的应用和表达。装修的材料种类繁多而复杂，更新速度快，因此，装修构造的方式也多种多样，不断发展。但是，不管是什么样的构造方式，它总归结于使用哪些材料，采用何种连接和固定方法，以达到一定的使用功能和艺术效果。

4.1.1 装饰装修的作用

建筑装饰装修的基本功能，主要体现在以下 3 个方面。

1. 保护建筑结构承载系统，提高建筑结构的耐久性

建筑物结构是由墙、柱、梁、楼板、楼梯、屋顶结构等承重结构组成，它承受着作用在建筑物上的各种荷载。为了保证整个建筑结构承载系统的安全性、适用性和耐久性，必须在建筑物内外表面做装饰层，使建筑物构件不和大气层直接接触，避免建筑结构承载系统直接受到风吹、雨淋、日晒、霜雪的袭击和空气中腐蚀性气体及微生物的破坏，以及室内潮湿环境等的直接袭击，提高建筑结构承载系统的防潮和抗风化的能力，从而增强建筑结构的坚固性和耐久性。

2. 改善和提高建筑围护系统的功能，满足建筑物的使用要求

对建筑物各个部位进行的装修处理，可以有效地改善和提高建筑围护系统的功能，满足建筑物的使用要求，使建筑清洁、光亮、平整，不仅提高了防水、防火、防腐、防锈等性能，还可以丰富环境色彩，改善建筑物热工、声学、光学等物理性能，为人们创造良好的生产、生活和工作环境。

3. 美化建筑物的室内、室外环境，提高建筑的艺术效果

墙面、楼地面和顶棚饰面装修是建筑空间艺术处理的重要手段之一。墙和楼地面面层装修的色彩、表面质感、线脚和纹样形式等都在一定程度上改善和创造了建筑物的内外形象和气氛。建筑装修的处理，再配合建筑空间、体型、比例、尺度等设计手法的合理运用，创造出优美、和谐、统一、丰富的空间环境，满足人们在精神方面对美的要求。

4.1.2 装饰装修的设计要求

1. 根据使用功能的要求，确定装修的质量标准

墙面、楼地面和顶棚饰面装修的基本功能，除了保护建筑结构、美化建筑物的室内外环境以外，最主要的就是改善和提高建筑围护系统的功能，满足建筑物的使用要求。如外墙装修主要应满足保温、隔热以及防水的要求；内墙及顶棚装修主要应考虑满足室内照度、卫生以及舒适性等方面的要求；顶棚装修有时还考虑满足对楼板层的隔声要求；楼地面的装修则重点要满足行走舒适、安全、保暖以及对楼板层的隔声要求。另外，一些特殊房间或特殊部位还应注意满足其特殊的使用要求，例如，首层房间的墙体和地坪要处理好防潮的要求；用水房间的相应部位要做好防水构造等。在建筑装修的设计中，还要特别注意满足建筑防火的要求。

2. 掌握建筑装饰装修标准

按照国家有关规定，建筑装修的等级可分为三级，划分的依据是建筑物的类型、建筑物等级以及建筑物的使用性质。一般来说，建筑物的等级越高，建筑装修的等级也就越高。建筑装修的等级确定之后，不同装修等级的建筑物应分别选用不同标准的装修材料和做法。为此，国家规定了不同装修等级建筑内外装饰用材料标准。在进行装修构造设计时，还应考虑到建筑物的规划位置和总平面位置，以及建筑物的不同使用空间和不同部

位，选择不同的装修方案和不同的质量标准。

建筑装修设计还应考虑经济因素、材料供应因素、施工技术条件等因素，做到既经济合理，又切实可行。建筑装饰等级和建筑类型对应关系如表 4－1 所示，各级建筑装饰可根据现阶段国家或地方规定的建筑装饰标准来确定各种房间、各个部位的装饰标准及装修材料。

表 4－1　建筑装饰等级和建筑类型对应关系

建筑装饰等级	建筑类型
一	高级宾馆、别墅、纪念性建筑、大型博览、观演、交通、体育建筑，一级行政机关办公楼，市级商场
二	科研建筑，高教建筑，普通博览、观演、交通、体育建筑，广播通讯建筑，医疗建筑，商场建筑，旅馆建筑，局级以上行政办公楼
三	中学、小学、托儿所建筑，生活服务性建筑，普通行政办公楼，普通居住建筑

4.1.3　建筑装修材料的分类

材料的分类方法很多，本章按照材料在装修构造中所处的部位和所起的功能不同来分类，以便更清楚地理解构造中用材的层次。

1. 结构材料

结构材料是指在整体构造中起承载作用的材料，它分为以下两类。

1）隐蔽性结构材料

在建筑装修完之后，它们被隐藏起来，不为外界所见，如有木质的(木龙骨)、金属的钢支架及合成塑料等。因为隐藏在构造之内，所以在防火、防潮、防腐、防锈等方面均需按各类规范要求进行处理。比如木构件要刷防火涂料 2～3 遍，钢架要刷防锈漆或防火涂料。此外可以采用性能稳定的铝材、不锈钢或表层镀锌的钢材等制作隐蔽构件。

2）露明构件

此类构件部分或全部暴露在外，除受力外，还体现出装饰艺术部分，如固定玻璃的金属夹具、金属螺杆，干挂板的干挂件，不锈钢制的螺杆，栏杆上的金属立杆等。它们是构造技术美的体现。

2. 功能材料

功能材料是指起到各种功能要求的材料。如能够防潮的防水剂；在木龙骨表面刷的防火涂料；在隔墙的空腔内填上玻璃棉，起到隔声效果等。

3. 装饰材料

装饰材料俗称面层材料或终饰材料，是建筑装修的目的材料，最终产生效果的部分，如石材、板材、墙布、涂料等。

4. 辅助材料

辅助材料是在构造中需对不同材料进行黏结和加固，或使各种材料能很好地完成其受力过程的材料。它们必须利用另外一些材料来辅助加固，如水泥、胶、黏合剂、钉子等。

综上所述，一个完整的装饰装修构造包含 3 个层次。

(1) 面层：构造的表面部分。

(2) 基层：构造所附着的部分。

(3) 结构层：又称基体，构造赖以结合的部分。

4.1.4 建筑装修材料的连接与固定

建筑装修构造的目的是如何为设计提供可实现性，关键是如何去连接和固定各类材料。根据材料本身的性能可分为以下 3 种方法。

1. 粘接法

采用具有胶黏性或可凝性的材料，如胶黏剂、水泥砂浆、墙纸粉等，将不同材料结合在一起的方法。

2. 机械固定法

利用外部紧固件，如钉、螺栓、铆钉等，通过机械操作的方法将不同材料连接和固定在一起的方法。

3. 焊接法

利用特制工具和配套材料，如焊枪、焊条等，将同种材料结合在一起的方法。

4.2 墙面装修构造

墙体饰面工程是指建筑物外墙面饰面工程和内墙面饰面工程两大部分。墙面是建筑物的重要组成部分，它以垂直面的形式出现。墙面的装饰构造对空间的影响很大。不同的墙面有不同的使用和装饰要求，应按要求选择不同的构造方法、材料和工艺。墙面的一般装修详见上册第 2 章。

4.2.1 卷材类饰面

墙面装修除了上册介绍的抹灰类、贴面类、涂料类、铺钉类等基本类型外，高级装修中常见的还有卷材类饰面。卷材类饰面包括壁纸、墙布和织物、软包等，目前正大力发展无公害、对室内环境无污染的“绿色”产品，如无毒 PVC 环保墙纸、不含毒素的荧光壁纸、金属壁纸、薄木质墙纸以及纤维织物(如无纺布、锦缎)等，品种繁多，各具特点。

1. 壁纸与墙布

壁纸是以各种彩色花纸装饰墙面，在我国已有悠久的历史，具有一定的艺术效果，如图 4.1 所示。随着新技术的发展，当今国内外已生产出各种新型复合墙纸，种类繁多，适应性更加广泛。墙布是以纤维织物直接作为墙面装饰材料。壁纸、墙布均应粘贴在具有一定强度、表面平整、光洁、干净、不疏松掉粉的基层上。通常将每种壁纸、墙布的型号、规格、使用性能用各种符号标注予以说明，供选购时

图 4.1 壁纸

参考。其常见使用符号见表4-2。另外，在粘贴时，对要求对花的壁纸或墙布在裁剪尺寸时，其长度需比墙高多出100～150mm，以适应对花粘贴的要求。

表4-2 壁纸使用符号标志

符号	代表内容	符号	代表内容
→|←	水平对花	|↗	底面可分离
→|0	不需对花	〜〜	可抹
		〜〜〜	可洗
→| |←	高低对花	〜 刷	可擦
↓↑	头尾对调	☼	不褪色

根据所依附的墙体不同，构造上略有差别。本节以常见的抹灰基层、石膏板墙基层、阻燃型胶合板基层等三类墙体为例说明此类构造设计，如图4.2所示。

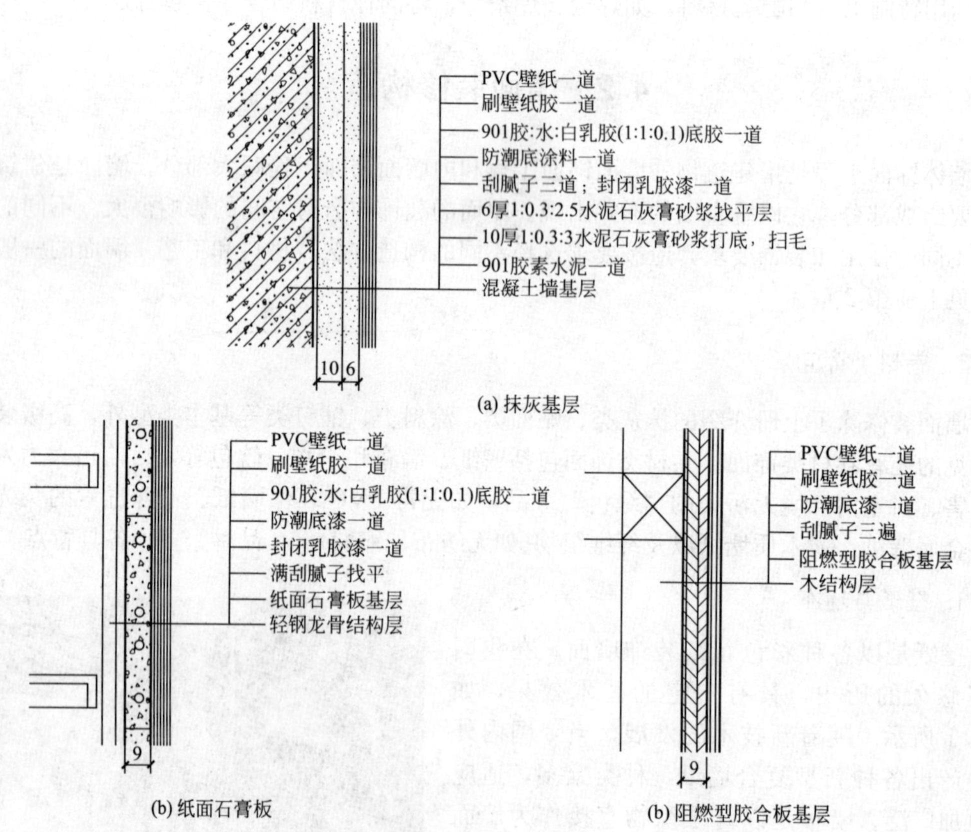

图4.2 PVC壁纸

其中金属壁纸属于当代室内高档装修材料，是以特种纸为基层，将金属箔或粉压合于基层表面加工而成的壁纸，其效果有金碧辉煌之感。它因而对墙体基层平整度要求较高，一般裱糊在被打底处理过的阻燃胶合板或石膏板上，这样可保证其设计效果，如图 4.3 所示。

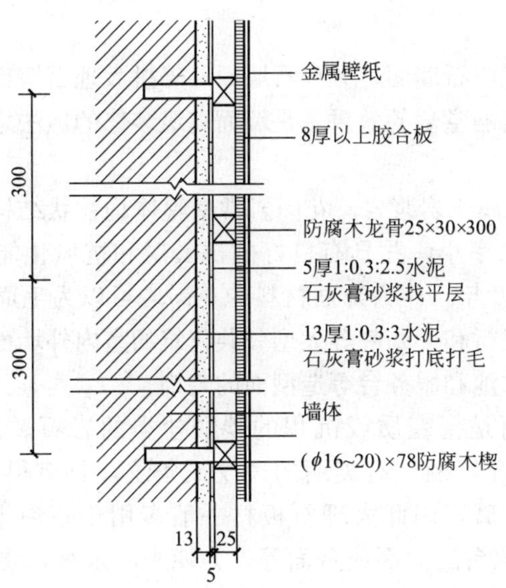

图 4.3 金属壁纸内墙装修构造

2. 织物软包墙面

织物软包墙面具有吸声、保温、防碰伤等作用，质感舒适，美观大方，如图 4.4 所示。织物软包墙面一般分为两类：一类是无吸声层软包墙面，如普通会议室、儿童卧室、住宅起居室、娱乐厅等；另一类是有吸声层软包墙面，如会议厅、多功能厅、消声室、影剧院等。软包墙面的基本构造，基本上可分为底层、隔声层和面层三大部分。无吸声层软包饰面如图 4.5 (a)所示，有吸声层软包饰面基本构造如图 4.5(b) 所示。

图 4.4 软包墙面

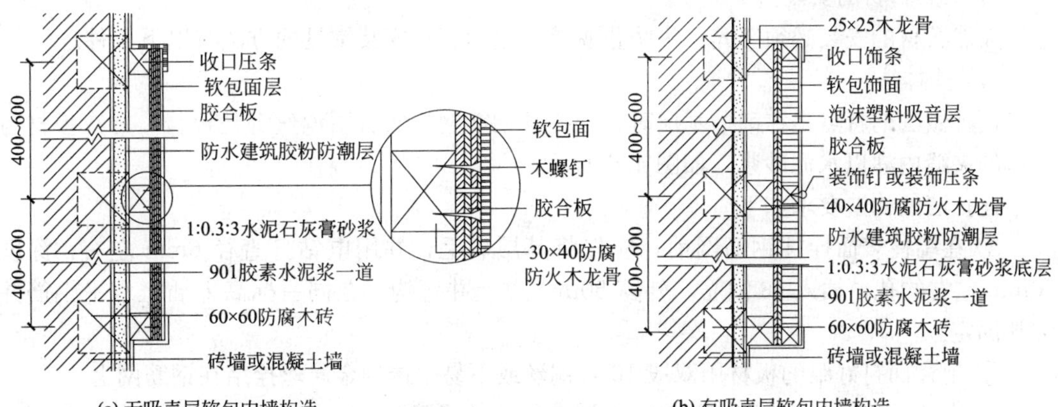

(a) 无吸声层软包内墙构造　　(b) 有吸声层软包内墙构造

图 4.5 软包墙面构造

4.2.2 铺贴类墙面

1. 天然石材墙面

天然石材墙面包括花岗石墙面、大理石墙面和碎拼大理石墙面等几种做法。天然石材墙面具有庄重、典雅、富丽堂皇的效果，是墙面高级装修的做法之一。

1）天然石材的种类

（1）花岗石。花岗石属于岩浆岩。花岗岩常呈整体均粒状结构，其构造致密，强度和硬度极高，孔隙率和吸水率小，并具有良好的抗酸碱和抗风化能力，一般多用于室外装修，耐用期可达100～200年。作为饰面材料的花岗岩可以为毛面或表面磨细抛光。花岗石适用于宾馆、商场、银行和影剧院等大型公共建筑的室内外墙面和柱面的装饰，也适用于地面、台阶、楼梯、水池和服务台等造型面的装饰。

（2）大理石。大理石是指变质或沉积的碳酸盐类的岩石。大理石颜色较多，表面磨光后，纹理雅致、色泽艳丽，有美丽的斑纹或条纹，具有很好的装饰性。大理石比花岗石“软”，且不耐酸碱，因此大理石板材一般多用于室内干燥的装饰中，如墙面、柱面、地面、服务台和吧台的立面或台面等。为使光泽永存，要求表面上光打蜡。大理石如果必须在室外采用时，应涂刷有机硅等涂料，以防止空气中的二氧化碳对大理石的腐蚀。

（3）碎拼大理石。大理石生产厂裁割的边角废料，经过适当的分类加工，也是较高级的装修材料。采用碎拼大理石可以降低造价，装饰效果同样清新雅致，自然优美。

2）天然石材规格

由矿物体中分离出来的具有规则形状的石材叫荒料。荒料尺寸要适应于加工设备的加工能力。一般1m^{3}的大理石荒料可以出20mm厚的板材20m^{2}左右。余下的边角可作碎拼大理石用。目前常用的大理石板厚度为20mm，国际上采用的天然薄板大理石，其厚度为7～10mm，使大理石的铺贴面积增加了2～3倍，而且成本降低了许多。我国大理石板材也准备从厚板向薄板过渡，其外形要求一面抛光，四边倒角，板的反面有开槽和不开槽两种。由于板的减薄，也带来了连接方法的变化。花岗石的成材厚度基本上与大理石板材相同。每块天然石材的平面尺寸通常不超过600～800mm。

3）天然石材的安装

天然石材的安装必须牢固。为防止脱落，墙面石材安装常见的方法有以下4种。

（1）拴挂法。

这种做法的特点是在铺贴基层时，应拴挂钢筋网，然后用铜丝绑扎板材，并在板材与墙体的夹缝内灌以水泥砂浆，如图4.6所示。

拴挂法的构造要求如下。

① 在墙柱表面拴挂钢筋网前，应先将基层剁毛，并用电钻打直径6mm左右，深度60mm左右的孔，插入ϕ6钢筋，外露50mm以上并弯钩，在同一标高上插上水平钢筋并绑扎固定。

② 把背面打好眼的板材用双股16号铜丝或不易生锈的金属丝拴结在钢筋网上。

③ 灌注砂浆一般采用1∶2.5的水泥砂浆，砂浆层厚30mm左右。每次灌浆高度不宜超过150～200mm，且不得大于板高的1/3，待下层砂浆凝固后，再灌注上一层，使其连

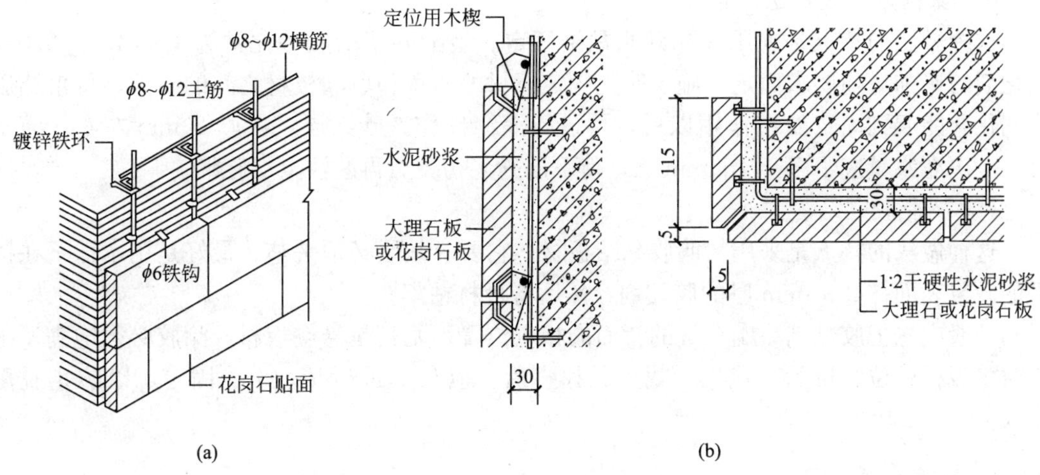

图 4.6 天然石材墙面

接成整体。

④ 最后将表面挤出的水泥浆擦净，并用与石材同颜色的水泥浆勾缝，然后清洗表面。

由于拴挂法采用先绑后灌浆的固定方式，板材与基层结合紧密，适合于室内墙面的安装。其缺点是灌浆易污染板面，且在使用阶段板面易泛碱，影响装饰效果。

(2) 干挂法。

干挂法是用一组金属连接件，将板材与基层可靠地连接，其间形成的空气间层不做灌浆处理。干挂法装饰效果好，石材表面不会出现泛碱，采用干作业使施工不受季节限制，且施工速度快，减轻了建筑物自重，有利于抗震，适用于外墙装修。

干挂法的施工步骤是：将天然石材上下两端各钻两个孔，将可多向调节的连接件插入其中固定石材，定位后用胶封固。

根据建筑外表面的不同特征，连接件与结构体系的连接可分为有龙骨体系和无龙骨体系。一般框架结构，由于填充墙不能满足强度要求，往往采用有龙骨体系。有龙骨体系由主龙骨(竖向)和次龙骨(横向)组成，主龙骨可选用镀锌方钢、槽钢、角钢，并与框架边缘可靠连接，次龙骨多用角钢，间距由石材规格确定，通常直接焊接在主龙骨上，连接件直接与次龙骨连接，如图 4.7(a)所示。钢筋混凝土墙面时往往采用无龙骨体系，将连接件与墙体在确定的位置直接连接(焊接或拴接)，如图 4.7(b)所示。

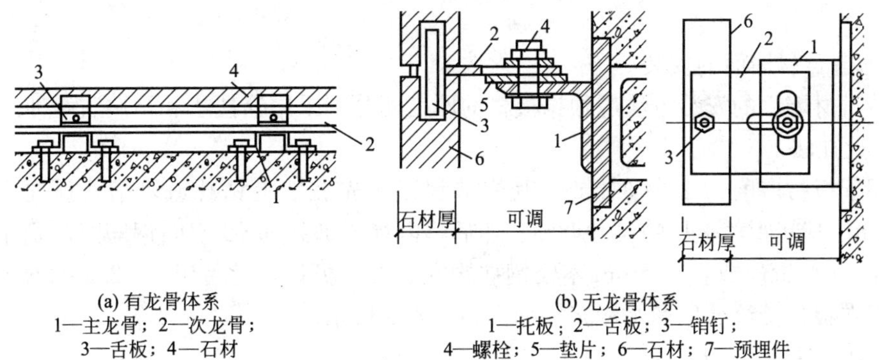

(a) 有龙骨体系
1—主龙骨；2—次龙骨；
3—舌板；4—石材

(b) 无龙骨体系
1—托板；2—舌板；3—销钉；
4—螺栓；5—垫片；6—石材；7—预埋件

图 4.7 干挂石材墙面

(3) 聚酯砂浆固定法。

这种做法的特点是采用聚酯砂浆黏结固定。聚酯砂浆的胶砂比常为 1∶(4.5～5.0)，固化剂的掺加量随要求而定。施工时先固定板材的四角和填满板材之间的缝隙。待聚酯砂浆固化并能起到固定拉结作用以后，再进行灌缝操作。砂浆层一般厚 20mm 左右。灌浆时，一次灌浆量应不多于 150mm 高，待下层砂浆初凝后再灌注上层砂浆。

(4) 树脂胶黏结法。

这种做法的特点是采用树脂胶黏结板材。它要求基层必须平整。最好是用木抹子在搓平的砂浆表面抹 2～3mm 厚的胶黏剂，然后将板材粘牢。

一般应先把胶黏剂涂刷在板的背面的相应位置。尤其是悬空板材，涂胶必须饱满。施工时将板材就位、挤紧、找平、找正。找直后，应马上进行顶、卡、固定，以防止脱落伤人。

2. 人造石材墙面

人造石材墙面包括水磨石、合成石材。人造石材墙面可以与天然石材媲美，但造价要低于天然石材墙面。

1) 人造石材的种类

(1) 预制水磨石板。

水磨石板经过分块、制模、浇制、表面加工等工序制成。板材面积一般在 0.25～0.50m^2，常用的尺寸为 400mm×400mm 或 500mm×500mm，板厚在 20～25mm 之间。预制水磨石板分普通与美术两种板材。普通水磨石板采用普通水泥制成，美术水磨石板采用白色水泥制成。

为了防止板材运输时破碎，制作时宜配以 8 号钢丝或 ϕ4～ϕ6 钢筋网。面积超过 0.25m^2 时，应在板的上边预埋铁件或 U 形钢件。

(2) 人造大理石板。

人造大理石板所用的材料一般有水泥型、聚酯型、复合型、烧结型等。而聚酯型板材的物理性能和化学性能好、花纹容易设计，而且多种花纹可以同时出现在一块板材上，因而用途最为广泛，但这种板材造价偏高。水泥型价格虽便宜，但耐腐蚀性能差，容易出现细微裂缝。复合型综合了前两种方法的优点，既有良好的物理、化学性能，成本也较低。烧结型以黏土作胶黏剂，但需要经过高温焙烧，耗能大，造价高。

人造大理石板的厚度为 8～20mm，它经常应用于室内墙面、柱面、门套等部位的装修。

2) 人造石材墙面的安装

人造石材墙面的安装方法应根据板材的厚度而分别采用拴挂法和粘贴法两种。

(1) 拴挂法。

适用于板材厚度为 20～30mm，其构造程序为先在墙上钻孔或剔槽，预埋 ϕ6 钢筋，长 150mm，其间距随板材的尺寸调整。然后将电焊或绑扎的 ϕ6 双向钢筋网固定于预埋钢筋上。用 18 号铜丝或直径 4mm 不锈钢挂钩安装人造板材，随后用 1∶2.5 的水泥砂浆灌缝，最后在板材接缝处用稀水泥浆擦缝，如图 4.8 所示。

(2) 粘贴法。

适用于厚度为 8～12mm 的薄型板材。其构造方法为首先处理好基层，当基层墙体为

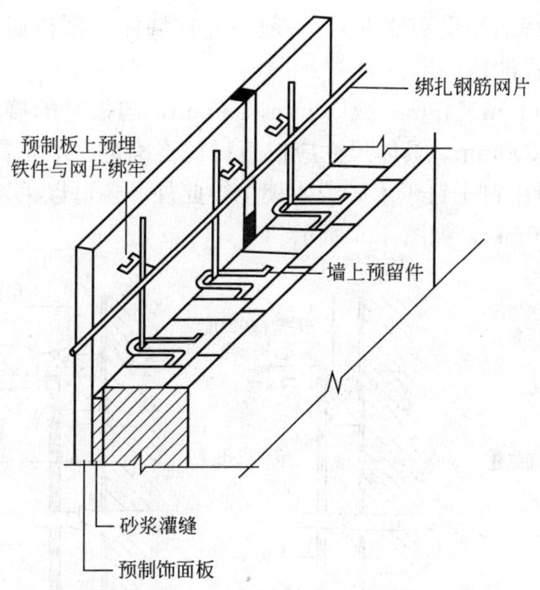

图 4.8 人造石材墙面的拴挂法安装

砖墙时，应先用 1∶3 水泥砂浆打底、扫毛或划纹。当墙体为混凝土墙时，应先刷 YJ-302 型混凝土界面处理剂，并抹 10mm 厚 1∶3 水泥砂浆打底，表面扫毛或划纹。随后再抹 6mm 1∶2.5 水泥砂浆罩面，然后粘贴面板。一般在板材的背面满涂 2～3mm 厚 YJ-Ⅲ型建筑胶黏剂。最后在板材接缝处用稀水泥浆擦缝。这种方法仅适用于板材尺寸不大于 300mm×300mm 和粘贴高度在 3m 以下的非地震区的室内装修中。

3）大型陶瓷饰面板

这种板材采用陶土焙烧而成。其面积可达 305mm×305mm～710mm×710mm，厚度为 4～8mm，这种板材吸水率小，表面平整，抗腐蚀好。这种板材的表面可做成平面或凤尾、凹凸、布纹、网纹等多种浮胎花纹图案，适用于宾馆、机场等大型公共建筑的墙、柱表面装饰。这种板材应先拴结并以砂浆固定。

4.2.3 板材类墙面

板材墙面属于高级装修。板材的种类很多，常见的有木制板、金属板、石膏板、塑料板、铝合金板及其他非金属板材等。它不同于传统的抹灰装修及贴面装修，它是干作业法，其最大的特点是不污染墙面和地面。

1. 木板墙面

木板墙面由木骨架和板材两部分组成。具体做法是首先在墙体内预埋木砖，再钉立木骨架，最后将木板用镶贴、钉、上螺钉等方法固定在木骨架上。

1）木骨架

板材墙面不论是大面积墙面、柱面或门窗洞边的筒子板，都应以设计要求为准。木骨架一般分为纵向、横向龙骨，并以纵向龙骨与墙体内预埋的防腐木砖连接，防腐木砖中距一般为 500～1000mm。若墙体为混凝土墙，应加钉防腐木楔。一般先用电钻钻孔，孔径不应小于 20mm，深度不应小于 60mm，然后将木楔钉入；也可以在钻孔后放直径为 6mm 的膨胀螺栓，木龙骨上需按螺栓位置钻孔，并用螺纹射钉固定。

为防止板材变形(特别是受潮变形)，一般应先在墙体上刷热沥青一道(或刷改性沥青一道)，再干铺石油沥青油毡一层。

木龙骨的断面为 40mm×40mm 或 50mm×50mm，与板材的接触面应刨光，其纵向、横向间距一般为 400～600mm。具体尺寸应按板材规格确定。木龙骨与墙体接触面也应刷氟化钠防腐剂。木龙骨用钉子钉于木砖或木楔上，此外，还可以采用射钉直接钉于混凝土墙上，射钉间距为 1000mm，如图 4.9 所示。

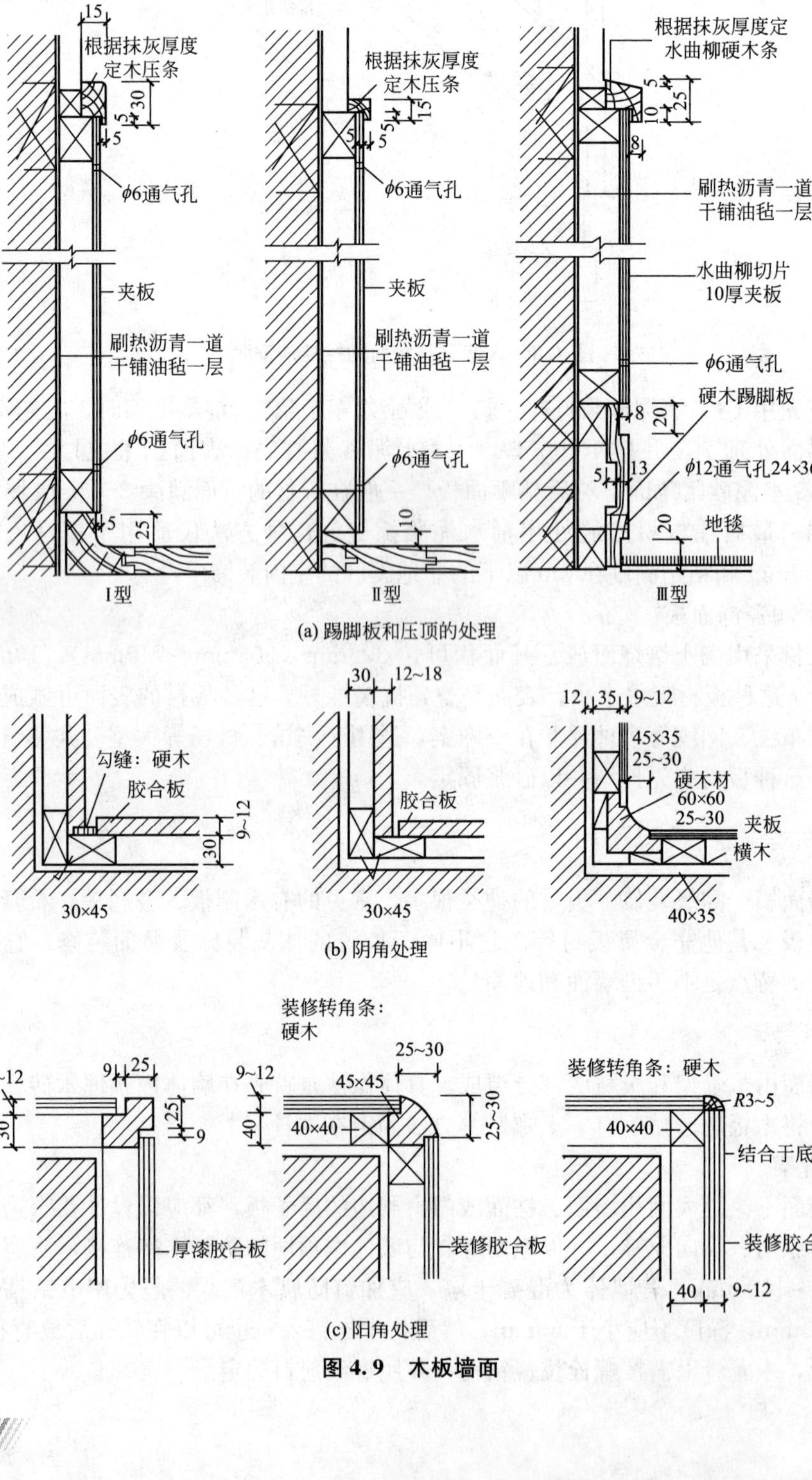

(a) 踢脚板和压顶的处理

(b) 阴角处理

(c) 阳角处理

图 4.9　木板墙面

2）木板

一般采用10mm厚的木板，也可以采用5mm厚的胶合板，采用镶贴、射钉、上螺钉等方法固定在木骨架上。板材表面应刷油漆。一般做法为先刷润油粉一道，刮腻子、刷底油、清漆四道，最后磨退出色；也可以在木板或胶合板的表面打孔，穿孔位置及形状由设计人按声学要求选用。

木板的树种大多为硬木板。胶合板可以采用针叶树种(松木)和阔叶树种(桦木、水曲柳、荷木、椴木、杨木等)制作。胶合板规格一般长度2440mm，宽度1220mm，厚度4～5mm等。

木板或胶合板墙的墙裙，应做好上端的封边或压顶。墙裙高度在1800～2000mm之间。

有吸声要求的木板墙面，应在木板与木龙骨之间填以玻璃棉、矿棉、泡沫塑料等吸声材料。在一些有反射声要求的墙面，如录音室、播音室、录像室等，可采用胶合板做成断面形状为半圆形或其他形状的凸形墙面。

2. 装饰板材墙面

这种板材的骨架可以采用木骨架，也可以采用钢骨架，常见的板材有以下几种。

1）装饰微薄木贴面板

这种板材是选用珍贵树种，通过精密刨切制成厚度为0.2～0.5mm的微薄木板，再用胶黏剂贴在胶合板上，其表面具有木纹式样。这种板材的规格有1830mm×915mm、1830mm×1220mm和2135mm×915mm、2135mm×1220mm。它多采用钉装法固定在木骨架上。

2）印刷木纹人造板

这种板材是在人造板的表面用凹板花纹胶辊精印各种花纹而成。这种板材又叫表面装饰人造板。人造板可以选用胶合板、纤维板、刨花板等，其规格视各厂产品而异。常用的有(长×宽×厚)：2480mm×1200mm×(3.5～19)mm，2000mm×1000mm×(3～4)mm。

这种板材采用黏结法或钉接法固定。

3）大漆建筑装饰板

这种板材是在木板表面以我国特有的大漆技术装饰处理而成。大漆属于天然树脂漆，具有漆膜光亮、色彩鲜艳夺目、保水性和耐水性好、不怕火烫和水烫等优点，多用于高级建筑的柱面、墙面装饰。这种板材的规格为610mm×320mm，花色品种很多，采用黏结方法固定。

4）玻璃钢装饰板

这种板材以玻璃布为增强材料，用不饱和树脂为胶黏剂，加入固化剂、催化剂制成。它具有色彩多样、硬度高、耐磨、耐酸碱、耐高温等优点。

这种板材的规格不一，大体为(700～2000)mm×(500～900)mm×0.5mm(长×宽×厚)，一般采用黏结法固定。

5）塑料贴面装饰板

这种板材是在纸上彩印各种图案，浸以不同类型的热固性溶液，经过热压粘贴于各种木质板材上而成。

这种板材具有耐潮湿，耐磨，耐燃烧，耐一般酸碱、油脂及酒精侵蚀等特点。其花色品种有镜面、柔光、水纹、浮雕等。塑料贴面板的规格，厚度为0.6～2mm，长度为720～2455mm，宽度为450～1230mm。

6）聚酯装饰板

这种板材的物理化学稳定性好，强度高，表面耐水性、耐污染性好，可以覆塑在胶合板、刨花板、中密度纤维板、水泥石棉板或金属板上，是一种较好的室内装饰材料。

这种板材可以粘贴或钉于基层上。

7）覆塑中密度纤维板

这种板材采用尿醛树脂为胶黏剂，用热压法在中密度纤维板的表面粘贴塑料板而成。

使用这种板材时，不用油漆，且耐磨、耐烫，易于擦洗。这种板材可以粘贴或钉于基层上。

8）聚氯乙烯塑料装饰板

这种板材是以聚氯乙烯树脂(PVC)与稳定剂、颜料等经过捏合、混炼、拉片、挤出、压延而成。它具有质轻、防潮、不易燃、不吸尘、可涂饰等优点。

这种板材的规格：厚度为1.5～6mm，长度为700～2000mm，宽度为650～1150mm。可以采用胶黏法或钉固法与基层固定。

9）纸面石膏板材

这种板材是以熟石膏为主要原料，掺入适量外加剂与纤维作板芯，用牛皮纸为护面层的一种板材。石膏板的厚度有9mm、12mm、15mm、18mm、25mm，板长有2400mm、2500mm、2600mm、2700mm、3000mm、3300mm，板宽有900mm、1200mm两种。它具有可刨、可锯、可钉、可粘等优点。

纸面石膏板可以采用粘贴法或钉固法固定于骨架上。

10）防火纸面石膏板

这种板材中夹有石棉纤维，具有一定防火性能，可用于建筑物有防火要求的部位，其规格尺寸与纸面石膏板相同。

这种板材一般与轻钢龙骨固定，采用自攻螺钉连接。安装双层石膏板时，板缝应错开。钉子间距为200～300mm。

3. 金属板材墙面

金属板材墙面由骨架及板材两部分组成。

1）骨架

金属板材墙面要用承重骨架与结构构件(梁、柱)或围护构件(砖、混凝土墙体)连接。承重骨架由横竖杆件拼成，材质为铝合金型材或型钢，常用的有各种规格的角钢、槽钢、V形轻金属墙筋、木方等。在工程中采用较多的是角钢或槽钢骨架。

2）金属板材

(1) 金属板材的种类。

① 彩色涂层钢板。彩色涂层钢板的原板为冷轧钢板和镀锌钢板，表面分为有机涂层、无机涂层和复合涂层三种做法。彩色涂层钢板是一种复合材料，兼有钢板和有机材料两者的优点，既有钢板的机械强度和良好的加工成型性，又有有机材料良好的耐腐蚀性和装饰性，是一种用途广泛、物美价廉、经久耐用的新型装饰板材。

② 铝合金装饰板。铝合金装饰板具有自重轻、易加工、强度高、刚度好、经久耐用、防火、防潮、耐腐蚀等特点。铝合金装饰板按装饰效果分为有以下几种。

(a) 铝合金花纹板。铝合金花纹板用特制的花纹轧辊轧制而成。板材的花纹美观大方、肋高适中，不易腐蚀、防滑性能好、耐磨性能强。铝合金花纹板的规格为：厚1.5～7.0mm，长2000～10000mm，宽1000～16000mm。

(b) 铝质浅花纹板。铝合金浅花纹板花纹精巧别致，色泽美观大方，比普通铝合金板刚度提高1/5。这种表面有立体图案和美丽色彩的板材，对白色光的反射率达75%～90%，热反射率达85%～90%，热反射率达85%～90%。板材表面花纹呈小橘皮形、大菱形、小豆点形、小菱形点形、月季花形等，厚0.25～1.5mm，长1500～2000mm，宽200～400mm。

(c) 铝及铝合金波纹板。铝及铝合金波纹板主要用于墙面装修，有银白、古铜等颜色。这种板材有较强的反射能力，可以抵御大气中的各种污染。这种板材的厚度为0.7～1.2mm，宽度为1008mm，长度分别为1700mm、3200mm、6200mm。

(d) 铝及铝合金压型板。铝及铝合金压型板是目前世界上广泛利用的一种新型材料。这种板材有质量轻、外形美观、耐久、耐腐蚀、安装容易、施工速度快等优点。这种板材表面经过处理后可得彩色压型板。这种板材的规格：厚度为0.5～1.0mm，宽度为1000～1170mm，长度为2000～6000mm。

(e) 铝及铝合金冲孔平板。铝及铝合金冲孔平板系各种铝合金平板经机械冲孔而成。它的特点是防腐性能好、光洁度高，有良好的消声性能。在有消声要求的专用建筑中，可以广泛采用。铝及铝合金冲孔板的板厚为1.0～1.2mm，孔径为6mm，宽度为492～592mm，长为492～1250mm。

(2) 金属板材的安装。

金属板材的安装主要有两大类型：一种是将板材用螺钉拧到承重骨架上，如图4.10所示，这种安装方式，如果是型钢一类的材料焊接成的骨架，可先用电钻在拧螺钉的位置钻一个孔，再将铝合金板条用自攻螺钉拧牢，如果是木龙骨则可用木螺钉将板拧在骨架上，用螺钉固定板条，其耐久性能好，所以多用于室外墙面；另一种方法是用特制的龙骨，将板条卡在特制的龙骨上。这种扣接的方法多用于室内，板的类型一般是较薄的板条，如图4.11所示。

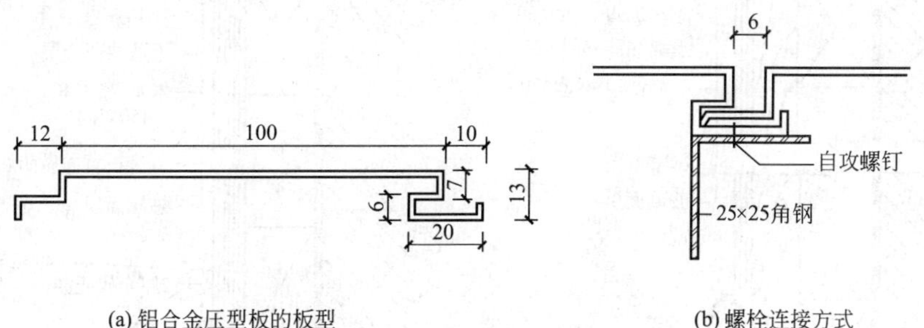

图4.10 铝合金板材墙的螺栓连接方式

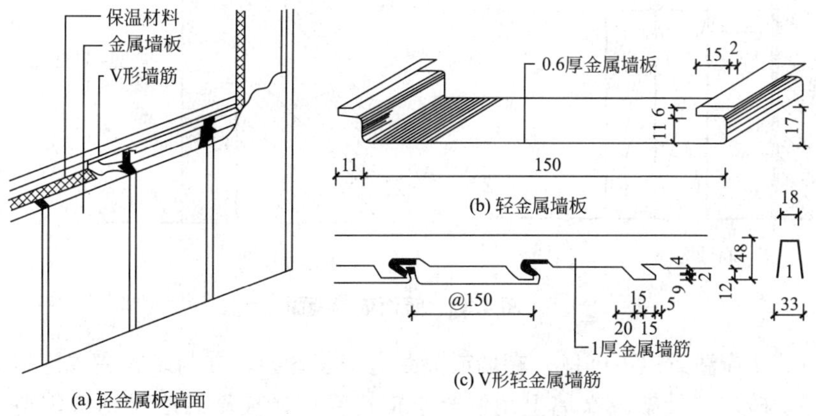

图4.11 铝合金板材墙的构造

4. 镜面玻璃墙面与玻璃砖墙面

镜面玻璃可以分为白色和茶色两种，最大尺寸为 3200mm×2000mm，厚度为 2～10mm。它采用高质量的浮法平板玻璃、茶色玻璃为基材；表面镀高纯铝，再覆盖一层镀锌，加一层底漆，最后涂上灰面漆制成。由于镜面尺寸大、成像清晰逼真、抗温热性能好、使用寿命长，比较适合于商业性的场所和娱乐场所墙面、柱面、顶棚及造型面的装饰，在洗手间、美发厅、家具上也作为镜子使用。

镜面玻璃墙面的构造是先在墙上立木龙骨，木龙骨纵横呈网格形，其间距视玻璃尺寸而定。木龙骨上做好木板或胶合板衬板。玻璃的固定方法有两种：一种是在玻璃上钻孔，用螺钉和橡皮垫直接钉于木龙骨上；另一种是用嵌钉或盖缝条，将玻璃卡住。盖缝条可以用硬木、塑料、铜铝等金属制成，其连接方法如图 4.12 所示，此外，还可以用胶黏剂粘贴于木龙骨上。

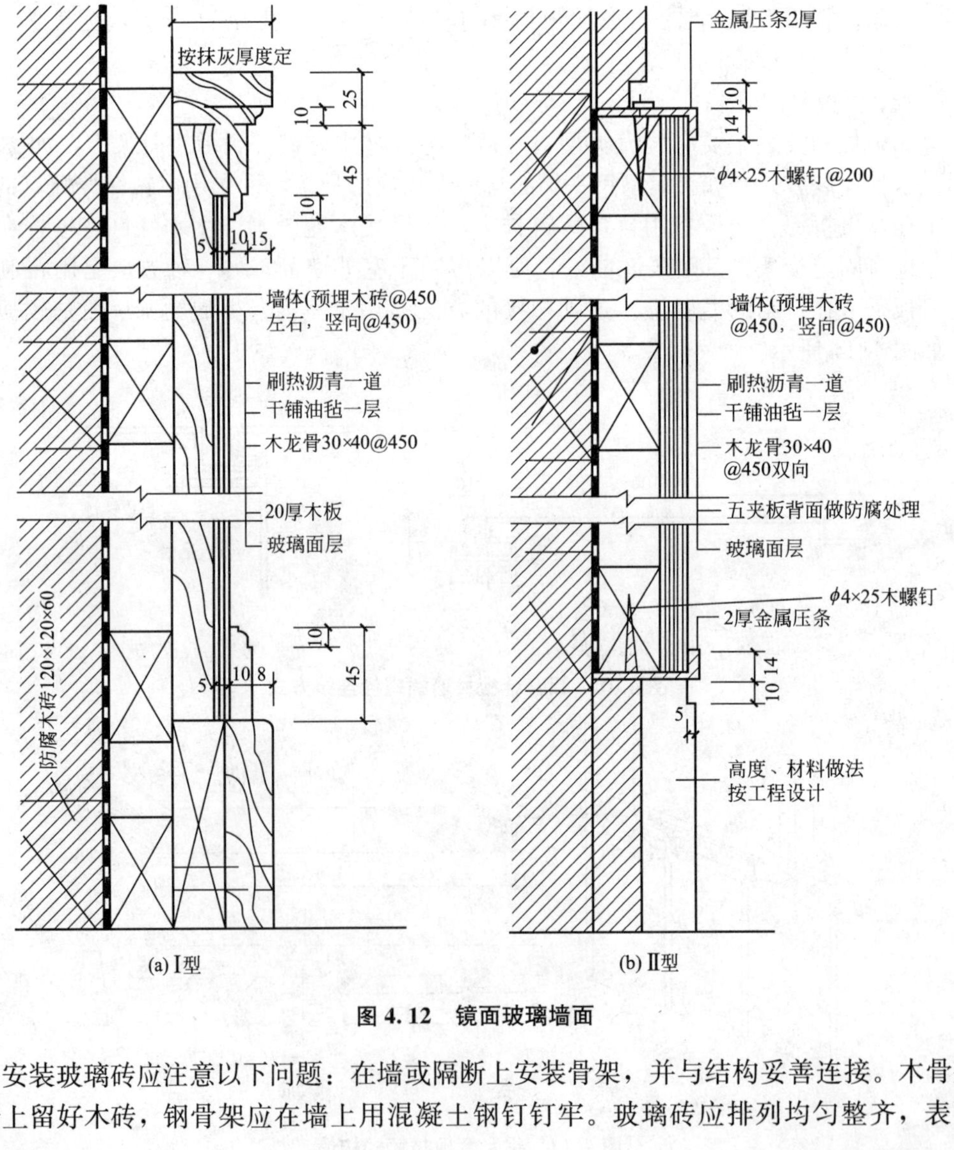

(a) Ⅰ型　　(b) Ⅱ型

图 4.12　镜面玻璃墙面

安装玻璃砖应注意以下问题：在墙或隔断上安装骨架，并与结构妥善连接。木骨架应在墙上留好木砖，钢骨架应在墙上用混凝土钢钉钉牢。玻璃砖应排列均匀整齐，表面平整，嵌缝的油灰或胶泥应饱满密实。安装玻璃砖墙时，应在较低部位改用其他材料，以免玻璃砖破碎。

4.2.4 特殊部位的构造做法

在室内墙面的装饰中，细部构造的好坏往往直接影响到工程质量和装修美感。其常见的基本设计为：平顶角线、护角、踢脚、门套、窗套和窗帘盒。

1. 平顶角线

平顶角线一般指墙与顶棚相交处的构造处理做法。由于墙面和顶棚常用不同材料饰面，因此在交接处需进行处理，如图 4.13 所示。平顶角线有石膏线、实木线及玻璃钢线。总的来说，平顶角线作为墙面的最顶处，其位置是应加以重视。

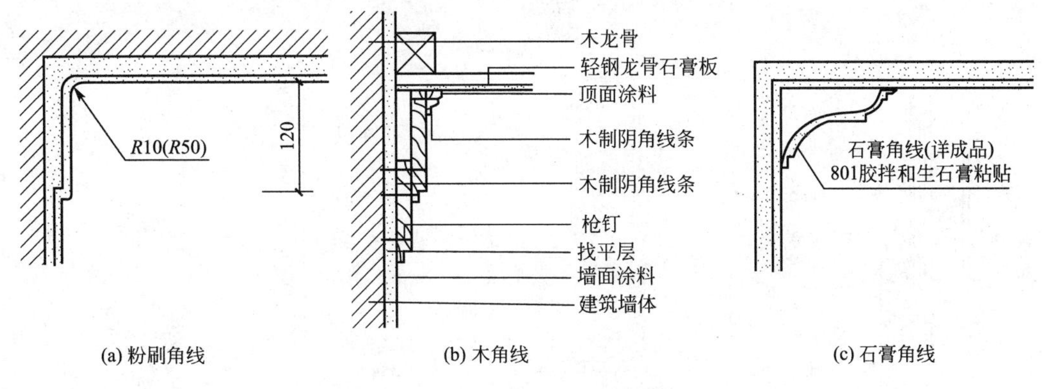

图 4.13 常见平顶角线安装形式

2. 护角

面与面相交，凸出的部位即成阳角。阳角处于凸位，因此易受到撞击和碰伤，在此处做成护角。护角保护在装修中越来越被重视，同时在特殊场合，如医院、幼儿园、儿童房等地，还需注意护角的伤害性。一般来说，保护护角可采用木质阳角条［图 4.14(a)］，橡胶阳角条［图 4.14(b)］或金属护角条来处理。

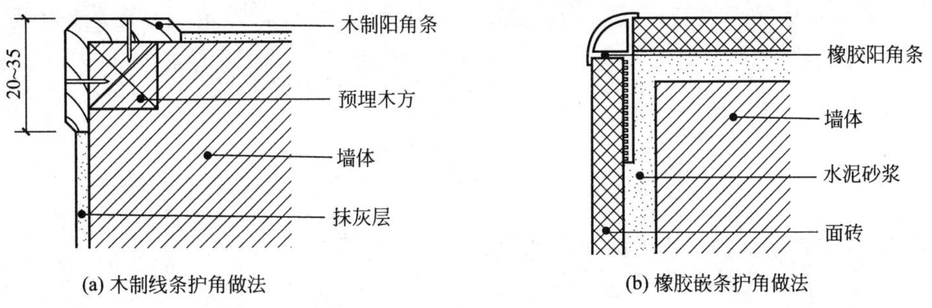

图 4.14 护角做法

3. 踢脚

传统的踢脚处理是采用踢脚线，有木制的、金属饰面的、贴石材或面砖的，如图 4.15 和图 4.16 所示。其目的主要是保护墙脚不受污染和损害。现在由于生活环境的改善和人的素质的提高，很多较高级场合也无踢脚线，而采取墙面与地面直接相交的手法，以体现其设计的简洁明了。在这种情况下，对施工要求较高：一是要求交接线平直；二是要求地面材料与墙面结合紧密，不产生缝隙。

(a) 金属踢脚　　(b) 成品塑料踢脚

图 4.15　踢脚

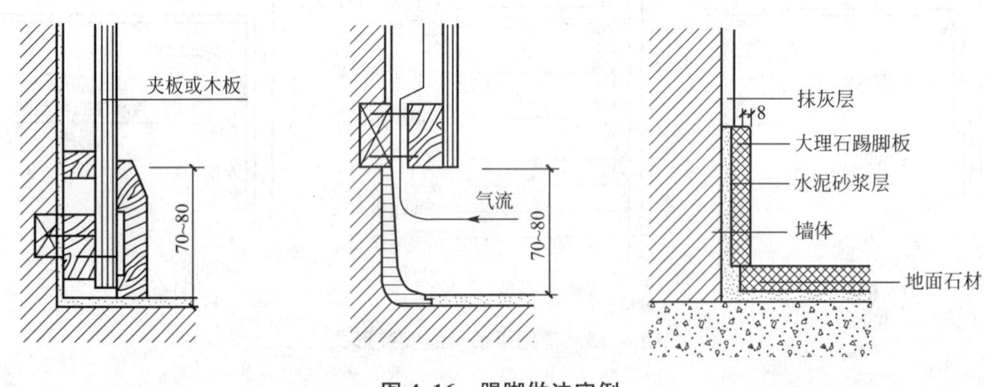

图 4.16　踢脚做法实例

4. 门窗套

门窗套是墙面与门窗洞之间的交接处理，使洞口更密实，同时方便门窗扇的安装。

门窗套一般包含贴脸线板和边框两部分。贴脸线板是边框与墙体间接缝处在盖线，是门窗套外在形式最主要的部位。边框位于门窗洞的内侧，一般采用整料制作，表面再进行装饰。门窗扇如是采用铰链连接，则在边框上会留一个企口，限定门、窗扇的开启。如采用弹簧门，则边框无需留企口。在高级装修中，考虑到门在关闭时的安全性，可在门的上方与门套间安装闭门器。如图 4.17(a)所示为门套做法，如图 4.17(b)所示为窗套做法。

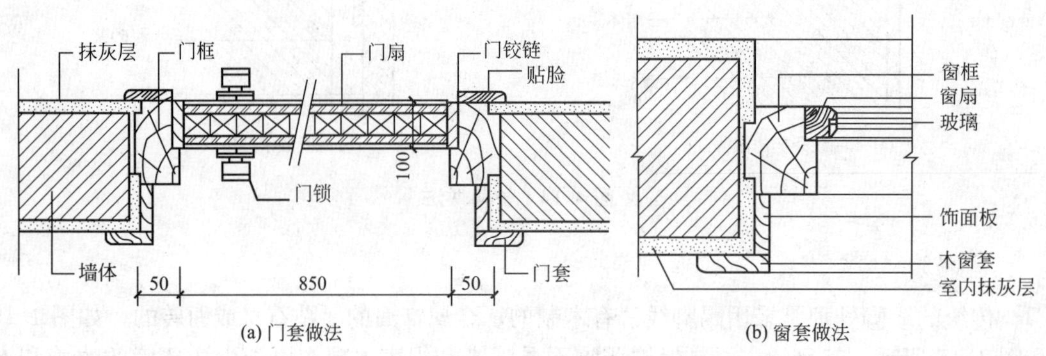

(a) 门套做法　　(b) 窗套做法

图 4.17　门窗套做法

4.3 地面装修构造

楼地面装修的功能主要包括三个方面：保护支承结构、保证正常使用和满足美观要求。其中保护楼板或地坪是楼地面应满足的最基本要求。楼地面的饰面层可以起到耐磨损、防磕碰以及防止因水的渗漏而引起的楼板内钢筋锈蚀等问题。同时在楼地面的装饰装修设计上，要考虑良好的室内空间气氛，从整体上与顶棚及墙面的装饰呼应，巧妙处理界面，以便产生优美的空间序列感；楼地面的装饰应与空间的使用技能紧密联系，如室内走道线的标志具有视觉引导功能；楼地面饰面材料的质感可与环境共同构成统一对比的关系；楼地面的图案和色彩的设计运用，能够起到烘托室内环境气氛与风格的作用。楼地面饰面一般构造详见上册第3章。

4.3.1 地毯地面

地毯铺地装修，具有安全舒适、隔热保温、隔声、美观等优点，适用于中高档建筑楼地面的装修，如图4.18所示。

图4.18 地毯装饰地面

1. 地毯的种类与选用

地毯可分为纯毛地毯(羊毛地毯)、化纤地毯和混纺地毯三大类。化纤地毯种类较多，有尼龙、锦纶、腈纶、丙纶、涤纶地毯等。混纺地毯用羊毛与合成纤维，如尼龙、锦纶等混合编制而成，如表4-3所示。

表4-3 地毯产品品种、性能特点及适用范围

总称	分类根据	产品名称	说明及特点	适用范围
羊毛地毯	根据加工工艺分类	手工羊毛地毯	手工羊毛地毯是我国传统手工艺品之一，历史悠久，驰名中外，图案优美，色泽鲜艳，质地厚实，柔软美观；缺点是耐磨性较化纤地毯差，价格较高，易藏污纳垢，不防火阻燃，不易清洗	适用于舞台、会堂、住宅、客房以及人流较少处的建筑铺地装修
		机织羊毛地毯	机织羊毛地毯以纯羊毛经加工、机织而成。花色有北京市、彩花式、东方式、风景式、素色式、古典图案式等。其具有花色多样、质地厚实、柔软美观、价格较手工羊毛地毯低等特点。其缺点是耐磨性较化纤地毯差，价格较高，易藏污纳垢，不防火阻燃，不易清洗，但较手工羊毛地毯耐磨	适用于会堂、艺术厅、展览厅、宾馆、住宅，以及有艺术铺地装修要求的公共民用建筑。但不适用于人流众多之处

（续）

总称	分类根据	产品名称	说明及特点	适用范围
化纤地毯	根据地毯面层用料分类	丙纶纤维地毯	丙纶纤维地毯由簇绒工艺加工而成，具有耐磨、耐碱、耐湿性较羊毛地毯好，耐燃性较好等特点。其缺点是手感略硬，回弹性及防静电性均较差，在阳光下老化较快等	适用于走廊、过道及其他人流较多的场所，不适用于室外及有防静电要求的地面等处。商场、厅堂、宾馆、起居室、会议室等也可使用
		腈纶纤维地毯	腈纶纤维地毯简称腈纶地毯，系以尼龙纤维通过机织或簇绒工艺加工而成。除抗静电性及染色性优于丙纶地毯外，其他同丙纶地毯	
		尼龙纤维地毯	尼龙纤维地毯简称尼龙地毯，是以尼龙纤维通过机织或簇绒工艺加工而成。其手感柔和，极似羊毛，耐磨而富有弹性，防静电，易于清洗，且不怕日晒，不易老化，耐腐、耐菌、耐虫蛀性能均优于其他化纤地毯。其缺点是价格较贵，高于其他化纤地毯	
	根据地毯面层纺织工艺分类	机织地毯	以机织法织成的地毯名为机织地毯。其优点是密度大，纤维用量 1.4～1.6kg/m^2，甚至 1.9kg/m^2，因此其耐磨性高于簇绒地毯，毯面的平整性好。其缺点是工序较多，编织速度低于簇绒地毯，而且成本较高	多用于商场、影剧院、宾馆等人流量较大的场所，因此被称为商用地毯
		簇绒地毯	化纤地毯面层以簇绒法织成者，称为簇绒地毯。其密度较小，纤维用量为 0.8～1.2kg/m^2，因此耐磨性低于机织地毯。但其加工速度较快，价格低于机织化纤地毯	除商场、影剧院、通廊、楼梯以及其他人流较多之处不适用外，其他地面均可使用
	根据地毯面层的形状分类	圈绒地毯（又名毛圈地毯）	圈绒化纤地毯面层纤维呈毛圈形状，虽提高了耐磨性能，但弹性较差，脚感较硬，足下缺乏舒适感	适用于过道、厅堂、通廊、楼梯以及其他人流较多之处，不适用于室外，其他地面均可使用
		切绒地毯（又名割绒地毯、剪绒地毯）	切绒化纤地毯面层纤维呈绒毛状，弹性较好，脚感舒适，柔软，但耐磨性较圈绒化纤地毯差	适用于卧室、办公室、客房、书房、会议厅以及其他人流较少的场所

地毯由于所用的材料不同，其性能特点也不相同，选择使用时应从材质、编织结构、地毯的厚度、衬底的形式，面层纤维的密度以及性能等多方面综合考虑。地毯的断面形状如图 4.19 所示。

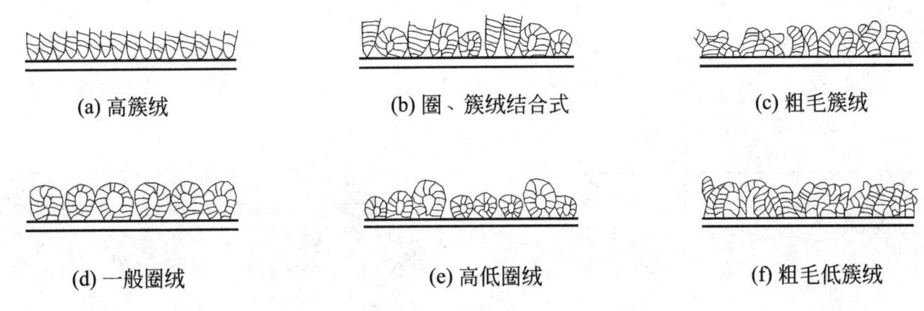

图 4.19 地毯的断面形状图

2. 地毯铺设构造

地毯的铺设可分为满铺与局部铺设两种。铺设方式有固定与不固定两种。

(1) 不固定铺设是指将地毯铺设在基层上，不需将地毯同基层固定。此铺设方法简单，更换容易，适用于一般性装饰和临时性装饰。

(2) 固定式铺设地毯有两种方式，一种是用倒刺条固定，另一种是用胶黏结固定。

采用倒刺条固定，是指在地毯的下面加设一层垫层，垫层一般采用有波纹垫或泡状海绵垫。波纹垫一般是泡沫塑料，厚度为10～20mm，加设垫层，能增加地面的柔软性、弹性和防潮性，并使地毯更易于铺设。

整体式地毯用倒刺条固定。一般采用五合板倒刺条，即在五合板上面平行钉两行专用钉即可。钉子按同一方向与板面呈75°角。倒刺板断面如图 4.20 所示。另一种是常用的铝合金倒刺收口条。这种收口条既可用于固定地毯，也可用于两种不同材质的地面相接的部位，或是在室内地面高差的部位起收口作用。成品铝合金挂毯条及其他配件如图 4.21 所示。倒刺条通常是沿墙四周的边缘、地毯的接缝及地面高低转折处固定，沿长间距400mm 顺长布置。采用合金钢钉将挂毯条固定在水泥地面上。踢脚板与用倒刺条固定地毯的构造关系、地毯垫层的构造做法如图 4.22 所示。

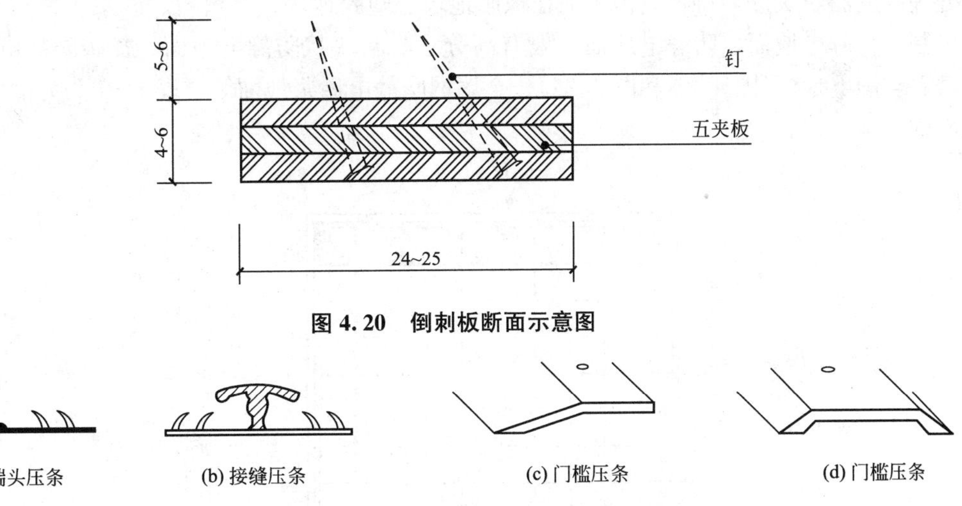

图 4.20 倒刺板断面示意图

图 4.21 成品铝合金挂毯条及其他配件示意图

当地毯采用胶黏剂固定时，地毯一般要具有较密实的基底层。常见的基底层是在绒毛的底部粘上一层 2mm 左右的胶；有的采用橡胶、塑胶或泡沫胶层。此种固定方式宜用于 600mm×600mm 的地毯(一般称为块毯)。

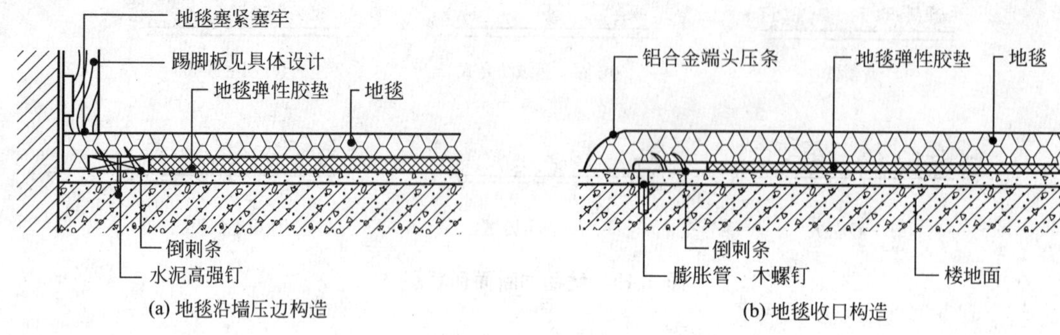

图 4.22　地毯构造图

4.3.2　特殊地面构造

1. 防射线地面

在装饰医院和医疗中心的放射室、同位素测试中心及有关理化实验室时，均应考虑设置防射线地面，以减少或杜绝放射性物质对人体的危害。面层材料选择以易清洗、易更换为原则。其一般采用两种地面材料：一是环氧树脂及聚酯胶地面，这种地面封闭性好，防射线能力较强，一旦被污染，可立即清洗或替换；另一种是塑胶卷材地面，这种地面铺设塑胶薄卷材，接缝用塑料焊条焊接封闭，如被污染，可从焊接处拆除，并重新铺塑料薄板或卷材，再焊接处理。

2. 防静电地面

在使用可燃性瓦斯和溶剂的工厂、医疗卫生机构的手术室、纺织工厂、制粉工厂，为防止静电产生各种各样的事故及效率降低等问题，往往需要采用防静电地面。将乙炔经特殊处理制成乙炔炭黑，再将炭黑掺加在橡胶地块、塑胶地块、水磨石、砂浆、瓷砖等材料中可制成防静电地面。防静电地面一般有高分子材料块状防静电地面、瓷砖防静电地面、水磨石防静电地面(图 4.23 和图 4.24)、金属网防静电砂浆地面等。表 4-4 为防静电砂浆地面的基本构造。

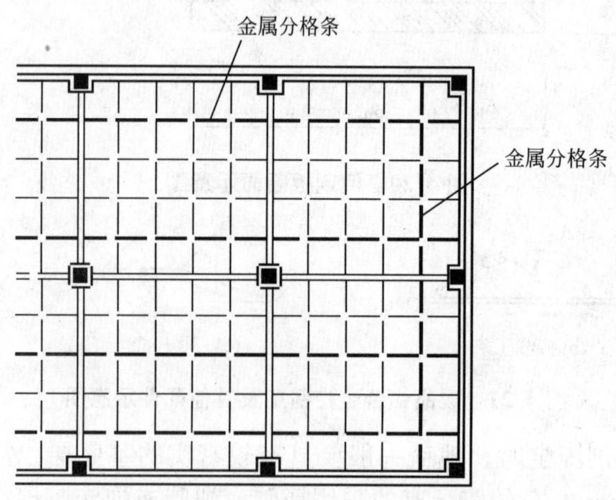

图 4.23　防静电水磨石楼地面金属分格条平面示意图

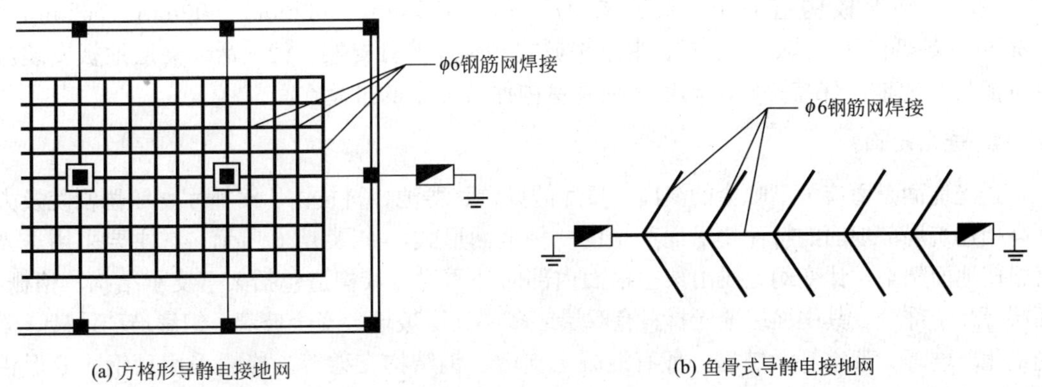

(a) 方格形导静电接地网

(b) 鱼骨式导静电接地网

图 4.24 导静电接地网平面示意图

表 4-4 防静电地面构造

防静电砂浆地面	(1) 加入铁粉的砂浆，压光抹平
	(2) 满铺 40～110mm 网眼的镀锌金属网、铜丝网
	(3) 乙炔炭黑砂浆
	(4) 混凝土找平层
	(5) 钢筋混凝土楼板

3. *活动夹层地板地面*

活动夹层地板地面又称“装配式地板”。它是由各种不同规格、型号和材质的面板配以金属支架、橡胶垫、橡胶条和可供调节的金属支架组成，如图 4.25 所示。因其具有安装、调试、清理、维修简便，其下可敷设多条管道和各种导线，并具可随意开启检查、迁移等特点，以及具有独特的防静电、防辐射等功能，因此广泛用于计算机房、医院等建筑。

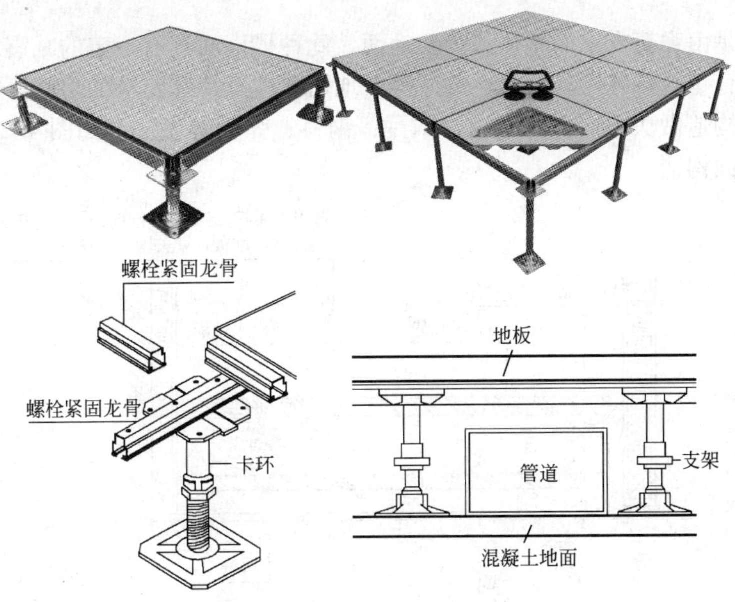

图 4.25 活动地板组成

活动夹层地板构造简单，尺寸有 475mm × 475mm、600mm × 600mm、762mm × 762mm。支架有拆装式、固定式、卡索格栅式和刚性龙骨支架 4 种。活动夹层地板安装应尽可能与其他地面保持一致的高度，或在室内保持一定的过渡空间。

4. 透光地面

透光地面是适应大型晚会的演出、舞厅的舞台、舞池、科技馆、演播厅、歌舞剧院及大型高档建筑局部地面的特种要求而产生的一种地面形式，如图 4.26 所示。它主要采用透光材料使地面架空，让变幻光线由架空地面内部向外透射。其构造包括架空支承结构、格栅、面层等几个部分。其中面层透光材料有双层或多层夹层玻璃、安全玻璃、幻影玻璃地砖、激光钢化玻璃等。架空支承结构一般有混凝土支墩、钢结构支架等。格栅采用型钢、T 形铝型材作为固定和承托层。架空层内应考虑其通风和采取降温消防技术处理，以保证安全。

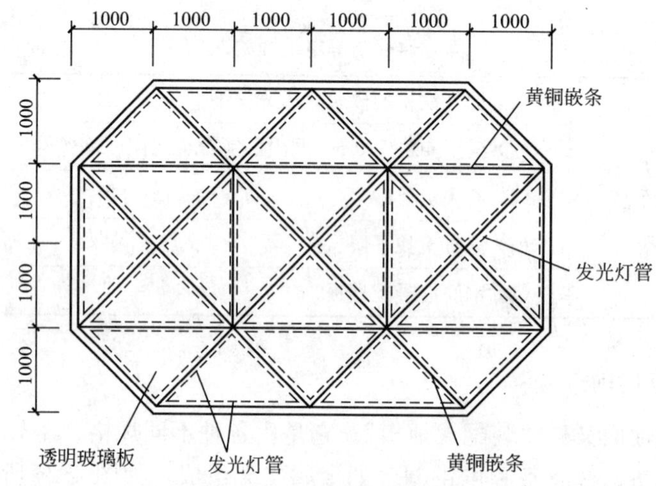

图 4.26　发光楼地面平面构造示意图

5. 弹簧地面

弹簧地面是由弹簧支承的整体式骨架地面。此种楼地面具有一定的减震消声性能，通常用于室内体育场、排练厅、舞台、舞厅等对地面弹性有特殊要求的房间。根据楼地面产生弹性部分的构造做法不同，有橡皮、木弓、钢弓、弹簧等做法。如图 4.27 所示为某电话间弹簧木地面构造。

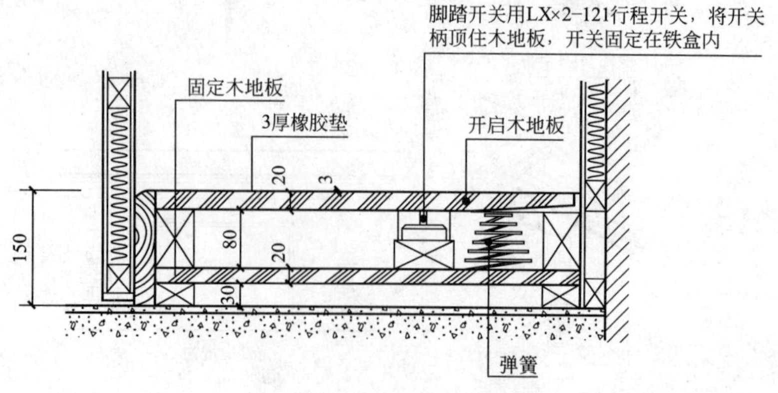

图 4.27　弹簧木地面构造图

6. 康体场馆工程地面

康体场馆工程地面主要指用于体育、康体休闲等场所使用的地面。地面要求具有良好的防滑性、耐磨性、抗震性和耐久性。如图 4.28 所示列出了某康体场馆地面的构造形式。

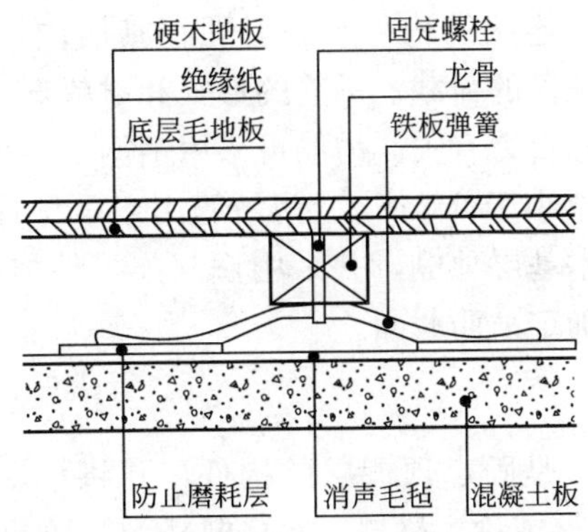

图 4.28 康体场馆地面构造(有铁板弹簧的地面)

4.4 顶棚装修构造

顶棚是室内空间的顶界面，是建筑装饰工程中的重要组成部分。

4.4.1 顶棚装修的类型

顶棚形式多种多样，但主要可以归纳为直接式顶棚和吊顶式顶棚。

1. 直接式顶棚

直接式顶棚一般构造简单，构造层厚度小，可以充分利用室内空间，采用适当的构造和艺术手段，可以获得多种装饰效果，具有材料用量少、施工方便、造价较低等优点。但是，直接式顶棚不能提供隐藏管线、设备等的内部空间，小口径的管线应预埋在楼屋盖结构或构造层内，大口径的管道则无法隐蔽。因此，直接式顶棚一般用于装饰要求不高的一般性建筑及功能较为简单、空间尺度较小的场所，如办公楼、住宅等。直接式顶棚的构造做法详见上册第 3 章。

2. 吊顶式顶棚

吊顶式顶棚的装饰表面与屋面板、楼板等之间留有一定的距离，在这段空间中，还会结合布置各种管道和设备，如灯具、空调、灭火器、烟感器等。吊顶式顶棚的装饰效果较好，形式变化丰富，适用于中、高档次的建筑顶棚装饰。

在没有功能要求时，吊顶式顶棚内部空间的高度不宜过大，以节约材料和造价；若利用其作为敷设管线设备的技术空间或有隔热通风需要，则可根据情况适当加大，必要时可铺设检修走道以免踩坏面层，保障安全。饰面应根据设计留出相应灯具、空调等设备安装检修孔及送风口、回风口等位置。

4.4.2 悬吊式顶棚的构造组成

悬吊式顶棚构造主要是由基层、吊筋、龙骨和面层组成。

1. 基层

悬吊式顶棚的基层为建筑物的结构构件，主要是钢筋混凝土楼板或屋架。

2. 吊筋(悬吊件)

吊筋是悬吊式顶棚与基层连接的构件，一般埋在基层内，属于悬吊式顶棚的支撑部分。吊筋的主要作用是承受顶棚的荷载。吊筋的形式和材料选用，主要与顶棚的自重及顶棚所承受的灯具等设备荷载的重力有关。吊筋可采用钢筋、型钢、镀锌铅丝或方木等。钢筋吊筋用于一般顶棚，直径不小于 6mm；型钢吊筋用于重型顶棚或整体刚度要求特别高的顶棚；方木吊筋一般用于木基层顶棚，并采用铁制连接件加固，可用 50mm×50mm 截面，如荷载很大则需要计算确定吊筋截面。

3. 龙骨

龙骨(有时又称顶棚基层)是固定顶棚层的构件，并将承受面层的重力传递给支承部分。龙骨是由主龙骨、次龙骨(或称主格栅、次格栅)所形成的网格骨架体系，主要是承受顶棚的荷载，并通过吊筋将荷载传递给楼盖或屋顶的承重结构。常用的顶棚龙骨分为木龙骨和金属龙骨两种，龙骨断面视其材料的种类、是否上人和面板做法等因素而定。

1）金属龙骨

金属龙骨常见的有轻钢、铝合金和普通型钢等。轻钢龙骨配件组合如图 4.29 所示。

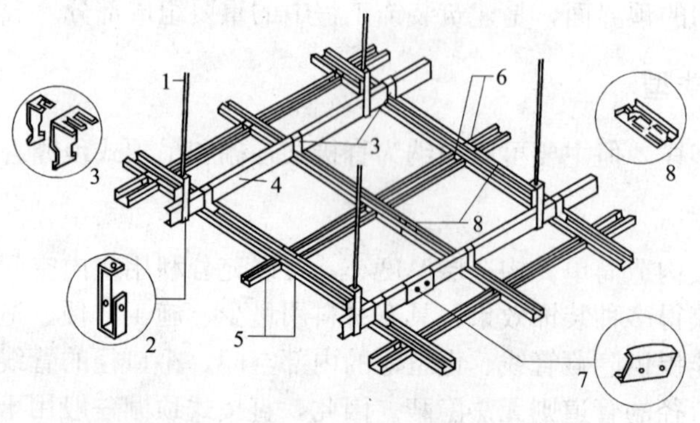

图 4.29 轻钢龙骨配件组合示意图

1—吊筋；2—吊件；3—挂件；4—主龙骨；5—次龙骨；
6—龙骨支托(挂插件)；7—连接件；8—插接件

2）木龙骨

木龙骨由主龙骨、次龙骨、横撑龙骨三部分组成。其中龙骨组成的骨架可以是单层的，也可以是双层的，固定板材的次龙骨通常双向布置，双层龙骨构造如图 4.30 所示。木龙骨的耐火性能差，但加工方便，多用于传统建筑和造型特别复杂的顶棚。

4. 面层

面层是顶棚的装饰层，既有吸声、隔热、保温、防火等功能，又具有美化环境的效果。金属龙骨顶棚的面层有纸面石膏板、水泥加压板、各类胶合板以及各种预制饰面板材。其规格主要有 1220mm×2440mm。石膏板厚一般有 9.5mm、12mm；胶合板厚一般有 3mm、5mm、9mm、12mm。

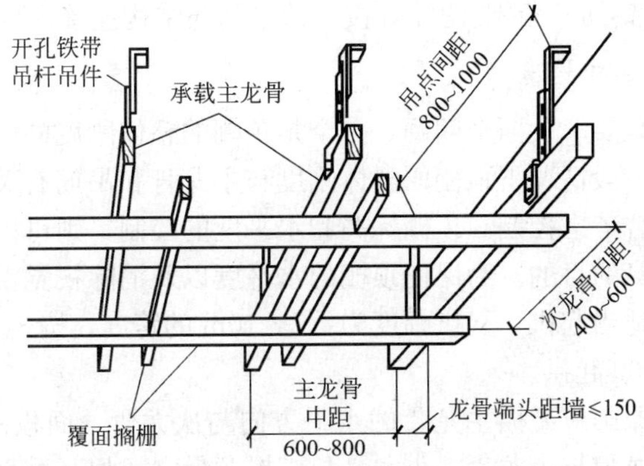

图 4.30 木龙骨吊顶双层骨架构造

4.4.3 吊顶式顶棚的基本构造

吊顶式顶棚的结构组成如图 4.31 所示。

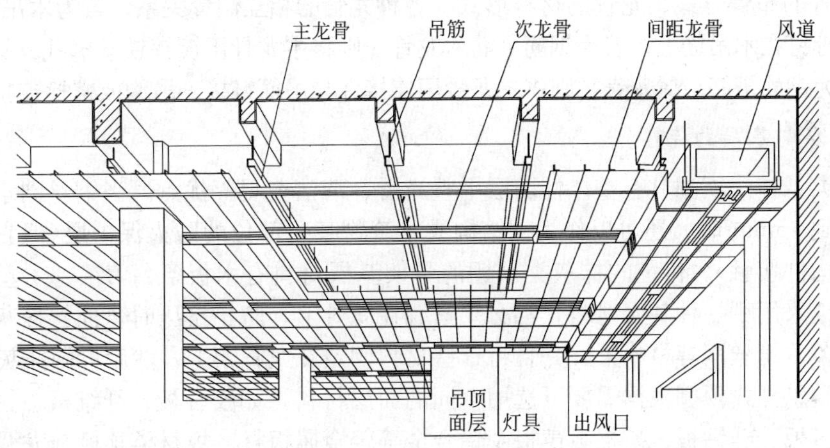

图 4.31 吊顶构造示意图

1. 吊筋与吊点的设置

顶棚的吊筋一般用 ϕ6～10mm 钢筋制作，上人顶棚吊筋间距一般为 900～1200mm，不上人顶棚吊筋间距为 1200～1500mm。吊筋与楼屋盖连接的节点即为吊点，吊点应均匀布置，并且主龙骨端部距第一个吊点不超过 300mm。如图 4.32 所示为吊筋布置示意图。

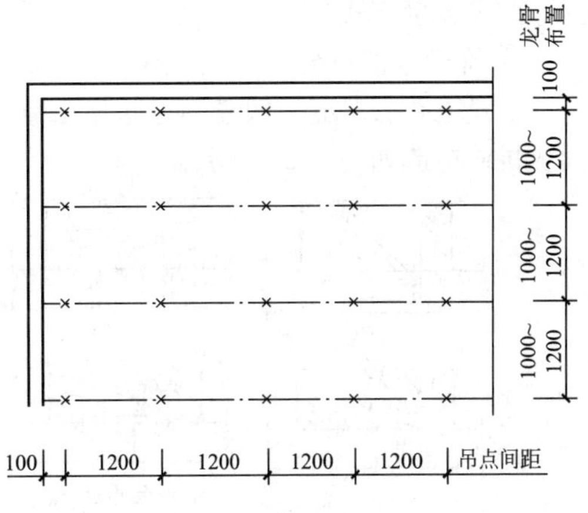

图 4.32 吊筋布置示意图

吊筋与结构的连接一般有以下几种方式。

(1) 吊筋插入预制板的板缝固定后，用 C20 细石混凝土灌缝。

(2) 将吊筋绕于钢筋混凝土梁板底预埋件焊接的半圆环上。

(3) 吊筋与预埋钢筋焊接处理。

(4) 通过连接件(钢筋、角钢)两端焊接，使吊筋与结构连接。

2. 龙骨的布置与连接构造

龙骨的布置主要是要解决两个问题：一个是顶棚的整体刚度的问题，二是顶棚标高和水平度的控制问题。一般情况下顶棚的整体刚度与主龙骨和吊筋有关，可以通过龙骨的断面和吊筋的间距来综合考虑控制。顶棚标高和水平度的控制，则可以通过控制主龙骨的标高来达到控制顶棚标高的目的。为保证顶棚的水平度以及消除视觉误差，当顶棚的跨度较大时，顶棚的中部应适当起拱，起拱幅度为：7～10m 的跨度，按 3/1000 起拱；对于 10～15m 的跨度，按 5/1000 起拱。

顶棚龙骨的布置原则应遵循主龙骨的水平方向与次龙骨、面板的水平方向相互垂直，主龙骨与次龙骨、次龙骨与小龙骨、小龙骨与横撑龙骨之间相互垂直的关系。金属龙骨吊挂连接详见上册第 3 章图 3.45。

3. 吊筋与龙骨的连接

吊筋与龙骨的连接主要包括主龙骨与吊筋的连接。连接的构造形式主要取决于顶棚的形式、龙骨的布置方式、龙骨的材料形式、各种龙骨的相互位置关系。若为木吊筋木龙骨，则将主龙骨钉在木吊筋上；若为钢筋吊筋木龙骨，则将主龙骨用镀锌铁丝绑扎、钉接或螺栓连接；若为钢筋吊筋金属龙骨，则将主龙骨用连接件与吊筋钉接、吊钩或螺栓连接。

4. 面层与基层的连接

抹灰类悬挂式顶棚具有整体性面层平整光滑、清洁美观等优点。当钢丝网水泥砂浆抹灰厚度达到 15mm 时，还可以作为钢结构或建筑物某些部位的防火保护层(但它们不能直接与木质构件接触)。传统的抹灰类顶棚的骨架基层材料有木板条、苇箔、木丝板和钢丝网等。无论采用哪一种基层材料，都必须紧绷在龙骨上，防止挤压时弯曲，抹灰层必须附着在木板条、钢丝网等材料上，并且将这些材料固定在龙骨架上，然后再做抹灰层。

板材类悬挂式顶棚根据需要可选用不同的面层材料，如胶合板、纤维板、钙塑板、石膏板、塑料板、硅钙板、矿棉吸声板及铝合金等轻金属板材。板材类顶棚与龙骨的连接和面层材料板缝处理主要注意以下几点。

1) 面材与龙骨的连接方式

板材类顶棚饰面板与龙骨之间的连接一般需要连接件、紧固件等连接材料，有卡、挂、搁等连接方式。

2) 饰面板的拼缝

拼缝主要有对缝、凹缝、盖缝等几种方式，拼缝的质量直接影响顶棚的装饰效果。饰面板拼缝构造如图 4.33 所示。

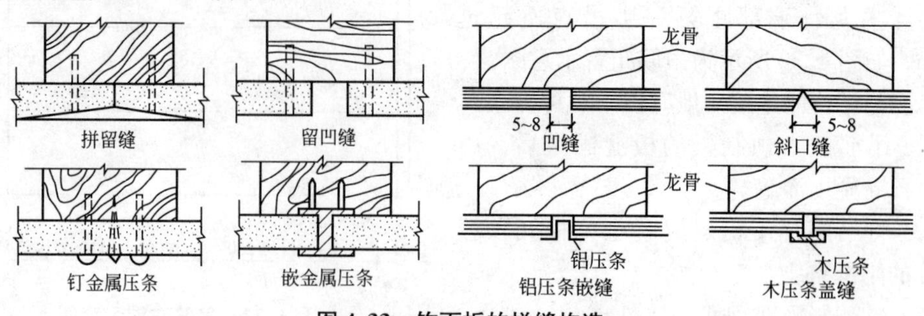

图 4.33　饰面板的拼缝构造

4.4.4 常见的悬吊式顶棚构造

1. 钢板网抹灰顶棚的装饰构造

钢板网抹灰顶棚采用金属制品作为顶棚的骨架和基层。钢板网抹灰顶棚的耐久性、防振性和耐火等级均较好，但造价较高，一般用于中、高档建筑中。

2. 石膏板顶棚的装饰构造

顶棚使用的石膏板一般有纸面石膏板和无纸面石膏板两种。常用的纸面石膏板是纸面石膏装饰吸声板，又分为有孔和无孔两大类，并有各种花色图案。

3. 矿棉纤维板和玻璃纤维板顶棚装饰构造

矿棉纤维板和玻璃纤维板具有不燃、耐高温、吸声的性能，特别适合于做有一定防火要求的顶棚的装饰，还可以制成专用吸声板，直接用于顶棚装饰，或与其他材料或构件结合成为吸声板。

矿棉纤维板和玻璃纤维板吊顶一般采用轻型钢或铝合金 T 龙骨，有平放搁置(暴露骨架)、企口嵌缝(部分暴露骨架或隐蔽骨架)和复合粘接(隐蔽骨架)三种构造方法，如图 4.34 所示。

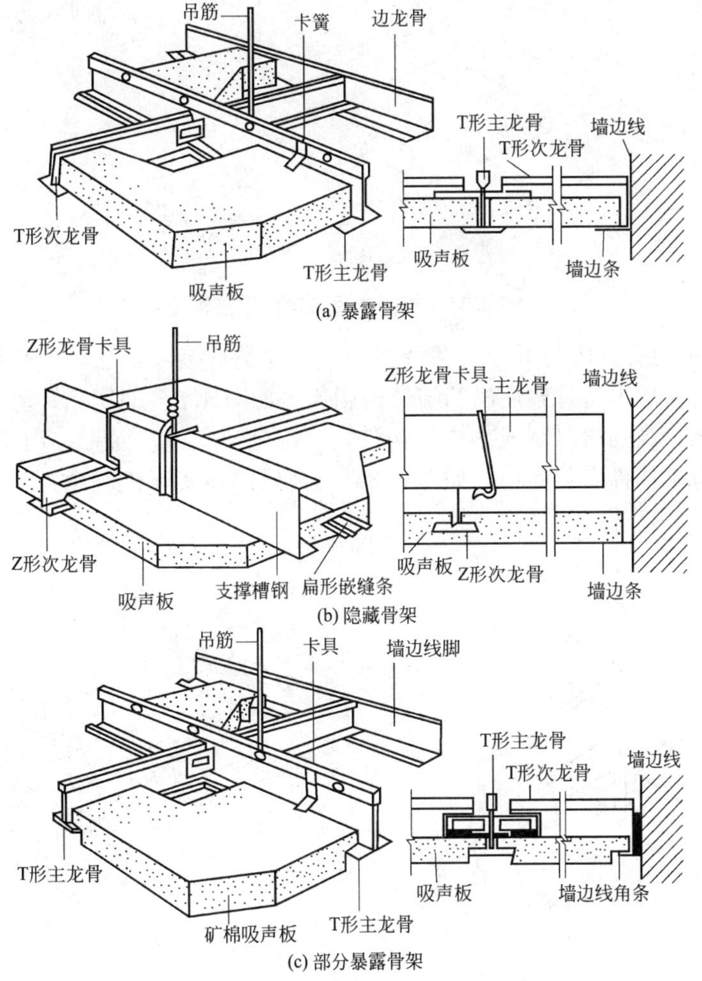

图 4.34 矿棉纤维板顶棚构造

4. 金属板顶棚装饰构造

金属板顶棚是采用铝合金板、薄钢板等金属板材面层，铝合金板表面做电化铝饰面处理，薄钢板表面可用镀锌、涂塑、涂漆等防锈饰面处理。金属板有打孔或不打孔、条形或矩形等形式的型材。金属板顶棚具有自重轻、色泽美观大方、有独特的质感、比较平挺、线条刚劲明快等特点。龙骨在这类顶棚中除了起到承重的作用外，还起到卡具的作用。这类顶棚的构造简单、安装方便、耐火、耐久，应用广泛。

5. 格栅类顶棚

格栅类顶棚又称开敞式吊顶，是在藻井式顶棚的基础上发展形成的一种独立的吊顶体系，其表面开口，既有遮挡又有通透的感觉，而且减少了吊顶的压抑感，并表现出一定的韵律感。格栅类顶棚与照明布置的关系较为密切。

格栅类顶棚的单体构件类型很多，从制作材料来看，有木材构件、金属构件及塑料构件等。预拼安装的单体构件是通过插接、挂接或榫接等方法连接在一起的。单体构件连接构造如图 4.35 所示。

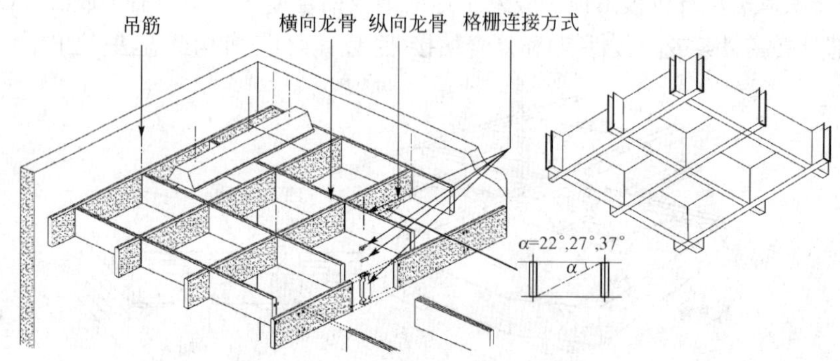

图 4.35　格栅类吊顶构件连接构造

格栅类吊顶的安装构造可分为两种类型：一种是直接固定法，即将单体构件固定在可靠的骨架上，然后再将骨架用吊筋与结构相连，如图 4.36(a)所示；另一种是间接固定法，对于用轻质、高强材料制成的单体构件，不用骨架支持，而直接用吊筋与结构相连，这种预拼装的标准构件安装简单，如图 4.36(b)所示。在实际工程中，为了减少吊筋的数

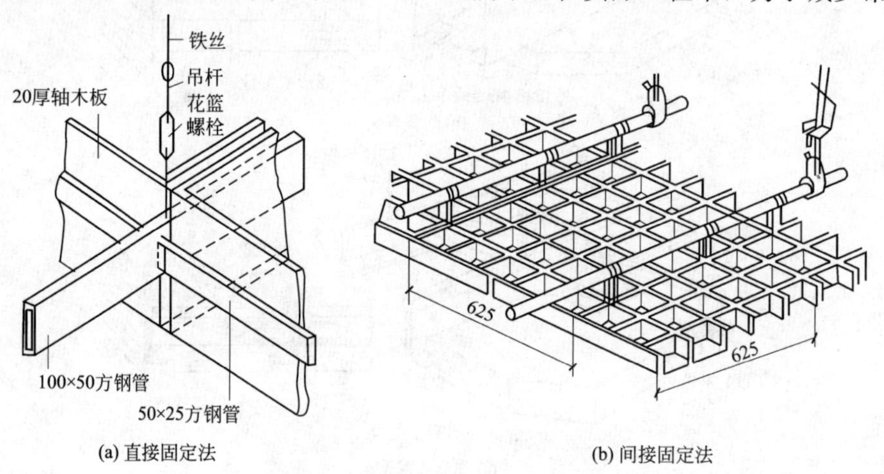

(a) 直接固定法　　(b) 间接固定法

图 4.36　格栅类吊顶的安装构造

量，通常先将单体构件用卡具连成整体，再通过通长的钢管与吊筋相连。

4.4.5 吊顶上的其他构造

吊顶上的其他构造包括灯具安装、空调送回风口、自动消防报警设备、窗帘盒及吊顶检查孔等做法。

1. 灯具安装

吊顶上的照明灯具可以分散布置或集中布置。其构造方法有吸顶式安装、日光灯带、暗槽灯等做法。

1）吸顶灯

这种做法是将灯具安装于吊顶基层，灯具可与吊顶面层相平，或突出于吊顶表面。在进行灯具布置时，应使灯具的位置与龙骨布置相协调。灯具用螺钉或吊挂件与吊顶龙骨连接，如图 4.37(a)所示；当灯具重力超过龙骨承受能力时，应用吊筋与楼板结构连接，如图 4.37(b)所示。

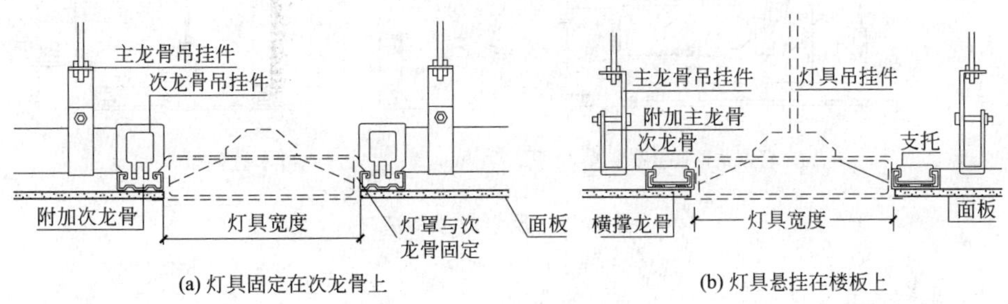

图 4.37 吸顶灯构造

2）日光灯带

以日光灯作为光源，在吊顶上形成一定宽度的通长灯带，表面用透光材料覆盖。灯带打断主龙骨时(灯带与主龙骨垂直)，应焊接附加主龙骨以使主龙骨连通，如图 4.38 所示。

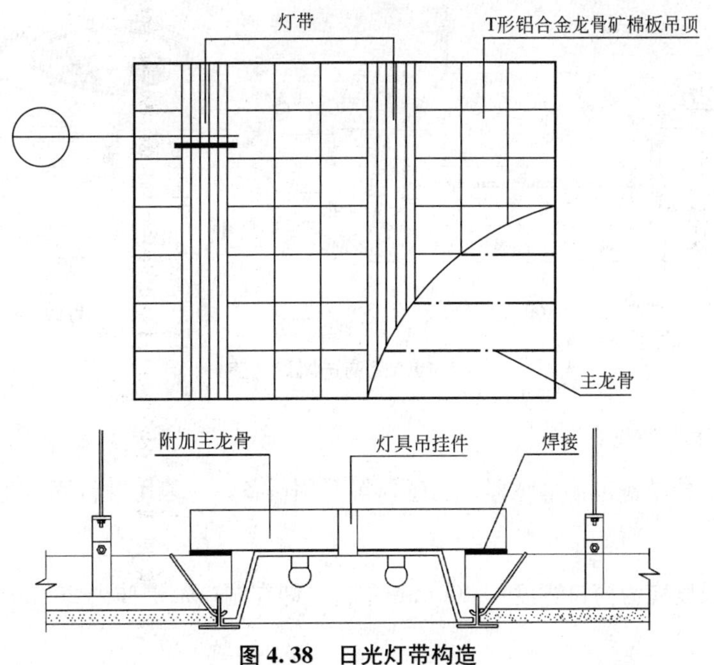

图 4.38 日光灯带构造

3）暗槽式反射照明

一般在分层式吊顶各层周边或墙面与顶棚相交处做灯槽，将灯具卧具装于槽内，凭借顶棚和墙面来反射光线，可以避免眩光，如图 4.39 所示。

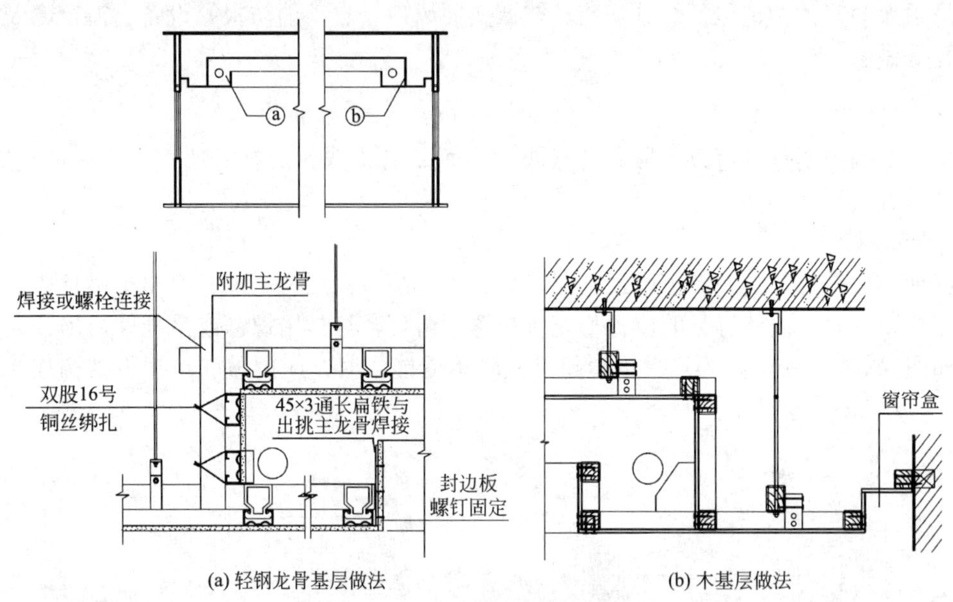

(a) 轻钢龙骨基层做法　(b) 木基层做法

图 4.39　反射灯槽构造

2. 空调送、回风口

送、回风口构造与顶棚上灯具布置基本相同。孔口部分可用塑料板、金属板等制成通风箅子。空调送风口构造如图 4.40 所示。

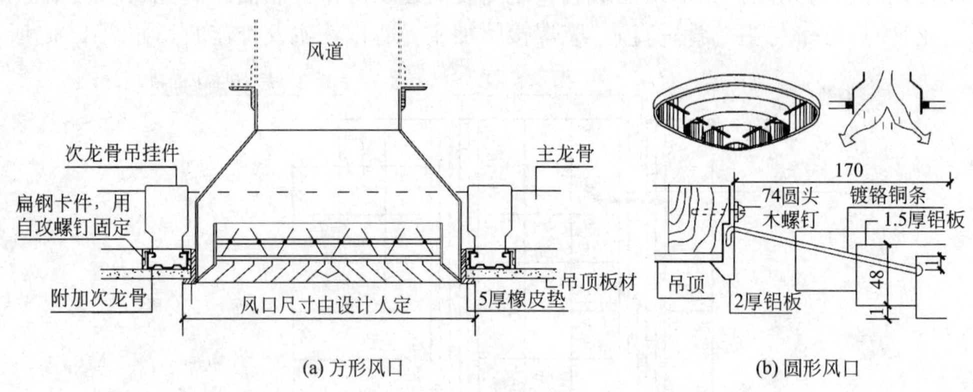

(a) 方形风口　(b) 圆形风口

图 4.40　空调送风口构造

3. 自动消防报警设备

自动消防报警设备包括烟感器、温感器等专用设备，一般用螺钉固定于吊顶板上。

4. 窗帘盒

窗帘盒的长度应为窗口宽度加 400mm 左右，即在洞口每侧伸出 200mm 左右。窗帘盒的深度应视窗帘层数而定，一般为200mm左右。

窗帘盒可通过铁件固定在墙身上，如图4.41(a)所示；也可固定在吊顶龙骨上，如图4.41(b)所示；有时窗帘盒还可以结合暗槽灯一并考虑，使窗帘盒形成反光槽，如图4.41(c)所示。

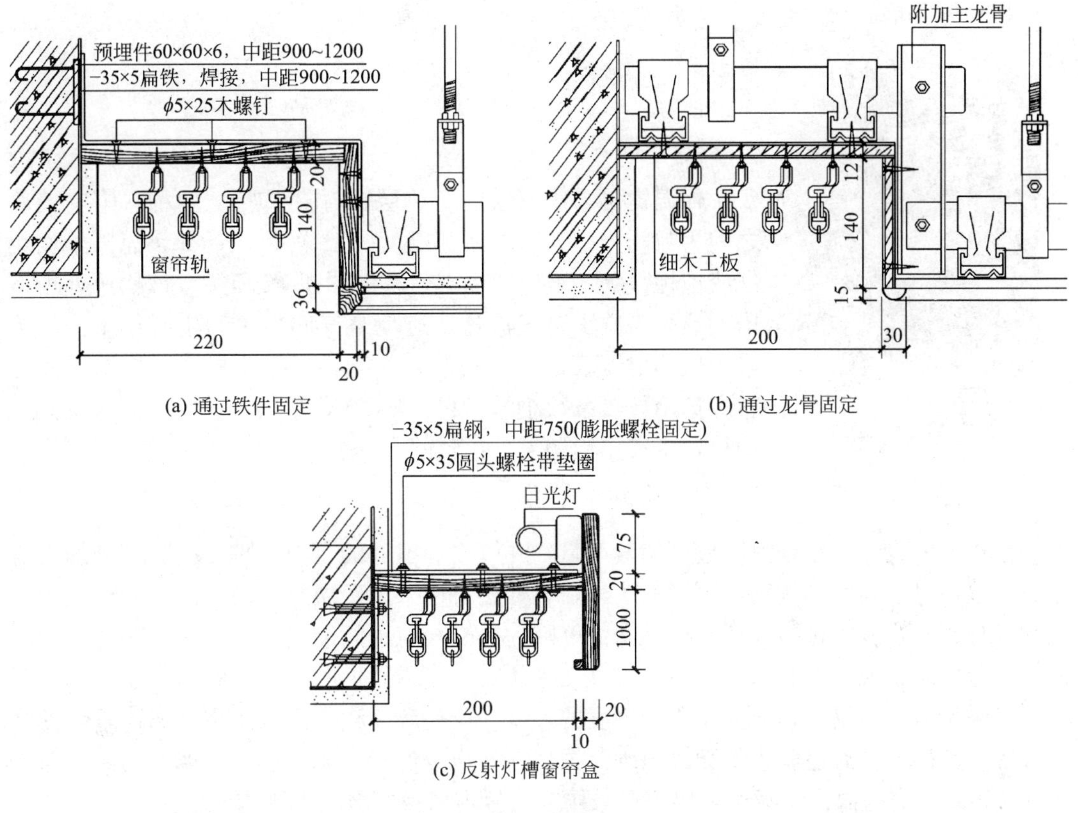

(a) 通过铁件固定

(b) 通过龙骨固定

(c) 反射灯槽窗帘盒

图4.41 窗帘盒构造

4.5 特种装修

特种装修主要是指在建筑物装修设计中需要考虑特殊环境的使用要求，如防火、隔声、保温隔热等方面的不同需要，而选用一些特殊的门窗构造、防水构造等。

4.5.1 特殊门

1. 保温门

保温门要求门扇具有一定的热阻值，且门缝需进行密闭处理，故常在门扇两层面板间填以轻质、疏松的材料(如玻璃棉、矿棉等)。

2. 隔声门

隔声门多用于高速公路、铁路、飞机场有严重噪声污染的建筑物。其隔声效果与门扇材料、门缝的密闭处理及五金件的安装处理有关。门扇的面层常采用整体板材

（如五金胶合板、硬质木纤维板等），内层填多孔性吸声材料，如玻璃棉、玻璃纤维板等。门缝密闭处理通常采用的措施是在门缝内粘贴填缝材料，如橡胶条、乳胶条和硅胶条等。

3. 防火门

详见第5章。

4.5.2 特殊窗

1. 保温窗

图4.42 保温窗

保温窗常采用双层窗、单层窗（中空玻璃）两种。中空玻璃之间为封闭式空气间层，其厚度一般为4～12mm，充以干燥空气或惰性气体，玻璃四周密封，如图4.42所示。该构造处理可增大热阻、减少空气渗透，避免空气间层内产生凝结水。如果采用低辐射镀膜玻璃，其保温性能将进一步提高。保温窗的框料应选用导热系数小的材料，如PVC塑料、玻璃钢、塑钢共挤型材，也有用铝塑复合材料的。

2. 隔声窗

隔声窗的设计主要是提高玻璃的隔声量，并解决好窗缝的密封处理。提高玻璃的隔声量，可以通过适当增加玻璃的厚度来改善，另外还可以采用双层叠合玻璃、夹胶玻璃等方式来处理。窗户缝隙包括玻璃与窗框间的缝隙、窗框与窗扇间的缝隙、窗框与隔墙间的缝隙，一般用胶条或玻璃胶密封。

若采用双层窗隔声，应采用不同厚度的玻璃，避免其高频临界频率重合而严重降低高频段隔声性能，同时也防止低频段出现共振。厚玻璃应位于声源一侧，玻璃间的距离至少大于50mm。窗框内设置吸声材料，多采用穿孔板内填吸声玻璃棉结构。

3. 防火窗

详见第5章。

4.5.3 卫浴间、游泳池防水构造

1. 卫浴间的防水构造

卫浴间在便器等固定件上铺贴防水层时，必须紧密粘贴，防水层需上折到全部的张贴面。小便器周围的隔板要等防水覆盖层做好后再设置。防水层应有足够的高度。地面必须做排水找坡，墙面做防水层，如图4.43所示。

2. 游泳池防水构造

游泳池设计必须十分注意结构本身的设计刚度，对其防水应十分重视。钢筋混凝土游泳池池身构造如图4.44所示，纵横向承重游泳池池身构造如图4.45所示，游泳池伸缩缝构造如图4.46所示，游泳池实例（江苏省游泳池）构造如图4.47所示。

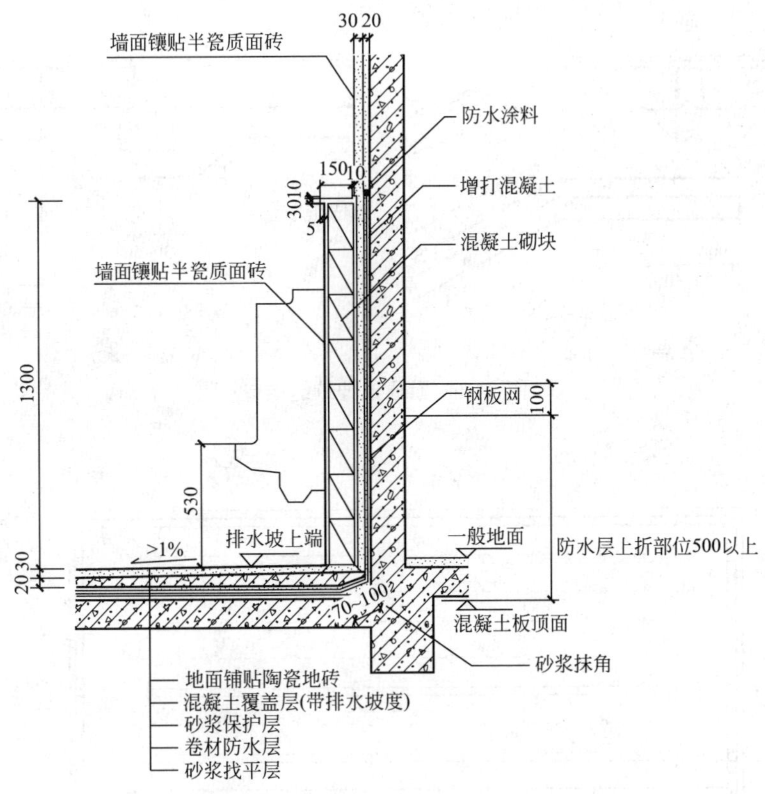

图 4.43 厕所小便器周围防水构造

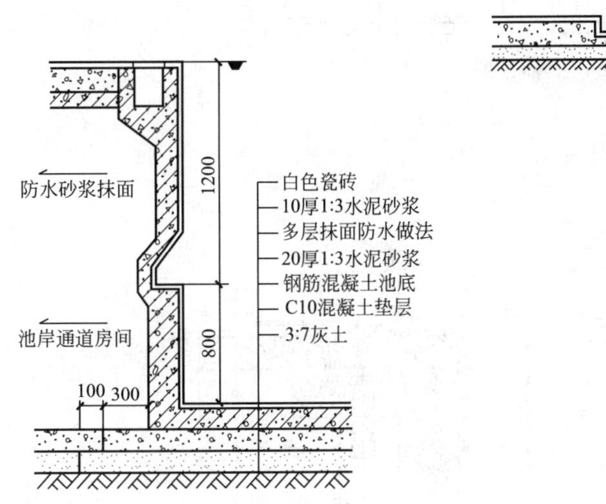

图 4.44 钢筋混凝土游泳池池身构造

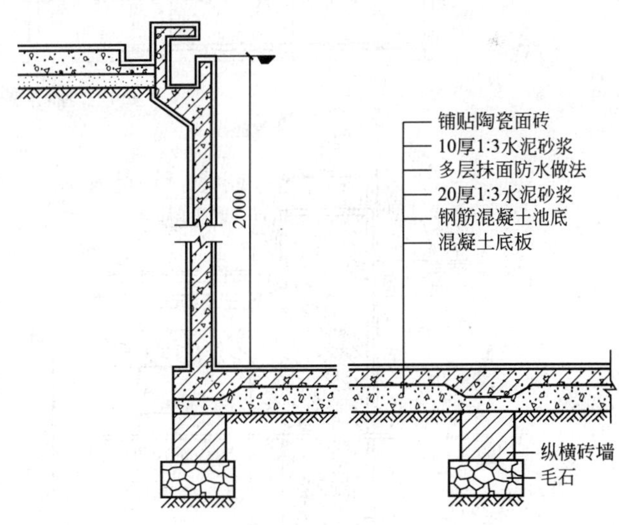

图 4.45 纵横向承重墙游泳池池身构造

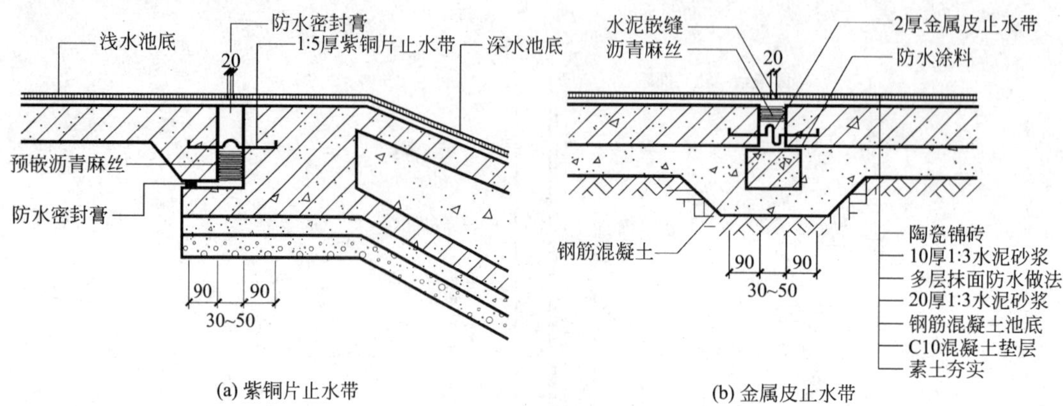

(a) 紫铜片止水带　　(b) 金属皮止水带

图 4.46　游泳池伸缩缝构造

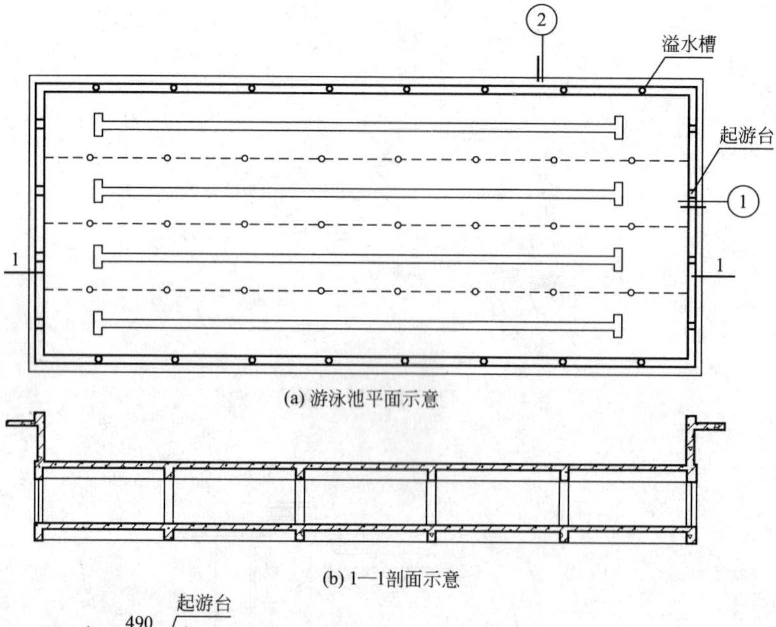

(a) 游泳池平面示意

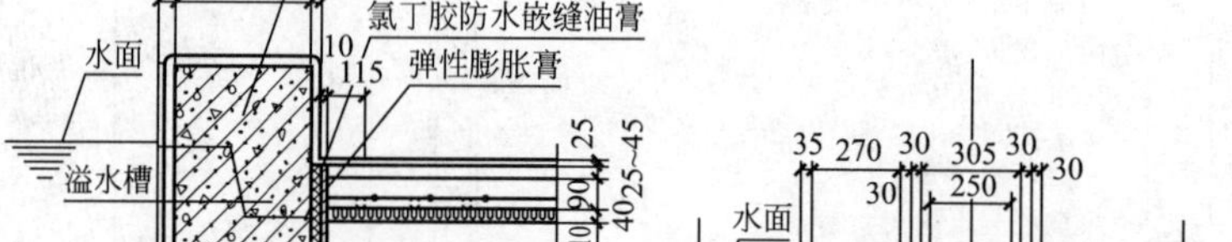

(b) 1—1剖面示意

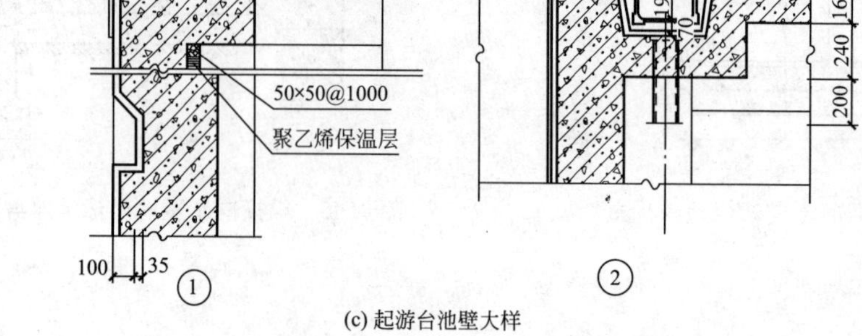

(c) 起游台池壁大样

图 4.47　游泳池实例(江苏省游泳池)构造

本章小结

装饰装修作用及设计要求、分类、连接与固定	• 作用：保护承载结构、改善围护系统功能、美化室内环境 • 设计要求：确定及掌握装修质量标准 • 按材料分类：主要分为结构材料、功能材料、装饰材料、辅助材料 • 连接与固定：粘接法、机械固定法、焊接法
墙面装修构造	• 卷材类饰面：壁纸与墙布、织物软包墙面 • 铺贴类墙面：天然石材墙面、人造石材墙面 • 板材类墙面：木板墙面、装饰板材墙面、金属板材墙面、镜面玻璃墙面与玻璃砖墙面 • 特殊部位构造：平顶角线、护角、踢脚、门窗套等
地面装修构造	• 地毯地面：地毯分为纯毛地毯(羊毛地毯)和化纤地毯两大类；地毯的铺设可分为满铺与局部铺设两种。铺设方式有固定与不固定两种 • 特殊地面构造：防射线地面、防静电地面、活动夹层地板地面、透光地面、弹簧地面、康体场馆工程地面
顶棚装修构造	• 直接式顶棚 • 吊顶式顶棚：主要是由基层、吊筋、龙骨和面层组成；基本构造包括吊筋与吊点的设置、龙骨的布置与连接构造、吊筋与龙骨的连接、面层与基层的连接；常见的吊顶式顶棚构造包括钢板网抹灰顶棚、石膏板顶棚、矿棉纤维板和玻璃纤维板顶棚、金属板顶棚、格栅类顶棚；吊顶上的其他构造包括灯具安装、空调送回风口、自动消防报警设备、窗帘盒等
特种装修	• 特殊门：保温门、隔声门、防火门 • 特殊窗：保温窗、隔声窗、防火窗 • 卫浴间、游泳池防水构造

习　　题

一、思考题

1. 建筑装修质量标准如何划分？
2. 简述大理石墙面“干挂法”的做法。
3. 简述特殊地面的类型及适用范围。
4. 什么是吊顶式顶棚？简述吊顶式顶棚的基本组成部分及其作用。
5. 简述保温门窗、隔声门窗的基本构造及适用范围。

二、选择题

1. 下列哪类建筑装饰等级为一级？(　　)

   A. 小学　　B. 普通行政办公楼

   C. 居住建筑　　D. 纪念性建筑

2. 上人顶棚吊筋间距一般为(　　)。

   A. 900～1200mm　　B. 1200～1800mm

C. 1800～2100mm　　D. 2100～2400mm

3. 要求对花的壁纸或墙布在裁剪尺寸上，其长度需比墙高放出(　　)。

A. 10～20mm　　B. 20～30mm　　C. 30～50mm　　D. 100～150mm

4. 人造石材墙面中粘贴法适用于厚度为(　　)的板材。

A. 8～12mm　　B. 20～30mm　　C. 30～40mm　　D. 40～50mm

5. 以下(　　)不属于化纤地毯。

A. 尼龙　　B. 锦纶　　C. 羊毛地毯　　D. 涤纶

6. 吊筋与结构的连接方式不包括(　　)。

A. 吊筋插入预制板的板缝固定后，用C10细石混凝土灌缝

B. 将吊筋绕于钢筋混凝土梁板底预埋件焊接的半圆环上

C. 吊筋与预埋钢筋焊接处理

D. 通过连接件(钢筋、角钢)两端焊接，使吊筋与结构连接

三、判断题

1. 木龙骨由主龙骨、次龙骨、横撑龙骨三部分组成。(　　)

2. 吊点应均匀布置，并且主龙骨端部距第一个吊点不超过600mm。(　　)

3. 建筑装修材料的连接与固定主要包括粘接法、机械固定法、焊接法三种。(　　)

4. 彩色涂层钢板的原板分为冷轧钢板和镀锌钢板，表面分有机涂层、无机涂层和复合涂层三种做法。(　　)

5. 整体式地毯用倒刺条固定，一般采用五合板倒刺条，钉子与板面呈90°角。(　　)

第5章 建筑防火构造

知识目标

● 了解和掌握火灾发展和蔓延的原理。

● 熟悉和掌握防火、防烟分区划分和设置原则，以及防火防烟设施构造。

● 熟悉和掌握安全疏散设计基本原理。

● 熟悉和掌握建筑总平面防火设计基本原理。

导入案例

上海虹桥综合交通枢纽(图5.0)是典型的交通枢纽建筑，整座建筑的日人流量在23.3万人左右，虹桥枢纽的防火设计可以用“断、空、通、畅”四个字概括。“断”：虹桥枢纽长1000余米，宽160余米，地下4层，地上2层，对于如此大体量的建筑，结合建筑内部主要交通功能区域的设置，防火设计中引入了“断”的理念，也就是分段防火，互免干扰，互为保障。“空”的主要含义：一是形成高大的室内空间，降低火灾产生的烟气对人员安全疏散的影响；二是减少建筑物内部的用房数量，使建筑内部空间空荡，如售货亭、仓库、储藏间以及交通站所必需的办票、问询等功能用房数量应严格控制；三是减少功能用房内部的可燃荷载。虹桥枢纽主要采用“通”的设计方法来实现建筑内部气流组织、烟气控制。虹桥枢纽的建筑空间结构形成了“上下贯通”的气流通道，尽可能形成下送(补)上排的烟气流路径，提高了自然排烟的效果。“畅”：建筑内平面设计上将功能用房规律布置，用带状的功能用房区域将建筑平面自然划分成一条或多条人流主通道，功能用房带内部通道作为联系各条主人流通道的次通道；另一种平面设计手法就是围绕建筑内部的中庭设置环形的通道，避免尽端式的交通通道。

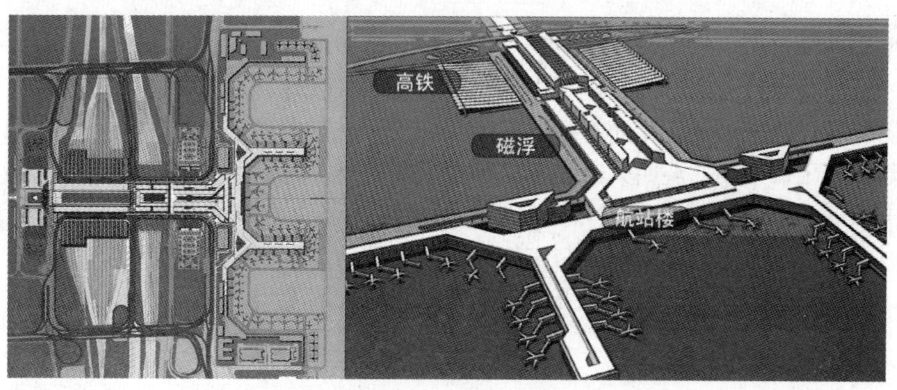

图5.0 上海虹桥综合交通枢纽

5.1 概　　述

建筑火灾对人类有害，火灾的发生往往给人类带来巨大的经济损失，甚至会造成人身伤亡。建筑物作为人类活动的空间环境，可能会由于各种各样的原因而起火，如使用明火引起的火灾、因为用电不慎造成的火灾、由于化学物质的意外反应而引起的火灾以及由于人为纵火引起的火灾等。因此，为避免、减少火灾的发生，必须研究它的发生、发展规律，总结火灾教训，将防火设计基本知识、防火的思路贯穿到规划、设计与施工的过程中，采用先进的防火技术，防患于未然。

5.2 火灾的发展和蔓延

建筑火灾指烧损建筑物及其收容物品的燃烧现象，并造成生命财产损失的灾害。要掌握建筑防火设计的理论与技术，首先必须对建筑火灾有初步的了解。

5.2.1 可燃物及其燃烧

不同形态的物质在发生火灾时的机理并不一致，一般固体可燃物质在受热条件下，内部可分解出不同的可燃气体，这些可燃气体在空气中与氧气产生化合反应，如果遇明火就会起火。固体一般用明火点燃，能起火燃烧时的最低温度，称为该物质的燃点。表 5－1 列出了几种常见的可燃固体的燃点。

表 5－1　可燃固体的燃点

名称	燃点/℃	名称	燃点/℃
棉布	200	松木	270～290
棉花	150	橡胶	130
麻绒	150	粘胶纤维	235
纸张	130	涤纶纤维	390

一些固体能自燃，如木材受热烘烤自燃，粮食受潮发霉生热，也会引起自燃。还有些固体在常温下能自行分解，或在空气中氧化导致自燃或爆炸，如硝化棉、黄磷等。一些可燃液体随着液体内外温度变化而有不同程度的挥发，有可燃的危险性。可燃液体蒸气与空气混合达到一定的浓度，遇明火点燃，这种现象叫闪燃。闪燃的起火特点是一闪即灭，出现闪燃的最低温度叫做闪点。闪点是易燃、可燃液体起火燃烧的前兆，必须引起足够重视。还有一些可燃蒸气气体或粉尘与空气组成的混合物，达到一定浓度时，遇火源就能发生爆炸。上述各种情况均需给予足够的重视，防止火灾的发生。

5.2.2 火灾的发展过程

建筑内刚起火时，火源范围很小，火灾的燃烧情况与在开敞空间一样。随着火源范围的扩大，火焰在最初着火的材料上燃烧，或者进一步蔓延到附近的可燃物。火灾发展过程一般分为火灾的初期、旺盛期、衰减期三个阶段，如图 5.1 所示。

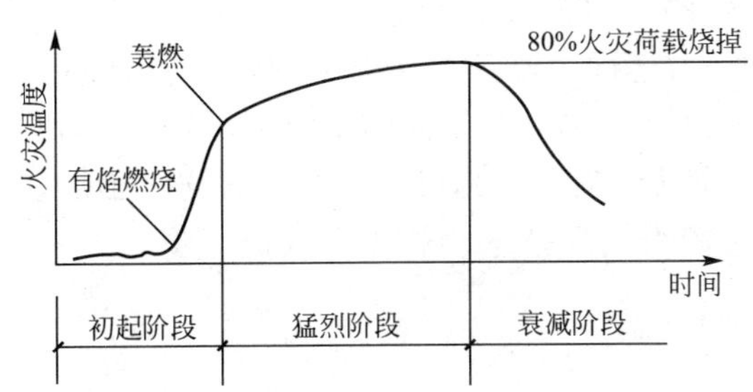

图 5.1 火灾发展示意图

1. 火灾初期

当火灾分区的局部燃烧形成之后，由于受可燃物的燃烧性能、分布状况、通风状况、起火点位置、散热条件等的影响，燃烧发展一般比较缓慢。这一阶段燃烧面积小而室内的平均温度不高，烟气流动速度也很慢，火势不稳定。

因此初期火灾的持续时间，即火灾轰燃之前的时间内，对建筑内人员的疏散，重要物资的抢救，以及火灾的扑救，具有重要的意义。从防火的角度看，建筑物的耐火性能好，建筑密闭性好，可燃物少，则火灾初期燃烧缓慢，有时会出现窒息灭火的情况。从灭火的角度看，则火灾初期燃烧面积少，只用少量水或灭火器就可将火扑灭，是扑救火灾的最好时机。目前利用安装自动火灾报警和自动灭火的设备，对该阶段火灾的扑救就有十分重要的作用。

2. 轰燃

轰燃是指建筑火灾发展过程中的特有现象，房间内的局部燃烧向全室性火灾过渡的现象。此期间燃烧面积扩大较快，室内温度不断升高，热对流和热辐射显著增强。室内所有的可燃物质全部进入燃烧，火焰可能充满整个空间。如果可燃物质分解、释放出的可燃气体与空气混合后达到爆炸浓度时，会使门窗玻璃破碎，随之进入室内的新鲜空气对火的继续燃烧提供了可能性，火势即将进入最旺盛时期而形成炽烈的大火。

轰燃的出现，除了与建筑物及其容纳物品的燃烧性能、起火点位置有关之外，还与内部装修材料的厚度、开口条件、材料的含水率等因素有关。一般材料的开口率越小、厚度越大、含水率越高，火灾达到轰燃所需时间越长。

3. 火灾旺盛期

室内火灾经过轰燃之后，整个房间立刻被火包围，室内可燃物的外露表面全部燃烧起来。这个时期室内处于全面而猛烈的燃烧阶段，破坏力极强，室内温度达到1100℃，热辐射和热对流也剧烈增强，大火难以扑灭。在此高温下，房间的顶棚及墙壁的表面抹灰层发生剥落，混凝土预制楼板、梁、柱等结构构件强度受到破坏，而发生爆裂剥落等现象，在高温热应力作用下，甚至发生断裂破坏。铝制的窗框被熔化，钢窗会整体向内弯曲，无水幕保护的防火卷帘也会向受热一侧弯曲。火灾旺盛期随着可燃物质的消耗，大约80%的可燃物被烧掉之后，火势逐渐衰减，室内靠近顶棚处能见度逐渐提高，但地板上仍堆有残留的可燃物。

4. 火灾衰减期

经过猛烈燃烧之后，室内可燃物质大都被烧尽，燃烧向着自行熄灭的方向发展。此阶段虽然有的燃烧停止，但在较长的时间内火场内的余热还会维持一段时间的高温，约在200～300℃。衰减期温度下降速度比较慢，当可燃物基本烧光之后，火势即趋于熄灭。

综上所述，根据火灾的发展过程，为了限制火势发展，应该在可能起火的部位尽量少用或不用可燃材料，在易起火并有大量易燃物品的上空设置排烟窗，一旦起火，炽热的火焰或烟气可由上部排除，燃烧面积就不会扩大，因而可将火灾发展蔓延的危险性尽可能降低。

5.2.3 火灾的蔓延方式

1. 热传导

火灾分区燃烧产生的热量，经热导性能较好的建筑构件或建筑设备传导，能够使火灾蔓延到邻近或上下层房间。例如，楼板、金属管壁、薄壁隔墙等都可以通过物体热分子的运动，把热传到火灾分区的另一侧表面，使地板上或者靠墙堆积的可燃、易燃物体燃烧，导致火场扩大。该种方式有两个明显特点：一是必须有热导性良好的媒介，如金属构件、薄壁构件及金属设备等；二是蔓延的距离较近，一般只能是邻近的建筑空间，因此其范围是有限的。

2. 热对流

热对流是指炽热的燃烧产物(烟气)与冷空气之间相互流动的现象，是建筑物内火灾蔓延的一种主要方式。燃烧时，烟气热而轻，容易上蹿升腾，冷空气从下部补充，形成对流。轰燃后，火灾可能已经从起火房间烧毁门窗，蹿向室外或走廊，在更大的范围内进行热对流，除了水平方向对流蔓延外，在竖向管道井也会以热对流方式蔓延，如果遇到可燃物及风力，就会更助长燃烧，使对流更加猛烈。

3. 热辐射

热辐射是指由热源以电磁波的形式直接发射到周围物体上，是相邻建筑之间火灾蔓延的主要方式。起火建筑物像火炉一样能把距离较近的建筑物烤着燃烧，建筑防火规范中的防火间距，主要就是考虑防止火焰辐射引起相邻建筑着火而设置的间隔距离。

5.2.4 火灾的蔓延途径

建筑内某房间发生火灾，当发展到轰燃之后，火势猛烈，就会向其他空间蔓延。研究火灾蔓延途径，是设置防火分隔的依据。建筑防火设计的任务是采取防火措施、减少火灾损失，当火灾发生后，能限制火势的发展或抵制火的直接威胁。结合火灾实际情况，火从起火房间向外蔓延的途径，主要有以下几种。

1. 由外墙窗口向上层蔓延

现代建筑中，火往往通过建筑外墙窗口喷出烟气和火焰，然后顺着窗间墙及上层窗口蹿到上层室内，这样逐层向上蔓延而导致整个建筑起火。若采用带形窗更易吸附喷出向上的火焰，蔓延更快。如图5.2所示，图5.2(a)为窗口上缘较低，距上层窗口远；图5.2(b)所示为窗口上缘较高，距上层窗口近；图5.2(c)所示为窗口上缘挑出雨篷，使气流偏离上层窗口远。为了防止火势蔓延，要求上、下层窗口之间的距离，尽可能大些。要利用窗过梁、窗楣板或外部非燃烧体的雨篷、阳台等设施，使烟火偏离上层窗口，阻止火势向上蔓延。

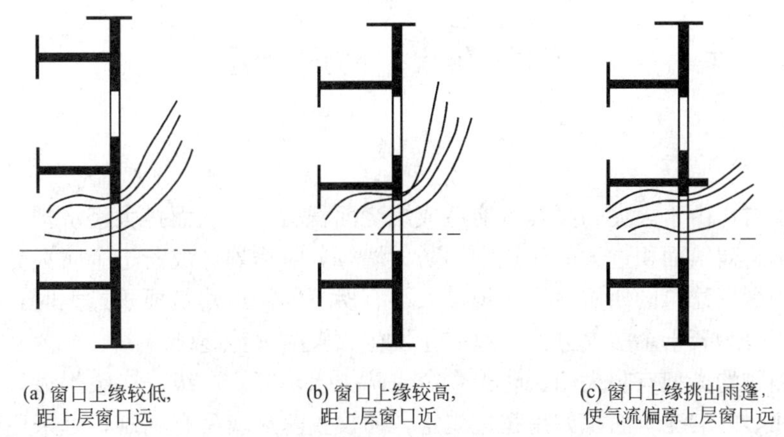

图 5.2　火由外墙窗口向上蔓延示意图

2. 火势的横向蔓延

火势在横向主要是通过内墙门及间隔墙进行蔓延的。主体为耐火结构的建筑，火势横向蔓延的主要原因之一是建筑物内未设水平防火分区，没有防火墙及相应的防火门等形成控制火灾的区域空间。对于耐火建筑来说，火势横向蔓延的主要原因之一是洞口处的分隔处理不完善。例如，户门为可燃的木质门，火灾时能被火烧穿；金属防火卷帘没有设水幕保护或水幕未洒水，导致卷帘被火熔化；管道穿孔处未用非燃烧材料密封等导致火势蔓延；钢制防火门在正常使用时开启，一旦发生火灾不能及时关闭等，都能使火灾从一侧向另一侧蔓延。对于设置吊顶的建筑，房间与房间、房间与走廊的分隔墙只做到吊顶底皮，而吊顶上仍为连通空间，一旦起火则容易在吊顶内部蔓延，且难以及时发现，导致火灾蔓延。有的建筑没有设吊顶，但隔墙上部未砌到结构底部，而留有孔洞或连通空间，也会造成火灾蔓延和烟气扩散。

3. 火势的竖向蔓延

在现代建筑中，有大量的电梯、楼梯、垃圾井、设备管道井等竖井，这些竖井往往贯穿整个建筑，若未做周密完善的防火设计，一旦发生火灾，火势便会通过竖井蔓延到建筑物的任意一层，如图 5.3 所示。此外，建筑物中一些不引人注意的吊装用的或其他用途的孔道，有时也会造成整个大楼的恶性火灾。如吊顶与楼板之间、幕墙与分隔结构之间的空隙，保温夹层，下水管道等都有可能因施工质量等留下孔洞，有的孔洞在水平与竖直两个方向互相穿通，用户往往还不知道这些隐患的存在，发生火灾时会导致生命及财产的损失。

图 5.3　管道竖井做防火封堵

4. 火势由通风管道蔓延

通风管道蔓延火势一般有两种方式：一是通风道内起火，并向连通的空间，如房间、吊顶内部、机房等蔓延；二是通风管道可以吸进起火房间的烟气蔓延到其他空间，而在远离火场的其他空间再喷吐出来，造成火灾中大批人员因烟气中毒而死亡。因此在通风管道穿通防火分区和穿越楼板处，一定要设置自动关闭的防火阀门。

5.3 防火、防烟分区

5.3.1 防火分区

火灾发生时，由于火灾的蔓延可能造成燃烧面积增大，从而扩大经济损失。因此，建筑设计中通常将建筑面积过大的建筑物用防火墙等分隔物划分成若干个防火分区。防火分区的面积大小根据建筑的使用性质和规模大小有所不同。当建筑面积过大时，应设置防火分隔物将其划分为若干个防火分区，以防止发生火灾时火势蔓延。

防火分隔物的类型有防火墙、防火卷帘、防火水幕等。一级、二级耐火等级的单层厂房(甲类厂房除外)的建筑面积如果超过规定，而设置防火墙又有困难，可采用防火卷帘或防火分隔水幕分隔；单层、多层民用建筑可采用防火卷帘或水幕分隔。

当建筑物内设有上下层相通的走马廊、自动扶梯开口部位时，应将上下连通层一起作为一个防火分区，其面积之和不能超过相应防火分区的要求，如图 5.4 所示。如果上下开口部位设有防火卷帘或水幕分隔设施可不受此规定限制。民用建筑防火分区的划分见上册第 1 章及本书第 1 章，表 5－2 为厂房防火分区的划分。当建筑内设置自动灭火系统时，该防火分区的最大允许建筑面积可按表 5－2 的规定增加 1 倍。局部设置时，增加面积可按局部面积的 1 倍计算，如图 5.5 所示。

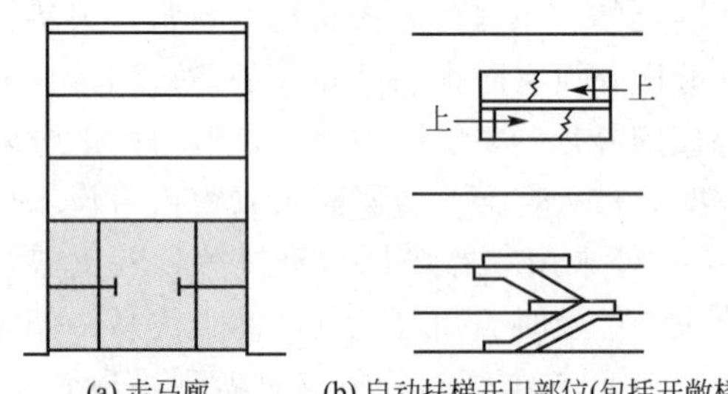

(a) 走马廊　(b) 自动扶梯开口部位(包括开敞楼梯)

图 5.4　防火分区的设置

表 5－2　厂房的耐火等级、层数和防火分区的最大允许建筑面积

［《建筑设计防火规范》(GB 50016—2006)］

生产类别	厂房的耐火等级	最多允许层数	每个防火分区的最大允许建筑面积/m²			
			单层厂房	多层厂房	高层厂房	地下、半地下厂房，厂房的地下室、半地下室
甲	一级	除生产必须采用多层者外，宜采用单层	4000	3000	—	—
	二级		3000	2000	—	—
乙	一级	不限	5000	4000	2000	—
	二级	6	4000	3000	1500	—
丙	一级	不限	不限	6000	3000	500
	二级	不限	8000	4000	2000	500
	三级	2	3000	2000	—	—
丁	一、二级	不限	不限	不限	4000	1000
	三级	3	4000	2000	—	—
	四级	1	1000	—	—	—
戊	一、二级	不限	不限	不限	6000	1000
	三级	3	5000	3000	—	—
	四级	1	1500	—	—	—

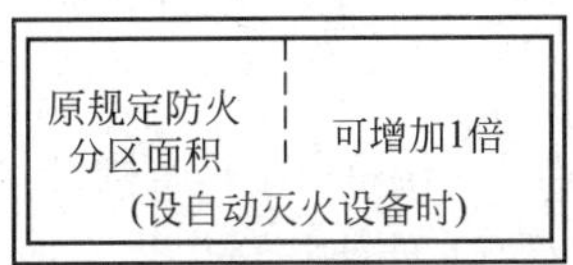

(a) 甲、乙、丙类厂房及库房，单层及多层民用建筑

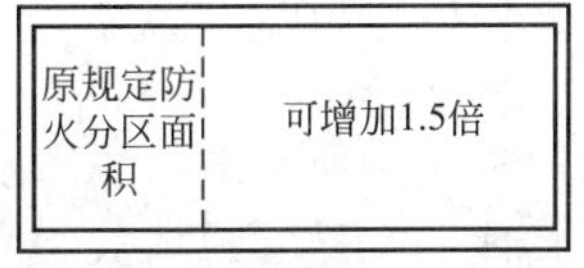

(b) 用于一级、二级耐火等级单层多层造纸生产联合厂房

图 5.5 防火分区的调整

5.3.2 水平防火分区及其分隔设施

水平防火分区是指采用具有一定耐火能力的墙体、门、窗和楼板，按规定的建筑面积标准，分隔为防火区域，又称为面积防火分区。例如餐饮建筑的厨房部分和顾客使用部分，由于使用功能不同，而且厨房部分有明火作业，应该划做不同的防火分区，并采用耐火极限不低于 3h 的墙体做防火分隔。防火分隔设施主要包括以下几种。

1. 防火墙

防火墙是指用具有 3h 以上耐火极限的非燃烧材料砌筑在独立的基础(或框架结构的梁)上，以形成防火分区，控制火灾范围的部件。防火墙可以独立设置，也可以把其他隔墙、围护按照防火墙的构造要求砌筑。建筑设计中，如果靠近防火墙的两侧开窗，当发生火灾时，从一个窗口蹿出的火焰，很容易烧坏另一侧窗户，导致火灾蔓延到相邻防火分区。因此，防火墙两侧的窗口最近距离不应小于 2m，如图 5.6 所示。防火墙不宜设在 U 形、L 形等高层建筑的内转角处。当设在转角附近处，内转角两侧墙上的门、窗、洞口之间的最近边缘的水平距离不应小于 4m。

防火墙上不应设门、窗洞口，如必须设时，应设置固定的或自行关闭的甲级防火门、窗。防火墙应直接砌筑在基础上或钢筋混凝土框架梁上，且保证防火墙的强度和稳定性，如图 5.7 所示。输送可燃气体等的管道严禁穿过防火墙，其他管道不宜穿过防火墙，必须穿过时，应采用不燃材料将其周围的空隙填塞密实。穿过防火墙处的管道保温材料，应使用不燃材料。

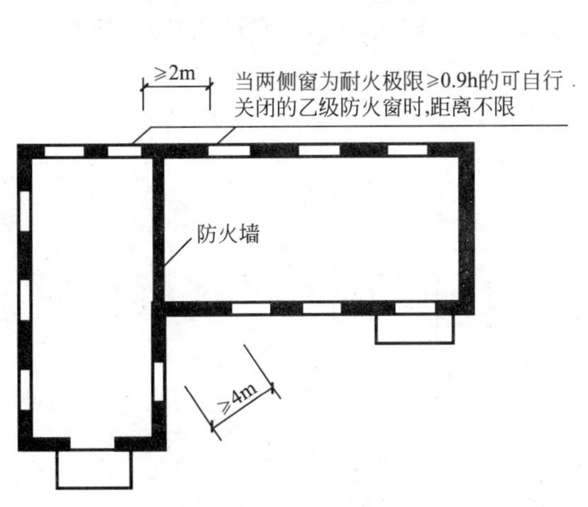

图 5.6 防火墙平面布置

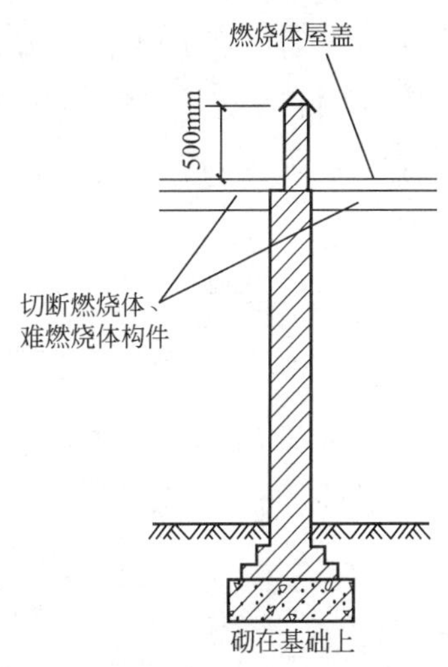

图 5.7 防火墙构造

防火墙应直接设置在建筑物的基础或钢筋混凝土框架、梁等承重结构上，轻质防火墙体可不受此限。

防火墙应从楼地面基层隔断至顶板底面基层。当屋顶承重结构和屋面板的耐火极限低于0.5h，高层厂房（仓库）屋面板的耐火极限低于1h时，防火墙应高出不燃烧体屋面0.4m以上，高出燃烧体或难燃烧体屋面0.5m以上。其他情况时，防火墙可不高出屋面，但应砌至屋面结构层的底面。

图 5.8 防火门窗

2. 防火门、窗

防火门、窗是指具有一定的耐火能力，能形成防火分区，控制火灾蔓延，同时具有交通、通风、采光功能的围护设施，如图5.8所示。

建筑防火设计中，建筑物各部分构件的燃烧性能和耐火极限应符合设计规范的耐火等级要求。防火门是建筑物的重要防火分隔设施，常用非燃烧材料如钢或木门外包镀锌铁皮，内填衬石棉板、矿棉等耐火材料制作。防火门、窗应划分为甲、乙、丙三级，其耐火极限分别是：甲级应为1.2h，主要用于防火墙上；乙级应为0.9h，主要用于疏散楼梯间及消防电梯前室的门洞口；丙级应为0.6h，主要用于电缆井、管道井、排烟竖井等检查门。

防火门应为向疏散方向开启的平开门，并在关闭后应能从任何一侧手动开启。常开的防火门，当火灾发生时，应具有自动关闭和信号反馈的功能。设在变形缝处附近的防火门，应设在楼层数较多的一侧，且门开启后不应跨越变形缝。用于疏散走道、楼梯间和前室的防火门，还应具有自动关闭的功能。双扇和多扇防火门，还要具有按顺序关闭的功能。

对于有防火要求的车间或仓库，常采用自重下滑关闭的防火门，将门上的导轨做成5%～8%的坡度，火灾发生时，易熔合金片熔断后，重锤落地，门扇依靠自重下滑关闭。

如图5.9所示是防烟楼梯和消防电梯合用的前室的防火门。防火门嵌入墙体内，平时开启，火灾时自动关闭，使走道的一部分形成前室。防火门上设有通行小门和水带孔，便于消防员展开救火。

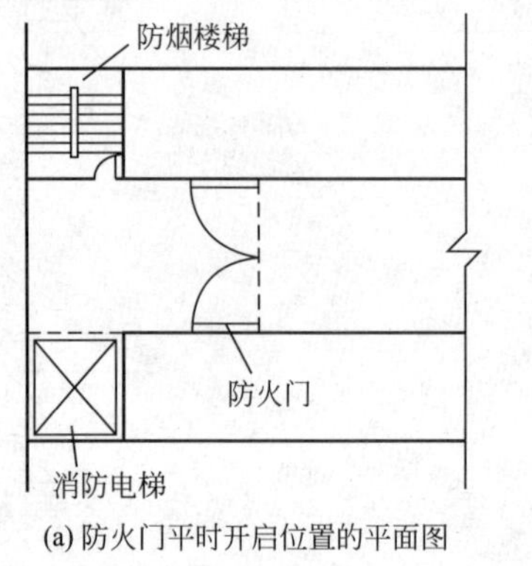

(a) 防火门平时开启位置的平面图

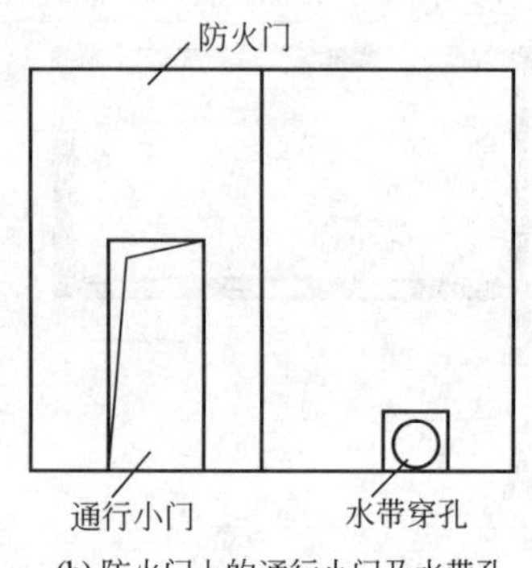

(b) 防火门上的通行小门及水带孔

图 5.9 防火门示意图

防火窗有固定扇和开启扇两种形式。防火窗必须采用钢窗或塑钢窗，玻璃镶嵌铁丝以免破裂后掉下，防止火焰蹿入室内或窗外。

3. 防火卷帘及其安装

在设置防火墙确有困难的场所，可采用防火卷帘做防火分区分隔，如开敞的电梯厅、商场的营业厅、自动扶梯的封闭等，如图 5.10 所示。防火卷帘一般由钢板或铝合金板材制成，使用广泛。

图 5.10 防火卷帘

防火卷帘的构造应满足下列要求。

(1) 门扇各接缝处及导轨、卷帘箱等缝隙处，应该采取密封处理，防止烟火蹿入。

(2) 门扇和其他容易起火的部位，应涂防火涂料，以提高其耐火极限。

(3) 设置在防火墙上或代做防火墙的防火卷帘，同时要在卷帘两侧设置水幕保护。

(4) 设在疏散走道上的防火卷帘应在卷帘的两侧设置启闭装置，并应具有自动、手动和机械控制的功能。

5.3.3 竖向防火分区及其分隔设施

竖向防火分区是为了把火灾控制在一定的楼层范围内，防止从起火层向其他楼层垂直方向蔓延，因此在建筑物高度方向划分的防火分区，也称为层间防火分区。竖向防火分区主要是由一定耐火能力的钢筋混凝土楼板做分隔构件。一般一级、二级耐火等级的楼板，分别能经受建筑火灾 1.5h 和 1h 的作用。

1. 防止火灾从窗口向上蔓延

为了防止火灾从外墙窗口向上蔓延，要求上、下层窗口之间的墙尽可能高一些，一般不应小于 1.5～1.7m；还可以采取减小窗口面积，或设置阳台、挑檐等措施。

2. 竖井防火分隔措施

楼梯间、电梯间、采光天井、通风管道井、电缆井、垃圾井等竖井串通各层的楼板，一般需将各个竖井与其他空间分隔开来，称为竖井分区。竖井通常采用具有 1h 以上耐火极限的不燃烧体做井壁，必要的开口部位设丙级防火门。

3. 自动扶梯的防火设计

随着建设标准的提高、规模的扩大、功能综合化的发展，自动扶梯的使用越来越广泛。自动扶梯是建筑物楼层间连续运输效率高的载客设备，一般用于车站、地铁、航空港、商场及综合大厦等的大厅。由于设置了自动扶梯，使得数层空间连通，一旦某层失火，烟火会很快通过自动扶梯空间上下蔓延。自动扶梯的竖向空间形成了竖向防火分区的薄弱环节，必须采取一些防火安全措施。例如在自动扶梯上方四周加装喷水头，间距 2m，起火时既可以喷水保护，也可以起到防火分隔的作用；也可以在自动扶梯四周安装防火卷帘，采用不燃材料做装饰材料，避免使用木质胶合板做自动扶梯的装饰挡板。

5.3.4 防烟分区

火灾发生时烟气温度很高，是火灾蔓延的因素之一，另外，烟气妨碍人体正常呼吸以及人群尽快疏散，因此高层民用建筑中应布置装有排烟设备的走道。净高不超过 6m 的房间，应设挡烟垂壁、隔墙或从顶棚下突出不小于 50cm 的梁划分防烟分区(图 5.11)，每个防烟分区的建筑面积不超过 500m²，且防烟分区不应跨越防火分区。

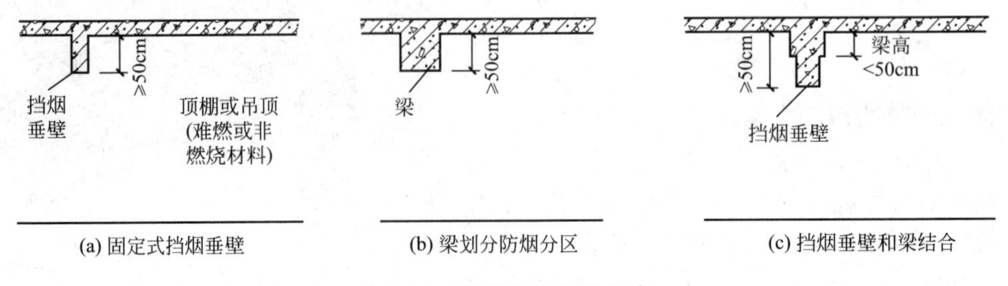

图 5.11 防烟分区做法示意

5.3.5 挡烟垂壁

挡烟垂壁是指用不燃材料制成，从顶棚下垂不小于 500mm 的固定(图 5.11)或活动(图 5.12)的挡烟设施。活动挡烟垂壁是指火灾时因感温、感烟或其他控制设备的作用，自动下垂的挡烟垂壁。

图 5.12 活动挡烟垂壁

5.4 安全疏散

建筑发生火灾时，为避免室内人员由于火烧、烟雾中毒和房屋倒塌而遭到伤害，必须尽快撤离；室内物资也要尽快抢救出来，以减少火灾损失；同时，消防人员也要迅速接近起火部位。为此需要完善建筑物的安全疏散设施，为安全疏散创造良好条件。

为了保证安全，必须在建筑物中组织若干安全的疏散路线，并提供足够的安全疏散设施，包括安全出口(疏散门、走道、楼梯)，事故照明以及防烟、排烟设施等。

5.4.1 安全疏散时间

为了保障室内人员在火灾构成危害前即能从现场撤离，必须确定安全疏散允许时间。火灾时使人受到伤害的主要是一氧化碳中毒、缺氧窒息、高温烘烤或火烧以及吊顶烧毁塌落，根据如上各项使人遭到伤害的极限时间，同时考虑发现火灾早晚等各种因素，可以确定安全疏散的允许时间：一般民用建筑，一、二级耐火等级可为6min，三、四级耐火等级可分为2～4min；人员密集的公共建筑，一、二级耐火等级应为5min，三级耐火等级应为3min(其中观众厅，一、二级耐火等级的建筑物不应超过2min，三级耐火等级的不应超过1.5min)。

当发生火灾时，由于人群的密集程度不同，疏散速度也不同，密集的人群，由于互相拥挤，疏散速度大大降低。根据实测，水平疏散速度在人数较少时，按60m/min计算；人员密集时，按22m/min计算。垂直疏散速度，人员密集时，下楼梯的疏散速度，按15m/min计算；疏散时，密集的人群可视为由若干前后相随的单股人流组成，单股人流的疏散通行能力，在平地上行走时为43人/min，下楼梯时是37人/min。

在人员集中的公共建筑失火时，室内人员由于惊慌失措以及对疏散路线不熟悉等复杂因素，使疏散的速度和通行能力受到较大影响，特别是在老、弱、妇、孺和病、残疾人员较多的建筑物中。火灾时这些人员由于行动不便，疏散速度比较缓慢，通行能力也比较低，对这些场所的安全疏散设施应当从严要求。

上述疏散时间、疏散速度以及通行能力就是设置安全疏散设施的依据。

5.4.2 安全疏散路线

每个建筑物都应设置顺畅、有效的安全疏散路线。安全疏散路线应尽量连续、快捷、便利、畅通无阻地通向安全出口。设计中应注意如下两点：在疏散方向上疏散通道宽度不应变窄；在人体高度内不应有突出的障碍物或突变的台阶，如图5.13所示。

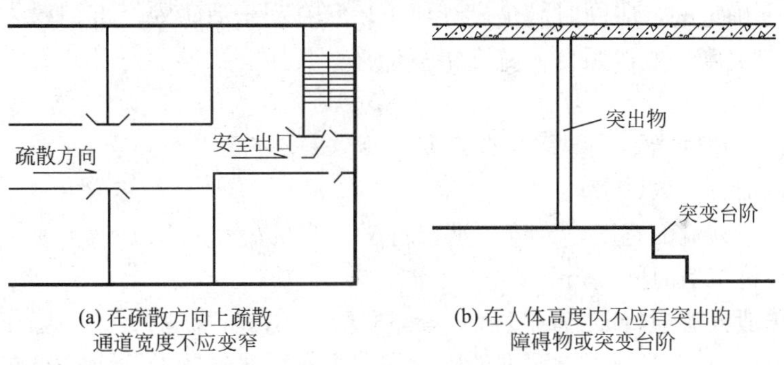

(a) 在疏散方向上疏散通道宽度不应变窄

(b) 在人体高度内不应有突出的障碍物或突变台阶

图5.13 安全疏散路线示意图

1. 安全疏散路线的种类

安全疏散路线一般分为以下三种。

(1) 室内→室外。

(2) 室内→走道→室外。

(3) 室内→走道→楼梯(楼梯间)→室外。

在进行建筑平面设计时，应使疏散路线简捷，并能与人们日常生活路线结合，同时应尽可能使建筑物内的每一个房间都能朝两个方向疏散，避免出现带形走道。

2. 具体设计原则

(1) 合理组织疏散流线，便于平时管理，火灾时便于有组织疏散。

(2) 靠近楼梯间设置，将常用路线和疏散路线结合，有利于疏散的迅速和安全。

(3) 靠近外墙设置，有利于采用安全性最大的、带开敞前室的疏散楼梯间形式。

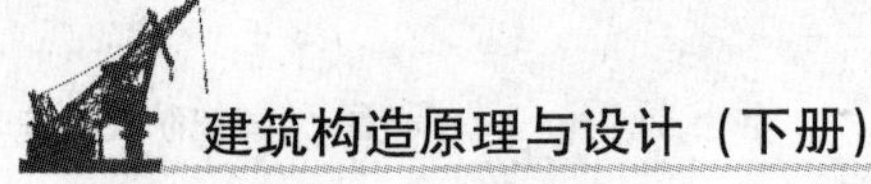

(4) 出口保持间距，避免安全出口过于集中，导致人流疏散不均匀。

(5) 设置室外疏散楼梯，既安全可靠，又可节约室内面积。

(6) 在标准层或防火分区的端部设置，对中心核式建筑，布置环形或双向走道，便于双向疏散。

5.4.3 安全出口

1. 安全出口的条件

符合下列条件的设施可作为安全出口。

(1) 直通屋外者。

(2) 经走道、楼梯间或门厅能通向屋外者。

建筑物的外门在多数情况下都可作为安全出口。但须注意，凡朝向封闭院子或死胡同的外门，不能作安全出口看待。设有一般楼梯间的建筑，首层楼梯间应设有直通屋外的出口。当楼层不超过 4 层时，可将对外出口布置在离楼梯间不大于 15m 处。

2. 安全出口的宽度

安全出口为了满足安全疏散的要求，对其出口的宽度提出了明确的规定。如果安全出口的宽度不足，势必会延长疏散时间，造成滞留和拥挤，甚至出现安全出口宽度不足而造成意外伤亡事故。按照相关规定，安全出口宽度是由疏散宽度指标计算出来的，宽度指标是对允许疏散时间、人体宽度、人流在各种疏散条件下的通行能力等进行调查、实测、统计研究的基础上确定的，应同时满足设计要求，又有利于消防安全部门检查监督。工程设计计算安全出口宽度一般按照百人宽度指标计算，具体公式如下：

$$B=Nb/At$$

式中：B——百人宽度指标，即每一百人安全疏散需要的最小宽度(m)；

N——疏散总人数(人)；

b——单股人流的宽度，人流不携带行李，按照 $b=0.55$m；

t——允许疏散时间(min)；

A——单股人流通行能力(平坡地 $A=43$ 人/min；阶梯地 $A=37$ 人/min)。

具体设计中，决定安全出口宽度的因素还很多，如建筑物的耐火等级与层数、使用人数、允许疏散时间、疏散路线等。高层建筑各层走道、门的宽度应按照通行人数每 100 人不小于 1m 计算，但建筑首层疏散门的总宽度应按照人数最多的一层每 100 人不小于 1m 计算，并且消防楼梯间和防烟前室的门，其最小宽度不应小于 0.9m。

3. 安全出口的设置数量

为了确保公共场所的安全，建筑中应设有足够数量的安全出口。根据使用要求，结合防火安全的需要布置门、走道和楼梯，一般要求建筑都有两个或两个以上的安全出口，以保证起火时的安全疏散。例如影剧院，人员密度很大，应该控制每个安全出口的人数，一般每个出口不超过 250 人。

5.4.4 安全疏散距离

各种类型的建筑都有一个在建筑物内允许的安全疏散时间，即保证大量人员安全地完全撤离建筑物的时间。一般来说允许疏散时间只有几分钟，为保证缩短疏散时间，建筑物的安全疏散距离不应太长。

民用建筑的安全疏散距离，应符合下列要求。

(1) 直接通向公共走道的房间门至最近的外部出口或封闭楼梯间的距离，应符合表 5-3 的要求。

表 5-3 直接通向疏散走道的房间疏散门至最近安全出口的最大距离

[《建筑设计防火规范》(GB 50016—2006)] 单位：m

名称	位于两个安全出口之间的疏散门			位于袋形走道两侧或尽端的疏散门		
	耐火等级			耐火等级		
	一、二级	三级	四级	一、二级	三级	四级
托儿所、幼儿园	25	20	—	20	15	—
医院、疗养院	35	30	—	20	15	—
学校	35	30	—	22	20	—
其他民用建筑	40	35	25	22	20	15

注：1. 一、二级耐火等级的建筑物内的观众厅、多功能厅、餐厅、营业厅和阅览室等，其室内任何一点至最近安全出口的直线距离不大于 30m。

2. 敞开式外廊建筑的房间疏散门至安全出口的最大距离可按本表规定增加 5m。

3. 建筑物内全部设置自动喷水灭火系统时，其安全疏散距离可按本表规定增加 25%。

4. 房间内任一点到该房间直接通向疏散走道的疏散门的距离计算：住宅应为最远房间内任一点到户门的距离，跃层式住宅内的户内楼梯的距离可按其梯段总长度的水平投影尺寸计算。

(2) 房间的门至最近的非封闭楼梯间的距离，如房间位于两个楼梯间之间时，应按表 5-3 减少 5m；如房间位于袋形走道两侧或尽端时，应按表 5-3 减少 2m (图 5.14)。

(3) 不论采用何种形式的楼梯间，房间内最远一点到房门的距离，不应超过表 5-3 规定的袋形走道两侧或尽端的房间门到外部出口或楼梯间的最大距离。

剧院、电影院、礼堂、体育馆等人员密集的公共场所，其观众厅内的疏散走道应按其通过人数每 100 人不小于 0.6m 计算，但最小净宽度不应小于 1m，边走道不宜小于 0.8m。

剧院、电影院、礼堂等人员密集的公共场所，其观众厅的疏散内门和观众厅外的疏散外门、楼梯和走道各自总宽度，均应按不小于表 5-4 的规定计算。

体育馆观众厅的疏散门以及疏散外门、楼梯和走道各自宽度，均应按不小于表 5-5 的规定计算。

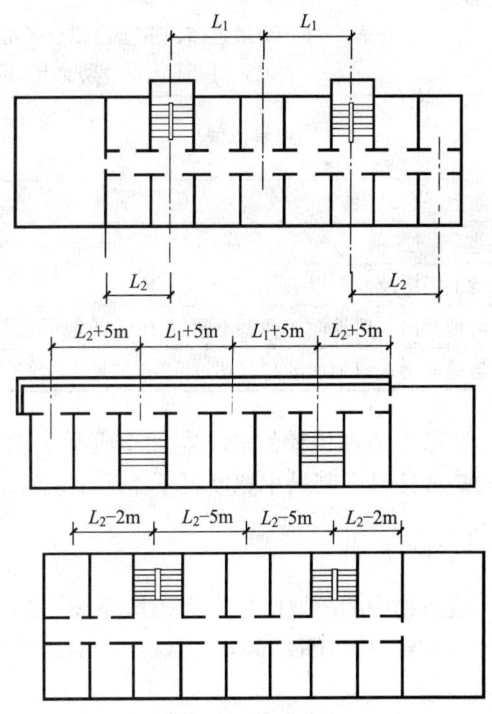

图 5.14 安全疏散距离

L_1—位于两个外部出口或楼梯间之间房间的安全疏散距离；L_2—位于袋形走道的安全疏散距离

表 5-4　剧院、电影院、礼堂等场所每 100 人所需最小疏散净宽度

[《建筑设计防火规范》(GB 50016—2006)]　　单位：m

观众厅座位数/座	耐火等级	疏散部位		
		门和走道		梯
		平坡地面	阶梯地面	
≤2500	一、二级	0.65	0.75	0.75
≤1200	三级	0.85	1.00	1.00

表 5-5　体育馆每 100 人所需最小疏散净宽度

[《建筑设计防火规范》(GB 50016—2006)]　　单位：m

观众厅座位数档次/座	疏散部位		
	门和走道		梯
	平坡地面	阶梯地面	
3000～5000	0.43	0.50	0.50
5001～10000	0.37	0.43	0.43
10001～20000	0.32	0.37	0.37

注：表中较大座位数档次按规定计算的疏散总宽度，不应小于相邻较小座位数档次按其最多座位数计算的疏散总宽度。

学校、商店、办公楼、候车室等民用建筑底层疏散外门、楼梯、走道的各自总宽度，应通过计算确定，疏散宽度指标不应小于表 5-6 的规定。

表 5-6　疏散走道、安全出口、疏散楼梯和房间疏散门每 100 人的净宽度

[《建筑设计防火规范》(GB 50016—2006)]　　单位：m

楼层位置	耐火等级		
	一、二级	三级	四级
地上一、二层	0.65	0.75	1.00
地上三层	0.75	1.00	—
地上四层及四层以上各层	1.00	1.25	—
与地面出入口地面的高差不超过 10m 的地下建筑	0.75	—	—
与地面出入口地面的高差超过 10m 的地下建筑	1.00	—	—

疏散走道和楼梯的最小宽度不应小于 1.1m，不超过 6 层的单元式住宅中一边设有栏杆的疏散楼梯，其最小宽度可不小于 1m。

5.4.5　疏散门

建筑物中的疏散门是安全疏散路线中的重要关口，也是防火设计的重中之重。《建筑设计防火规范》(GB 50016—2006)中对疏散门的形式、宽度、开启方式与方向等都做了严格规定。

单层、多层民用建筑及厂房疏散用门应向疏散方向开启，人数不超过 60 人的房间且每樘门的平均疏散人数不超过 30 人时(甲、乙类生产房间除外)，其门的开启方向不限。疏散用门不应采用侧拉门(库房除外)，严禁采用转门。库房门应向外开或靠墙的外侧设推拉门，但甲、乙类物品库房不应采用侧拉门。

人员密集的公共场所观众厅的入场门、太平门，不应设置门槛，其宽度不应小于1.4m，如图5.15(a)所示。紧靠门口1.4m内不应设置踏步，如图5.15(b)所示，太平门应为推闩式外开门。人员密集的公共场所的室外疏散小巷，其宽度不应小于3m。

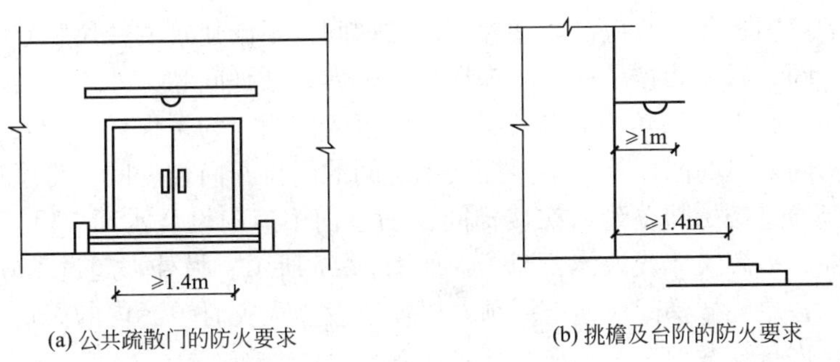

(a) 公共疏散门的防火要求　　(b) 挑檐及台阶的防火要求

图5.15　疏散门防火要求

5.4.6　疏散楼梯

火灾发生时，普通电梯如未能采取有效的防火、防烟措施，会因供电中断而停止运行。此时，楼梯成为楼内人员的避难路线、救护路线，也是消防队员灭火的路线，成为建筑中主要的垂直疏散设施。因此楼梯间防火性能的好坏、疏散能力的大小，直接影响了人员的生命安全和消防队的扑救工作。

在一层以上的建筑物中，疏散楼梯的设计是组织安全疏散路线中的重要环节，疏散楼梯应设于明显易找的位置并设置明显的指示标志。电梯不能作为疏散用楼梯。

1. 疏散楼梯的设置要求

疏散楼梯的多少，可根据规范中规定的宽度指标(m/百人)进行计算，并结合疏散路线和安全出口的数目确定。单层、多层民用建筑设置一个疏散楼梯的条件应符合要求。高层民用建筑的单元式住宅楼的每个单元可设一个疏散楼梯，但应通至屋顶。塔式高层建筑，宜设置两部独立楼梯，如有困难可设置剪刀式楼梯。

疏散楼梯和疏散通道上的阶梯不应采用螺旋楼梯和扇形踏步，但踏步上下两级所形成的平面角度不超过10°，且每级离扶手25cm处的踏步深度不超过22cm时，可不受此限，如图5.16(a)所示，适合于疏散楼梯踏步的高宽关系如图5.16(b)所示。

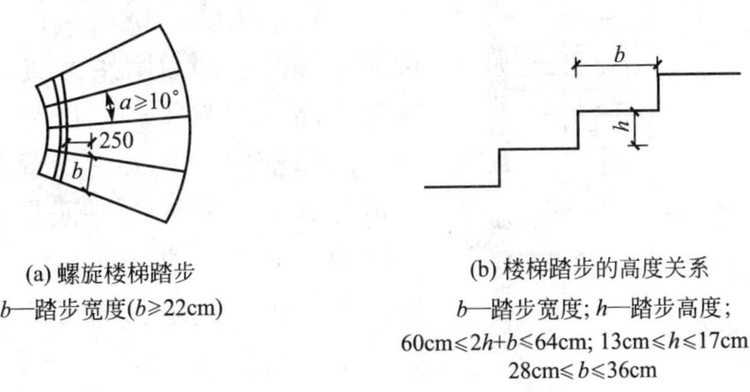

(a) 螺旋楼梯踏步
b—踏步宽度($b \geqslant 22$cm)

(b) 楼梯踏步的高度关系
b—踏步宽度；h—踏步高度；
$60\text{cm} \leqslant 2h+b \leqslant 64\text{cm}$；$13\text{cm} \leqslant h \leqslant 17\text{cm}$
$28\text{cm} \leqslant b \leqslant 36\text{cm}$

图5.16　疏散楼梯踏步要求

单层、多层民用建筑疏散楼梯的最小宽度为 1.1m，但也不宜过宽，过宽在人员拥挤时容易跌倒，必须在中间增加扶手栏杆。高层建筑疏散楼梯的最小宽度，医院应大于 1.30m，住宅应大于 1.10m，其他建筑应大于 1.20m。

2. 疏散楼梯间

民用建筑的室内疏散楼梯应设置楼梯间。楼梯间按不同建筑的使用特点及防火要求常采用开敞式楼梯间、封闭式楼梯间、防烟楼梯间、剪刀楼梯间和室外疏散楼梯几种。

疏散楼梯间应有天然采光，不得已时应设置事故照明。为了保证疏散安全，在封闭楼梯间内，除楼梯间入口的门以外，不要把其他房间的门再开向楼梯间。为了避免楼梯间内发生火灾和火势通过楼梯间蔓延，在楼梯间及前室内不应附设烧水间、可燃材料贮藏室、非封闭的电梯井、可燃气体或液体管道等，如图 5.17 所示。另外，超过 10 层的组合单元式住宅和宿舍，各单元楼梯间应通至屋顶，以便于发生火灾时单元内的人员能通过屋顶转移到邻近的单元进行疏散。

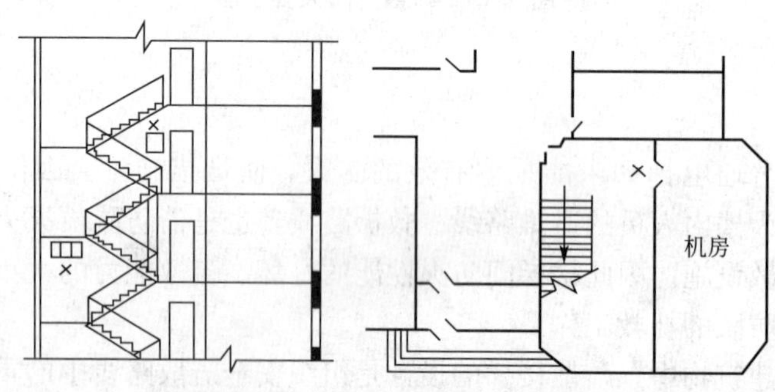

图 5.17　楼梯间内不应附设其他设施(图中标×处)

1）开敞式楼梯间

开敞式楼梯间是指在一些标准不高、层数不多或公共建筑门厅中，楼梯间通常采用走廊或大厅都开敞在建筑中的形式，其典型特征是楼梯间不设门，有时为了管理设普通的木门、弹簧门、玻璃门等。该类楼梯间在防火上不安全，是烟火向其他楼层蔓延的主要通道。

开敞式楼梯间楼梯的宽度、数量及位置应结合建筑平面、根据规范合理确定，一般其宽度最小不应小于 1.1m；楼梯首层应设置直接对外的出口，楼梯间最好靠近外墙，并设通风采光窗，如图 5.18 所示。

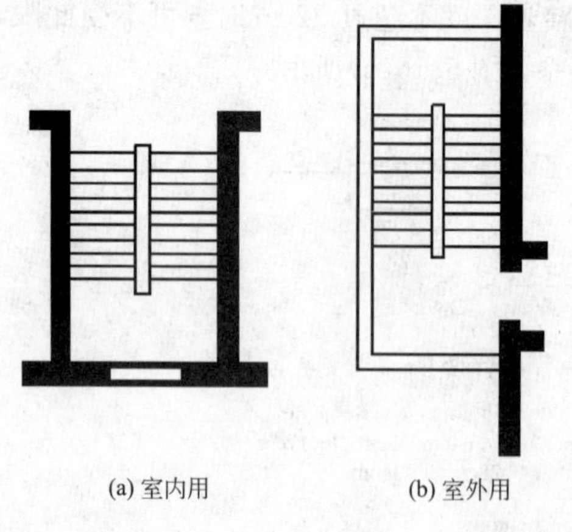

(a) 室内用　　(b) 室外用

图 5.18　开敞楼梯间

2）封闭楼梯间

有些民用建筑室内疏散楼梯应设置有墙保护的楼梯间，即封闭楼梯间(图 5.19)。当建筑标准不高且层数不多时，封闭式楼梯间不必另设封闭的前室，宜采用设置防火墙、防火门与走道分开的方式，以保证具有一定的防烟、防火能力，并保证楼梯间具有良好的采光和通风。如旅馆、商店及病房楼等建筑物以及超过 5 层的其他公共建筑，除门厅内的主楼梯外均应设置封闭楼梯间(包括底层扩大封闭楼梯间)，见表 5-7。

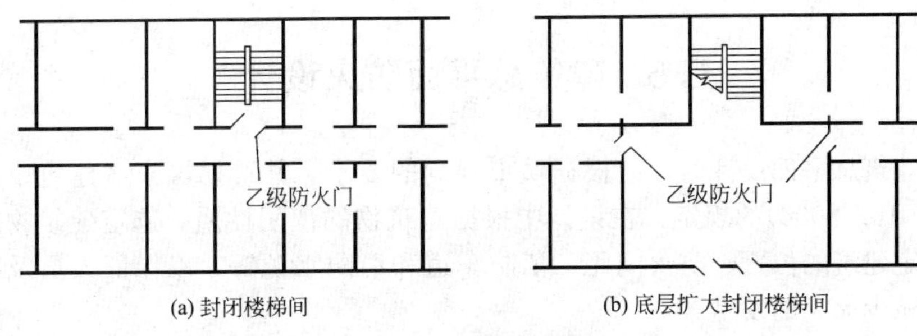

图 5.19 封闭楼梯间

表 5-7 封闭楼梯间的设置

[《建筑设计防火规范》(GB 50016—2006)]

应设封闭楼梯间的建筑		封闭楼梯间的条件
公共建筑	(1) 医院、疗养院的病房楼 (2) 旅馆 (3) 超过 2 层的商店等人员密集的公共建筑 (4) 设置有歌舞、娱乐、放映、游艺场所且层数超过 2 层的建筑 (5) 超过 5 层的其他公共建筑	(1) 楼梯间应靠外墙，并能直接天然采光和自然通风 (2) 楼梯间应设乙级防火门，并应向疏散方向开启 (3) 楼梯间的首层位置紧挨主要出口时，可将走道和门厅等包括在楼梯间，形成扩大的封闭楼梯间，但应采用乙级防火门等防火措施与其他走道和房间隔开，如图 5.19(b)所示
居住建筑	(1) 超过 2 层的通廊式住宅 (2) 超过 6 层或任一层建筑面积大于 $500m^2$ 的其他形式的居住建筑	
其他	(1) 甲、乙、丙类厂房 (2) 汽车库、修车库	

3) 防烟楼梯间

为更有效地阻挡烟火侵入楼梯间，可在封闭楼梯间的基础上增设装有防火门的前室，这种楼梯称为防烟楼梯间。具体设计要求详见第 1 章。

4) 剪刀楼梯间

剪刀楼梯又称为叠合楼梯或套梯，是指在同一楼梯间设置一对相互重叠又互不相通的两个楼梯，一般在楼层间为单跑直梯段。具体设计要求详见上册。

5) 室外疏散楼梯

在建筑端部的外墙上常采用设置简易的、全部开敞的室外楼梯的形式。该类楼梯不受烟火的威胁，可供人员疏散使用，也能供消防人员使用。其防烟效果和经济性都较好，结合我国国情应尽量采用，如果造型处理得当，还为建筑立面增添风采。

为了确保室外疏散楼梯的安全使用，其临空面的栏板应做成不小于 1.10m 的实体栏板墙，每层出口处平台，应采用不燃材料制作，且其耐火极限不应低于 1h。室外疏散楼梯的最小宽度不应小于 0.9m，坡度不应大于 45°，如图 5.20 所示。

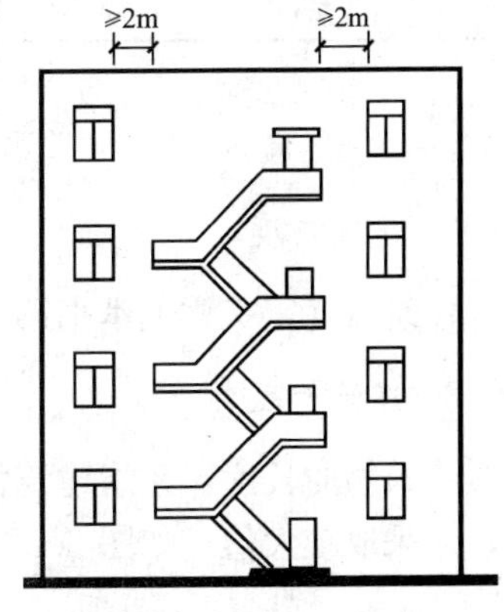

图 5.20 室外疏散楼梯

5.5 建筑总平面防火设计

在进行建筑总平面设计时，应根据城市规划的要求，并遵循国家《建筑设计防火规范》(GB 50016—2006)的规定，在设计中根据建筑物的使用性质，选定建筑物的耐火等级，合理确定建筑的位置、防火间距、消防车道和消防水源等，以保证人员及财产的安全，防止或减少火灾的发生。

5.5.1 建筑物、构筑物危险等级划分原则

建筑物、构筑物危险等级划分主要根据火灾危险性大小、可燃物数量、单位时间内放出的热量、火灾蔓延速度及扑救难易程度等因素，划分为 3 级。

(1) 严重危险级。建筑物或构筑物火灾的危险性大、使用的可燃物多、发热量大、燃烧猛烈，并且火势蔓延速度快。

(2) 中危险级。建筑物或构筑物火灾的危险性较大、使用的可燃物较多、发热量中等、火灾初期不会引起迅速燃烧。

(3) 轻危险级。建筑物或构筑物火灾的危险性小、使用的可燃物量少、发热量小、燃烧猛烈，并且火势蔓延速度快。

5.5.2 适用范围及建筑物高度、长度计算

1. 适用范围

建筑总平面防火设计适用的建筑类型如图 5.21 所示。

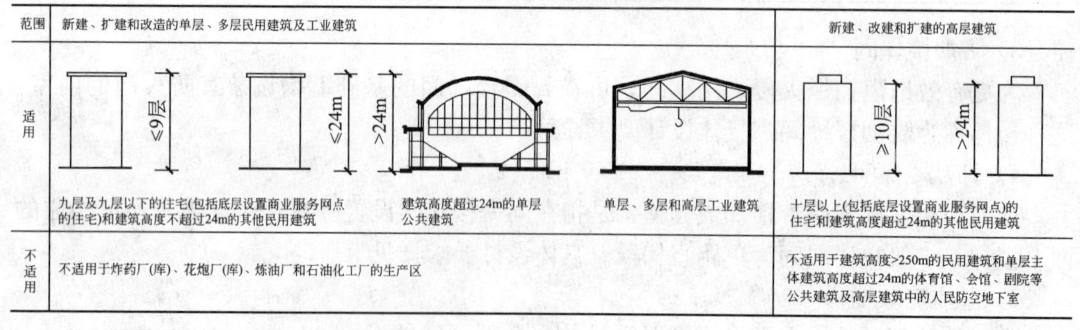

图 5.21 建筑总平面防火设计适用建筑类型

2. 建筑高度

建筑高度定义详见本书第 1 章。

3. 建筑长度

建筑物的长度，系指建筑物各分段中线长度的总和，如遇不规则的平面而有各种量法时，应采取较大值，如图 5.22 所示。

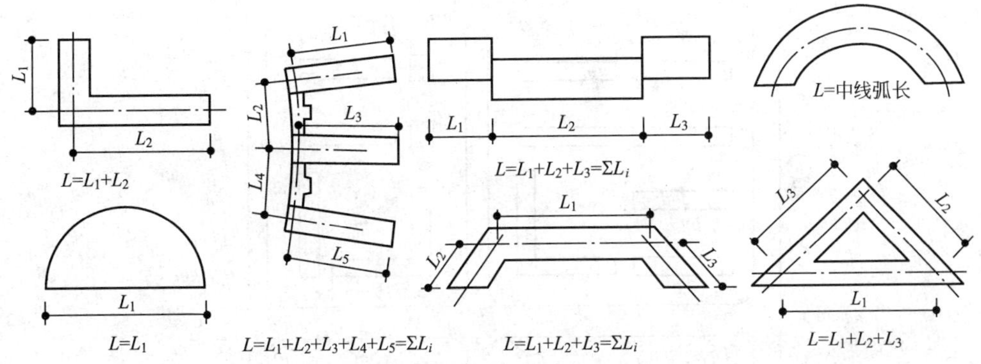

图 5.22 建筑长度的计算

5.5.3 防火间距

防火间距是指防止着火建筑的辐射热在一定时间内引燃相邻建筑，且便于消防扑救的间隔距离。通过对建造物进行合理布局和设置防火间距，防止火灾在相邻建筑物之间互相蔓延，合理利用和节约土地，并为人员疏散、消防员的救援和灭火提供条件，减少火灾建筑物对邻近建筑及使用者产生强辐射热和烟气的影响。

影响防火间距的因素很多，有热辐射、热对流、建筑物外墙门窗洞口的面积、建筑物的可燃物种类和数量、风速、相邻建筑的高度、建筑物内的消防设施水平和灭火时间等，在实际工程中均应该详细考虑，确保防火间距的满足。

5.5.4 防火间距标准

1. *多层民用建筑之间的防火间距*

根据《建筑设计防火规范》(GB 50016—2006)的规定，多层民用建筑之间的防火间距不应小于表 5-8 的要求。

表 5-8 多层民用建筑之间的防火间距 单位：m

耐火等级	防火间距		
	一、二级	三级	四级
一、二级	6	7	9
三级	7	8	10
四级	9	10	12

数座一、二级耐火等级且不超过 6 层的住宅，如占地面积的总和不超过 $2500m^2$ 时，则可以成组布置，如图 5.23 所示，组内建筑之间的防火间距不宜小于 4m，组与组之间的防火间距仍按照表 5-8 的要求。

民用建筑距甲、乙类厂(库)房的防火间距不应小于 25m；重要的公共建筑距乙类厂(库)房的防火间距不应小于 50m。

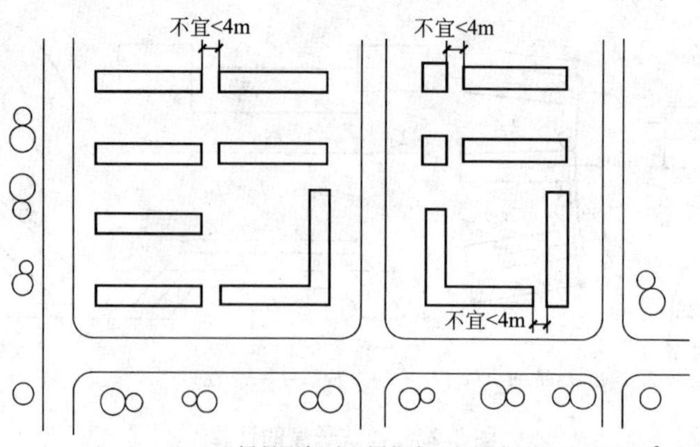

图 5.23　居住小区防火距离示意图

2. 高层建筑防火间距

高层民用建筑之间的防火间距见本书第 1 章。

3. 工业建筑防火间距

《建筑设计防火规范》(GB 50016—2006)的规定，对乙、丙、丁、戊类厂房与库房的防火间距要求应符合规定，且不应小于表 5－9 的要求。

表 5－9　厂房之间及其与乙、丙、丁、戊类仓库、民用建筑等之间的防火间距　单位：m

名称			甲类厂房	单层、多层乙类厂房(仓库)	单层、多层丙、丁、戊类厂房(仓库) 耐火等级			高层厂房(仓库)	民用建筑 耐火等级		
					一、二级	三级	四级		一、二级	三级	四级
甲类厂房			12	12	12	14	16	13	25		
单层、多层乙类厂房			12	10	10	12	14	13	25		
单层、多层丙、丁类厂房	耐火等级	一、二级	12	10	10	12	14	13	10	12	14
		三级	14	12	12	14	16	15	12	14	16
		四级	16	14	14	16	18	17	14	16	18
单层、多层戊类厂房		一、二级	12	10	10	12	14	13	6	7	9
		三级	14	12	12	14	16	15	7	8	10
		四级	16	14	14	16	18	17	9	10	12
高层厂房			13	13	13	15	17	13	13	15	17
室外变、配电站变压器总油量/t	≥5，≤10		25	25	12	15	20	12	15	20	25
	>10，≤50				15	20	25	15	20	25	30
	>50				20	25	30	20	25	30	35

如图 5.24 所示是对乙、丙、丁、戊类厂房与库房的防火间距分析的示例。其中设有三座二级耐火等级的丙、丁、戊厂房，其中丙类火灾危险性最高，其三座厂房允许占地面积为 7000m²，丁类厂房高度超过 7m，则丁类厂房与丙、戊类厂房间距不应小于 6m。丙、戊类厂房高度不超过 7m，其防火间距不应小于 4m。

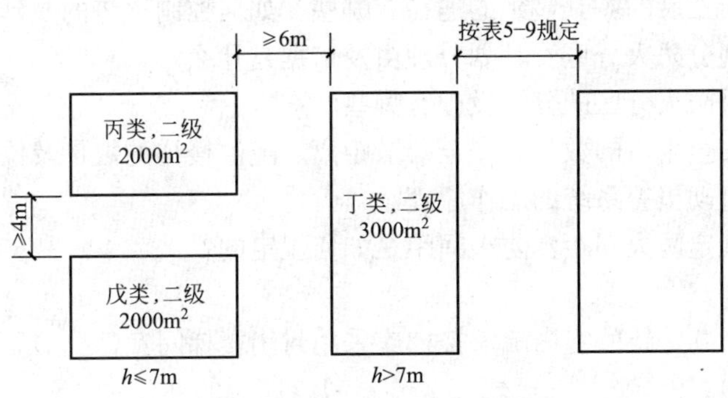

图 5.24　厂房防火间距示意图

对于甲类厂房(库)、储藏、堆场等的防火间距，应按照《建筑设计防火规范》(GB 50016—2006)中相应的规定。

本章小结

火灾的发展和蔓延	• 可燃物及其燃烧 • 火灾的发展过程：一般分为火灾的初期、旺盛期、衰减期三个阶段 • 火灾的蔓延方式：热传导、热对流、热辐射 • 火灾的蔓延途径：由外墙窗口向上层蔓延、火势的横向蔓延、火势的纵向蔓延、火势由通风管道蔓延
防火、防烟分区	• 一般建筑的防火分区：当建筑面积过大时，应设置防火分隔物将其划分为若干个防火分区，以防止发生火灾时火势蔓延 • 水平防火分区及其分隔设施：防火墙、防火门窗、防火卷帘及其安装 • 竖向防火分区及其分隔设施：防止火灾从窗口向上蔓延、竖井防火分隔措施、自动扶梯的防火设计 • 防烟分区
安全疏散	• 安全疏散时间 • 安全疏散路线 • 安全出口 • 安全疏散距离 • 疏散门 • 疏散楼梯
建筑总平面防火设计	• 建筑物、构筑物危险等级划分原则 • 适用范围及建筑物高度、长度计算 • 防火间距 • 防火间距标准(多层民用建筑之间的防火间距、高层建筑防火间距、工业建筑防火间距)

习　题

一、思考题

1. 火灾是如何发展的？其蔓延的途径有哪些？如何控制火势的蔓延？
2. 建筑如何划分防火分区？其划分理由及依据是什么？
3. 水平及垂直防火分区的分隔设施有哪些？
4. 如何确定安全出口的数量、安全疏散距离、疏散楼梯的数量及位置？
5. 简述火灾自动报警系统的工作原理。
6. 为什么要规定防火间距？防火间距是如何规定的？

二、选择题

1. 下列哪类公共建筑的室内疏散楼梯应采用封闭楼梯间？（　　）

A. 三层的旅馆　　B. 四层的办公楼

C. 二层的幼儿园　　D. 三层的中学教学楼

2. 按照现行防火规范的术语解释，难燃烧体的定义是(　　)。

A. 用不燃烧材料做成的建筑构件

B. 用不燃烧材料或难燃烧材料做成的建筑构件

C. 用难燃烧材料与不燃烧材料混合做成的建筑构件

D. 用难燃烧材料做成的建筑构件或用燃烧材料做成而用不燃烧材料做保护层的建筑构件

3.《建筑设计防火规范》不适用于下列哪类建筑？（　　）

A. 10层住宅　　B. 26m高的单层体育馆

C. 建筑高度为25m的标准厂房　　D. 建筑高度为24m的办公楼

4. 一、二级耐火等级的多层民用建筑防火分区最大允许建筑面积和建筑物之间的最小防火间距分别应为(　　)。

A. 2500m^2 和6m　　B. 2500m^2 和7m

C. 2500m^2 和9m　　D. 4000m^2 和10m

5.《建筑设计防火规范》关于建筑高度和层数的正确概念，下列几种叙述中哪个正确？（　　）

A. 建筑高度是指底层室内地面至顶层屋面的高度

B. 建筑高度是指室外地面至檐口或屋面面层的高度

C. 水箱间、电梯机房应计入建筑高度和层数内

D. 住宅建筑的地下室、半地下室的顶板高出室外地面者，应计入层数内

6. 一座5层办公楼，耐火等级为二级，每层建筑面积为7000m^2，如果不设自动灭火设备，每层应设(　　)个防火分区。

A. 1　　B. 2　　C. 3　　D. 4

7. 下列耐火等级为一级的多层民用建筑的安全疏散距离，叙述不正确的是(　　)。

A. 位于医院病房楼袋形走道尽端的房间，房门至封闭楼梯间的距离为20m

B. 位于教学楼的两个非封闭楼梯间的房间，房门至楼梯间的距离为35m

C. 位于办公楼袋形走道尽端的房间，房门至非封闭楼梯间的距离为20m

D. 位于普通旅馆的两个封闭楼梯间之间的房间，房门至楼梯间的距离为 40m

8. 为满足登高消防车火灾扑救作业的要求，高层建筑底部应留出足够长度的扑救面，具体应满足以下 4 条中的哪两条要求？(　　)

Ⅰ. 扑救面长度不小于高层建筑主体的一条长边或 1/3 周长；

Ⅱ. 扑救面长度不小于高层建筑主体的一条长边或 1/4 周长；

Ⅲ. 扑救面范围内不应布置高度大于 5m，进深大于 4m 的裙房；

Ⅳ. 扑救面范围内不应布置高度大于 4m，进深大于 5m 的裙房

A. Ⅰ、Ⅲ　　B. Ⅰ、Ⅳ　　C. Ⅱ、Ⅲ　　D. Ⅱ、Ⅳ

9. 按照耐火极限的要求，防火门分为(　　)。

A. 甲、乙 2 级　　B. 甲、乙、丙 3 级

C. 甲、乙、丙、丁 4 级　　D. 甲、乙、丙、丁、戊 5 级

10. 乙级防火门的耐火极限为(　　)。

A. 1.5h　　B. 1.2h　　C. 0.9h　　D. 0.6h

三、判断题

1. 公共建筑一个房间面积不超过 80m²，位于走道尽端房间内由最远一点到房门口的距离不超过 14m，且人数不超过 80 人者，可设一个门。(　　)

2. 民用建筑的耐火等级取决于建筑构件的燃烧性能和耐火极限。(　　)

3. 多层建筑管道井的封堵应每层用不燃材料封堵。(　　)

4. 多层民用建筑室外疏散楼梯净宽应不小于 70cm。(　　)

5. 非高层公共建筑中 5 层办公楼可不设置封闭楼梯间。(　　)

6. 防火门常采用推拉门形式。(　　)

第 6 章 建筑节能构造

知识目标

- 理解和掌握建筑节能的三个层面。
- 了解和掌握建筑围护结构的构造。
- 熟悉和掌握太阳能集热器的安装构造。

导入案例

英国建筑研究院的环境楼(Environment Building)位于英国沃特福德(Watford)郊区，建成于 1996 年，三层框架结构，建筑面积 6000m^2。其设计新颖，环境健康舒适，不仅提供了低能耗舒适健康的办公场所，而且用作评定各种新颖绿色建筑技术的大规模实验设施，为 21 世纪的办公建筑提供了一个绿色建筑样板。建筑正面安设有智能型太阳能集成系统，外置百叶窗，使用者可自己调节百叶，如图 6.0 所示。此系统最大限度地减少了眩光和夏季太阳热量，同时不限制日光进入室内，还能见到室外景色。在建筑背面，设计有太阳能风道，室内设计有通风吊顶，太阳的热量温暖了风道里的空气，使热空气由于“烟囱效应”而上升，带动建筑物内部产生自然通风。风量的大小以根据窗口及吊顶通风道开启的大小来掌握，窗口及通风道的开启均由使用者用遥控器控制。太阳能光伏电池板和太阳能集热板产生的能源，也直接为室内照明服务。

(a) 南立面

(b) 北立面

(c) 室内自然采光

图 6.0 英国建筑研究院的环境楼

6.1 概 述

6.1.1 基本概念

建筑节能，是指在建筑材料生产、房屋建筑和构筑物施工及使用过程中，满足同等需要或达到相同目的的条件下，尽可能降低能耗。

在建筑设计及构造中，建筑节能具体是指建筑在选址、规划、设计、建造和使用过程中，通过采用节能型的建筑材料、产品和设备，执行建筑节能标准，加强建筑物所使用的节能设备的运行管理，合理设计建筑围护结构的热工性能，提高采暖、制冷、照明、通风、给排水和管道系统的运行效率，以及利用可再生能源，在保证建筑物使用功能和室内热环境质量的前提下，降低建筑能源消耗，从而合理、有效地利用能源。

6.1.2 建筑节能的重要性及意义

建筑节能是贯彻可持续发展战略、实现国家节能规划目标、减排温室气体的重要措施。作为一项系统工程，建筑节能是探索解决建设行业高投入、高消耗、高污染、低效率的根本途径，也是改造和提升传统建筑业、建材业，实现建设事业健康、协调、可持续发展的重大战略性工作。

在全面推进的过程中，应有相配套的标准，包括技术标准、产品标准和管理标准等，便于在实施过程中进行监督检查；对新技术、新工艺、新设备、新材料、新产品等，要在政策方面给予支持，加大市场推广力度。

6.2 建筑设计与建筑节能

6.2.1 建筑能耗

建筑能耗有“广义”与“狭义”两种定义方法。

广义建筑能耗是指从建筑在规划设计、建造施工、运行维护以及拆除等整个周期过程中所消耗的能源量，如图 6.1 所示。建筑运行与维护能耗通常占总能耗的大部分，一般达到 75％～85％。

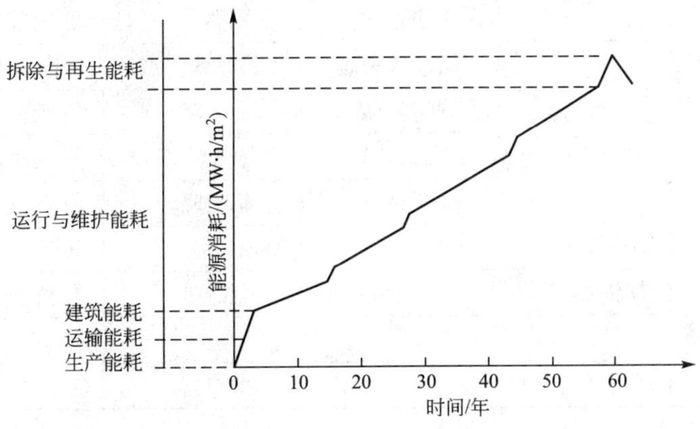

图 6.1 广义建筑能耗

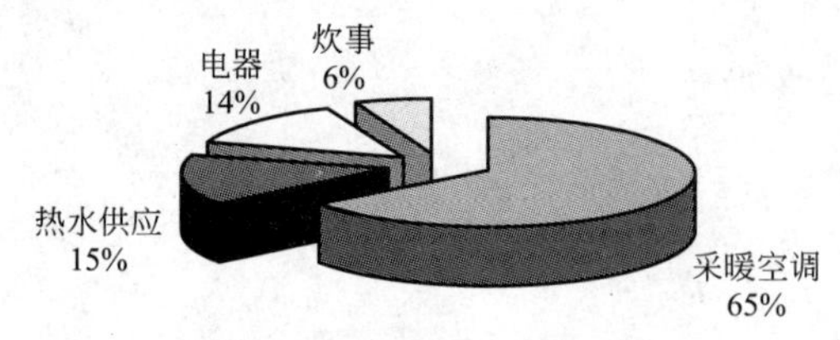

图 6.2 狭义的建筑能耗组成

狭义的建筑能耗，即建筑的运行能耗，就是指人们的日常用能，如采暖、空调、照明、炊事、洗衣等的能耗，如图 6.2 所示。它是建筑能耗中的主导部分。随着经济收入的增长和生活质量的提高，建筑消费的重点将从“硬件(装修和耐用的消费品)”消费转向“软件(功能和环境品质)”消费，因此保障室内空气品质所需的能耗(空调、通风、采暖、热水供应)将会迅速上升。

由此可见，采暖空调能耗在建筑物运行能耗中占据着主导地位，在设计、施工以及运行阶段，应着眼于降低采暖与空调能耗，以抓住建筑节能的主要问题。

6.2.2 建筑节能的三个层面

第一层面是指在建筑的场址选择和规划阶段考虑节能，包括场地设计和建筑总体布局。这一层面对于建筑节能的影响最大，这一层面的决策会影响到以后的各个层面，它是建筑节能的根本保证和前提。

第二层面是指在建筑的设计阶段考虑节能，包括通过单体建筑的朝向和体型选择、被动式自然能源利用等手段来减少建筑采暖、降温和采光方面的能耗需求，它是建筑节能的关键。这一阶段的决策失当会使建筑机械设备能耗成倍增加。

第三层面是建筑外围护结构节能和机械设备系统本身节能。

通过第一和第二层面的综合设计，有时可以使建筑完全不使用机械设备，即使使用也可以降低其规模及造价。当以上三个层面的节能措施成为节能设计的组成部分时，建筑物各方面将变得更为协调。表 6－1 列出了不同层面节能考虑的主要因素。

表 6－1 建筑节能三层面考虑典型问题

层面层次	采暖		降温	照明
第一层面 选址与规划	① 地理位置		① 地理位置	① 地形地貌
	② 保温与日照		② 防晒与遮阳	② 光气候
	③ 冬季避风		③ 夏季通风	③ 自然采光状况
第二层面 建筑设计	基本建筑 设计	① 体型系数	① 遮阳	① 窗墙
		② 保温	② 室外色彩	② 玻璃产品
		③ 冷风渗透	③ 隔热	③ 内部装修
	被动式 自然能源利用	被动式采暖	被动式降温	昼光照明
		① 直接受益	① 通风降温	① 天窗
		② 墙壁保温	② 蒸发降温	② 高侧窗
		③ 日光间	③ 辐射降温	③ 反光板
第三层面 机械设备和电气系统	加热设备		降温设备	电灯
	① 锅炉		① 制冷机	① 灯泡
	② 管道		② 管道	② 灯具
	③ 燃料		③ 散热器	③ 灯具安装位置

6.2.3 建筑总体规划与建筑节能整合

1. 建筑群总体布局对于通风的引导

建筑的总体布局及空间组合要注意结合地形地貌特点，综合考虑建筑物高度、长度、深度及平面布局方式对漩涡区范围的影响，并使夏季主导风向与建筑物保持一定的投射角度，强化对小区内部通风的组织。将较低的建筑布置在夏季主导风向的迎风面，以缩小涡流区的范围，避免因局部涡流或滞流造成空气质量恶劣和夏季热量滞积，从而改善后排住宅的通风和热环境条件，如图 6.3 和图 6.4 所示。

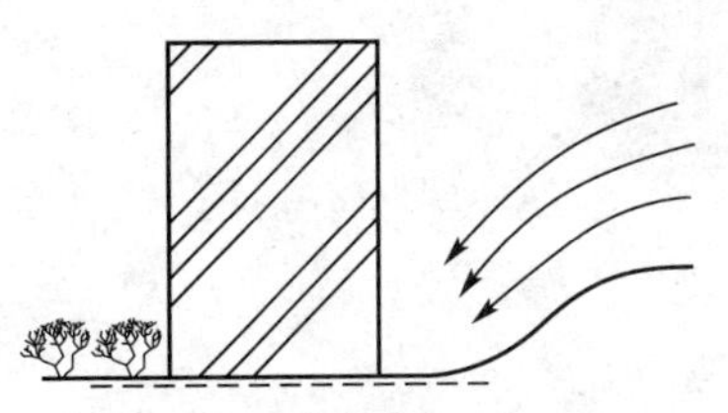

图 6.3　冷空气在凹地集结

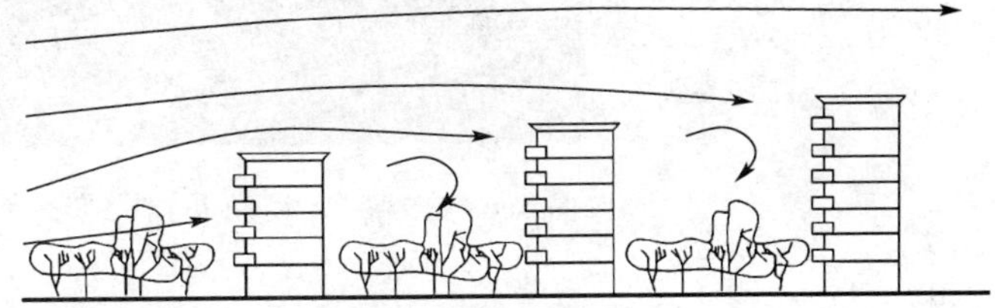

图 6.4　利用建筑的高低来引导建筑自然通风

2. 建筑群总体布局对于阳光的引导

在建筑群的平面布局方面，对建筑朝向的选择尤为重要。从节能角度来看，我国大部分地区建筑物以南和南偏东 15°为好，尽量避免东西朝向；南方炎热地区以朝向夏季主导风向为宜。在建筑平面布局中，除了要综合考虑建筑朝向、间距与平面布局的关系外，还应注意减少对建筑的日照遮挡，使住宅南墙尽可能多地接收太阳能的辐射，提高建筑物的日照水平，如图 6.5 所示。

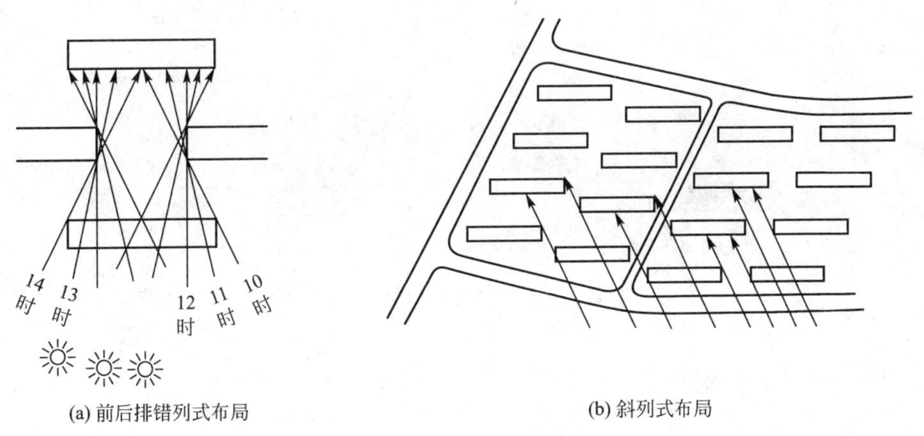

(a) 前后排错列式布局　　(b) 斜列式布局

图 6.5　合理布局建筑群体以获得足够的日照

3. 建筑群总体布局对于绿化、水体的引导

室外的绿化对建筑节能具有重要的影响。绿化可以在建筑群内形成“微气候”，从而来改善整体的能耗。树木、灌木和草皮不但可以吸收阳光进行光合作用，吸收和消耗大量的太阳辐射，而且还可以适当地降低噪声，从而改变周围的环境。

在具体布置中，室外绿化应将草坪、灌木丛、乔木等合理搭配，形成多层次的竖向立

体绿化布置形式，如图 6.6 和图 6.7 所示。水体温度较恒定的特性也可以改变建筑群内的微气候，对节能做出贡献，如图 6.8 所示。

图 6.6　草坪、灌木丛(花卉)、乔木立体绿化布置

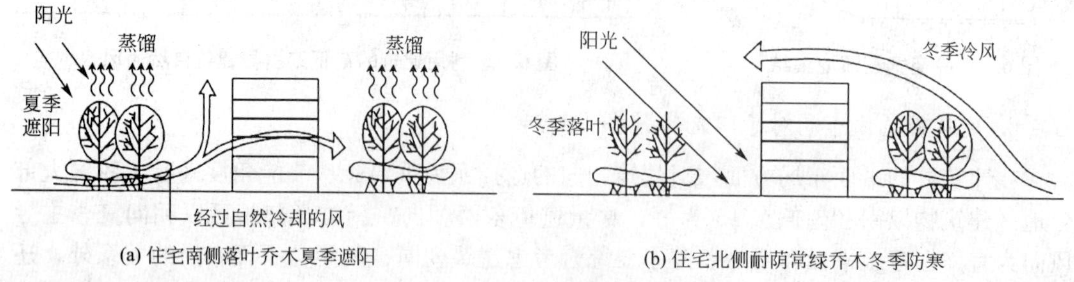

图 6.7　室外绿化对建筑的影响

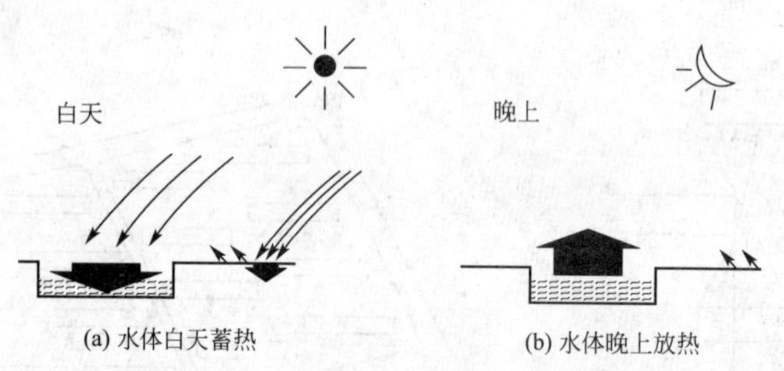

图 6.8　水体白天蓄热晚上放热

6.2.4　建筑单体设计与建筑节能

1. 建筑体型系数与建筑节能

建筑物体型系数(S)是建筑物接触室外大气的外表面积 F_0，与其所包围的体积 V_0 的比值，即：

$$S=F_0/V_0 \tag{6-1}$$

体型系数的大小对建筑能耗的影响是十分显著的。体型系数越大，单位建筑面积对应的外表面积就越大，外围护结构的热传导损失就越大，能耗就越多。有研究资料表明，体型系数每增加 0.01，耗热量指标约增加 2.5%。从建筑节能的角度来看，应该将建筑体型系数控制在一个较低的水平上。

在《夏热冬冷地区居住建筑节能设计标准》(JGJ 134—2010)中，将夏热冬冷地区的居住建筑按层数来划分。如果超出表 6-2 所示的夏热冬冷地区居住建筑的体型系数限值规定，则要按要求进行建筑围护结构热工性能的综合判断。在《夏热冬暖地区居住建筑节能设计标准》(JGJ 75—2012)规范里，规定北区内单元式、通廊式住宅的体型系数不宜超过0.35，塔式住宅不宜超过 0.40。《公共建筑节能设计标准》(GB 50189—2005)规范中，规定严寒、寒冷地区的建筑体型系数应不超过 0.4。如果不能满足规定时，应当进行权衡判断。

表 6-2 夏热冬冷地区居住建筑的体型系数限值

建筑层数	建筑体型系数	建筑层数	建筑体型系数
≤3 层	0.55	≥12 层	0.35
4～11 层	0.40		

2. 建筑空间设计与建筑节能

建筑空间内部的通风条件是决定人们健康、舒畅的重要因素之一。它通过空气更新和气流的生理作用对人体的生物感受起到直接的影响作用，并通过对室内气温、湿度及内表面温度的影响而起到间接的作用。例如：在小区规划过程中，为了改善后排住宅的自然通风条件，可在前排住宅适当位置做垂直通风口［图 6.9(a)］；或利用底层个别房间做成“过街楼”的形式［图 6.9(b)］；也可将底层全部架空做水平通风口［图 6.9(c)］；架空层作居民活动和休息场所，并与室外庭院结合，成为防晒、防雨的开敞空间。

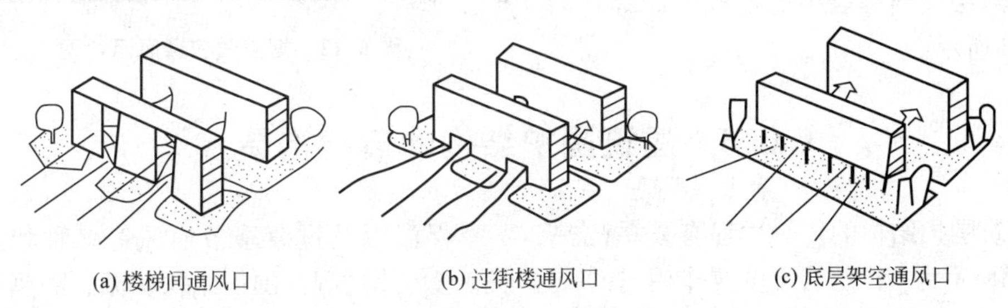

(a) 楼梯间通风口　(b) 过街楼通风口　(c) 底层架空通风口

图 6.9 建筑物设通风口

自然通风通常的做法是充分利用建筑物外表面的风压、利用室内的热压，以及风压与热压相结合。

1) 利用风压通风的建筑构造

风压就是利用建筑迎风面和背风面的压力差，室内外空气在这个压力差的作用下由压力高的一侧向压力低的一侧流动。而这个压力差与建筑形式、建筑与风的夹角以及周围建筑布局等因素有关。当风垂直吹向建筑正面时，迎风面中心处正压最大，在屋角及屋脊处负压最大。风对建筑物产生的作用力可以分解成一个水平的阻力和一个垂直的升力，对风压的利用往往是利用水平方向的阻力来设计和组织通风的。垂直方向的升力会产生伯努力效应(Bernoulli Effect)。例如，进风面的斜屋顶，会形成巨大的抽吸力，这种形式的屋顶起到兜风的作用。

风压引起的另一个效应就是文丘里效应(Venturi Effect)。气流流动时，会因为空间的收缩而引起加速，于是收缩段形成负压区，如图 6.10 和图 6.11 所示。

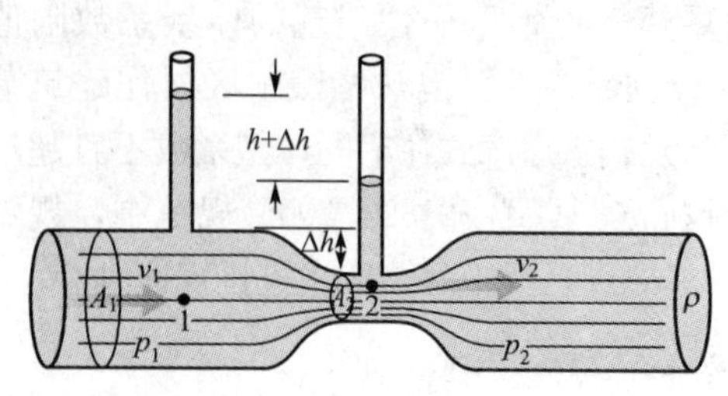

图 6.10　文丘里效应原理图

图 6.11　汉诺威 2000 年世博会 26 号馆文丘里屋顶

2）利用热压通风的建筑构造

烟囱使室内的烟不用机械方式而有组织地排出室外，大大改善了室内的空气质量。这就是常说的"烟囱效应"(Chimney Effect)。热压通风利用该原理，根据建筑内部由于空气密度不同，热空气趋向于上升，而冷空气则趋向于下降的特点，促进自然通风。热压作用与进风和出风的风口高度差，以及室内外空气温度差存在着密切的关系：高度差愈大，温度差愈大，则热压通风效果愈明显。热压效应的应用也非常的广泛，例如建筑中庭一般都利用烟囱效应来通风，双层玻璃幕墙中的空气流动等，如图 6.12 所示。

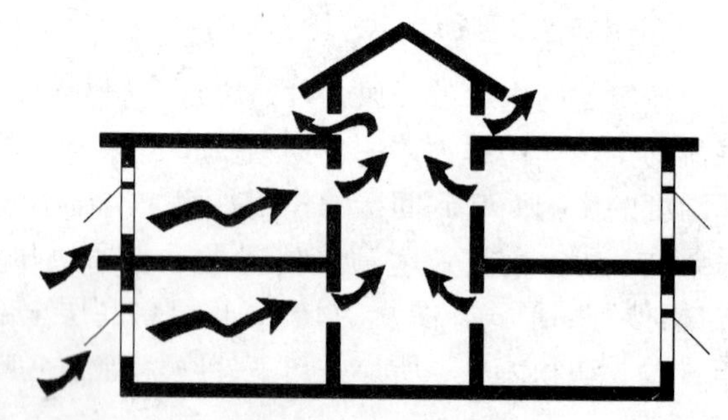

图 6.12　烟囱效应通风示意图

6.3　建筑围护结构的节能构造

建筑围护结构的传热过程有夏季隔热、冬季保温以及过渡季节通风等多种状态。如图 6.13所示为室内综合湿度波作用下的一种非稳态传热过程。围护结构保温、隔热的主要目的是改善其热工性能，保证室内冬季和夏季基本的热环境要求，节约采暖和空调能耗。

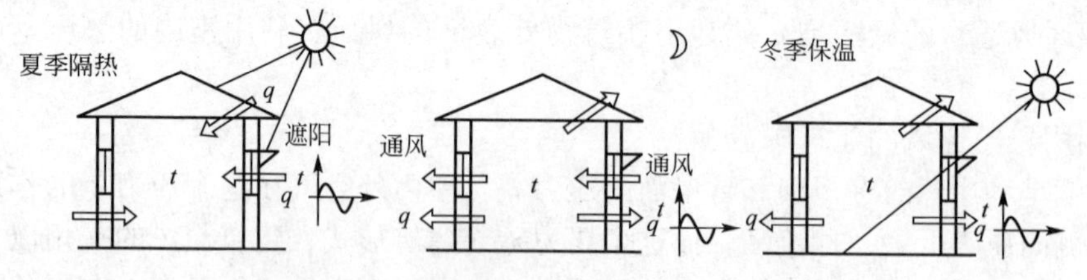

图 6.13　建筑围护结构热量传递示意图

6.3.1　建筑外墙

1. 外墙保温

单一材料保温构造方式具有构造简单、使用灵活的优点，但许多保温材料大都强度较低，无法起到承受荷载的作用，因此对于单一材料的围护结构，最理想的是采用具有密度小、导热系数小、强度与耐久性高等特性的保温材料，如陶粒混凝土、浮石混凝土、加气混凝土等。大多数墙体保温构造层次采用的是复合材料保温结构，具体见上册第 2 章。

2. 外墙隔热

外墙隔热是将墙面设计与隔热遮阳构造相结合，不仅丰富了立面造型，而且提高了室内的舒适度，大大减少了太阳辐射产生的热量。

1）防晒墙

在建筑的西向如何有效地防止西晒成为热缓冲策略的重要组成部分。设置防晒墙在夏季与过渡季节，可以完全遮挡西晒的直射阳光。在冬季，防晒墙能有效地遮挡西北风，在阳光照度大的天气甚至还能积蓄热量而成为一个蓄热体，在建筑西侧形成一个热保护层，从而有效缓解外部气温对建筑内部的影响。如图 6.14 所示为清华大学建筑设计院西立面防晒墙。

2）墙面绿化

墙面进行绿化也是墙体节能的一种形式。植物作为自然元素生长在建筑的墙面，能对建筑的热平衡起到重要的作用。墙面的绿化可以有效地减少夏季太阳辐射，在冬季也可以使室外的冷空气在墙面以外得到一定的阻挡，而且绿化也丰富了立面形式，增强了建筑的表现力，如图 6.15 和图 6.16 所示。

图 6.14 清华大学建筑设计院西立面防晒墙

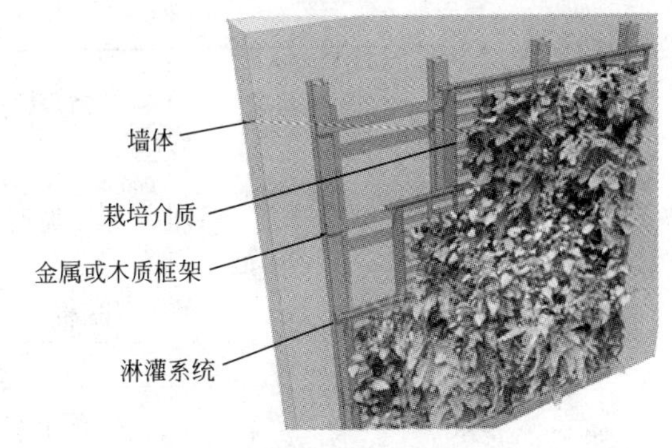

图 6.15 墙面绿化

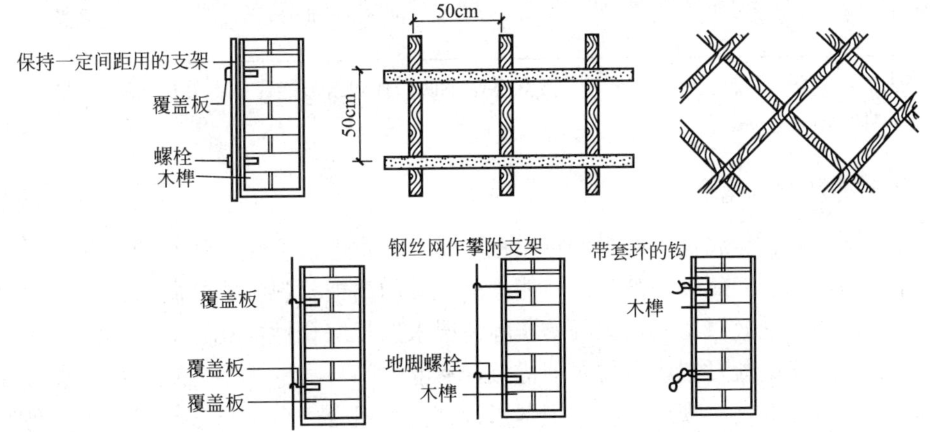

图 6.16 外墙绿化遮阳架固定方式

图 6.17　世博会阿尔萨斯馆立面流水太阳能墙

3）组合墙体

随着建筑技术发展，电脑辅助设计水平得到了极大的提高，一些新型的组合墙体丰富了建筑立面形式，将绿色环保概念完整地呈现出来。如图 6.17 所示为法国阿尔萨斯水幕太阳能建筑，将水流放置在建筑的外表皮，使水的动态和建筑本身的通透与轻盈显示出来，同时达到节能的作用。

6.3.2　建筑门窗

1. 门窗节能的概述

按正常的比例，门窗面积占建筑面积的 20%以上。从能源的流失比例来看，整个建筑的能量损失中的 70%是从门窗流失的。大量的能源通过门窗白白流失，造成极大的浪费。因此我国在大力提倡使用节能门窗，并加强对该部位采取构造措施。

西方发达国家自 20 世纪 70 年代起开展建筑节能工作，至今已取得了十分突出的成效，如表 6－3 所示为西方节能窗发展过程。随着建筑节能工作的推进，人们对节能窗的要求也越来越高，使节能门窗呈现出多功能、高技术化的发展趋向。

表 6－3　西方节能窗发展过程

年代	功能要求	窗户构造	传热系数 /[W/(m・K)]	特点
20 世纪 70 年代以前	透光、挡风、避雨	单层玻璃	5.4～6.4	绝热性能差，能耗大
20 世纪 70 年代	限制能耗	单框双玻璃，空气层 6～12cm	3.0～4.0	绝热性能变好
20 世纪 80 年代	节能、舒适	单框中空玻璃，单框＋镀膜玻璃	2.3～2.8	性能显著提高，绝热好，采光有所不足
20 世纪 90 年代	高效、节能、舒适	单玻＋低辐热玻璃	1.8	绝热、采光性能好

资料来源：黄夏东，赵士怀，王云新．夏热冬暖地区居住建筑节能窗技术分析［M］．北京：中国建筑工业出版社，2003.

2. 窗框与建筑节能

木窗、塑料窗、金属窗等框料的特点在上册第 8 章上已有说明，目前，在门窗框的选用上，木、塑、钢、铝每种门窗产品性能均受到其门窗框材料性能的制约(表 6－4)，为进一步提高门窗的节能效果，根据工程的实际情况来选择综合性能相适宜的门窗类型，多采用复合材料，这样既能发挥各自材料的优点，又能弥补自身的不足，在门窗的设计中应当提倡材料的多样互补性。现在形成了钢塑组合、铝塑组合、合金与塑料组合等多种复合材料的门窗框。由两种或两种以上单一材料构成的复合材料门窗框，金属材料和非金属材料能互相弥补各自性能的不足，全面优化门窗性能。

表 6-4 常用门窗框材料特性比较

材料	性能						
	阻热性	刚性	耐火性	耐腐蚀性	形成复杂断面难易程度	外观效果	导热系数/[W/(m·K)]
木材	优	良	差	差	易	差	0.14～0.35
塑料(PVC)	优	差	差	优	难	良	0.10～0.25
钢	差	优	优	差	较难	差	58.2
铝合金	差	良	良	优	难	优	174.4

资料来源：付祥钊. 夏热冬冷地区建筑节能技术 [M]. 北京：中国建筑工业出版社，2002.

3. 窗户玻璃与建筑节能

参见本书第1章、第9章、第10章。

4. 外窗节能措施

1) 控制窗墙比

窗墙比是某一朝向的外窗总面积，与同朝向墙面总面积(包括窗面积在内)之比。其实质是用来确定房间采光量的。在实际运用中，应当考虑建筑物本身性质及当地的地理气候因素。

《民用建筑热工设计规范》(GB 50176—1993)第3.4.7条规定：建筑物外部窗户当采用单层窗时，窗墙面积比不宜超过0.30；当采用双层窗或单框双层玻璃窗时，窗墙面积比不宜超过0.40。《公共建筑节能设计标准》(GB 50189—2005)第4.2.4条规定：建筑每个朝向的窗(包括透明幕墙)墙面积比均不应大于0.70。当窗(包括透明幕墙)墙面积比小于0.40时，玻璃(或其他透明材料)的可见光透射比不应小于0.4。

《夏热冬暖地区居住建筑节能设计标准》(JGJ 75—2012)中有关窗墙比的规定是：各朝向的单一朝向窗墙面积比，南、北向不应大于0.40；东、西向不应大于0.30。《夏热冬冷地区居住建筑节能设计标准》(JGJ 134—2010)对不同朝向窗墙比进行了限值规定，如表6-5所示。

表 6-5 夏热冬冷地区居住建筑不同朝向外窗的窗墙面积比限值

朝　向	窗墙面积比
北	0.40
东、西	0.35
南	0.45
每套房间允许一个房间(不分朝向)	0.60

2) 提高外窗的气密性

门窗的空气渗透量是指门窗试件两侧空气压力差为10Pa的条件下，每小时通过每米缝长的空气渗透量。

提高外窗的气密性措施有以下3种。

（1）其一是门窗与墙之间的缝隙，一般宽 10mm。用岩棉、聚苯等保温材料填塞，两侧用砂浆封严，待砂浆硬化后，用密封胶密封砂浆收缩张开的缝隙。

（2）其二是玻璃与门窗框之间的缝隙。用于铝合金门窗的橡胶密封条以氯丁、顺丁和自然橡胶硫化制成，具有均匀一致、弹力高、耐老化等优点。用于塑料门窗的密封条是以丁腈橡胶和聚氯乙烯经挤压成形，具有较高的强度和弹性，以及适当的硬度和抗老化性能。

（3）其三是开启扇和门窗框之间的缝隙。平开扇和上悬扇应在窗框内嵌入弹性好、耐老化的空腔式橡胶条，关窗后挤压密封。

3）减少外窗的传热耗能

建筑外窗对建筑能耗高低的影响主要有两个方面：一是冬季供暖、夏季空调室内外的温差传热；二是建筑外窗透明材料受太阳辐射影响而造成的建筑室内的得热。如图 6.18 所示为不同季节建筑外墙与室外传热示意图。

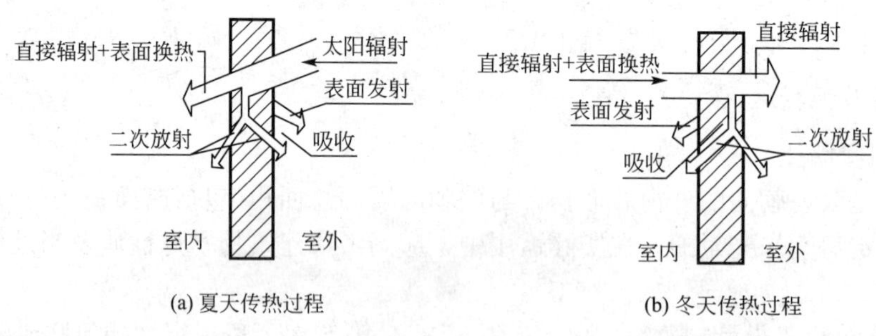

图 6.18　建筑外墙与室外传热示意图

减小外窗的传热系数来控制温差传热是降低窗口热损失的主要途径。在夏季，通过建筑外窗进入室内的太阳辐射也成为空调降温的负荷，因此，减少进入室内的太阳辐射和减小外窗的温差传热都是降低空调能耗的途径。在冬天，室内的温度要比室外高，室内热量通过辐射、空气对流和传导等传递到室外，同时门窗的开启和空气渗漏使室内热量流失到室外，使室内温度下降。有效提高门窗的节能效果，就要减少热量的损失，提高门窗的阻热性能。

4）窗户日照与遮阳

日照间距指前后两排南向房屋之间，为保证后排房屋在规定的时日获得所需日照量而保持的一定间隔距离。综合《民用建筑设计通则》(GB 50352—2005)以及《城市居住区规划设计规范(2002 版)》(GB 50180—1993)，对日照的规定总结如下。

（1）每套住宅至少应有一个居住空间获得日照，该日照标准应符合现行国家标准有关规定。

（2）宿舍半数以上的居室，应能获得同住宅居住空间相等的日照标准。

（3）托儿所、幼儿园的主要生活用房，应能获得冬至日不小 3h 的日照标准。

（4）老年人住宅、残疾人住宅的卧室、起居室，医院、疗养院半数以上的病房和疗养室，中小学半数以上的教室应能获得冬至日不小于 2h 的日照标准。

《城市居住区规划设计规范(2002 版)》(GB 50180—1993)中对于不同气候类型和城市的居住建筑的日照标准可参考表 6-6。

表 6-6 不同气候类型和城市的日照时间要求

建筑气候	Ⅰ、Ⅱ、Ⅲ区		Ⅳ区		Ⅴ、Ⅵ、Ⅶ区
	大城市	中小城市	大城市	中小城市	
日照标准日	大寒日			冬至日	
日照时数	≥2h	≥3h		≥1h	
有效日照时数	8～16h			9～15h	
计算点	底层窗台面				

关于具体窗户遮阳形式可参见上册第 8 章。

5. 门窗通风

窗户通风节能的设计与自然通风的类型、窗口大小、位置以及窗扇导风性等有关。无论是热压通风还是风压通风，都必须设有供空气进出的通风口。如图 6.19 所示为不同的门窗位置对房间所产生的不同通风效果示意图，表示了建筑外窗的开口位置对室内通风效果的影响。

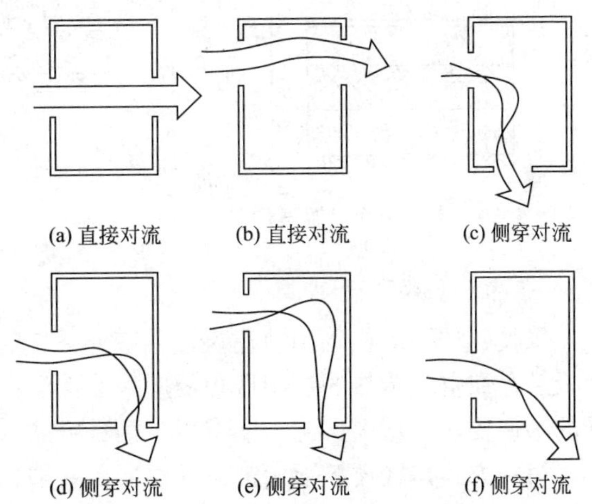

图 6.19 不同门窗位置对通风的效果示意图

为保证房间的基本通风要求，《住宅设计规范》(GB 50096—2011)规定：卧室、起居室(厅)、明卫生间的通风开口面积不应小于该房间地板面积的 1/20。厨房的通风开口面积不应小于该房间地板面积的 1/10，并不得小于 0.60m²。

6.3.3 建筑物底层及楼层地面节能设计

1. 地面节能设计

建筑周边地面是指由建筑外墙内侧算起向内 2m 范围内的地面，其余为非周边地面。在寒冷的冬季，采暖房间地面土壤温度一般都低于室内气温。特别是靠近外墙的地面比房间中间部位的温度低 5℃左右，热损失也大得多。外墙内侧地面以及室内墙角部位易出现结露现象，在室内墙角附近地面有冻脚现象，并使地面传热损失加大，应当采取保温措施。地面保温构造如图 6.20 所示。非周边地面一般不需要采取特别的保温措施。

鉴于卫生和节能的要求，我国采暖居住建筑相关节能标准规定：在采暖期室外平均温度低于−5℃的地区，建筑物外墙在室外地坪以下的垂直墙面，以及周边直接接触土壤的地面应采取保温措施。

此外，夏热冬冷和夏热冬暖地区的建筑物底层地面，除保温性能满足节能要求外，还应采取一些防潮技术措施，具体构造如图 6.21 所示，以减轻或消除梅雨季节由于湿热空气产生的地面结露现象。

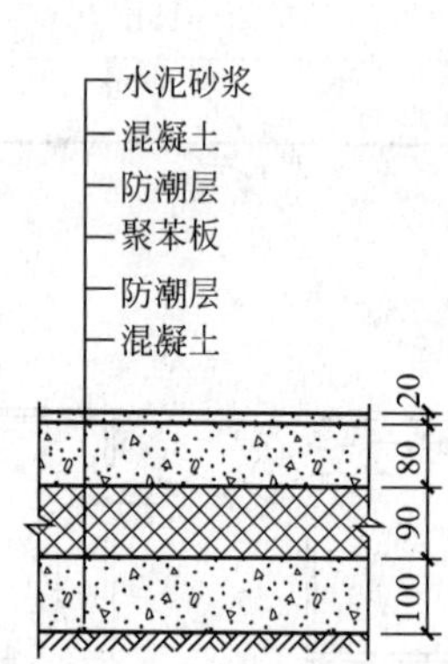

图 6.20　常见地面保温层构造

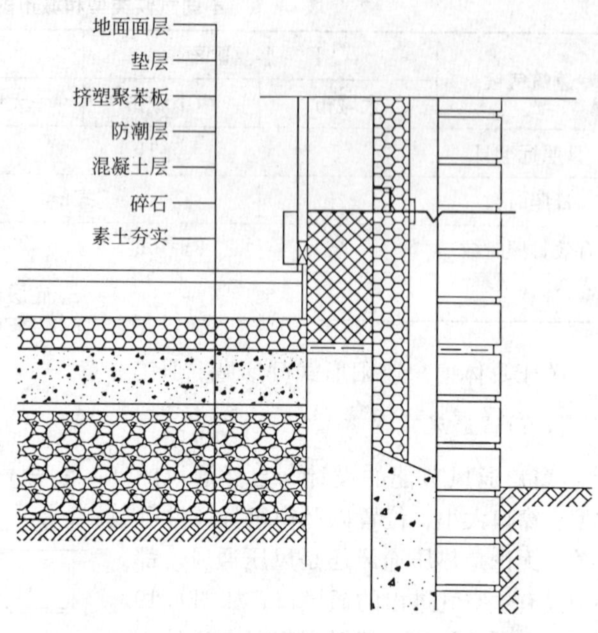

图 6.21　须防潮处理的地面保温构造示意图

2. 楼面节能设计

采暖(空调)居住(公共)建筑接触室外空气的地板(如过街楼地板)、不采暖地下空间的地板及存在空间传热的层间楼板等应采取保温措施，以使地板的传热系数满足相关节能标准的限值要求。楼面保温节能有以下两种方式。

第一方式是在楼板上面铺设保温层，一般选用硬质挤塑聚苯板、泡沫玻璃保温板等板材或强度符合地面要求的保温砂浆等材料，其具体要求如图 6.22 所示。

第二种方式是在楼板下面铺设保温层的方式，如图 6.23 所示。一般宜采用强度较高的保温砂浆抹灰，其厚度应当满足建筑节能的基本要求。其他如设有木龙骨的架空木地板，宜在木龙骨之间填充板状保温材料，以改善与提高楼面的保温与隔声性能。

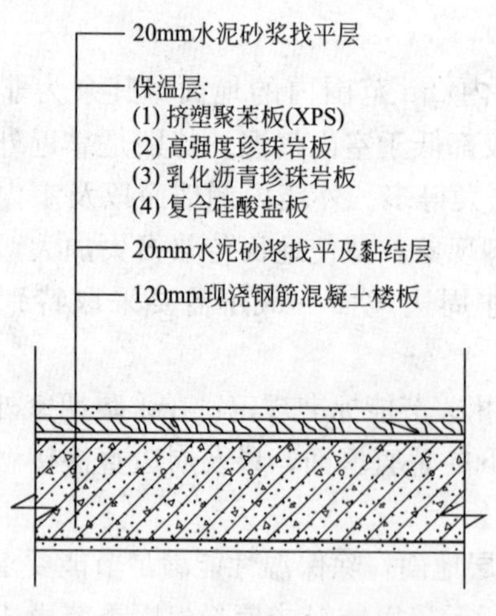

图 6.22　保温层做在楼板上面构造

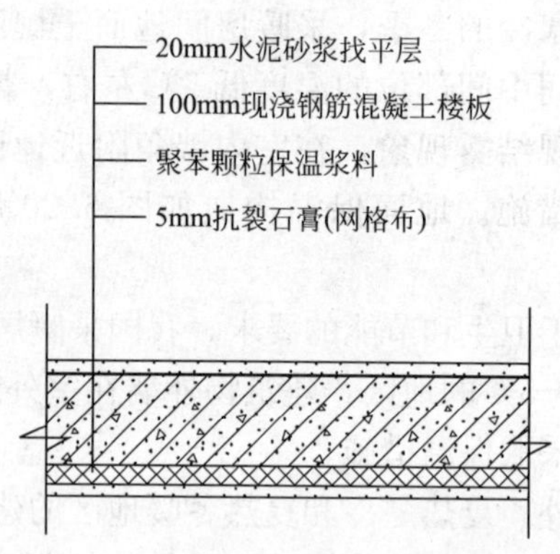

图 6.23　保温层做在楼板底面构造

高纬度地区及严寒地方，可采用地暖构造节能。地暖是地板辐射采暖的简称，是以整个地面为散热器，通过地板辐射层中的热媒，均匀加热整个地面，利用地面自身的蓄热和热量向上辐射的规律由下至上进行传导，来达到取暖的目的。从热媒介质上分为水地暖和电地暖两大类；从铺装结构上分为湿式地暖和干式地暖两种，干式地暖不需要豆石回填(属于超薄型)；从表面饰材上分为地板型地暖和地板砖型地暖；从功能上分为普通地暖和远红外地暖。地暖系统构造层次如图 6.24 所示。地暖系统结构如图 6.25 所示。湿式地暖施工工艺基层处理如图 6.26 所示。

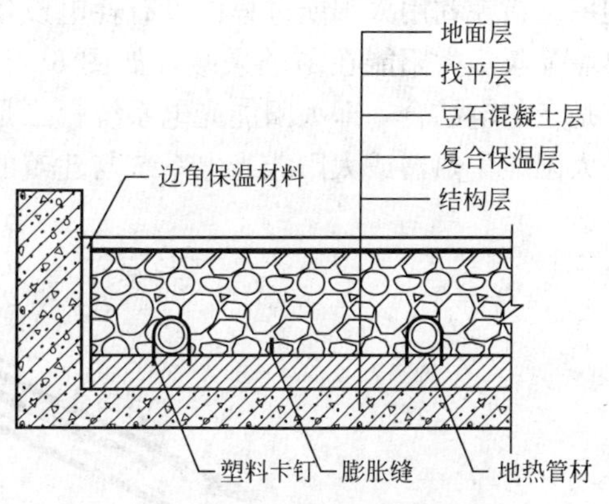

图 6.24 地暖系统构造层次

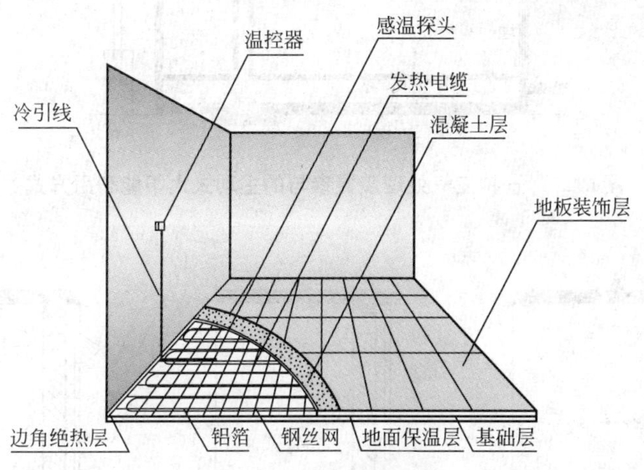

图 6.25 地暖系统结构

(a) 地暖管路铺设

(b) 混凝土填充层浇筑

图 6.26 湿式地暖施工工艺基层处理

6.4 太阳能与建筑一体化设计

6.4.1 太阳能在建筑中的利用

太阳能利用可以分为主动式利用与被动式利用。主动式利用是指在利用太阳能过程中有耗电设备或人工动力系统参与，如太阳能热水系统等，如图 6.27 所示。被动式太阳能利用是指在利用太阳能过程中没有耗电设备或人工动力系统参与，如利用日光间或采用蓄热墙等收集太阳能在冬季采暖，如图 6.28 所示。当代太阳能科技发展的两大基本趋势：一是光与电结合，即太阳能光电系统；二是太阳能光热系统。而太阳能与建筑的结合指的是太阳能集热器或太阳能光电系统与建筑的一体化设计。

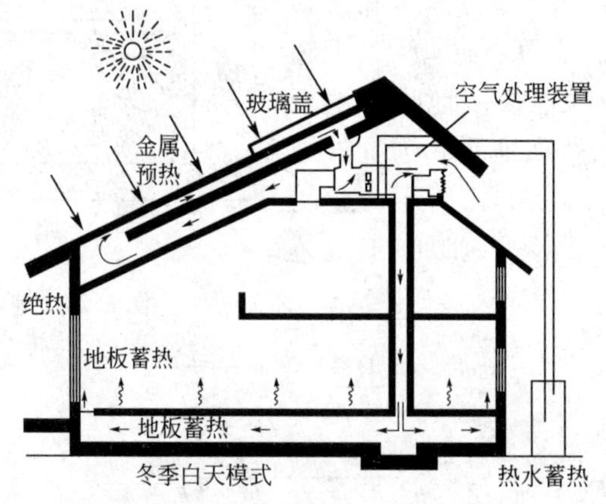

图 6.27　一种空气处理装置参与的主动式太阳能利用方式

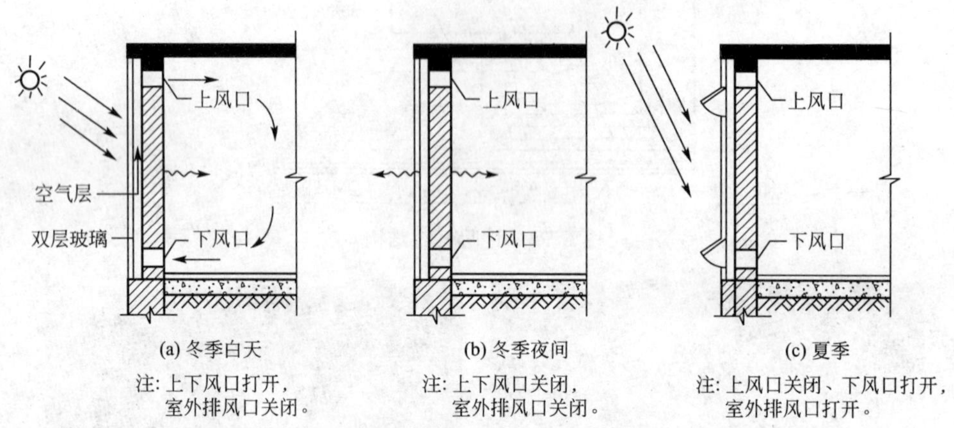

图 6.28　被动式太阳能利用的一种方式——集热蓄热墙体

6.4.2　太阳能光热系统与建筑设计的整合

1. 太阳能光热系统的概况

太阳能光热系统即利用太阳能辐射的热能，来满足热水供应、采暖、空调等方面能耗需求的一系列装置与技术。太阳能光热利用，除太阳能热水器外，还有太阳房、太阳灶、太阳能温室、太阳能干燥系统、太阳能土壤消毒杀菌技术等。

太阳能集热器是吸收太阳辐射并将产生的热能传递到传热介质的装置，是组成各种太阳能热利用系统的关键部件。太阳能热水器、太阳灶、主动式太阳房、太阳能温室，以及太阳能干燥、太阳能工业加热、太阳能热发电等都是以太阳能集热器作为系统的动力或者核心部件。太阳能集热器大体上可以分为平板型太阳能集热器(图 6.29)和真空管型太阳能集热器(图 6.30)。如图 6.31 所示为太阳能热水器安装在屋面的构造做法。

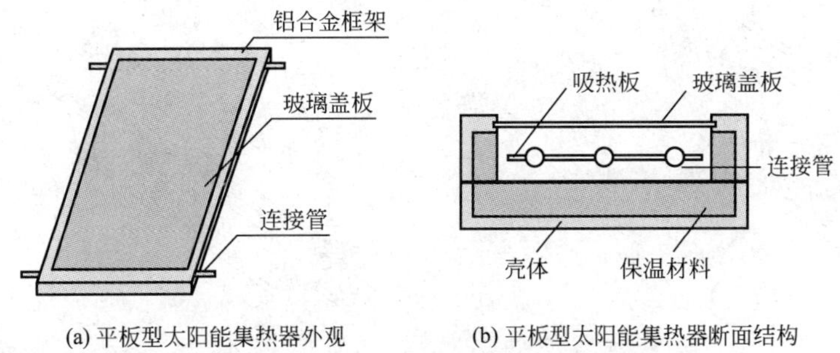

(a) 平板型太阳能集热器外观　　(b) 平板型太阳能集热器断面结构

图 6.29　平板型太阳能集热器基本结构

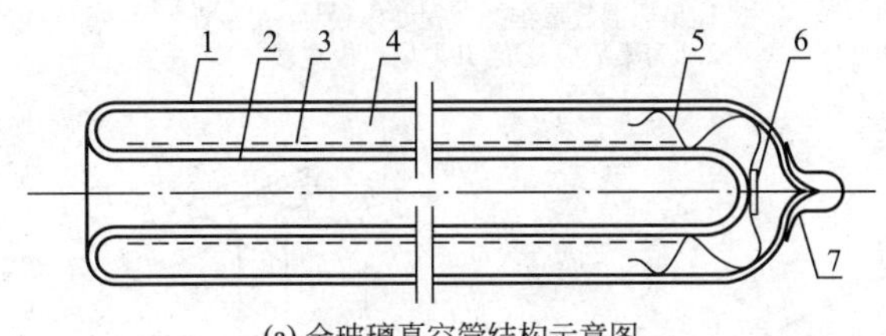

(a) 全玻璃真空管结构示意图

1—外玻璃管; 2—内玻璃管; 3—选择性吸收涂层; 4—真空;
5—弹簧支架; 6—消气剂; 7—保护帽

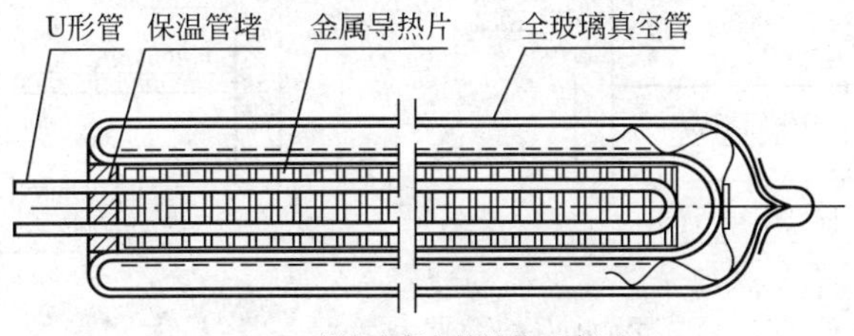

(b) U形管式真空管结构示意图

热管　保温管堵　金属导热片　全玻璃真空管

(c) 热管式真空管结构示意图

图 6.30　真空管型太阳能集热器

2. 太阳能光热系统与建筑一体化

太阳能光热设备与建筑一体化是将太阳能光热设备与建筑充分结合，改变使用中各自为政的局面，使太阳能设备就像其他建筑部件、构件一样，成为建筑的一个部件，并实现整体外观的和谐统一。

太阳能光热设备有整体式和分体式两种，如图 6.32 所示。整体式是指太阳能光热设备主要部件的集热器和水箱安装在统一的支架上由用户选用，这种形式只考虑了自身的结构和功能，而很难与建筑的一体化结合。分体式是指太阳能光热设备的主要部件集热器和水箱分别安装在适合的部位，既有利于设备功能的发挥，又考虑到了建筑结构和外立面的要求。

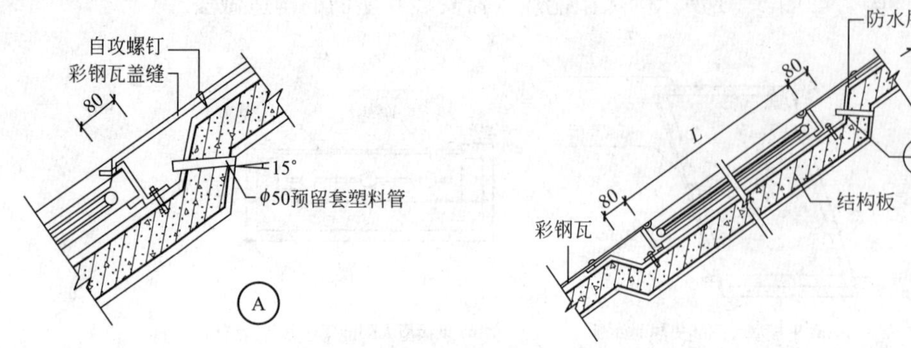

(a) 集热器在坡屋面的安装构造

注：1. 集热器数量根据工程要求设计；
2. L为集热板长度，W为集热板宽度。

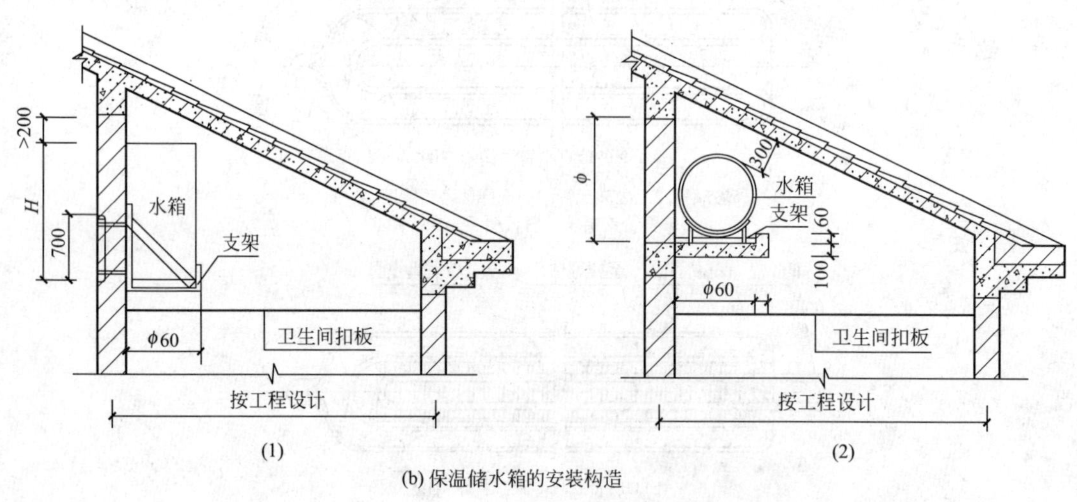

(1)

(2)

(b) 保温储水箱的安装构造

注：H为水箱高度由设备自定；ϕ为水箱检查孔径。

图 6.31　太阳能热水器安装在坡屋面的构造做法

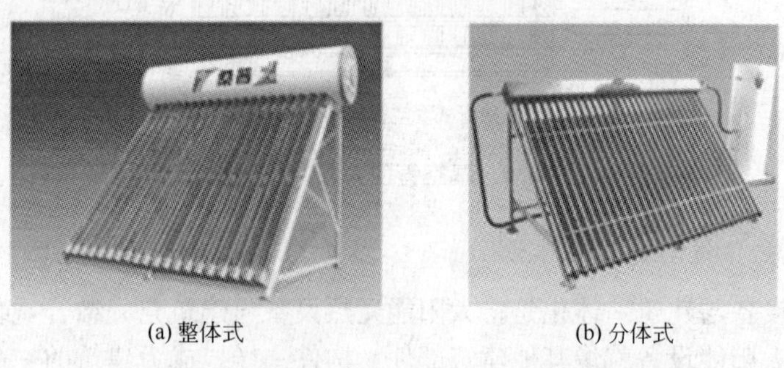

(a) 整体式

(b) 分体式

图 6.32　整体式与分体式太阳能光热设备示意图

分体式太阳能光热设备可以将真空管或平板型太阳能集热器根据建筑设计的需要，集中或分几块布置于坡屋面上，犹如天窗般美观大方，若是统一安装在阳台的栏杆外或其他南立面上也整齐有序。分体式太阳能热水器另一个特点是贮热水箱不是出现在屋顶上，而是在建筑的阁楼里、阳台外、车库里、走廊的角落、卫生间、厨房等处，通常这类贮热水箱同时就是一个 300L 以上的贮水式电热水器，阴雨天可用电加热。分体式太阳能光热设备是解决建筑与太阳能光热设备一体化的一种有效的解决办法，包括以下几种方式。

1）天窗式太阳能集热器

光热设备完全嵌入建筑屋顶内，浑然一体。作为建筑围护构件的一部分，安置有专门设计的排水板系统和固定系统，如图 6.33 所示。

(a) 平板式太阳能集热器与坡屋顶一体化示意图

(b) 某建筑平板式太阳能集热器与建筑屋面阳光屋顶一体化鸟瞰图

(c) 某建筑平板式太阳能集热器与建筑屋面阳光屋顶一体化室内效果图

图 6.33 天窗式太阳能集热器

2）阳台式太阳能集热器

太阳能集热设备整体放置在阳台立面上，如图 6.34 所示。太阳能集热器利用阳台栏板安装不仅不占用建筑空间，还可以起到充当阳台护栏和下层遮阳的作用，同时解决了高层建筑不能使用太阳能热水器的难题。

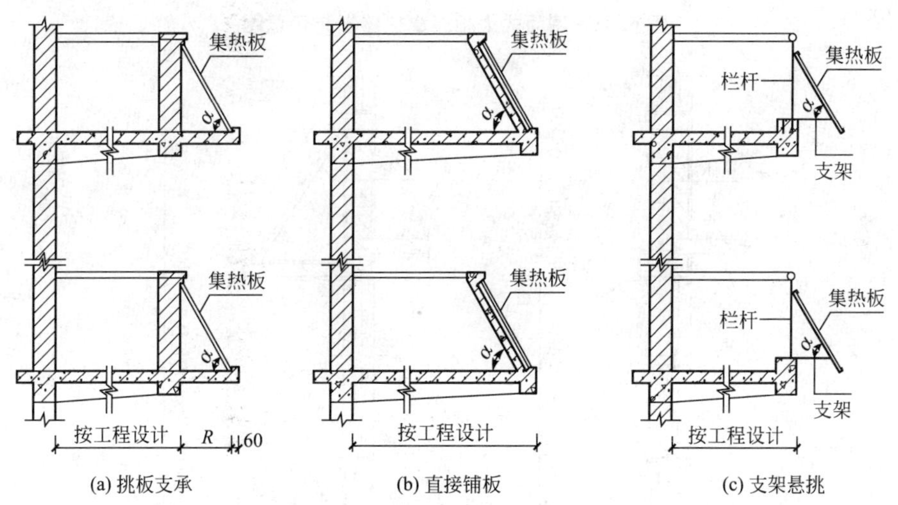

(a) 挑板支承　(b) 直接铺板　(c) 支架悬挑

图 6.34 集热器安装在阳台构造

注：集热与水平面角度“α”取当地纬度+(5°～25°)为宜。

3）飘板式太阳能集热器

飘板式太阳能集热器实际上是指根据某些建筑顶部、侧部的特殊结构，这些结构包含了外形装饰、建筑理念、局部功能等，采用轻钢免焊飘板式结构固定集热器。其造型独特，立面效果突出，飘板式造型成为建筑物自有风格的完美点缀和平屋顶的独特风景，如图 6.35 所示。

图 6.35　某建筑屋顶飘板式太阳能集热器

4）墙面式太阳能集热器

集热器单独固定在建筑的南立面墙壁上(图 6.36)，占用空间小，储水箱则放置在室内，热水传输管道较短，解决了高层建筑的使用问题。具体构造大样参考图 6.37 和图 6.38 所示。

(a) 集热器安装在凸窗下

(b) 集热器安装与墙体结合

图 6.36　墙面式太阳能集热器安装示意图

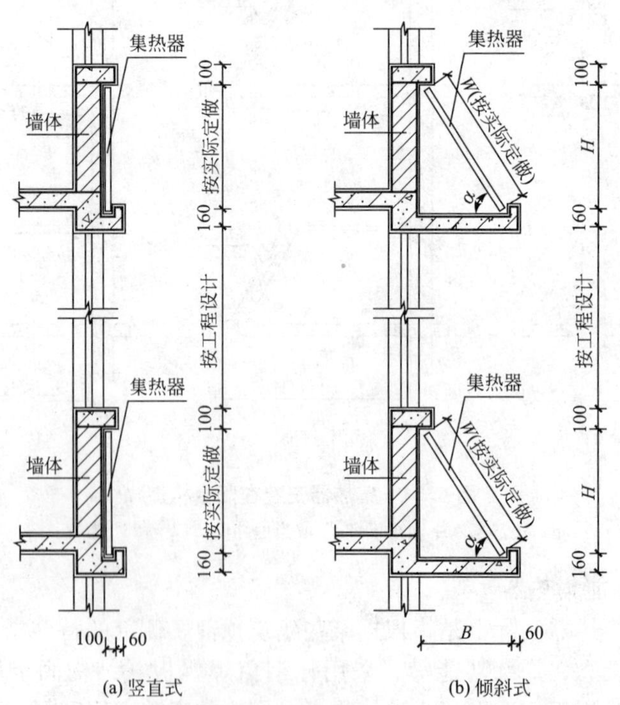

(a) 竖直式

(b) 倾斜式

图 6.37　墙面式太阳能集热器安装在窗下墙面构造

注：集热与水平面角度“α”取当地纬度+(5°～25°)为宜；W 为集热器宽度。

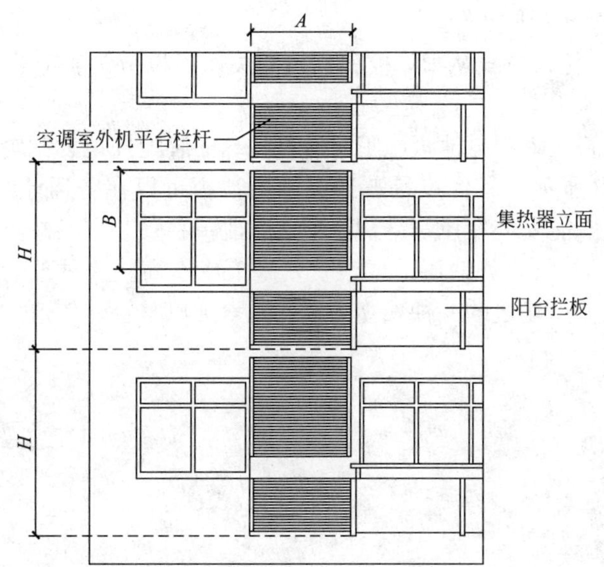

图 6.38 墙面式太阳能集热器利用窗间墙安装构造

6.4.3 太阳能光电系统与建筑设计的整合

1. 太阳能光电系统

太阳光电的发电原理，是利用太阳电池吸收 0.4～1.1μm 波长(针对硅晶)的太阳光，将光能直接转变成电能输出的一种发电方式，如图 6.39 所示。太阳能光电系统在建筑中的应用主要是太阳能光电板，简称 PV 板。PV 板由太阳能电池、防水的导电层、铝制框架组成。太阳能光电系统建筑一体化就是将 PV 板与建筑有机结合，这种结合并非是建筑与 PV 板的简单叠加，而是在设计方案阶段将太阳能光电系统纳入建筑设计构思中。一体化的概念不仅从构造因素考虑，更多的是从整合的美学因素考虑，而最佳效果就是两者的完美统一。

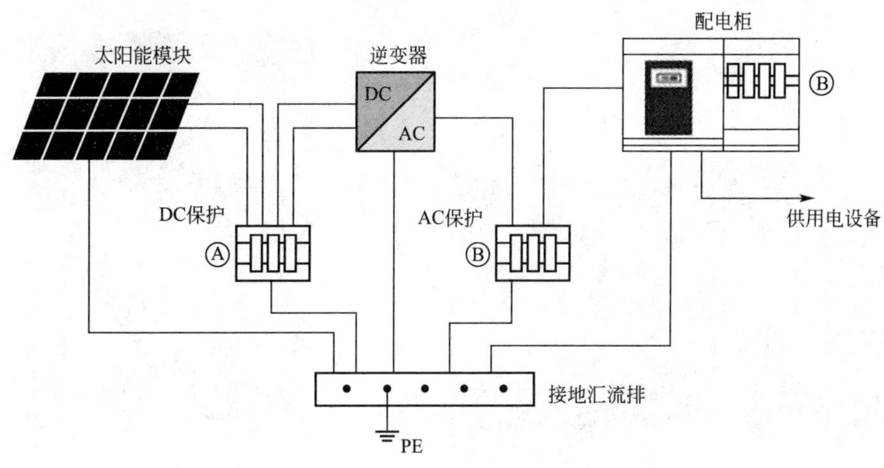

图 6.39 太阳能光电系统发电原理

2. 太阳能光电系统一体化方式

PV 板与建筑的一体化方式从 PV 板和建筑的关系可以分为独立安装型和建材安装一体型两种方式。

独立安装型是指普通太阳电池板施工时通过特殊的装配件把太阳电池板同周围建筑结构体相连，如图 6.40 所示。其优点是普通太阳电池板可以在普通流水线上大批量生产，成本低，价格便宜，既能安装在建筑结构体上，又能单独安装。其缺点是无法直接代替建筑材料使用，PV 板与建材重叠使用造成浪费，施工成本高。这种独立安装型一体化方式在设计时也可以将其作为建筑的一种独立的设计元素加以整合，创造出独特的造型效果。

图 6.40　独立安装的太阳能 PV 板

建材安装一体型是指将太阳能光电板作为建筑的功能元件组成建筑整体，现在包括屋面、墙面和建筑构件三个方面。

1）屋顶一体化方式

屋顶一体化方式是指将 PV 板做成屋面板或瓦的形式覆盖平屋顶或坡屋顶整个屋面（图 6.41），也可以覆盖部分屋面，后者与建筑的整合具有更高的灵活性，有利于在旧房改造中使用 PV 板。

2）墙面一体化方式

墙面一体化方式是指 PV 板与墙面材料进行集成，主要有 PV 板外墙装饰和 PV 板玻璃幕墙两种方式，如图 6.42 所示为某办公楼太阳能 PV 板墙面一体化效果。

图 6.41　太阳能 PV 板全覆盖屋顶

图 6.42　某办公楼太阳能 PV 板墙面一体化

3）建筑构件一体化方式

建筑构件一体化方式是指PV板与建筑的雨篷、遮阳板、阳台、天窗等构件有机整合，在提供电力的同时可以为建筑增加迷人的细部，不仅可以为建筑在夏天提供遮阳，还可以使入射光线变得柔和，避免眩光，改善室内的光环境，而且可以使窗户保持清洁，如图6.43所示。

图6.43 PV板与建筑的雨篷、遮阳板一体化

本章小结

建筑节能	• 建筑节能的概念：指在建筑材料生产、房屋建筑和构筑物施工及使用过程中，满足同等需要或达到相同目的的条件下，尽可能降低能耗 • 建筑能耗：分为广义建筑能耗和狭义建筑能耗 • 建筑节能的三个层面：场地选择与规划阶段，建筑设计阶段，建筑外围护结构和机械设备本身
建筑外墙节能	• 墙面遮阳的做法：防晒墙、墙面绿化、墙面新技术（流水墙面、太阳能墙等）
建筑门窗与建筑节能	• 门窗框与建筑节能：多采用复合材料 • 门窗节能措施：控制窗墙比、提高外窗气密性、减少外窗传热耗能、窗户遮阳、门窗通风
建筑楼地面节能	• 一般情况地面节能构造 • 需防潮处理的地面保温 • 楼面节能构造两种方式：保温层在楼面上面、保温层在楼面下面 • 地暖系统
太阳能与建筑一体化	• 主动式太阳能和被动式太阳能利用 • 太阳能光热系统：太阳能热水器，利用阳台、墙面安装太阳能集热器的构造 • 太阳能光电系统：太阳能发电 • 太阳能与建筑一体化：屋顶一体化、墙面一体化、建筑构件一体化

习 题

一、思考题

1. 建筑节能的概念是什么？
2. 建筑节能有什么现实意义？
3. 广义建筑节能与狭义建筑节能有什么不同？
4. 建筑外墙保温的措施分别有几种？
5. 何谓顺置式保温屋面和倒置式保温屋面？

6. 全楼贯通式和楼层贯通式玻璃幕墙各自的特点是什么？

7. 何谓主动式太阳能与被动式太阳能？

二、选择题

1. 在建筑能耗组成中，(　　)能耗的占着主导地位。

A. 炊事　　B. 电器　　C. 热水供应　　D. 空调采暖

2. 下列哪个层面，不属于建筑节能层面？(　　)

A. 建设项目审批阶段

B. 场地选择与规划阶段

C. 建筑设计阶段

D. 建筑外围护结构与机械设备系统本身节能

3. 建筑物接触室外大气的外表面积与其所包围的体积的比值称为(　　)。

A. 体积系数　　B. 体型系数　　C. 面体比　　D. 面积系数

4. 无论从热工效率上来说，还是从提高整体建筑结构稳定性(减少围护结构温差)方面来说，均是比较理想的墙体节能形式。特别是对高层建筑剪力墙隔热保温而言，最佳的墙体保温是(　　)。

A. 内保温墙体　　B. 夹层保温墙体　　C. 外保温墙体　　D. 复合保温墙体

5. 对于托儿所、幼儿园的主要生活用房，冬至日应能获得不少于(　　)h 的日照标准。

A. 1　　B. 2　　C. 3　　D. 4

6. 太阳能 PV 板全称为(　　)。

A. 太阳能光电板　　B. 太阳能光子板

C. 太阳能电池板　　D. 太阳能光伏板

7. 太阳能光热设备的主要部件集热器和水箱分别安装在适合的部位，既有利于设备功能的发挥，又考虑到了建筑结构和外立面的要求，称之为(　　)太阳能光热设备安装方式。

A. 独立式　　B. 整体式　　C. 分体式　　D. 分离式

8. 下列不属于内保温墙体类型的是(　　)。

A. 抹保温砂浆　　B. 粘贴型　　C. 龙骨内填型　　D. 内部悬挂型

三、判断题

1. 建筑节能的关键是建筑外围护结构节能和机械设备系统本身节能。(　　)

2. 从建筑节能角度看，我国大部分地区建筑物朝向以南或南偏东 10°为好。(　　)

3. 德国著名建筑师托马斯·赫尔佐格设计的汉诺威 2000 年世博会 26 号馆，屋顶造型是充分运用伯努力原理创造自然通风的典范之作。(　　)

4. 夹层保温墙体是将墙体分为承重和保护部分，中间留一定的空隙，内填无机松散或块状保温材料，如炉渣、膨胀珍珠岩等。(　　)

5. 当代太阳能科技发展的两大基本趋势：一是光与电结合，即太阳能光电系统；二是太阳能光热系统。(　　)

第7章 工业建筑构造

知识目标

- 了解和掌握工业建筑的类型和特点。
- 熟悉和掌握单层工业建筑构造。
- 熟悉和掌握多层工业建筑构造。
- 熟悉和掌握工业建筑定位轴线的标定。

导入案例

如图7.0所示为德国埃森彼得面包厂，该面包厂具有一个48m×21m×8m的无柱大厅，货物入口处15m×21m的挑檐使货物在装卸时能免受雨雪的侵害。在大厅的侧面有两个9m进深的辅助用房，一层靠近入口处是门厅、面粉库、食物用房和设备用房，中央大厅是生产车间；二层是办公、休息及更衣室，办公用房彼此以玻璃隔断分隔，走廊的外墙也是玻璃，这样员工可以与大厅有很好的视线交流，也在应用现代技术的年代保留了传统家庭作坊中那种亲切的气氛。与加工流程平行的是作为“服务功能”的冷冻室、糕点制作室、小吃室、洗刷室等，紧贴大厅长向布置，在办公与服务功能之间是一个有屋顶的食品进出口。

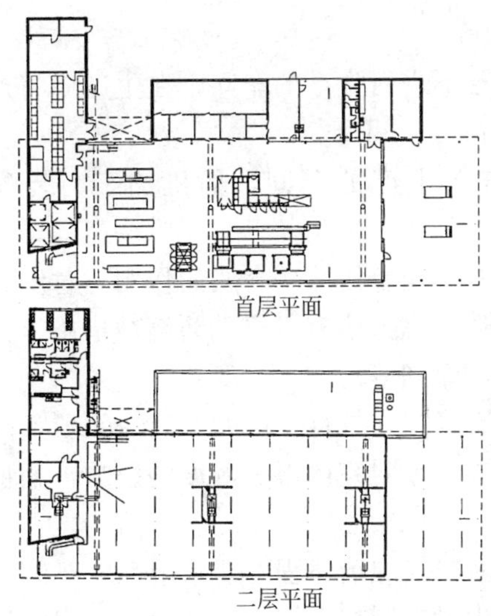

图7.0 德国埃森彼得面包厂

7.1 概 述

工业建筑是指从事各类工业生产及直接为生产服务的房屋。从事工业生产的房屋主要包括生产厂房、辅助生产用房以及为生产提供动力的房屋，这些房屋往往被称为“厂房”或“车间”。直接为生产服务的房屋是指为工业生产储存原料、半成品和成品的仓库，储存与修理车辆的用房，这些房屋均属于工业建筑的范畴。

工业建筑既为生产服务，也要满足广大工人的生活要求。随着科学技术及生产力的发展，工业建筑的类型越来越多，生产工艺对工业建筑提出的一些技术要求更加复杂，为此，对工业建筑的设计要符合安全适用、技术先进、经济合理的原则。

7.1.1 工业建筑的类型

1. 按用途分类

(1) 主要生产厂房：在这类厂房中进行生产工艺流程的全部生产活动，一般包括从备料、加工到装配的全部过程。所谓生产工艺流程是指产品从原材料—半成品—成品的全过程，如钢铁厂的烧结、焦化、炼铁、炼钢车间。

(2) 辅助生产厂房：为主要生产厂房服务的厂房，如机械修理、工具等车间。

(3) 动力用厂房：为主要生产厂房提供能源的场所，如发电站、锅炉房、煤气站等。

(4) 储存用库房：储存各种原材料、半成品或成品的仓库，如金属材料库、辅助材料库、油料库、零件库、成品库等。

(5) 运输工具用库房：停放、检修各种运输工具的库房，如汽车库、电瓶车库等。

(6) 其他：如解决厂房给水和排水问题的水泵房、污水处理站等。

2. 按生产条件分类

(1) 热加工车间：在高温、红热或材料融化状态下进行生产的车间，在生产中将产生大量的热量及有害气体、烟尘，如冶炼、铸造、锻造等车间。

(2) 冷加工车间：在正常温、湿度状态下进行生产的车间，如机加工、装配等车间。

(3) 有侵蚀的车间：在生产过程中会受到酸、碱、盐等侵蚀性介质的作用，对厂房耐久性有影响的车间。这类厂房在建筑材料选择及构造处理上应有可靠的防腐蚀措施，如化工厂和化肥厂中的某些生产车间，冶金工厂中的酸洗车间等。

(4) 恒温恒湿车间：要求在温、湿度波动很小的范围内进行生产的车间。除了室内装有空调设备外，厂房也要采取相应措施，以减小室外气象对室内温、湿度的影响，如精密仪表车间、纺织车间等。

(5) 洁净车间(无尘车间)：指产品的生产对室内空气的洁净程度要求很高的车间。这类车间应对室内空气进行净化处理，将空气中的含尘量控制在允许的范围内，厂房围护结构还应保证严密，以免大气灰尘的侵入，保证产品质量，如集成电路车间、精密仪表的微型零件加工车间等，如图 7.1 所示。

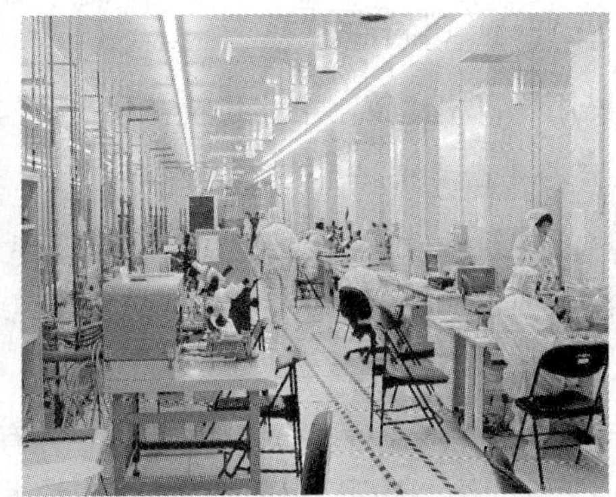

图 7.1　某电子产品生产洁净车间

3. 按层数分类

(1) 单层厂房：指层数为一层的厂房，它主要用于重型机械制造工业、冶金工业等重工业。这类厂房的特点是设备体积大、质量大，厂房内以水平运输为主。单层厂房按照建筑跨数的多少又有单跨厂房、多跨厂房之分，如图 7.2 所示。

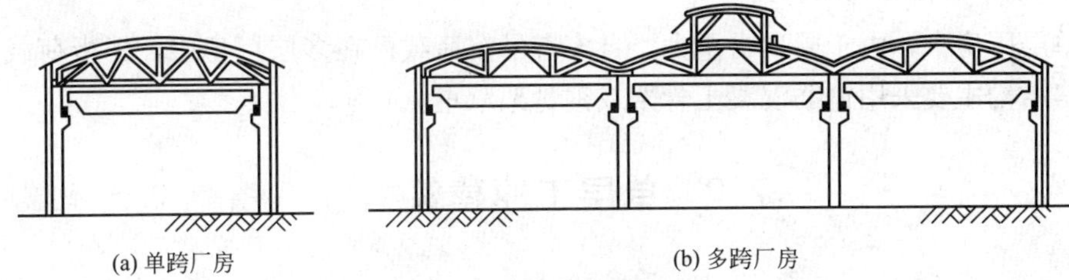

(a) 单跨厂房　　(b) 多跨厂房

图 7.2　单层厂房剖面图

(2) 多层厂房：指层数为两层以上的厂房，常见的层数为 2～6 层。这类厂房的特点是设备较轻、体积较小，工厂的大型机床一般放在底层，小型设备放在楼层上。多层厂房对于垂直方向组织生产及工艺流程的生产企业，以及设备、产品较轻的企业具有较大的适应性，多用于轻工、食品、电子、仪表等工业部门。车间运输分为垂直和水平运输两类，垂直交通靠电梯，水平交通则通过小型运输工具，如电瓶车等。在厂房面积相同的情况下，4 层左右的厂房造价最为经济。多层厂房剖面图如图 7.27 所示。

(3) 混合厂房：厂房由单层跨和多层跨组合而成，多用于热电厂、化工厂等。高大的生产设备位于中间的单跨内，边跨为多层，如图 7.3 所示。

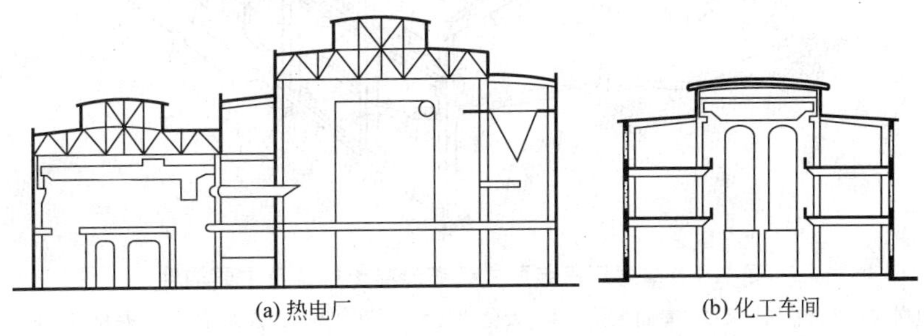

(a) 热电厂　　(b) 化工车间

图 7.3　混合厂房剖面图

7.1.2　工业建筑的特点

与民用建筑相比较，工业建筑在建筑结构等方面具有以下特点。

1. 厂房平面要根据生产工艺的特点设计

厂房的建筑设计在生产工艺设计的基础上进行，并能适应由于生产设备更新或改变生产工艺流程而带来的变化。

2. 厂房内部空间较大

由于厂房内生产设备多而且尺寸较大，并有多种起重运输设备，有的加工巨型产品，通行各类交通运输工具，因而厂房内部大多具有较大的开敞空间。如有桥式吊车的厂房，室内净高在8m以上，有6000t压力的水压机车间，室内净高在20m以上，有些厂房高度可达40m以上。

3. 厂房的建筑构造比较复杂

大多数单层厂房采用多跨的平面结合形式，内部有不同类型的起吊运输设备，由于采光通风等缘故，采用组合式侧窗、天窗，使得屋面排水、防水、保温、隔热等建筑构造的处理复杂化，技术要求比较高。

4. 厂房骨架的承载力较大

在单层厂房中，由于屋顶自重大，且多有吊车荷载；在多层厂房中，楼板荷载大，故我国厂房结构主要采用钢筋混凝土骨架或钢骨架承重。

7.2　单层工业建筑构造

7.2.1　结构组成

单层工业建筑的结构组成包括承重结构、围护结构和其他结构，如图7.4所示为单层厂房装配式钢筋混凝土排架及主要构件示意图。

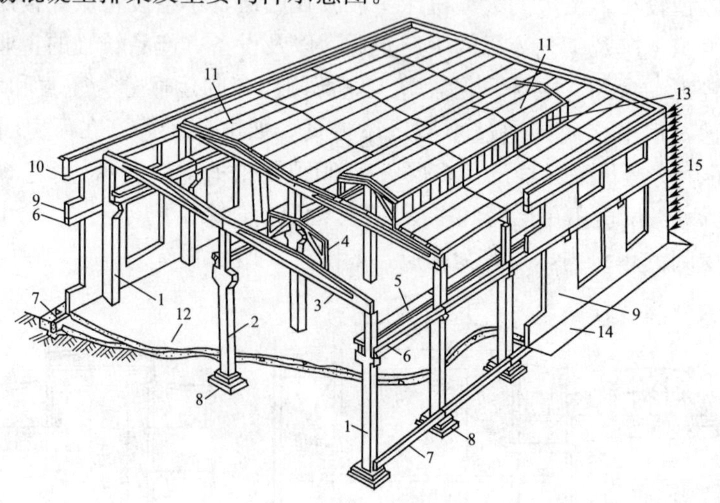

图7.4　单层厂房装配式钢筋混凝土排架及主要构件

1—边列柱；2—中列柱；3—屋面大梁；4—天窗架；5—吊车梁；6—连系梁；7—基础梁；8—基础；9—外墙；10—圈梁；11—屋面板；12—地面；13—天窗扇；14—散水；15—风荷载

1. 承重结构

厂房的承重结构由横向排架、纵向连系构件和支撑系统组成。

(1) 横向排架：由屋架(或屋面梁)、柱和基础组成。

(2) 纵向连系构件：由屋面板(或檩条)、吊车梁、连系梁等组成。

(3) 支撑系统：由屋架支撑、柱间支撑等组成。

2. 围护结构

单层厂房构件组成如图 7.4 所示，厂房的围护结构主要由屋面、外墙、门窗、天窗和地面等组成。单层工业厂房排架结构的主要荷载包括以下几部分。

(1) 竖向荷载：包括屋面荷载、墙体自重和吊车竖向荷载，并分别通过屋架、墙梁、吊车梁等构件传递到柱身。

(2) 水平荷载：包括纵横外墙风荷载和吊车纵横向冲击荷载，并分别通过墙、墙梁、抗风柱、屋盖、柱间支撑、吊车梁等构件传到柱身。

所有上述荷载均由柱身传到基础。另外，基础梁的竖向荷载不通过柱身直接传递到基础上，基础所承受的全部荷载传递到地基上。

3. 其他结构

其他结构包括了散水、地沟、坡道、吊车梯、室外消防梯、内部隔墙等。

7.2.2 结构类型和选择

单层厂房结构的分类方式有：按其承重结构的材料可分为混合结构、钢筋混凝土结构、钢结构等；按其施工方法可分为装配式和现浇式钢筋混凝土结构；按其主要承重结构的形式可分为排架结构、刚架结构和空间结构，见本书第 3 章。

7.2.3 起重运输设备

在工业厂房内应根据原材料和产品的质量布置相应的起重运输设备，如图 7.5 所示。常用的起重运输设备有单轨悬挂式吊车(图 7.6)、梁式吊车、桥式吊车等。

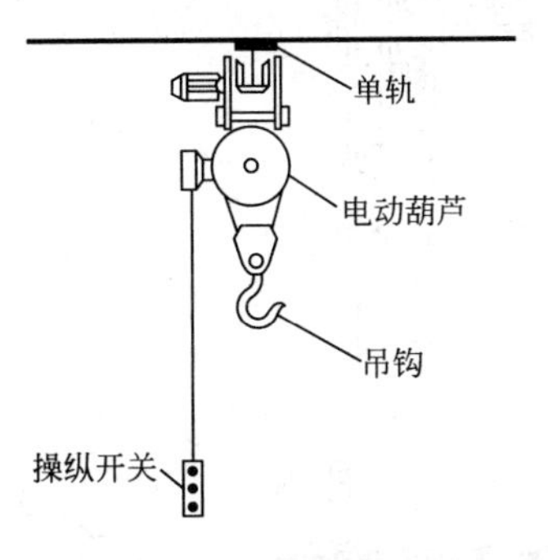

图 7.5 厂房内的起重运输设备

图 7.6 单轨悬挂式吊车

1. 单轨悬挂式吊车

单轨悬挂式吊车由电动葫芦和工字钢轨道组成。电动葫芦以工字钢为轨道，可沿直线、曲线或分岔往返运行。工字钢轨道可悬挂在屋架或屋面梁上，起重量一般在 2t 左右，特殊情况下可达 5t。单轨悬挂式吊车结构简单，造价低廉，但不能横向运行，须借助人力和车辆辅助运输，适用于小型或辅助车间，如图 7.6 所示。

2. 梁式吊车

梁式吊车由梁架、工字钢轨和电动葫芦组成(图 7.7)。吊车轨道可悬挂在屋架下弦或支撑在吊车梁上。梁式吊车可以纵横双向运行，使用方便。梁式吊车的起重量有 1t、2t、3t、5t 四种。

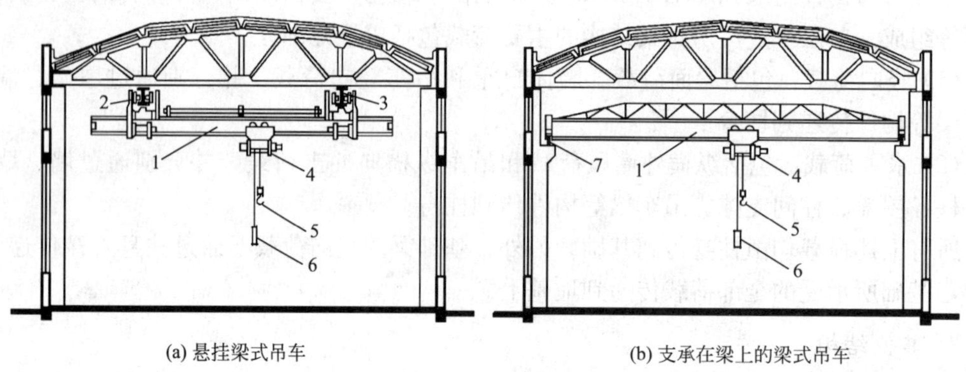

(a) 悬挂梁式吊车　　(b) 支承在梁上的梁式吊车

图 7.7　梁式吊车

1—钢梁；2—运行装置；3—轨道；4—提升装置；5—吊钩；6—操纵开关；7—吊车梁

3. 桥式吊车

桥式吊车由桥架和起重行车(也称大车和小车)组成，桥架行驶在吊车梁的轨道上。桥式吊车的起重量较大，有 5～500t 不等，并有主钩与副钩之分，还可以根据生产需要设置抓斗、电磁吸盘、夹钳、料槽等专用吊具，如图 7.8 所示。

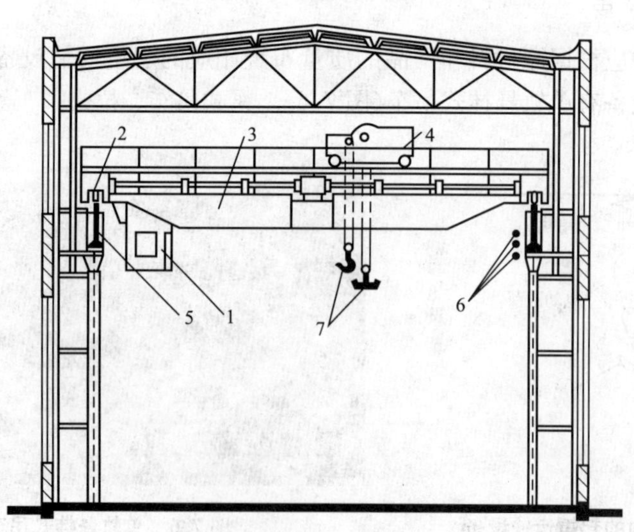

图 7.8　桥式吊车

1—吊车司机室；2—吊车轮；3—桥架；4—起重小车；5—吊车梁；6—电线；7—吊钩

桥式吊车按其工作的重要性和繁忙程度分为重级、中级和轻级三种工作制度。操作应在操作室进行，因而在厂房的端部或中部应设置供司机上下的钢梯。

7.2.4 单层厂房平面设计

1. 工厂总平面与厂房平面设计的关系

工厂总平面按功能可分为生产区、辅助生产区、动力区、仓库区、厂前区。

进行工厂总平面设计应满足以下要求。

(1) 根据全厂的生产工艺流程、交通运输、卫生、防火、风向、地形、地质等条件确定建筑物、构筑物的相对位置。

(2) 合理地组织人流和货流，避免交叉和迂回。

(3) 布置地上和地下的各种工程管线，进行厂区竖向布置及美化、绿化厂区等。

影响总平面布置的因素主要包括：人流与货流的影响；地形的影响；风向的影响。此外，总平面布置应紧凑，注意节约用地；建筑物外形应尽量规整。如图 7.9 所示为某机械制造厂总平面图。

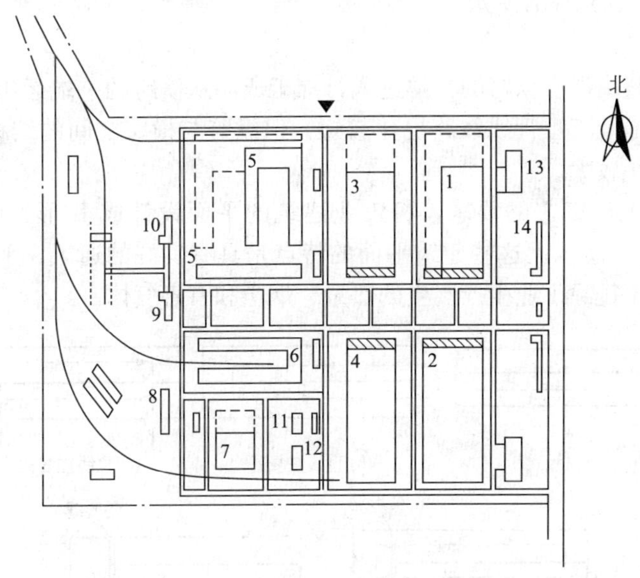

图 7.9 某机械制造厂总平面图

1—辅助车间；2—装配车间；3—机械加工车间；4—冲压车间；5—铸工车间；6—锻工车间；7—总仓库；8—木工车间；9—锅炉房；10—煤气发生站；11—氧气站；12—空气压缩站；13—食堂；14—厂部办公室

2. 厂房生产工艺与平面设计的关系

单层厂房平面及空间组合设计是在工艺设计与工艺布置的基础上进行的，故生产工艺平面布置决定着建筑平面。生产工艺平面图的内容包含：工艺流程的组织、起重运输设备的选择和布置、工段的划分、运输通道的宽度及其布置、厂房面积的大小等。

一个完整的工艺平面图，主要包括以下 5 个内容。

(1) 根据生产的规模、性质、产品规格等确定的生产工艺流程。

(2) 选择和布置生产设备和起重运输设备。

(3) 划分车间内部各生产工段及其所占面积。

(4) 初步拟定厂房的跨间数、跨度和长度。

(5) 提出生产对建筑设计的要求，如采光、通风、防震、防尘、防辐射等。

3. 平面形式

厂房的工艺流程和生产特征，直接影响并在一定程度上决定了其平面形式。生产工艺流程的形式有直线式、直线往复式和垂直式 3 种，与之相适应的工业建筑平面形式如下。

1) 直线式

直线式是指原材料从厂房一端进入，加工后成品由厂房的另一端运出，其特点是工业建筑内部各工段间联系紧密，但是运输线路和工程管线较长，与之相适应的工业建筑平面形式是矩形平面，如图 7.10(a)所示。

2) 直线往复式

直线往复式即原材料由厂房的一端进入，产品由同一端运出。其特点是工段联系紧密，运输线路和工程管线短捷，形状规整，占地面积小，外墙面积小，对节约材料和保温隔热有利。直线往复式适用于多种生产性质的工业建筑，但是采光通风及屋面排水较为复杂，如图 7.10(b)、(c)、(d)所示。

3) 垂直式

垂直式即原材料由厂房纵跨的一端进入，加工成品从横跨的一端运出。其特点是工艺流程紧凑合理，运输及工程管线线路也比较短，但纵跨与横跨之间的结构构造较为复杂，费用较高，占地面积较大。

有时为了满足生产工艺的要求，将工业建筑的平面设计成 L 形、U 形或 E 形，如图 7.10(e)、(f)、(g)所示。这些建筑平面的特点是具有良好的通风、采光、排气、散热和除尘等功能，便于排除工业生产产生的热量、烟尘和有害气体。

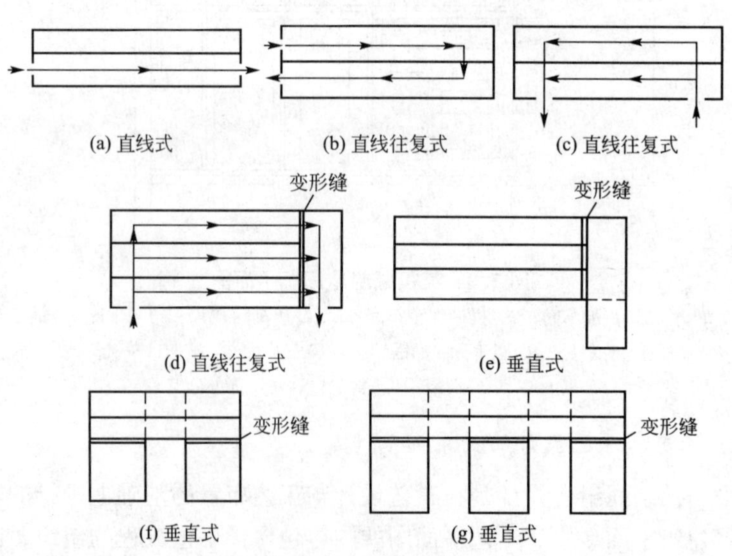

图 7.10　厂房平面形式

采用多跨平面比采用单跨平面可以减少占地面积，同时运输路线简捷、外墙长度少、造价较低；缺点是构造复杂、采光不利。生产中有大量余热与烟尘的车间应加强通风、换气。L形、山形平面在热加工车间中采用较多。

7.2.5 单层厂房剖面设计

1. 厂房高度的确定

单层厂房的高度是指厂房室内地坪到屋顶承重结构下表面的垂直距离。一般情况下，它与柱顶距地面的高度基本相等，如图 7.11 所示。

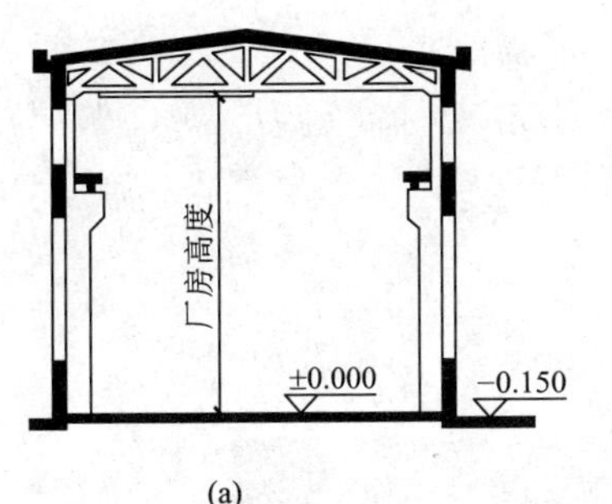

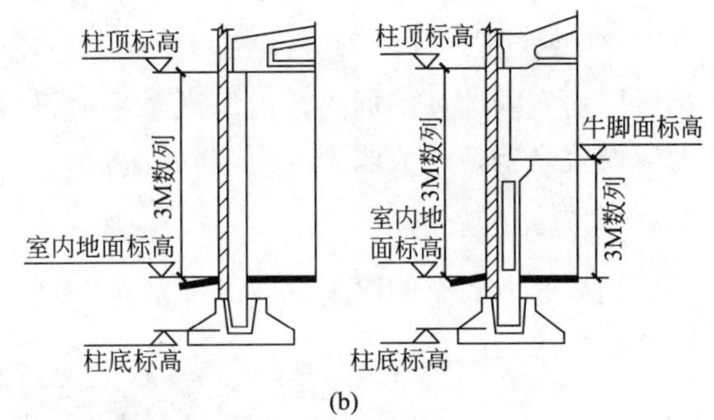

图 7.11 厂房高度的确定

1) 无吊车厂房

无吊车厂房的柱顶标高，通常指最大生产设备及其使用、安装、检修时所需的净空高度。一般不低于 3.9m，以保证室内最小空间，以及满足采光、通风的要求。柱顶高度应符合 300mm 的整数倍，若为砖石结构承重，柱顶高度应为 100mm 的倍数。

2) 有吊车厂房

有吊车厂房的柱顶标高由以下 7 项组成，如图 7.12 所示。

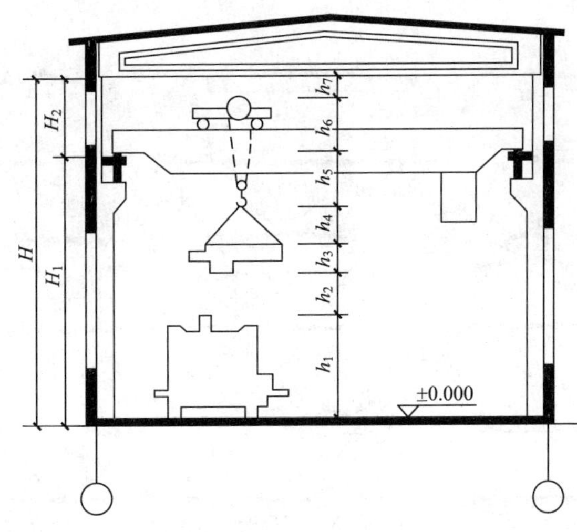

图 7.12 厂房高度的组成

柱顶标高 $H=H_1+H_2$

轨顶标高 $H_1=h_1+h_2+h_3+h_4+h_5$

轨顶至柱顶高度 $H_2=h_6+h_7$

式中：h_1——需跨越最大设备、室内分隔墙或检修所需的高度；

h_2——起吊物与跨越物间的安全距离，一般为400～500mm；

h_3——被吊物体的最大高度；

h_4——吊索最小高度，根据加工件大小而定，一般大于1000mm；

h_5——吊钩至轨顶面的最小距离，由吊车规格表中查得；

h_6——吊车梁轨顶至小车顶面的净空尺寸，由吊车规格表中查得；

h_7——屋架下弦至小车顶面之间的安全间隙。

2. 室内地坪标高的确定

单层厂房室内地坪的标高，由厂区总平面设计确定，其相对标高定为±0.000；与室外地面应设置高差，一般取100～150mm。

3. 厂房的天然采光

厂房的采光方式有侧面采光、上部采光、混合采光，如图7.13和图7.14所示。

图7.13　厂房的天然采光

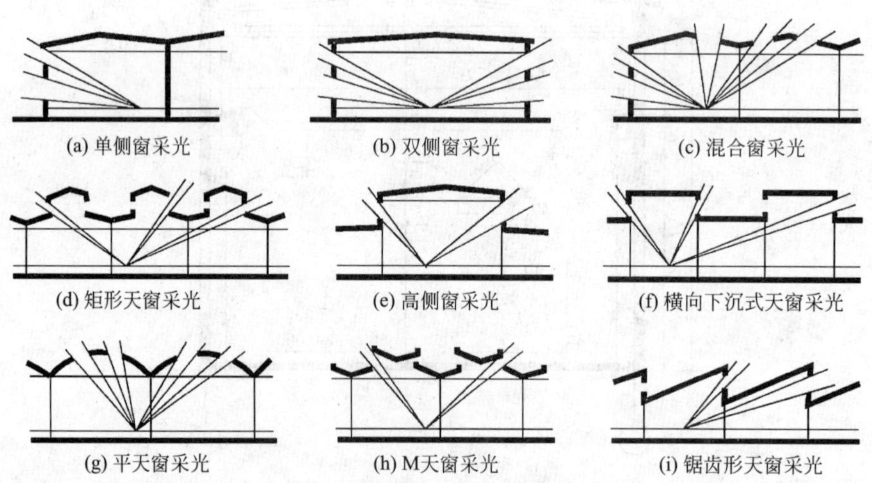

图7.14　单层厂房天然采光方式

厂房的采光要根据室内工作面对采光的要求来确定窗的大小、形式及位置，保证室内光线的强度、均匀度，避免眩光，以满足正常工作的需求，如图7.15所示。

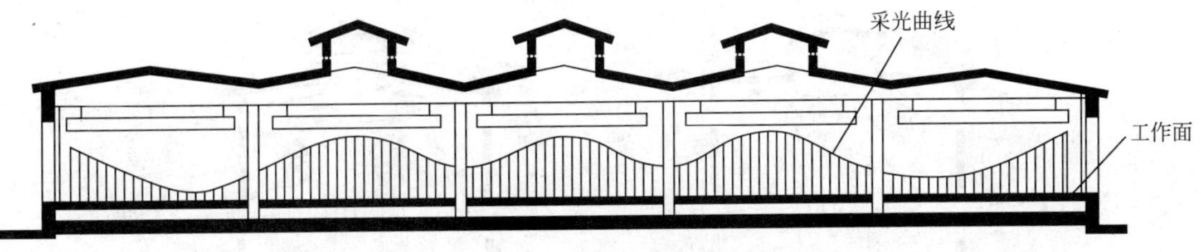

图 7.15 采光曲线示意

厂房的侧面采光，若为单侧采光，应使厂房有效进深小于侧窗口上沿至工作面高度的 2 倍以内，如图 7.16 所示。若进深增大，超过了单侧采光的有效范围，则需采用双侧采光或人工照明等方式。厂房的高低侧窗布置如图 7.17 所示。

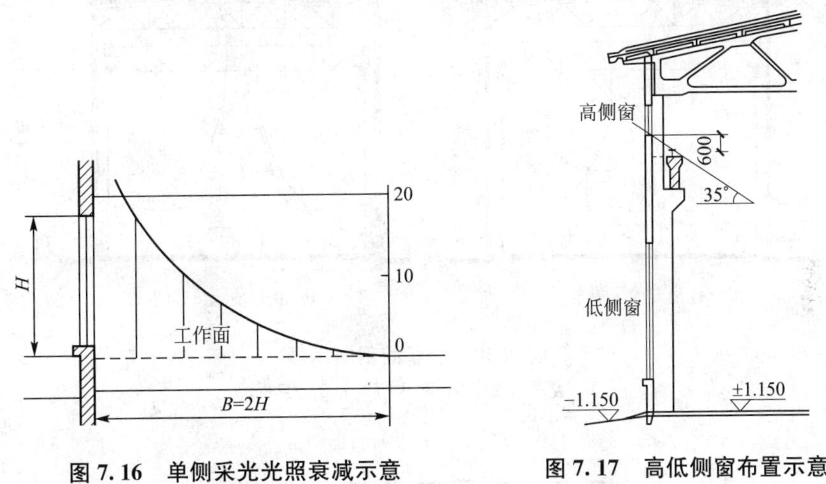

图 7.16 单侧采光光照衰减示意　　图 7.17 高低侧窗布置示意

厂房的上部采光一般设置天窗，采光天窗以矩形天窗最为常用，矩形天窗宽度与跨度关系如图 7.18 所示。

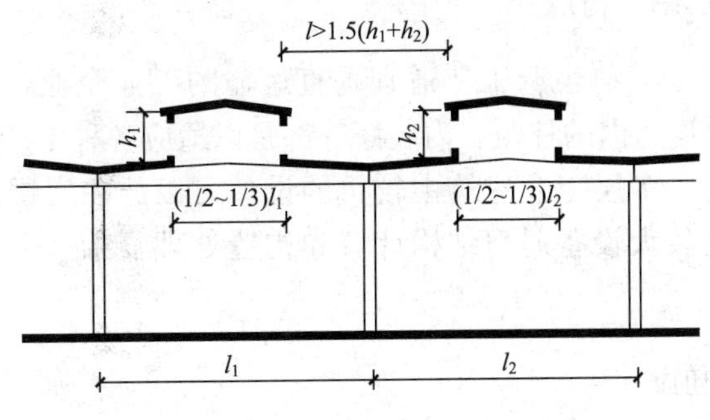

图 7.18 矩形天窗宽度与跨度的关系

4. 厂房的自然通风

厂房自然通风的基本原理是通过热压和风压作用进行的。通风天窗的通风要点是保证排风口处于负压区，如图 7.19 所示。

热车间产生的余热和有害气体较多，对它的自然通风要更为重视，热车间剖面如图 7.20 所示。

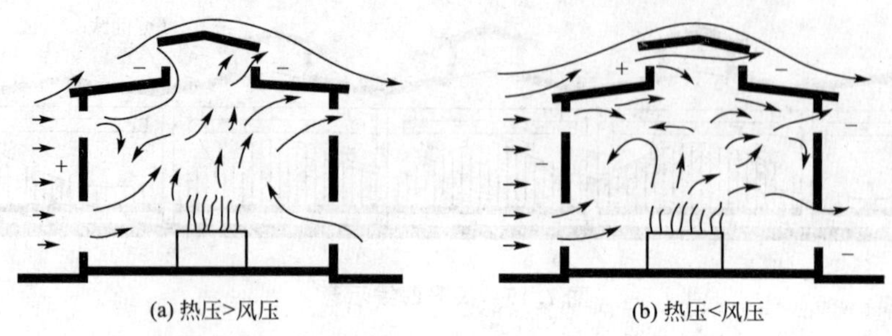

图 7.19　热压和风压共同作用时的气流情况

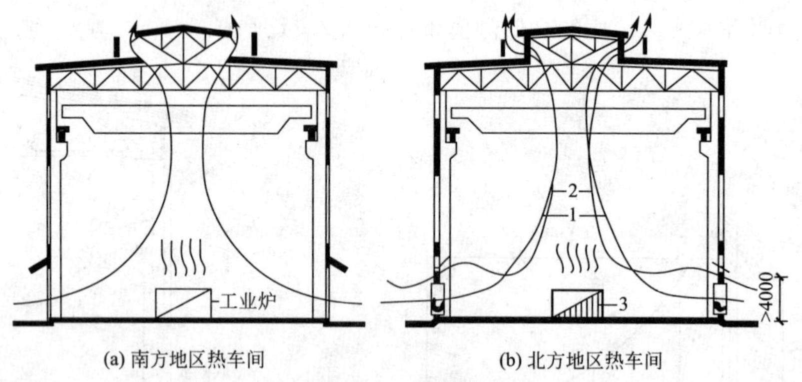

图 7.20　热车间剖面示意

1—夏季气流；2—冬季气流；3—工业炉

7.3　多层工业建筑构造

7.3.1　多层工业建筑的结构特点

多层工业建筑常用于某些生产工艺适宜垂直运输的工业企业，一般为梁、板、柱承重，柱网尺寸较小，但厂房内的柱距、内装修等都是以适应各种生产灵活布置或稍加改造就可使用的原则设计的。多层工业建筑中较重的设备可以放在底层，较轻的设备放在楼层。但是如果布置振动较大设备时，结构计算和构造处理复杂，适应性也不如单层工业建筑。

7.3.2　多层厂房的平面设计

1. 平面布置的形式

1）统间式

统间式是指厂房的主要生产部分集中布置在一个空间内，不设分隔墙，将辅助生产工段和交通运输部分布置在中间或两端的平面形式，如图 7.21 所示。统间式布置适用于生产工段需要较大面积，相互之间联系密切，不宜用隔墙分开的车间，各工段一般按照工艺流程布置在大统间中。

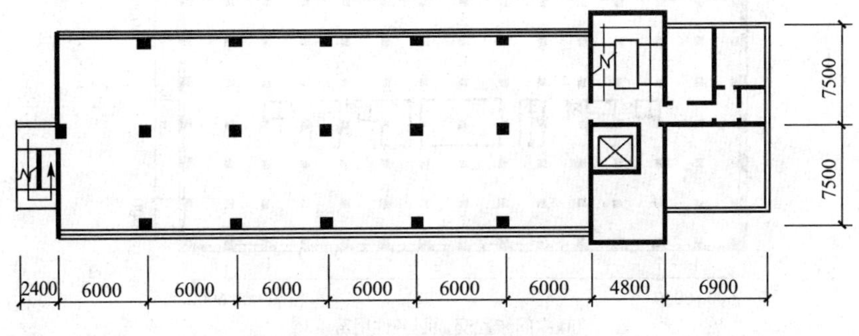

图 7.21 统间式平面布置

2）内廊式

内廊式是指多层工业建筑中每层的各生产工段用隔墙分隔成大小不同的房间，再用内廊将其联系起来的一种平面布置形式，如图 7.22 所示。这种形式适用于生产工段所需面积不大，生产中各工段间既需要联系，又需要避免干扰的多层工业厂房。

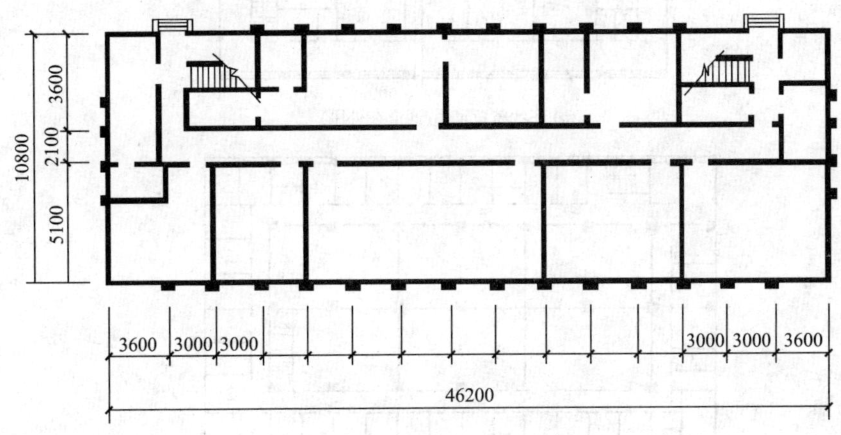

图 7.22 内廊式平面布置

3）大宽度式

大宽度式是指平面采用加大厂房宽度，形成大宽度式的平面，呈现为厅廊结合、大小空间结合，如双廊式、三廊式、环廊式、套间式等，如图 7.23 所示。平面布置时可将交通枢纽及生活辅助用房布置在厂房中部采光条件较差的区域，以保证工段所需要的采光与通风要求。该平面形式主要适用于技术要求较高的恒温、恒湿、洁净、无菌等生产车间。

4）混合式

混合式是指根据生产工艺以及建筑使用面积等不同需要，将上述各种平面形式混合布置。

2. 楼梯、电梯间及生活辅助用房的布置

1）布置方式

布置方式有布置在车间内部、贴建于厂房外墙、在厂房不同区段的连接处和独立式布置等，如图 7.24 所示。

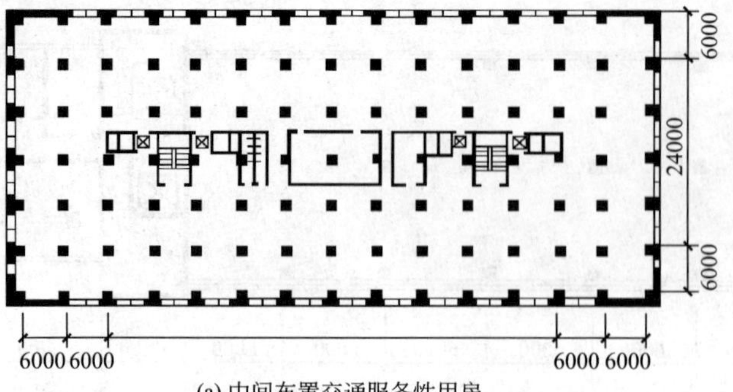

(a) 中间布置交通服务性用房

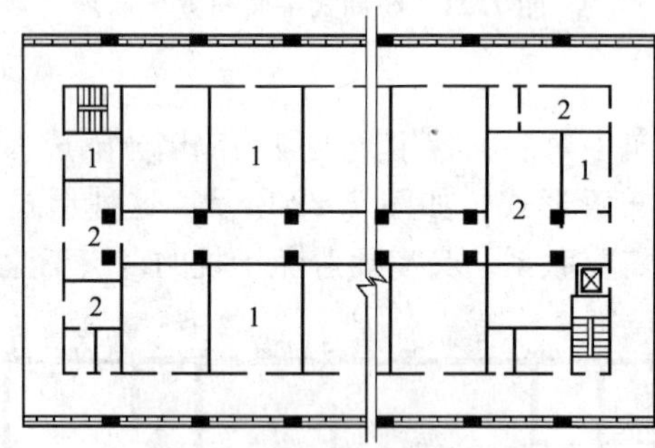

(b) 环状布置通道(通道在外围)

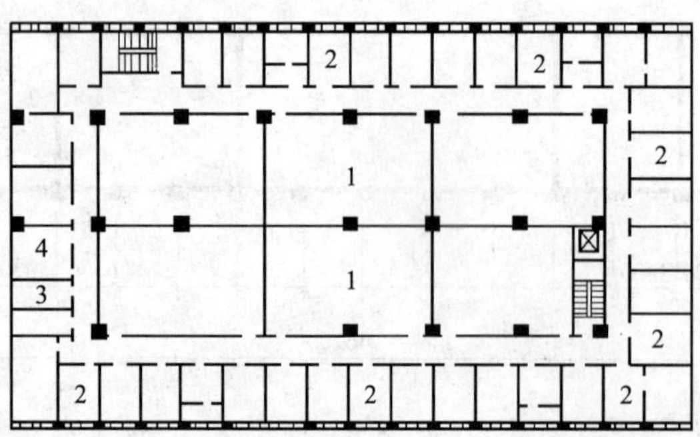

(c) 环状布置通道(通道在中间)

图 7.23　大宽度式平面布置

1—生产用房；2—办公、服务性用房；3—管道井；4—仓库

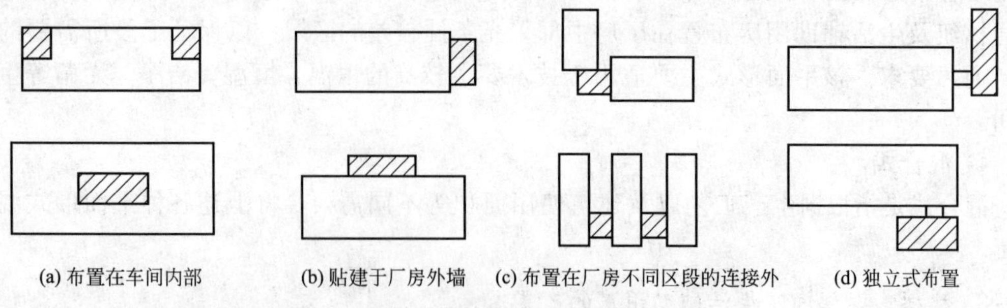
(a) 布置在车间内部　(b) 贴建于厂房外墙　(c) 布置在厂房不同区段的连接处　(d) 独立式布置

图 7.24　楼梯、电梯间及生活辅助用房的布置

2）楼梯和电梯的交通组织

多层厂房的电梯间和主要楼梯通常布置在一起，组成交通枢纽，并常与生活、辅助用

房组合在一起，以方便使用且能节约建筑空间。其具体位置不仅与生产流程直接有关，而且对建筑平面布置、体型组合与立面设计，以及防震、防火等要求均有影响，如图 7.25 和图 7.26 所示。

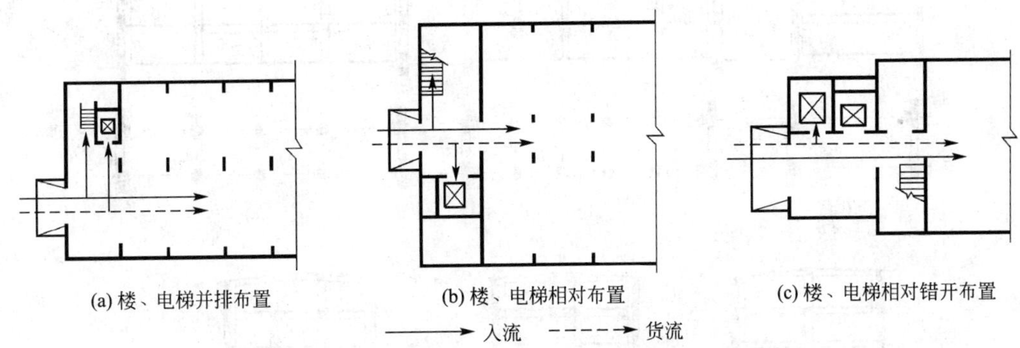

图 7.25 楼梯和电梯的交通组织(人流和货流同门布置)

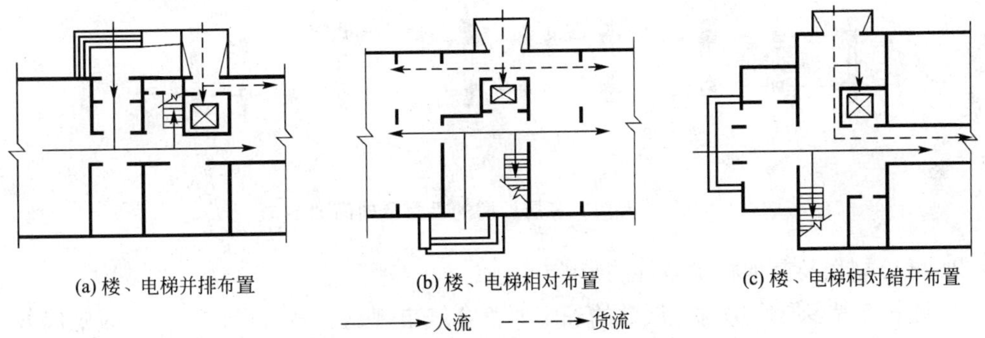

图 7.26 楼梯和电梯的交通组织(人流和货流异门布置)

7.3.3 多层工业建筑的剖面设计

多层厂房的剖面设计应结合平面设计、立面设计同时考虑，其主要任务是合理确定厂房剖面形式、层数和层高。

1. *剖面形式*

由于厂房平面柱网的不同，相应的多层厂房的剖面也有各种形式，如图 7.27 所示。

2. *层数的确定*

多层厂房层数的选择主要取决于生产工艺、城市规划和经济因素三方面因素，其中生产工艺起着主导作用。

1) 生产工艺的影响

厂房根据生产工艺流程进行竖向布置。在确定各工段的相对位置和面积时，厂房的层数也相应确定了。如服装厂的缝制车间，按其生产工艺流程的要求，一般是顶层布置裁剪工段，中间层布置缝纫工段，底层布置整烫工段。中间层的缝纫工段往往根据生产服装的类型不同或缝纫数量的多少，又可分一至数个不同类型的缝纫工段，若干个工段占一层楼，则一般缝纫车间层数常为 3～5 层。

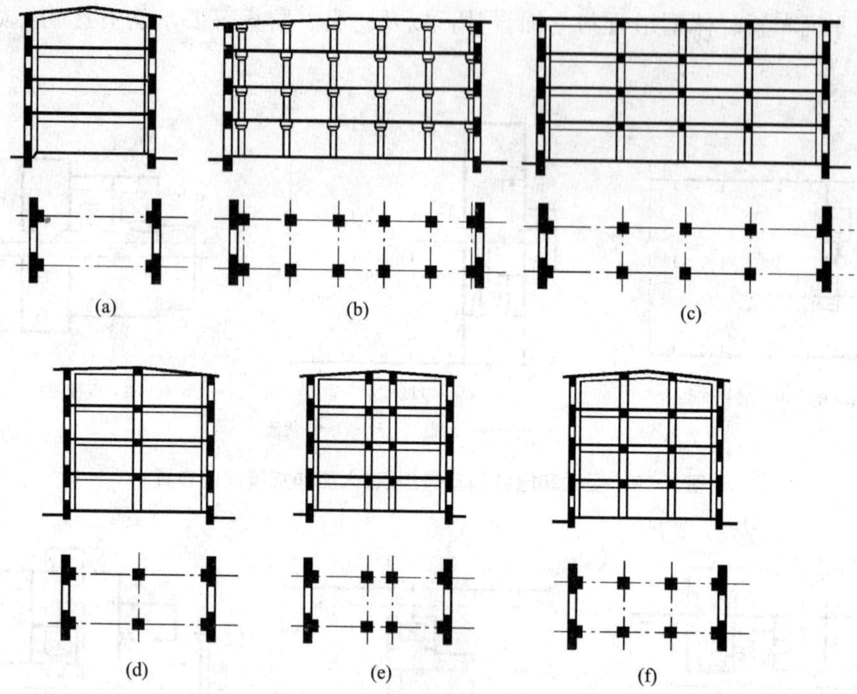

图 7.27　多层厂房的平面及剖面图

2）城市规划及其他技术条件的影响

在城市布置多层厂房时，层数的确定要符合城市规划、城市设计、天际轮廓线及周围环境、工厂群体组合等的要求。要结合厂址的地质条件、结构形式、施工方法及抗震、防灾的不同要求来确定。

3）经济因素的影响

多层厂房的经济问题通常应从设计、结构、材料、施工等多方面进行综合分析，我国多层厂房的层数一般为 2～6 层，也有提高到 6～9 层的。国外多层厂房一般为 4～9 层，也有多达 25 层左右的。从我国目前的情况来看，经济的层数为 3～5 层。

3. *层高的确定*

1）层高和生产、运输设备的关系

多层厂房的层高在满足生产工艺要求的同时，还要考虑用车、传送装置等运输设备对厂房层高的影响。

2）层高和通风采光的关系

一般采用自然通风的车间，厂房净高应根据《工业企业设计卫生标准》(GBZ 1—2010)规定中所要求的每名工人应占有的容积计算确定。对于散发热量的工段，则根据通风计算选择层高。

3）层高和管道布置的关系

管道布置对层高的影响较大，例如要求恒温恒湿的工段中空调管道断面较大，有的高达 2m 左右，这时管道高度就成为决定层高的主要因素，如图 7.28 所示。

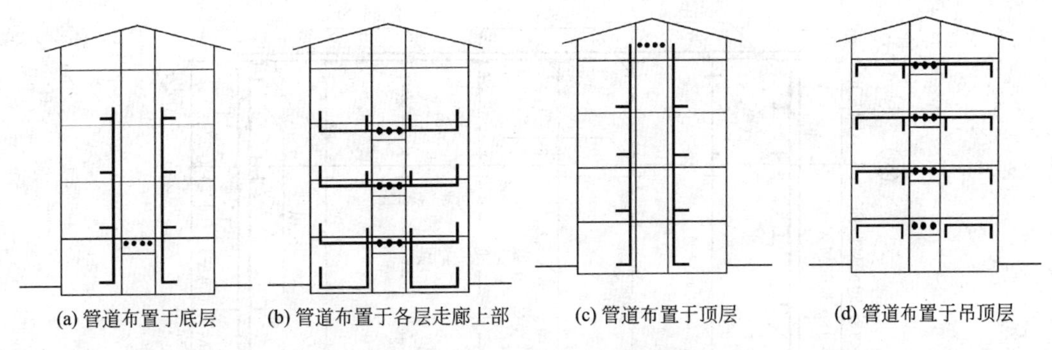

图 7.28 多层厂房几种管道布置

4) 层高和室内空间的比例关系

在满足生产工艺要求与经济合理的前提下，厂房的层高应考虑室内建筑空间的比例关系，使其空间比例协调。

5) 层高与经济的关系

层高与单位面积造价的变化呈正比关系，如图 7.29 所示。从图中可以看出，层高每增加 0.6m，单位面积造价提高约 8.3%左右。目前，我国多层厂房常采用的层高有 4.2m、4.5m、4.8m、5.1m、5.4m、6.0m 等几种。在同一幢厂房内层高尺寸以不超过两种为宜(地下层高除外)。

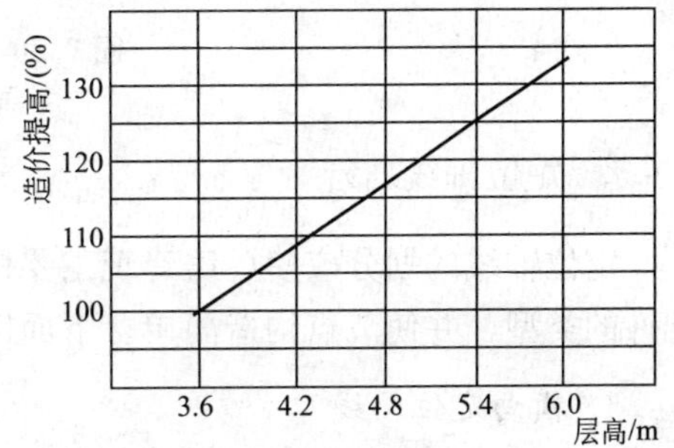

图 7.29 层高与造价的关系

7.4 工业建筑定位轴线

厂房的定位轴线是确定厂房主要承重构件的位置及其标志尺寸的基线，同时也是施工放线、设备定位和安装的依据。柱子是单层厂房的主要承重构件，为了确定其位置，在平面上要布置纵横向定位轴线。为了提高厂房建筑设计标准化、生产工厂化和施工机械化的水平，划分厂房定位轴线时，在满足生产工艺要求的前提下应尽可能减少构件的种类和规格，并使不同厂房结构形式所采用的构件能最大限度地互换和通用，以提高厂房建筑的装配化程度和建筑工业化水平。

7.4.1 柱网布置

以单层厂房为例，确定柱网尺寸，实际就是确定厂房的跨度和柱距。在考虑厂房生产工艺、建筑结构、施工技术、经济效果等因素的前提下，应符合《厂房建筑模数协调标准》(GB 50006—2010)的规定，如图 7.30 所示。

定位轴线的编号是便于设计和施工的重要内容，图纸水平方向的定位轴线编号是从左至右用阿拉伯数字排列；垂直方向的定位轴线编号是从下至上用汉语拼音字母排列，但排列到 I、O、Z 时应隔过去，以防与 1、0、2 相混淆。对于非承重和次要构件的定位轴线编号(如抗风柱、隔墙等)应使用分轴线编号。当设有变形缝时，相邻定位轴线的距离称作插入距(a_i)。

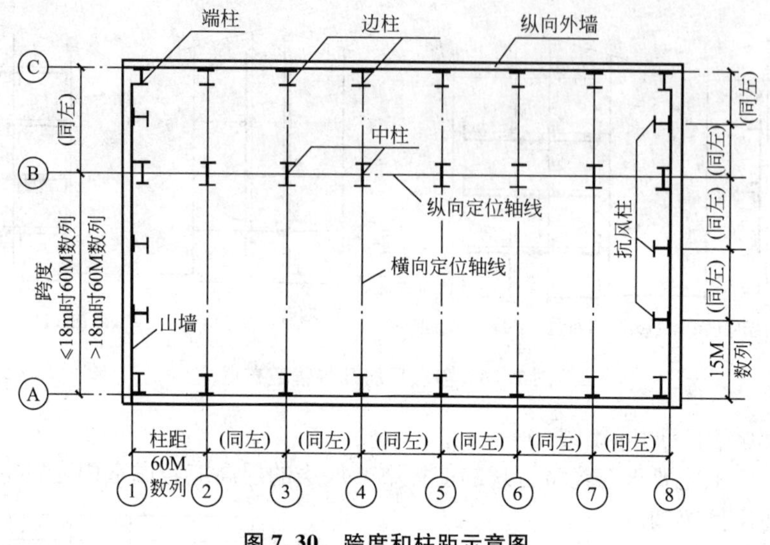

图 7.30　跨度和柱距示意图

7.4.2　定位轴线划分

定位轴线的划分应使厂房建筑主要构配件的几何尺寸做到标准化和系列化，以减少构配件的类型，并使节点构造简单。下面以单层工业厂房定位轴线划分为例进行说明。

1. 横向定位轴线

厂房横向定位轴线主要用来标定纵向构件(如屋面板、吊车梁、连系梁、基础梁等)的位置，应位于这些构件的端部。

(1) 中间柱(除变形缝外的柱和端部柱以外的柱)的中心线应与横向定位轴线相重合。

(2) 横向变形缝处柱应采用双柱及两条横向定位轴线，两条横向定位轴线应分别位于缝两侧屋面板的端部，柱的中心线均应自定位轴线向两侧各移 600mm，两条横向定位轴线间所需缝的宽度 a_e 应符合现行有关国家标准的规定，如图 7.31(a)所示。

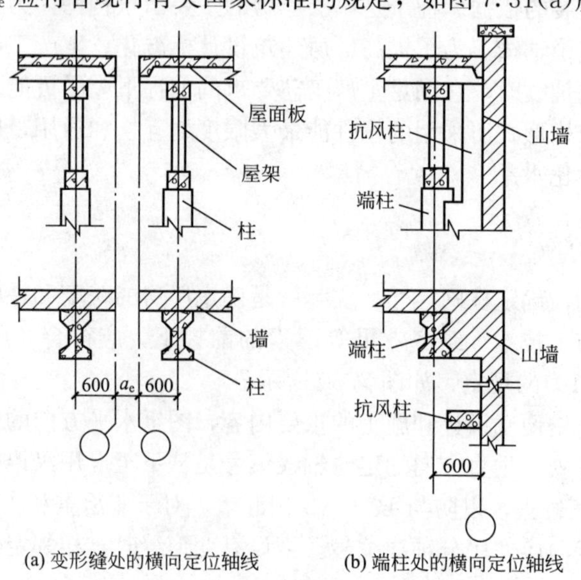

图 7.31　墙、柱与横向定位轴线的联系

(3) 横向定位轴线应与山墙内缘重合，端部柱的中心线应自横向定位轴线向内移600mm，如图 7.31(b)所示。

2. 纵向定位轴线

厂房纵向定位轴线用来标定横向构件屋架(或屋面梁)的位置，纵向定位轴线应位于屋架(或屋面梁)的端部。墙、柱与纵向定位轴线的关系视具体情况而定。

1) 边柱与纵向定位轴线的关系

(1) 封闭结合：即边柱外缘和墙内缘与纵向定位轴线相重合，如图 7.32(a)所示。这种屋架端头、屋面板外缘和外墙内缘均在同一条直线上，形成“封闭结合”的构造，适用于无吊车或只有悬挂吊车、柱距为 6m、吊车起重量不超过 20/5t 的厂房。

(2) 非封闭结合：在有桥式吊车的厂房中，由于吊车运行、起重量、柱距或构造要求等原因，边柱外缘和纵向定位轴线间需加设联系尺寸 a_c，联系尺寸应为 300mm 或其整数倍，但围护结构为砌体时，联系尺寸可采用 50mm 或其整数倍。这时，由于屋架标志端部与柱子外缘、外墙内缘不能重合，上部屋面板与外墙间便出现空隙，称为“非封闭结合”，如图 7.32(b)所示。上部空隙需加设补充构件盖缝。

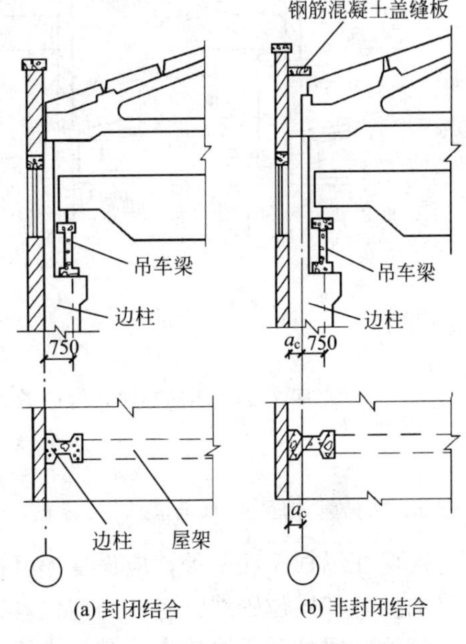

图 7.32 边柱与纵向定位轴线的联系

2) 中柱与纵向定位轴线的定位

(1) 等高跨中柱与定位轴线的定位：宜设单柱和一条纵向定位轴线，柱的中心线宜与纵向定位轴线重合，如图 7.33(a)所示。若相邻跨内的桥式吊车起重量、厂房柱距较大或

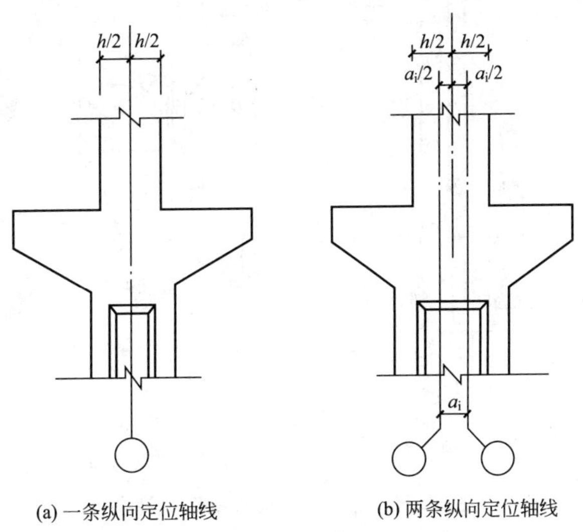

图 7.33 等高跨中柱设单柱(无纵向伸缩缝)

h—上柱截面高度；a_i—插入距

构造要求设插入距时，中柱可采用单柱和两条纵向定位轴线，插入距 a_i 应符合 3M 数列，柱中心线宜与插入距中心线重合，如图 7.33(b)所示。

(2) 不等高跨中柱：中柱设单柱，把中柱看作是高跨的边柱，对于低跨，为简化屋面构造，一般采用封闭结合。根据高跨是否封闭及封墙位置有 4 种定位方式，如图 7.34 所示。

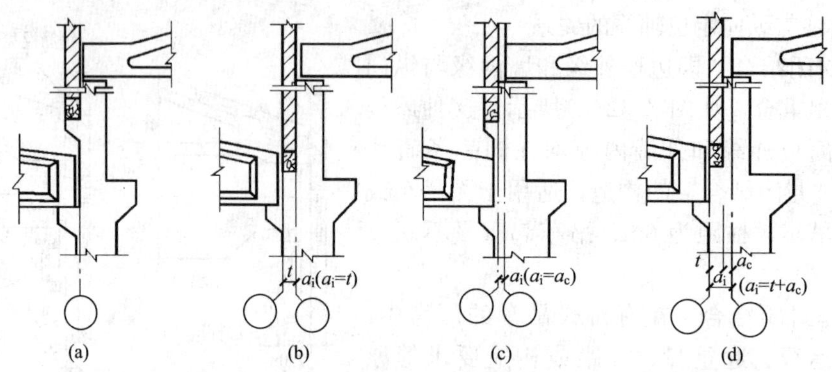

图 7.34　不等高跨中柱设单柱(无纵向伸缩缝时)与纵向定位轴线的定位

a_i—插入距；t—封墙厚度；a_c—联系尺寸

3. 纵横跨相交处柱与定位轴线的关系

厂房在纵横跨相交处，应设变形缝断开，使两侧在结构上各自独立，因此总横跨应有各自的柱列和定位轴线。各柱与定位轴线的关系分别按山墙处柱与横墙定位轴线和边柱与纵向定位轴线的关系来确定，其插入距 a_i 视封墙为单墙或双墙，及横跨是否封闭和变形缝宽度而定，如图 7.35 所示。

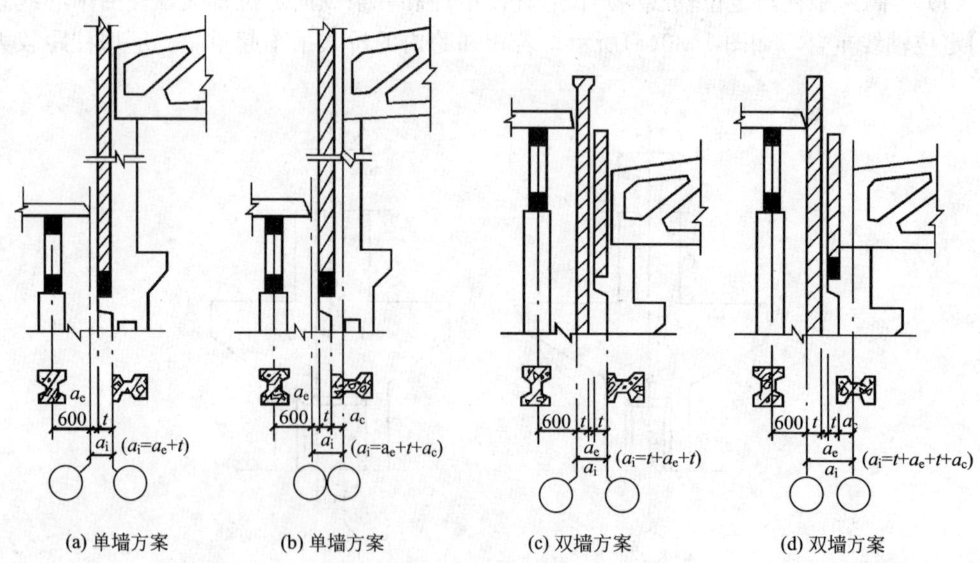

图 7.35　纵横跨相交处的定位轴线

本章小结

工业建筑的类型和特点	• 类型：按用途分为主要生产厂房、辅助生产厂房、动力用厂房、储存用库房、运输工具用库房等；按生产条件分为热加工车间、冷加工车间、有侵蚀的车间、恒温恒湿车间、洁净车间等；按层数分为单层厂房、多层厂房、混合厂房 • 特点：具有生产工艺的特点、内部空间较大、建筑构造比较复杂、骨架的承载力较大
单层工业建筑构造	• 结构组成：包括承重结构、围护结构和其他结构 • 结构类型和选择：可按其材料、施工方法、主要承重结构来划分 • 起重运输设备：常用的起重运输设备有单轨悬挂式吊车、梁式吊车、桥式吊车等 • 单层厂房平面设计：工厂总平面与厂房平面设计的关系、厂房生产工艺与平面设计的关系、平面形式(直线式、直线往返式、垂直式)、柱网的选择 • 单层厂房剖面设计：厂房高度的确定、室内地坪标高的确定、厂房的天然采光、厂房的自然通风
多层工业建筑构造	• 多层工业建筑的结构特点：结构、构造处理复杂 • 多层厂房的平面设计：平面布置的形式(统间式、内廊式、大宽度式、混合式)，柱网的选择，楼梯、电梯间及生活辅助用房的布置 • 多层工业建筑的剖面设计：剖面形式、层数、层高的确定
工业建筑定位轴线	• 柱网布置 • 定位轴线划分：横向定位轴线、纵向定位轴线、纵横跨相交处柱与定位轴线的关系

习　　题

一、思考题

1. 工业建筑有哪些特点？工业建筑有哪些类型？
2. 工业建筑与民用建筑有何区别？
3. 单层厂房内起重运输设备常见的有几种？各有何特点？
4. 装配式钢筋混凝土排架结构厂房的主要结构构件有哪些？
5. 与单层厂房相比，多层厂房有何特点？多层厂房的适用范围有哪些？
6. 多层厂房的层数、层高与哪些因素有关？

二、选择题

1. 按照厂房的工艺流程和生产特征，下图的平面形式为(　　)。

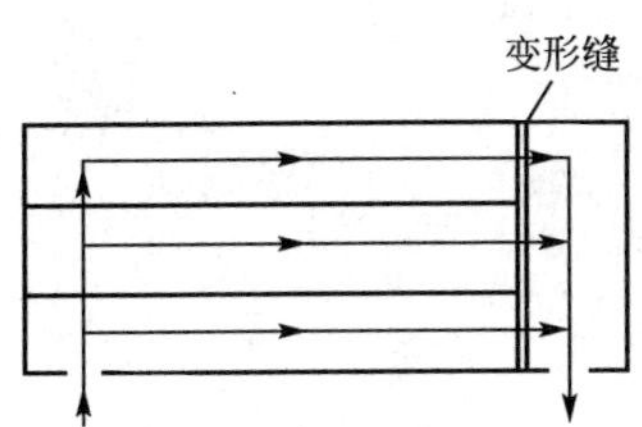

A. 直线式　　　B. 直线往复式　　　C. 垂直式　　　D. 综合式

2. 单层厂房的高度是指(　　)。

A. 厂房室内地坪到屋顶承重结构下表面的垂直距离

B. 厂房室外地坪到屋顶承重结构下表面的垂直距离

C. 厂房室内地坪到屋面结构层的垂直距离

D. 厂房室外地坪到屋面结构层的垂直距离

3. 下列哪种多层厂房平面形式适用于生产工段需要较大面积，相互联系密切，不宜用隔墙分开的车间？(　　)

A. 统间式　　　B. 内廊式　　　C. 大宽度式　　　D. 混合式

4. 图纸垂直方向的定位轴线编号(　　)用汉语拼音字母排列。

A. 从左到右　　　B. 从右到左　　　C. 从上到下　　　D. 从下到上

5. 横向变形缝处柱应采用双柱及两条横向定位轴线，两条横向定位轴线应分别位于缝两侧屋面板的端部，柱的中心线均应自定位轴线向两侧各移(　　)。

A. 0mm　　　B. 100mm　　　C. 300mm　　　D. 600mm

6. 等高跨中柱纵向定位轴线的定位当没有纵向变形缝时，宜设(　　)纵向定位轴线，柱的中心线宜与纵向定位轴线相重合。

A. 单柱和一条　　　B. 单柱和两条　　　C. 双柱和一条　　　D. 双柱和两条

三、判断题

1. 单层厂房按其施工方法可分为排架结构、刚架结构、空间结构等。　　(　　)

2. 单轨悬挂式吊车由电动葫芦和工字钢轨道组成，起重量5～500t不等。　　(　　)

3. 单层厂房室内地面与室外地面应设置高差，一般为300～450mm。　　(　　)

4. 厂房柱子与纵横向定位轴线在平面上形成有规律的网格，称为柱网。柱网中，柱子纵向定位轴线间的距离称为跨度，横向定位轴线间的距离称为柱距。　　(　　)

第 8 章　建筑工业化构造

知识目标

- 了解和掌握建筑工业化的内容。
- 熟悉和掌握建筑工业化的类型及构造。
- 了解和掌握建筑工业化体系标准化与多样化的途径。

导入案例

工业化是建筑业传统模式的一项改变，它不能简单地理解为采用预制构件，还应包括设计、部件的预制和施工各个阶段传统模式的改变，是涉及建筑全过程的改变。因此，衡量项目的工业化程度要在以上三个阶段全面考核。

2011 年 5 月 11 日，随着沈阳万科·春河里现代建筑产业化示范项目(图 8.0)开始吊装第一根混凝土预制构件，旨在打造“第三代住宅”的万科在东北地区率先展开了住宅工业化的尝试。在万科内部，已经习惯了将住宅工业化形容为“像拼装汽车一样建房”。住宅工业化与传统的施工工艺之间有着明显的差别，是施工规模以及施工速度上的一种显著提升。万科·春河里项目是一个几乎没有灰尘的工程现场！

图 8.0　沈阳万科·春河里住宅工业化工程项目

8.1　建筑工业化的内容

建筑的工业化是社会生产力发展的必然产物，它是指用现代工业生产方式和管理手段代替传统的，分散的手工业生产方式来建造房屋，也就是和其他工业那样用机械化手段生产定型产品。建筑工业化的定型产品是指房屋、房屋的构配件和建筑制品等。例如定型的一幢幢房屋，定型的墙体、楼板、楼梯、门窗等。只有产品定型，才有利于成批生产，才能采用机械化的生产。成批生产意味着把某些定型产品转入工厂制造，这样一来，生产的

各个环节分工更细了，生产中出现的矛盾必须通过组织管理来协调。建筑工业化包括以下几方面内容。

1. 建筑设计的标准化与体系化

建筑设计标准化，是指将建筑构件的类型、规格、质量、材料、尺度等规定统一标准，将其中建造量大、适用面广、共性多、通用性强的建筑构配件及零部件、设备装置或建筑单元，经过综合研究编制成配套的标准设计图，进而汇编成建筑设计标准图集。标准化设计的基础是采用统一的建筑模数，减少建筑构配件的类型和规格，提高通用性。

体系化是根据各地区的自然特点、材料供应和设计标准的不同要求，设计出多样化和系列化的定型构件与节点设计。建筑师在此基础上灵活选择不同的定型产品，组合出多样化的建筑体系。

2. 建筑构配件生产的工厂化

将建筑中量多面广、易于标准化设计的建筑构配件，由工厂进行集中批量生产，采用机械化手段，提高劳动生产率和产品质量，缩短生产周期。批量生产出来的建筑构配件进入流通领域成为社会化的商品，促进了建筑产品质量的提高及生产成本的降低，最终推动了建筑工业化的发展。

3. 建筑施工的装配化和机械化

建筑设计的标准化、构配件生产的工厂化和产品的商品化，使建筑机械设备和专用设备得以充分开发应用。专业性强、技术性高的工程(如桩基、钢结构、张拉膜结构、预应力混凝土等项目)可由具有专用设备和技术的施工队伍承担，使建筑生产进一步走向专业化和社会化。

4. 组织管理科学化

组织管理科学化，指的是生产要素的合理组织，即按照建筑产品的技术经济规律组织建筑产品的生产。提高建筑施工和构配件生产的社会化程度，也是建筑生产组织管理科学化的重要方面。针对建筑业的特点：一是设计与产品生产、产品生产与施工方面的综合协调，使产业结构布局和生产资源合理化；二是生产与经营管理方法的科学化，要运用现代科学技术和计算机技术促进建筑工业化的快速发展。

8.2 建筑工业化的类型

工业化建筑通常是按建筑结构的类型和生产施工工艺的不同进行分类的。工业化建筑的结构类型主要是发展不同材料的剪力墙结构和以混凝土为主要材料的框架结构。生产施工工艺主要按混凝土工程划分，如预制装配(全装配)、工具式模板机械化现浇(全现浇)或预制与现浇相结合。按结构类型与施工工艺的综合特征将工业化建筑划分成以下几种类型：砌块建筑、框架板材建筑、大板建筑、大模板建筑、盒子建筑、滑模建筑和升板建筑等。

8.2.1 砌块建筑

1. 砌块建筑的优缺点和适用范围

砌块建筑是指用尺寸大于普通砖的预制块材作为砌墙材料的一种建筑。砌块可用混凝土、加气混凝土、各种工业废料、粉煤灰、煤矸石及石碴等做原料，它可以是实心的或空心的，砌块尺寸比普通砖要大得多，因而砌筑速度比砖墙快。这种建筑的施工方法基本与砖混结构相同，只需要简单的机具即可。故砌块建筑具有设备简单、施工速度较快、节省人工、便于就地取材、能大量利用工业废料和造价低廉等优点。当然砌块建筑的工业化程度还不太高，但作为工业化建筑的一种初级形式还是必需的，尤其是在我国一些中小城镇和广大农村采用砌块建筑仍然有其现实意义。

2. *砌块建筑设计注意事项*

砌块建筑在建筑设计上的主要要求是使建筑墙体各部分尺寸适应砌块尺寸，以及如何满足构造上的要求和加强房屋的整体性。因此设计时要考虑以下各种要求。

(1) 建筑平面力求简洁规整，墙身的轴线尽量对齐，减少凹凸和转角。

(2) 选择建筑参数时，要考虑砌块组砌的可能性。当确定砌块的规格尺寸时，应先研究常用参数和各种墙体的组砌方式。

(3) 门窗大小和位置、楼梯的形式和楼梯间的设计，也要与砌块组砌同时考虑。

(4) 砌块建筑墙厚应满足墙体承重、保温、隔热、隔声等结构和功能要求。

(5) 为了满足施工方便和吊装次数较少的要求，设计时应尽量选用较大的砌块。

(6) 砌块的排列组砌，要满足构造的要求。

3. *砌块的类型与规格*

砌块按其构造形式通常分为实心砌块和空心砌块，按其质量大小和尺寸大小分为三类：小型砌块(每块200N以下)、中型砌块(每块3500N以下)、大型砌块(每块3500N以上)。小型砌块可用手工砌筑，施工技术完全与砖混结构一样；中型砌块需要用轻便的小型吊装设备施工，楼板可用整间大小的混凝土结构或者采用条形楼板；大型砌块则需要比较大型的吊装设备，我国最常用的还是小型砌块和中型砌块。各地的砌块规格如表8－1所示。

表8－1 部分地区砌块常用规格 单位：mm

	小型砌块	中型砌块		大型砌块
分类				
用料及配合比	C15细石混凝土配合比经计算与试验确定	C20细石混凝土配合比经计算与试验确定	粉煤灰：5300～5800N/m³ 石灰：1500～1600N/m³ 石膏：350N/m³ 煤渣：9600N/m³	粉煤灰：68%～75% 石灰：21%～23% 石膏：4% 泡沫剂：1%～2%
强度	MU3.5～MU5	MU5～MU7	MU15	MU10或MU7.5

（续）

	小型砌块	中型砌块		大型砌块
分类				
规格 厚×高×长/（mm×mm×mm）	90×190×190 190×190×190 190×190×390	180×845×630 180×845×830 180×845×1030 180×845×1280 180×845×1480 180×845×1680 180×845×1880 180×845×2130	190×380×280 190×380×430 190×380×580 190×380×880	厚：200 高：600、700、800、900 长：2700、3000、3300、3600
最大块重	130N	2950N	1020N	大型：6500N
使用情况	广州、陕西等地区，用于住宅建筑和单层厂房等	浙江用于6层以下的住宅和单层厂房	上海用于6层以下的宿舍和住宅	天津用于4层宿舍、3层学校、单层厂房

4. *砌块墙的排列与构造要点*

用砌块建造房屋和用砖建造房屋一样，必须将砌块彼此交错搭接砌筑，以保证有一定的整体性。但它也有和砖墙构造不一样的地方，那就是砌块的尺寸比砖大得多，必须采取加固措施。另外，砌块不能像砖那样只有一种规格并可以任意砍断，为了适应砌筑的需要，必须在各种规格间进行砌块的排列设计。下面就砌块建筑的这些构造特点作一些介绍。

1）砌块墙的排列设计

砌块墙的排列设计就是把不同规格的砌块在墙体中的具体安放位置用平面图和立面图加以表示。如图8.1所示反映了用中型砌块建造房屋的砌块排列情况。砌块排列设计应满足下列要求。

（1）上下皮砌块应错缝搭接，做到排列整齐、有规律，尽量减少通缝，使砌块墙具有足够的整体性和稳定性。

（2）内外墙交接处和转角处，砌块也应彼此搭接。

（3）应优先采用大规格的砌块，使主砌块的总数量在70%以上，如图8.1所示的主砌块是第8号与第12号砌块。

（4）为了减少砌块的规格，在砌体中允许用极少量的普通砖来镶砌填缝。

（5）当采用混凝土空心砌块时，上下皮砌块应孔对孔、肋对肋，使上下皮砌块之间有足够的接触面，以扩大受压面积。

如图8.2所示是小型砌块和中型砌块排列的立面示意图。小型砌块每皮高约200mm，

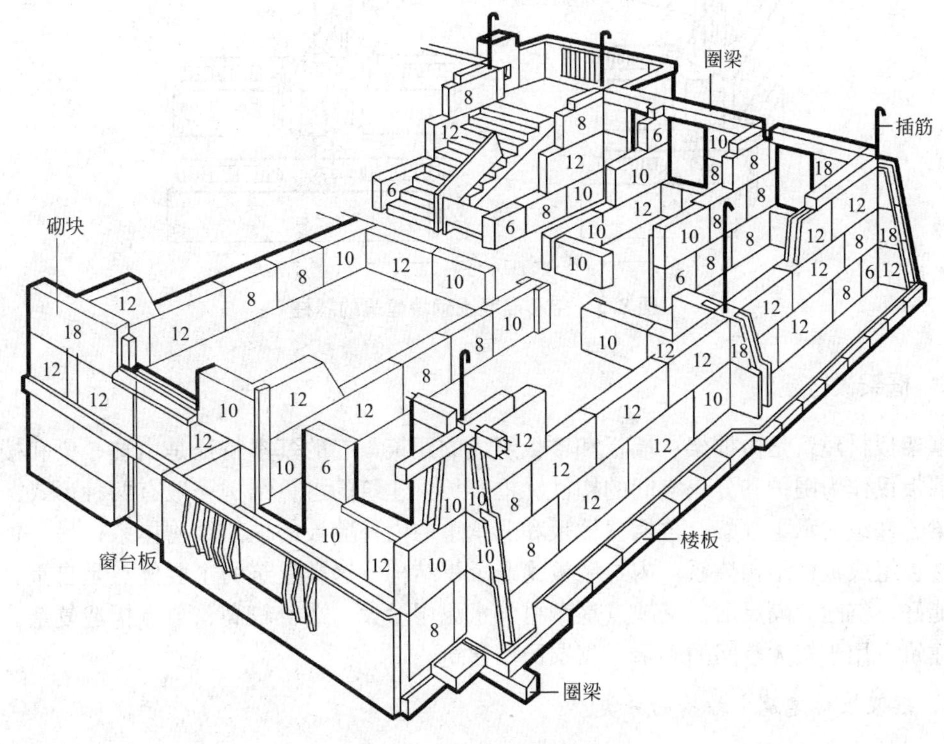

图 8.1 砌块建筑构造

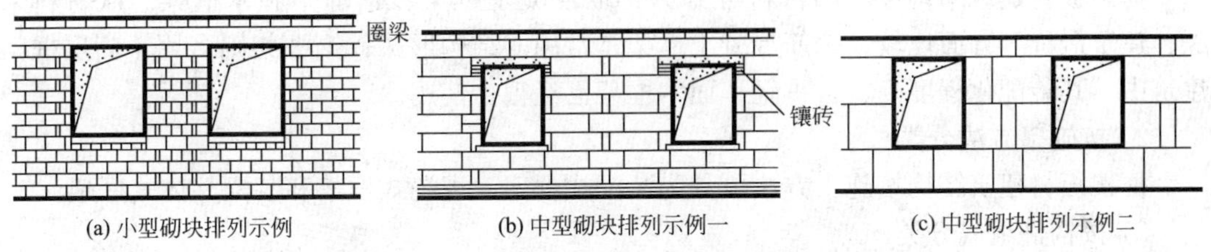

图 8.2 砌块排列示意

当采用 3m 层高时，每层楼砌块皮数约为 13～14 皮(不包括圈梁)，如图 8.2(a)所示。实心中型砌块高约 300～400mm，每层楼可砌筑 7～9 皮砌块，如图 8.2(b)所示。空心混凝土中型砌块尺寸较大，每皮高约 800mm，每层楼砌 3 皮，即窗下墙 1 皮，窗间墙 2 皮，另加 1 皮圈梁砌块，如图 8.2(c)所示。

2) 砌块建筑每层楼都应设圈梁

圈梁用以加强砌块墙的整体性。圈梁通常与窗过梁合并，可现浇，也可预制成圈梁砌块，如图 8.2 所示。

3) 砌块墙芯柱处理

当采用混凝土空心砌块时，应在房屋四大角、外墙转角、楼梯间四角设芯柱，如图 8.3 所示。芯柱用 C20 细石混凝土填入砌块孔中，并在孔中插入通长钢筋。

4) 砌块墙外饰面处理

砌块建筑的外墙宜做外饰面，也可采用带饰面的砌块，以提高墙体的防渗水能力和改善墙体的热工性能。

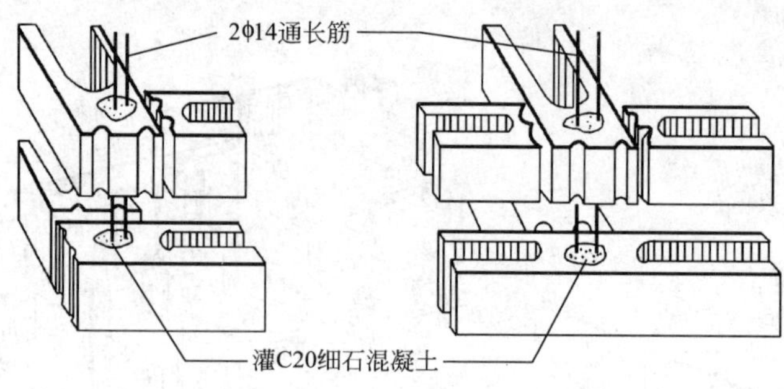

图 8.3　空心混凝土砌块建筑的芯柱

8.2.2　框架板材建筑

框架板材建筑是由框架、墙板和楼板组成的建筑，它的基本特征是由柱、梁和楼板承重，墙板仅作为围护和分隔空间的构件。框架板材建筑的承重结构一般有两种形式：一种是由梁、柱组成承重框架，再搁置楼板和非承重的内外墙板的框架结构体系；另一种是由柱与楼板组成板柱结构体系，内外墙板为非承重结构。这类建筑的主要优点是自重轻、抗震性能好、空间分隔灵活；其缺点是钢材与水泥用量大、造价较高、节点构造复杂。框架板材建筑适用于较大空间的多层、高层民用建筑。

1. 框架板材建筑中结构的分类

1）按所用材料分类

框架板材建筑结构按所用材料可分为钢筋混凝土框架、钢框架和木框架。从材料来源、建筑造价等方面比较，钢筋混凝土框架是常用的结构形式；钢框架则多用于高层框架建筑中，其装配化程度高、自重轻；而木框架已经很少使用。

2）按施工方法分类

框架板材建筑结构按施工方法可分为装配式框架、现浇式框架和装配整体式框架。

3）按构件组成分类

框架板材建筑结构按构件组成可分为板柱框架、梁板柱框架和剪力墙框架(框剪)，如图 8.4 所示。其中框剪结构中，由于加设了剪力墙，增大了结构的刚度，同时剪力墙可承

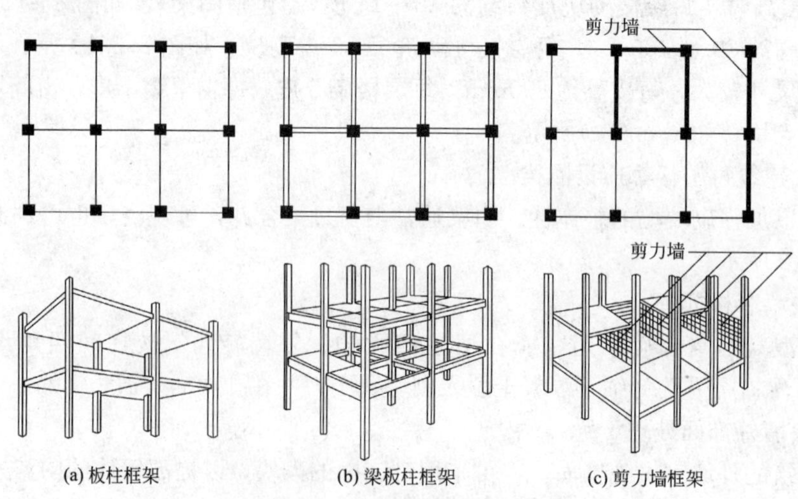

图 8.4　框架板材建筑结构类型

担约 80%的水平荷载，因此提高了结构的抗震性能，并简化了框架的节点构造，所以框剪结构在高层建筑中采用较普遍。钢筋混凝土纯框架一般不宜超过 10 层，框剪结构多用于 10～25 层的建筑，国外最高的钢筋混凝土框剪结构已建成 70 层高的住宅和 50 层以上的办公楼。

2. 装配式钢筋混凝土框架构造

1) 柱与基础的连接

框架结构的基础，通常采用柱下独立基础，柱与基础的连接方式通常有以下几种。

(1) 杯形基础。基础的截面形式一般为阶梯形或锥形，基础上部预留杯口，承插预制柱。

(2) 浆锚基础。在基础顶面预留浆锚孔，将柱内预留的锚固筋插入孔内。

(3) 短柱基础。将基础与柱同时浇筑，柱的长度高出地面 1000mm 左右，然后再通过基础上部的短柱与上部柱子连接。

柱与基础的连接构造如图 8.5 所示。

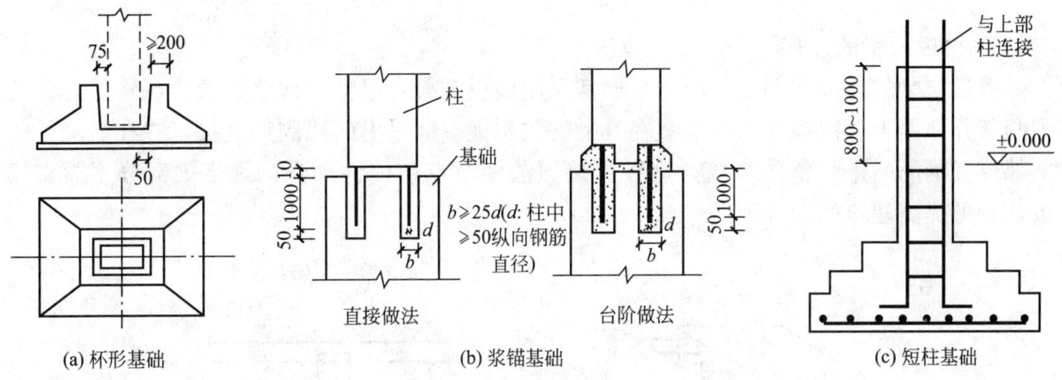

图 8.5 柱与基础的连接构造

2) 梁与柱的连接

梁与柱通常在柱顶进行连接，工程中常采用叠合梁的做法和浆锚叠压式做法。

(1) 叠合梁法。叠合梁的做法如图 8.6 所示，是在预制梁端部和顶部预留锚固筋，使其与上下柱预留钢筋连接，加配箍筋后浇筑混凝土。这种做法兼有预制和现浇的优越性，节点的整体性好、刚度大。

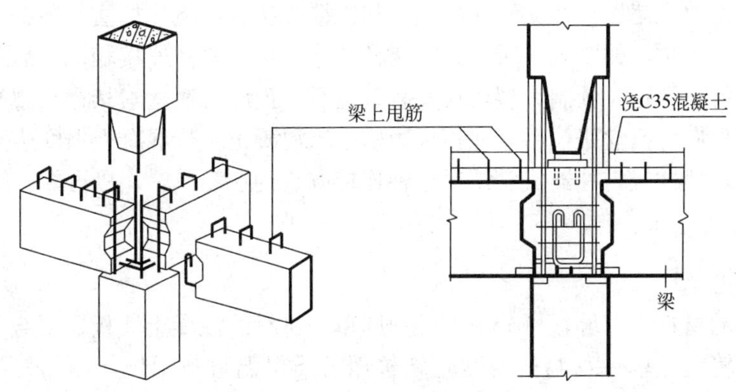

图 8.6 叠合梁现浇连接构造

(2) 浆锚叠压法。浆锚叠压法如图 8.7 所示，是将纵横梁压在柱顶，上层柱压在梁的端部，上下柱的纵筋插入梁端预留的圆孔内，并在孔内灌入高强水泥砂浆，形成梁柱的刚性节点。这种做法构造简单、节省钢材。

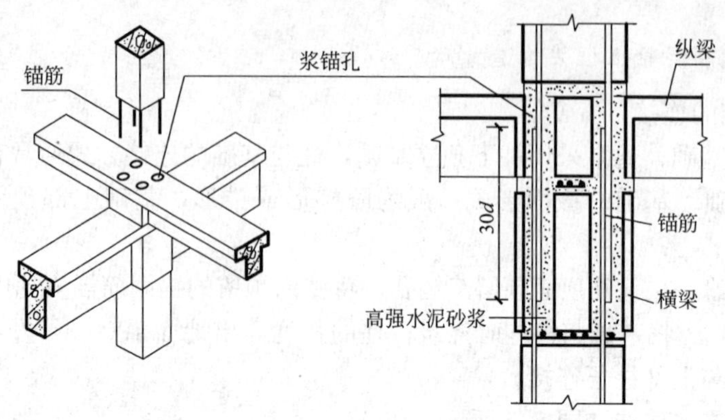

图 8.7　梁柱浆锚叠压式连接构造

3）楼板与梁的连接

楼板与梁的连接如图 8.8 所示，通常采用楼板与叠合梁整体现浇的做法，将叠合梁的预制部分顶面上预留箍筋，与放置在其上的预制板端部甩出的锚固筋连接，并在后浇梁的上部放置钢筋后进行整体浇筑。这种连接做法使节点整体性加强，现浇梁部分不需支模板，并可提高建筑的净高。

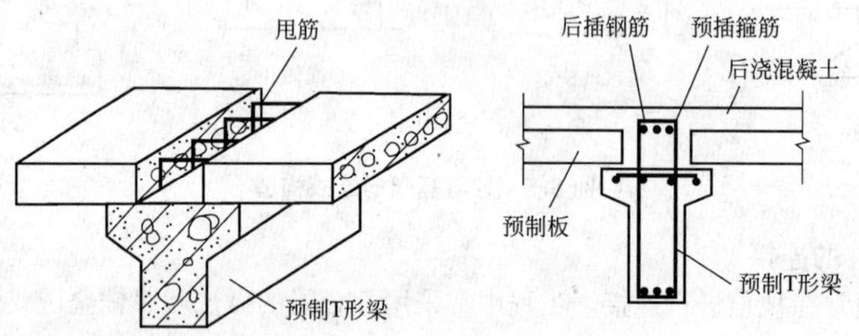

图 8.8　楼板与梁的连接构造

4）楼板与柱的连接

在板柱框架中，楼板直接支承在柱上，其连接方法有现浇连接法、浆锚叠压法连接法和后张预应力连接法，如图 8.9 所示。前两种连接方法与梁柱连接相同。后张预应力连接法是在柱上预留穿筋孔，预制大型楼板安装就位后，预应力钢丝索从楼板边槽和柱上预留孔中通过，待预应力钢丝张拉后，在楼板边槽中灌混凝土，待混凝土强度达到 70%时放松预应力钢丝索，使楼板与柱连成整体。这种连接方法构造简单、连接可靠、施工方便。

3. 外墙板的构造

1）墙板的类型

按所使用的材料，外墙板可分为四类，即单一材料的混凝土墙板、复合材料墙板、玻璃幕墙和金属幕墙。单一材料的混凝土墙板用轻质保温材料制作，如加气混凝土等，如图 8.10(a)、(b)所示。复合板通常由三层组成，即内外壁和夹层。外壁选用耐久性和防

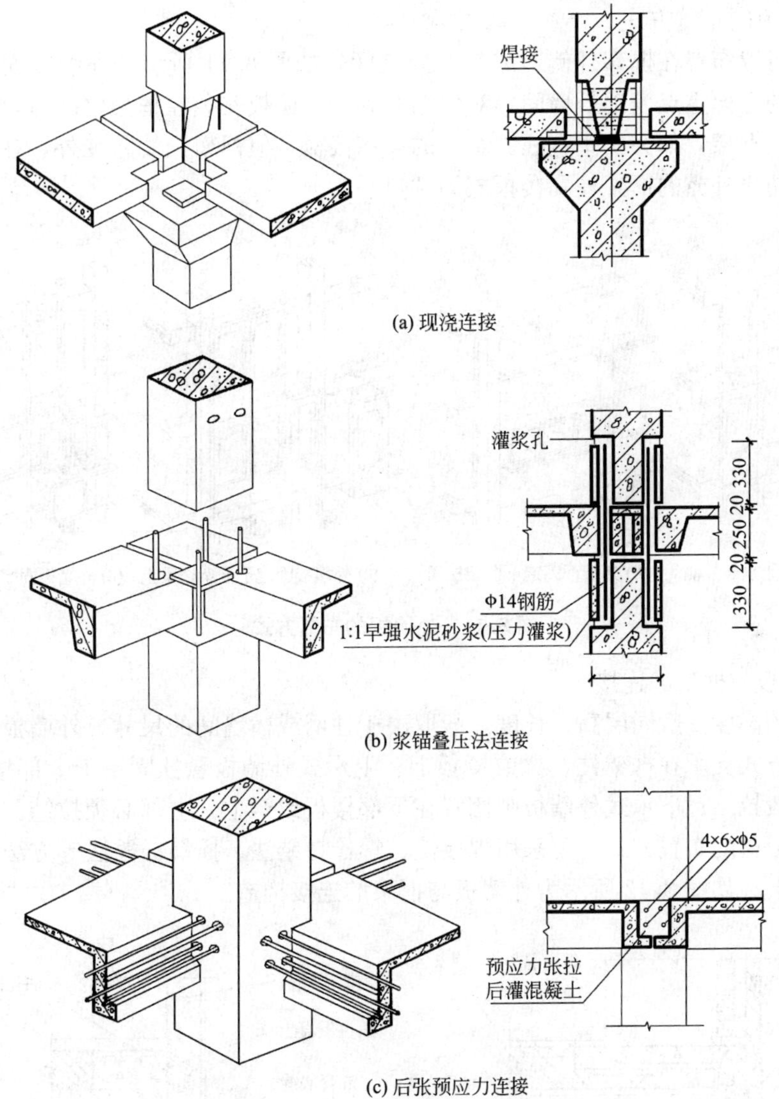

(a) 现浇连接

(b) 浆锚叠压法连接

(c) 后张预应力连接

图 8.9 楼板与柱的连接构造

水性均较好的材料，如钢丝网水泥等。内壁选用防火性能好，又便于装修的材料，如石膏板、塑料板等。夹层应选用密度小、保温隔热性能好、价廉的材料，如矿棉、玻璃棉、膨胀珍珠岩、膨胀蛭石、加气混凝土、泡沫混凝土、泡沫塑料等，如图 8.10(c)所示。

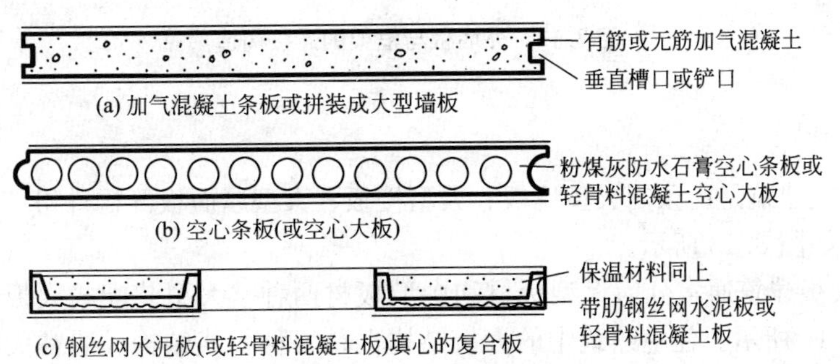

(a) 加气混凝土条板或拼装成大型墙板

(b) 空心条板(或空心大板)

(c) 钢丝网水泥板(或轻骨料混凝土板)填心的复合板

图 8.10 外墙板类型

2）外墙板的布置方式

外墙板可以布置在框架外侧，或在框架之间，如图 8.11 所示。外墙板安装在框架外侧时，建筑的立面重点表现外墙面，对保温有利；外墙板安装在框架之间时，此时建筑立面重点是突出框架，如突出垂直柱、水平的梁和楼板，但框架则暴露在外，在构造上需做保温处理，防止外露的框架柱和楼板成为“热桥”。

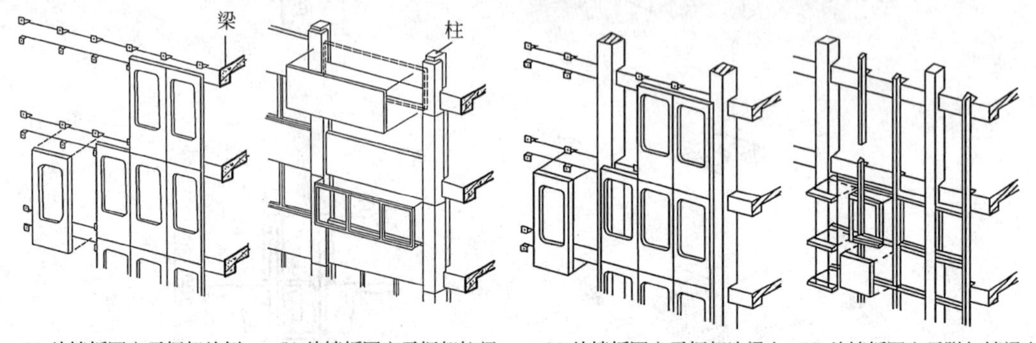

(a) 外墙板固定于框架外侧　(b) 外墙板固定于框架柱间　(c) 外墙板固定于框架边梁上　(d) 外墙板固定于附加墙梁上

图 8.11　外墙板的布置方式

3）外墙板与框架的连接

外墙板的高度一般同层高，长度一般取决于柱网或横墙间的尺寸。外墙板可采用上承或下承两种方式支承在框架柱、梁或楼板上。上承式外墙板悬挂固定于上部楼板或梁上，下部只需一般拉结；下承式外墙板则搁置在下部楼板或梁上，上部必须拉结。根据不同的板材类型和板材的布置方式，可采用焊接法、螺栓拉结法、插筋锚固法等方法将外墙板固定于框架之上。如图 8.12 所示为外墙板与框架的连接构造。

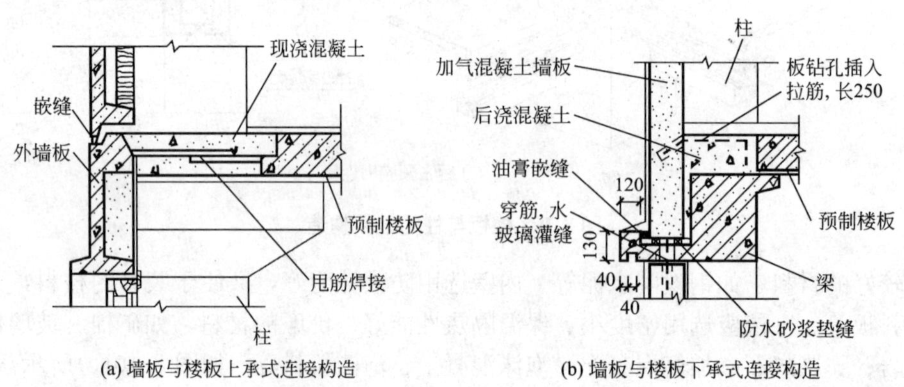

(a) 墙板与楼板上承式连接构造　(b) 墙板与楼板下承式连接构造

图 8.12　外墙板与框架的连接构造

8.2.3　大板建筑

装配式大板建筑是由预制大型墙板、大型楼板、大型屋面板等构件组装而成的一种全装配式建筑，如图 8.13 所示。

装配式大板建筑通常分为大型板材和中型板材两种。大型装配式大板建筑简称大板建筑，如图 8.14 所示。住宅建筑中的大板结构也是一种板式结构。通常大板建筑的板材由工厂预制生产，然后运到工地进行安装。因此，与传统建筑相比，大板建筑有利于改善

图 8.13 装配大板住宅

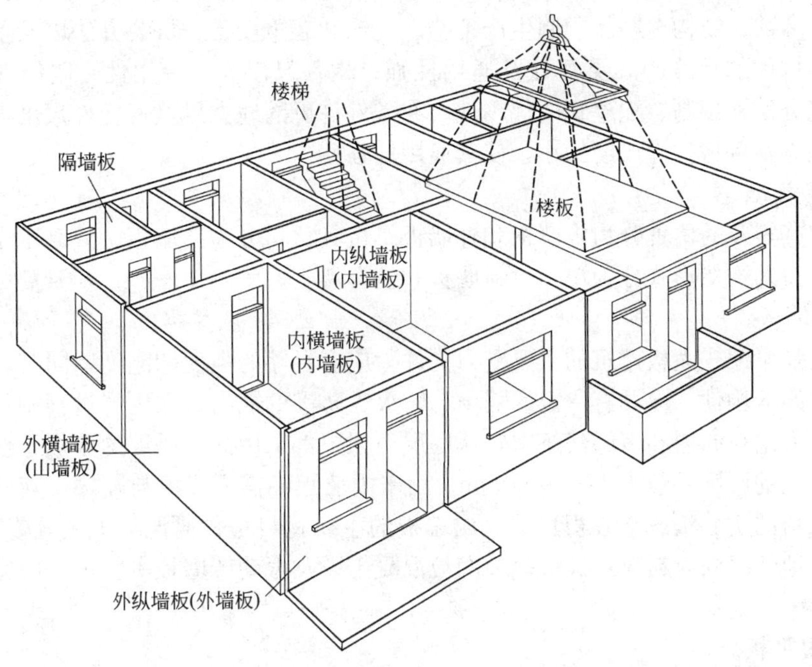

图 8.14 装配式大板建筑组合

劳动条件、提高生产率、缩短工期，与同类砖混结构相比，可减轻自重15%～20%，增加使用面积5%～8%。但也存在一定缺点，如建筑设计的灵活性和多样化受到一定限制；造价上比砖混结构约高10%～15%；用钢量也较多；另外在热工和防水等方面的一些技术问题，应加以足够的重视。大板建筑适用于抗震设防烈度为8度或8度以下的多层民用建筑，也可用于12～16层的高层建筑，最高可达20余层。对7层或7层以下的大板建筑宜采用少筋墙板结构体系，8层或8层以上大板建筑应采用钢筋混凝土墙板结构体系。

1. 大板建筑的设计要点

(1) 大板建筑体型力求匀称，平面布置应尽量减少凹凸变化，避免结构上受力复杂和增加构件的品种和规格。

(2) 为了提高大板建筑的空间刚度，宜采用小开间横墙承重或整间双向楼板的纵横墙承重，少用纵墙承重。因为横墙承重和双向承重的空间刚度好，而纵墙承重的刚度较差，需要借助于楼板和梯井来增强整个房屋的刚度，使整幢建筑的用钢量增多。

(3) 在进行大板建筑空间组合时，应尽量使纵横墙对齐拉通，便于墙板间的整体连接，提高大板建筑的整体刚度。但对于非地震区，横墙可以允许少量不对齐。

(4) 大板建筑的小区规划应考虑塔式起重机的行走路线，道路系统畅通，房屋排列应在起重机的起重范围内，要有足够的空地堆放大型板材。

(5) 进行构件设计时，应在满足设计多样化的同时，尽量减少构件规格，并方便制作、运输、堆放和安装。房屋的开间和进深参数不宜过多，一般情况下，开间控制在2～3种，进深控制在1～2种，层高控制为1种。

2. 大板建筑的板材类型

大板建筑是由内墙板、外墙板、楼板、屋面板等主要承重构件及楼梯、隔墙、阳台、檐口等辅助构件构成。每一类构件又有许多不同的类型。一般来说，构件的规格和尺寸与建筑的设计参数、结构选型、预制生产工艺、运输和起重设备、拼装方法以及节点处理等均有关系。构件的尺度小，灵活性及通用性强；构件尺度大，专用性、制约性必然要强些。为了充分发挥预制装配建筑的优越性，在条件许可的地方尽量把构件尺度做大，而条件不足的地方则可将构件尺度做小，使其通用性强些。

1) 墙板类型

墙板按其安装的位置分为内墙板和外墙板；按其材料分为砖墙板、混凝土墙板、工业废渣墙板；按其构造形式分为单一材料墙板和复合墙板。

(1) 内墙板。

内墙板是装配式大板建筑的主要受力构件，应有足够的强度和刚度，同时内墙板也是分隔内部空间的构件，应具有一定的隔声、防火、防潮的能力。在生产过程中，为了减少板的规格，无论在高层和多层建筑中，从底层至顶层都采用同一厚度的墙板，按支撑楼板的需要，墙板的厚度一般为120～160mm。由于内墙板不需要保温与隔热，其构造形式多采用单一材料的实心板或空心板形式。内墙板的主要材料是普通混凝土或轻集料混凝土，其他根据各地情况尚有粉煤灰硅酸盐、陶粒混凝土以及振动砖墙板等。承重内墙结构形式一般分类如下。

① 实腹平板。

采用单一材料制成平板式墙板，常采用混凝土制作，预制生产较为方便。多层建筑的混凝土墙板，通常可不必配筋，只在边角、洞口等薄弱处配构造钢筋；高层建筑则要用钢筋混凝土墙板。墙板上的门洞靠边者，在靠边处常需要相当宽度的边条配以较多的钢筋，这样很不经济，而且容易破坏。若把墙改成L形，门完全靠边，这样只要在悬臂过梁处配钢筋。不靠边的门洞，下面分开，左、右两段只靠上面过梁连接，很容易损坏。一般可在门洞下面装临时拉杆，等墙板就位后再锯掉；也有做永久拉杆而埋入楼板中的。

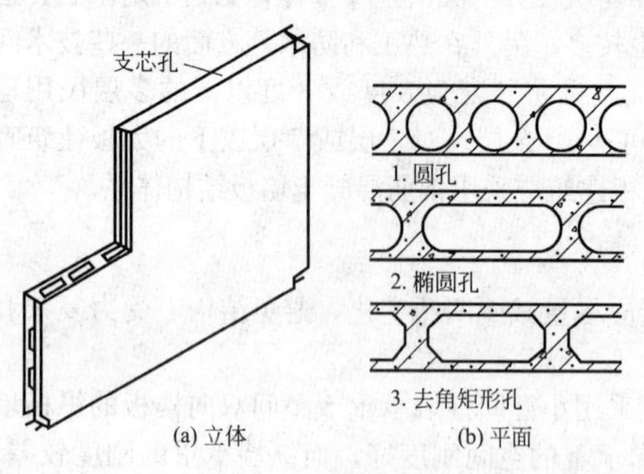

图 8.15　空心墙板

② 空心墙板。

多为钢筋混凝土抽空式墙板，有圆孔、椭圆孔、去角矩形孔等，如图8.15所示。椭圆孔及方孔墙板孔隙率大，但抽芯比圆孔困难。当内墙板采用空心板时，为了减少孔型，便于预制，楼板也可用同样的孔型。

空心板的厚度一般为140～180mm，其中孔径约为90～130mm，为了给预制楼板有一定的搁置面，空心内墙板的孔型最好上面是封闭的，预制时可将管端缩小，使板材上部只留一小孔搁置芯管，如图8.15(a)所示。

③ 其他形式。

(a) 方格密肋板。连续振捣压轧法制成的方格形密肋板，可减轻自重，单层的方格形密肋板，单面是平整的，另一面有肋，须加贴石膏板；分户墙一般用双层的，平面向外，内夹隔声材料，如图8.16(a)、(b)所示。

(b) 框壁板。四周为框，框中间为薄壁的板称框壁板，如图8.16(c)所示。四周为框，中间有竖向小柱肋，肋间填轻质材料的为框肋组合板，如图8.16(d)所示。

(c) 夹层墙板。双层面板和轻质材料组合的轻质墙板，如图8.16(e)所示。为了加强内外面层的联系和板材的承重能力，可采用细钢筋骨架，中间填充泡沫塑料，如图8.16(f)所示。

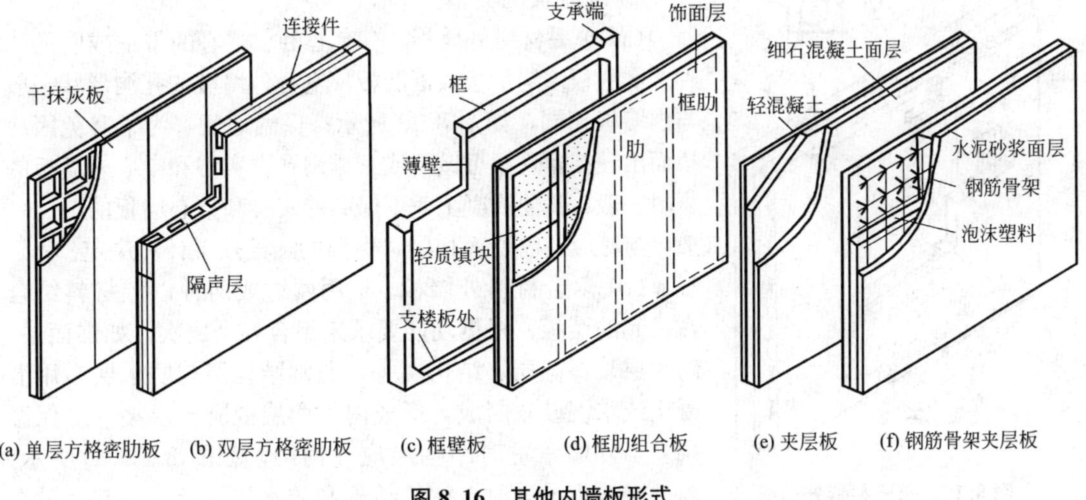

图8.16 其他内墙板形式

(2) 外墙板。

外墙板是大板建筑的围护结构，应具有抵挡风雨侵袭、保温隔热和隔声的能力。外墙板同样应满足结构要求，横墙承重时，山墙板是承重的，纵向外墙板虽不承重，但仍需承受来自水平方向的地震力和风力，所以外墙板需要同时满足围护和结构两方面的要求。

① 外墙板的划分。

(a) 一间一块。在小开间住宅中，一般外墙板的宽度为两个横墙的中距，高度同层高，如图8.17(a)所示；也有露出横墙和楼板的端头，外墙成为填充墙的，如图8.17(b)所示。

(b) 大块墙板。大块墙板的高宽为两三层高或两三开间宽，如图8.17(c)、(d)所示；也有板柱结合的，如图8.17(e)、(f)所示。

(c) 条板式外墙。条板式外墙为较窄的条形，一般与门窗分开，可以是横向窗台墙板或竖向窗台墙板，如图8.17(g)、(h)所示。

(d) 山墙板。

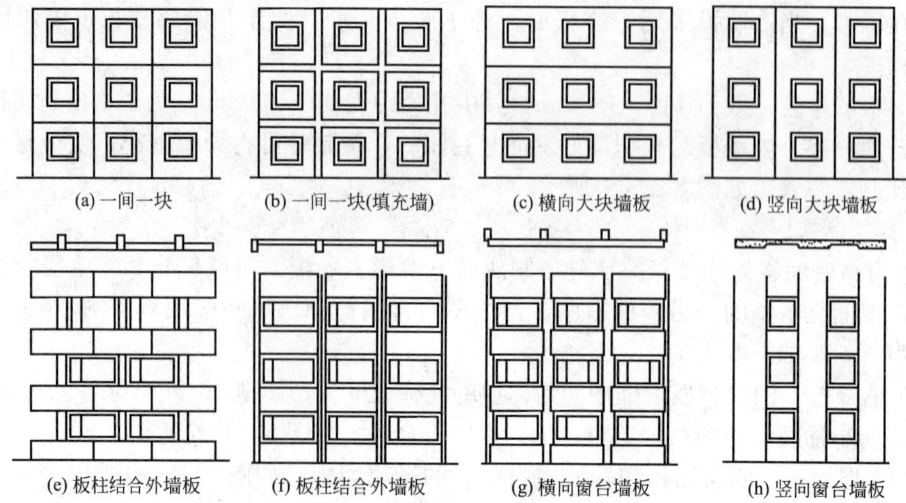

图 8.17　外墙板划分形式

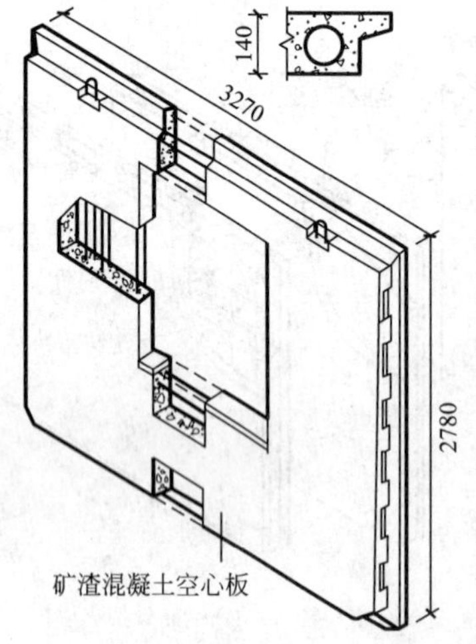

图 8.18　单一材料外墙板

② 外墙板的类型。

(a) 单一材料外墙板。有实心的、空心的带框或肋的三种。实心板多为平板或框肋板；空心外墙板的孔洞形状一般与内墙板相同，如图 8.18 所示；保温地区，为了避免因冷桥而出现结露现象可做两或三排扁孔。实心和空心外墙板的材料一般为普通混凝土，不保温的实心和空心墙板的厚度一般可与相应的内墙板相同，保温的须经热工计算决定。

(b) 复合材料外墙板。是用两种或两种以上材料结合在一起的墙板，根据功能要求来组合各个层次，如饰面层、防水层、保温层、结构层等。通常结构层与防水层多用混凝土或水泥砂浆制成，形成内外两层混凝土层夹一层保温层。当外墙承重时结构层应在内层，如图 8.19(a)所示。若外墙板不承重时，往往结构和防水层结合在一起，设在外层，里面设保温层后再做内饰面层，如图 8.19(b)所示。振动砖墙板实际上是两层砂浆夹一层砖的复合板，如图 8.19(c)所示。

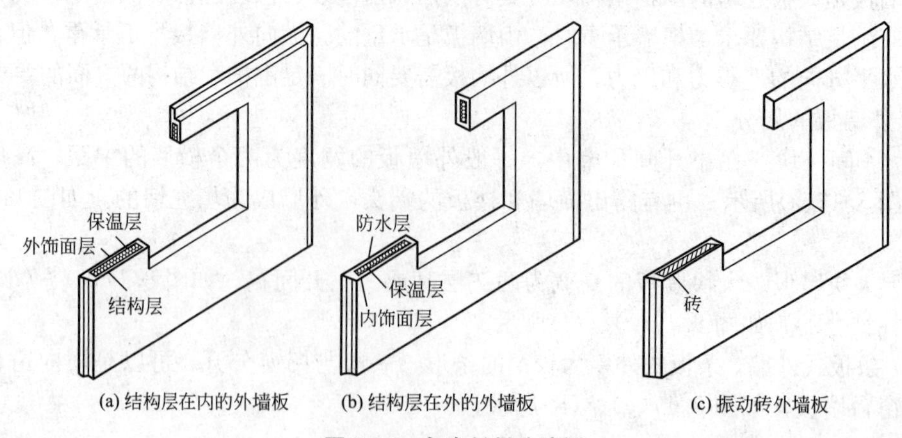

图 8.19　复合材料外墙板

2）楼板

横墙承重或双向承重的大板建筑，最好采用预应力混凝土整间大楼板，以加强房屋的整体性和刚度。若受起重设备的限制，吊装整间大楼板有困难时，也可每间安装两块以上的钢筋混凝土楼板。此时宜在两块楼板间拼缝处现浇一条钢筋混凝土带，加强楼板的整体性和刚度，并防止板缝处漏水。钢筋混凝土的构造形式通常为实心平板、空心楼板、肋形楼板等。

3）其他构件

大板建筑的其他构件包括阳台构件、楼梯构件、挑檐板、女儿墙板等。

（1）挑阳台。

挑阳台可利用向外挑出的大楼板形成，也可单独预制成挑阳台板。阳台板和楼板须进行整体连接，使挑阳台安全可靠。

（2）楼梯。

楼梯可按梯段、平台板分别预制，也可将梯段与平台板连成一体进行预制。当分开预制时，梯段与平台板之间应有可靠的连接。

（3）挑檐板与女儿墙板。

挑檐板可与屋面板整体预制，也可单独预制成挑檐板。女儿墙板是非承重构件，可用轻质混凝土制作，墙板的厚度可与主体墙板一致，以便连接。由于女儿墙板悬于屋面上空，应与屋面板做可靠的连接。

8.2.4 大模板建筑

1. 大模板的特点

大模板建筑通常是指用工具式大型模板现浇钢筋混凝土墙体或楼板的一种建筑形式，如图8.20所示。

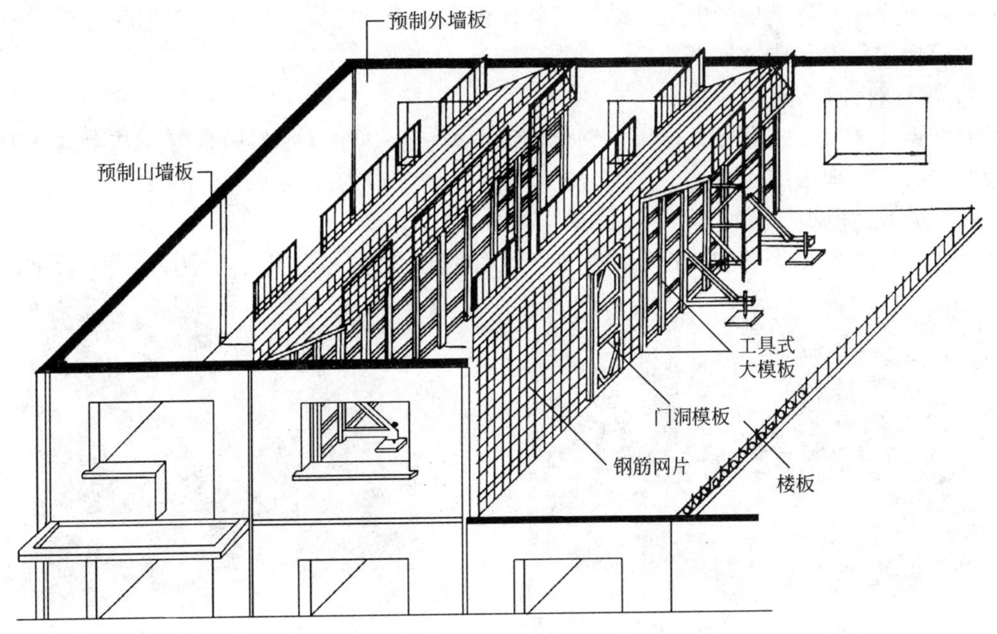

图8.20 大模板建筑示意

1）大模板建筑的优点

（1）墙体多为现场浇筑，预制构件比大板建筑用量少，可以节省一部分预制加工厂的投资，故一次性投资费用较少。

（2）大型构件少，现浇墙的工艺较简单，技术要求不高，其适应性强，很适合我国国情。

（3）施工速度快，劳动强度低。

（4）结构整体性好，刚度大，提高了结构的抗震与抗风能力。

（5）墙面平整，可减少装修工作量，可减薄墙体。

2）大模板建筑的缺点

现浇混凝土工作量较大，水泥消耗较多，现场施工组织较为复杂。在寒冷地区冬季施工需要电热模板升温，增加能耗。

2. 大模板建筑的设计要点

大模板建筑与大板建筑一样都是剪力墙结构，在设计上应注意以下几点。

（1）建筑物最好采用横墙承重，其体型应力求简单，避免结构刚度突变，以利于抗震和抗风。

（2）进行房屋空间组合时，纵横墙应对其拉通，以简化节点构造，并有利于增强空间刚度。

（3）工具式大模板一般用钢制作，需要提高周转次数才能充分发挥经济效益，故房屋的开间、进深等参数不宜过多，以便减少模板规格，提高模板的周转次数。

（4）应注意加强内外墙之间、纵横墙之间、楼板与墙体之间的连接，保证结构的整体性。

（5）墙体厚度从下至上采用同一厚度，以简化构造和施工，现浇内墙厚度一般为140～160mm。

3. 大模板技术

人工制作钢筋混凝土结构需经扎筋、制模、浇捣、养护，既费工又费时，周期又长。20世纪80年代，大模板施工工艺开始应用。大模板建筑施工工艺简单，工程进度快，现场装备湿作业少，可全现浇施工，结构的整体性和抗震性能好，如图8.21所示。

大模板的分类和构造如下。

1）按材料种类分

有全钢大模板、胶合板大模板、钢化玻璃大模板和热塑性塑料模板等。其中以全钢大模板和胶合板大模板应用最多。

（1）全钢大模板。

用型钢或方钢作为骨架，钢板作为面板，如图8.22所示。其优点是：周转次数多，便

图8.21　大模板技术

图8.22　全钢模板

于改制，整体刚度好，表面清洁方便等。其缺点是：一次性钢材消耗量大，板面局部刚度小，易变形，改制费用高，折旧报销时间长，保养费用高，自重大，受起重设备制约等。

(2) 胶合板大模板。

20 世纪 90 年代，我国开始引进胶合板大模板，成为模板更新换代的重要产品。它具有自重轻、省钢材、表面平整、构造简单、组合吊装方便等优点。尤其是酚醛树脂胶合板，具有防水性能好、强度高和多次使用等特性。胶合板大模板是用型钢或方钢通过螺栓连接组装成的装配式骨架，改变了过去用电焊连接的方法，可灵活变换大模板的规格。面板用厚 12～18mm 涂塑多层板或不涂塑多层板用螺栓与钢骨架固定。这类模板的最大优点是规格灵活，面板损坏后可以更换，对非标准的大模板工程尤为适用，用完后可在其他非标准的大模板工程或标准大模板工程中重新组装使用。

2) 大模板的组拼方式

有整体式、拼装式和模数式和组合大模板。

(1) 整体式大模板。一间(甚至两间)或一开间墙(甚至两开间墙)做成一块模板。目前国内多数属于此种。

(2) 拼装式。多用承重桁架或数肋现场拼装。

(3) 模数式组合。是用多个小钢模组合成大模板。

3) 大模板的构造分类

(1) 平模。主要由板面系统、支撑系统和操作平台三部分组成，如图 8.23 所示。

(2) 小角模。为适应纵横墙同时浇筑，在纵横相交处附加的一种模板，与平模配套使用，如图 8.24 所示。

(3) 隧道模。由两块横墙模板和一块纵墙模板整体组成，三块大模板固定在一个钢骨架上，一个房间一个隧道模，如图 8.25 所示。

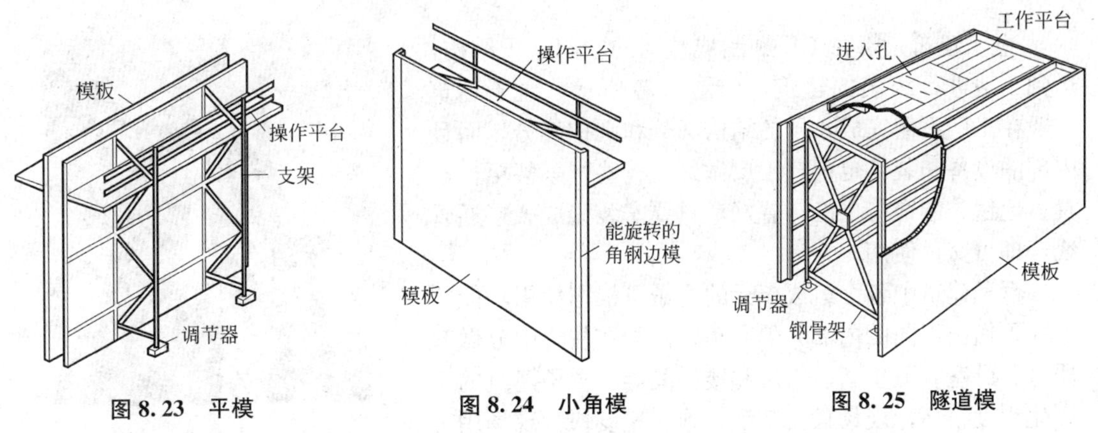

图 8.23 平模　　图 8.24 小角模　　图 8.25 隧道模

4. 大模板建筑的类型

大模板建筑分为全现浇、现浇与预制装配结合两种类型。全现浇式大模板建筑的墙体和楼板均采用现浇方式，一般用台模和隧道模进行施工，技术装备条件较高，生产周期较长，但其整体性好，在地震区采用这种类型特别有利。如果将大模板建筑与大板建筑这两种不同的建造方式加以综合运用，便创造出了现浇与预制装配相结合的大模板建筑形式。例如楼板采用预制整间大楼板、墙体采用大模板现浇，或者只是内墙现浇，外墙仍用预制大墙板。现浇与预制相结合的方式对我国的生产现状更适合，运用起来也灵活，所以各地应用也较全现浇多些。现浇与预制相结合的大模板建筑又分为以下三种类型。

1）内外墙全现浇

内外墙全现浇是指内外墙全部为现浇混凝土，楼板采用预制大楼板。其优点是内外墙之间为整体连接，使房屋的空间刚度增强了，但外墙的支模比较复杂，外墙的装修工作量也比较大，影响了房屋的竣工时间，一般多用于多层建筑，而较少用于高层建筑。

2）内墙现浇外墙挂板

图 8.26　预制大墙板

内墙用大模板现浇混凝土墙体，外墙用预制大墙板支承（悬挂）在现浇内墙上，如图 8.26 所示，楼板则用预制大楼板。这种类型简称为“内浇外挂”。其优点是外墙的装修可以在大板厂完成，缩短了现场施工期，同时外墙板在工厂可预制成复合板，外墙的保温和外装修问题较前一种方式更容易解决，并且整个内墙之间为整体浇筑，房屋的空间刚度仍可以得到保证。所以这种类型兼有大模板与大板两种建筑体系的优点，目前在我国高层大模板建筑中应用最为普遍。

3）内墙现浇外墙砌砖

内墙采用大模板现浇，外墙用砖砌筑，楼板则用预制大楼板或条板，简称为“内浇外砌”。采用砖砌外墙的目的是砖墙比混凝土墙的保温性能好，而且又便宜，故在多层大模板建筑中曾经运用得较多。但是砖墙自重大，现场砌筑工作量大，延长了施工周期，所以在高层大模板建筑中很少采用这种类型。

8.2.5　盒子建筑

盒子建筑是指在工厂预制成整间的空间盒子结构，运到工地进行组装的建筑，如图 8.27所示。盒子建筑一般在工厂不但完成盒子的结构部分和围护部分，而且内部的设备和装修也都在工厂做好；有些国家甚至连家具、地毯、窗帘等也已布置好，只要安装完成、接通管线，即可交付使用。

图 8.27　盒子建筑（东京中银大楼）

盒子建筑中各个组成单元的盒子可根据使用功能的不同，做出不同的内部分隔和布置。如在住宅中分做起居室、卧室、卫生间、厨房和楼梯间等。盒子建筑的工厂化程度很高，现场只要装配，施工速度快，现场用工少，仅占总用工数的 20%左右。盒子构件空间刚度大、壁薄，可减轻自重一半以上。但生产如此巨大的盒子构件，必须要有完备的生产设备，所以投资相当大。同时需要大型运输和吊装设备，这些都是发展盒子建筑的障碍。

1. 盒子建筑的类型

盒子构件可用钢、钢筋混凝土、铝、塑料、木材等制作，可分为有骨架的盒子构件和无骨架的盒子构件两类，如图 8.28 所示。

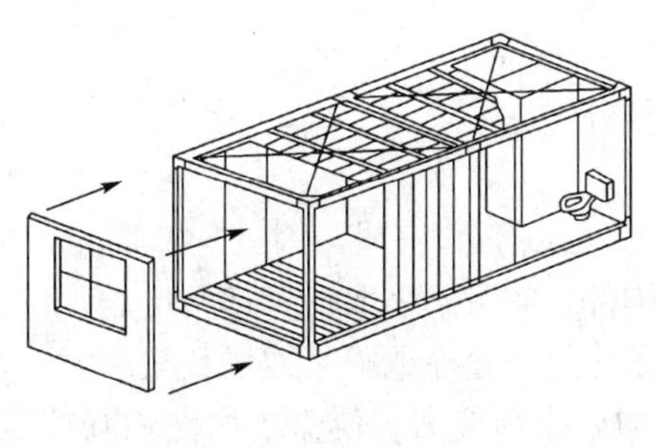

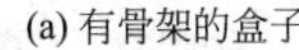

(a) 有骨架的盒子

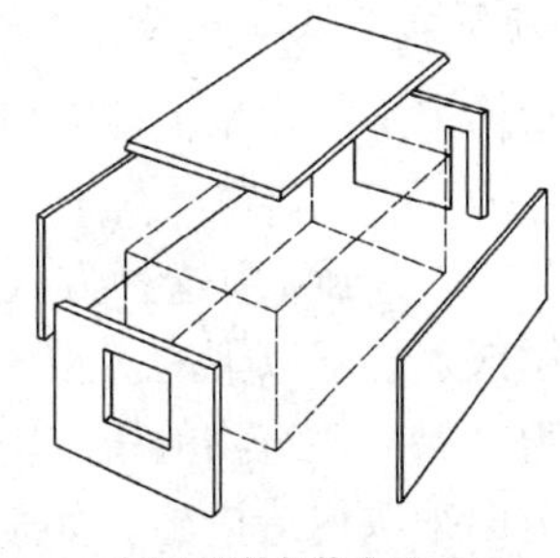

(b) 无骨架的盒子

图 8.28 盒子构件

1）有骨架盒子建筑

有骨架的盒子建筑构件通常用钢、铝、木材、钢筋混凝土做骨架，以轻型板材围合形成盒子，又称骨架板材组装式。这种盒子构件的质量很轻，仅 100～140kg/m^2。板材可以是预制的多层组合板，也可以把一个一个的盒子形整体骨架在工地组装成房屋框架后，再在现场进行各种板材的组装和装修。

2）无骨架盒子建筑

无骨架的盒子建筑又可分为整体式和板材组装式两种。

(1) 整体式。

整体式盒子组装是用混凝土一次性浇筑的盒子，为了便于脱模，至少要有一面是开口的。由于开口位置的不同，使整个建筑的组合方式也各不相同。如图 8.29(a)所示，是在盒子上面开口，顶板单独制成一块板，称为杯形盒子；如图 8.29(b)所示，是在盒子的下面开口，底板单独制作，称为钟罩形盒子；如图 8.29(c)、(d)所示，是在盒子的两端或一端开口，端墙板(带窗洞或不带窗洞)单独加工，称为卧环形盒子。这些单独预制加工的板材可在预制工厂或施工现场与开口盒子拼装成一个完整的盒子构件后再进行吊装。从实际使用效果来看，钟罩形盒子构件使用最广泛。整浇成型的盒子构件可视为空间薄壁结构，由于刚度很大，承载能力强，壁厚一般仅 30～70mm，既节约材料，房间的有效使用空间也相应扩大了，所以应用最为广泛。

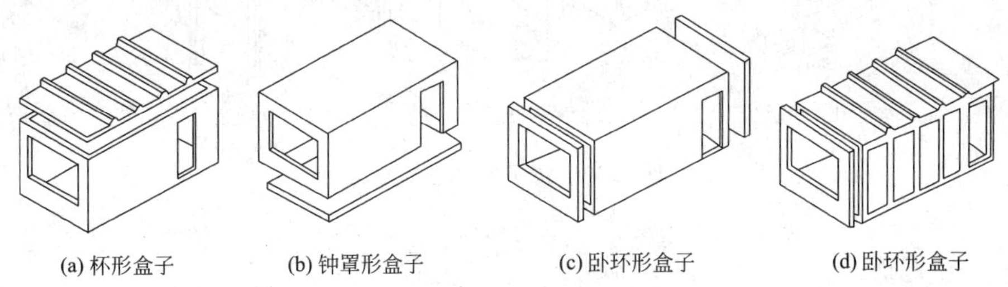

(a) 杯形盒子　(b) 钟罩形盒子　(c) 卧环形盒子　(d) 卧环形盒子

图 8.29 整浇成型的盒子构件

(2) 板材组装式。

如图 8.28(b)所示，板材组装式的无骨架盒子可以分别由 6 块平板拼成。板材之间可电焊或留筋，用细石混凝土浇缝；也有在台座上浇成板材，接缝处用钢筋连接，组成盒子时弯曲成型，再用混凝土灌缝的。

2. 盒子建筑的组装方式与构造

用盒子构件组装的建筑大体有以下几种方式。

1）上下盒子重叠组装

如图 8.30(a)所示，用这种方式可建 12 层以下的房屋，因其构造简单，应用最为广泛。在非地震区建 5 层以下的房屋，盒子构件之间可不采取任何连接措施，仅依靠构件的自重和摩擦力来保持建筑物的稳定。当盒子建筑修建在地震区或层数较多时，可在房屋的水平或垂直方向采取构造措施。如采取施加后张预应力，使盒子构件相互挤压连成整体，也可用现浇通长的阳台或走廊将各盒子构件连成整体，或者在盒子之间用螺栓连接，还可以采用类似像大板建筑的连接方法连接。

2）相互交错叠置

如图 8.30(b)所示，这种组装方式的特点是可避免盒子相邻侧面的重复，比较经济。

3）子构件与预制板材进行组装

如图 8.30(c)所示，这种方式的优点是可节省材料，设计布置比较灵活，其中设备管线多和装修工作量大的房间采用盒子构件，以便减少现场工作量，而大空间和设备管线少的那些房间则采用大板结构。

4）子构件与框架结构进行组装

如图 8.30(d)所示，盒子构件可搁置在框架结构的楼板上，或者通过连接件固定在框架的格子中。这种组装方式的盒子构件是不承重的，组装非常灵活。

5）子构件与筒体结构进行组装

如图 8.30(e)所示，盒子构件可以支承在从筒体悬挑出来的平台上，或者将盒子构件直接从筒体上悬挑出来。

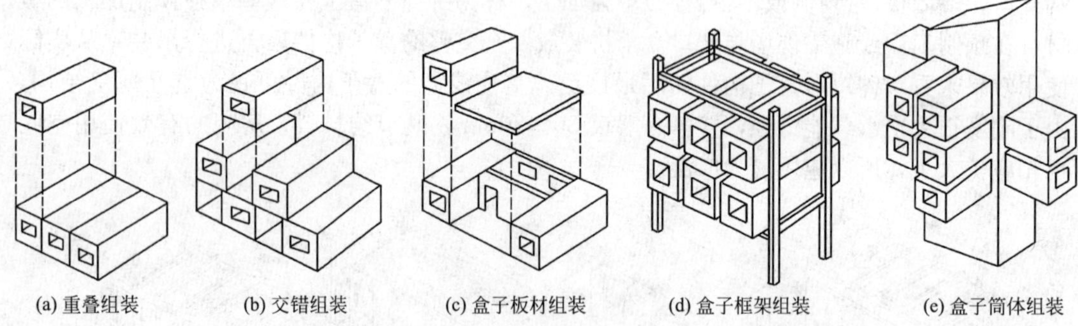

图 8.30　盒子建筑组装方式

8.2.6　滑模建筑

滑模建筑是指用滑升模板来现浇墙体的一种建筑。滑模现浇墙体的工作原理是利用墙体内的钢筋作支承杆，将模板系统支承在钢筋上，并用油压千斤顶带动模板系统沿着支承杆慢慢向上滑移，边升边浇筑混凝土墙体，直至墙体浇到顶层才将滑模系统卸下来，如图 8.31 所示。

滑模建筑的主要优点是结构整体性好，提高了结构的抗震能力，机械化程度高，施工速度快，模板的数量少且利用率高，施工时所需的场地小。但用这种方式建造房屋，操

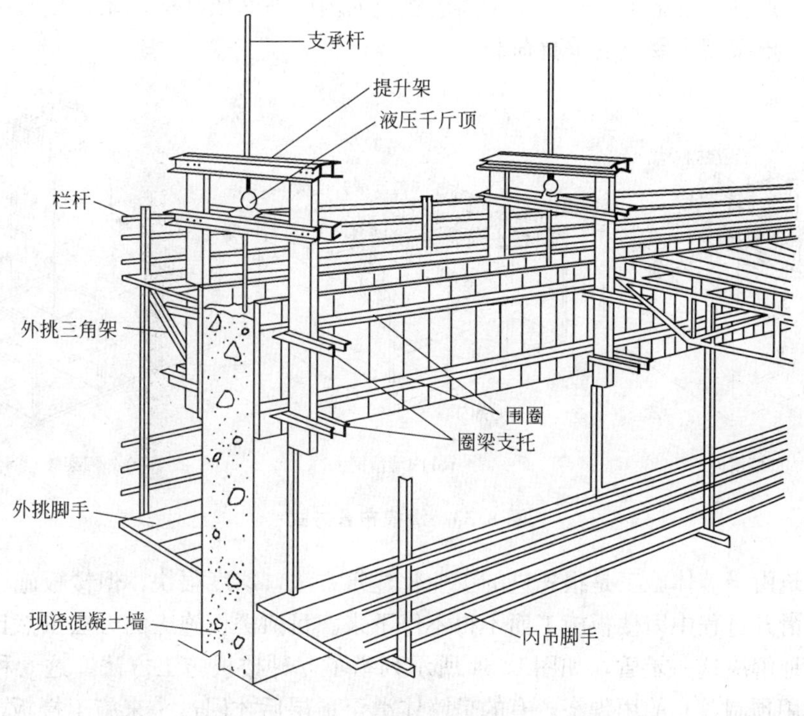

图 8.31 滑模示意

作精度要求高，墙体垂直度不能有偏差，否则将酿成事故。滑模建筑适宜用于外形简单整齐、上下壁厚相同的建筑物和构筑物，如多层和高层建筑、水塔、烟囱(图 8.32)、筒仓等。

图 8.32 某烟囱采用滑模施工

在建筑滑模施工中，可采用以下 3 种做法。

(1) 内、外墙都用滑模施工，如图 8.33(a)所示，外墙宜考虑用轻质混凝土来解决保温问题。

(2) 内墙用滑模施工，如图 8.33(b)所示，外墙为板材配装。这样有利于解决外墙的保温和装修，就像大板建筑的外墙板那样，墙板采用复合板，在预制工厂内就将外饰面做好，墙体内用加气混凝土等保温材料作保温层。

(3) 核心筒筒体采用滑模施工，如图 8.33(c)所示，建筑物的其他部分仍采用骨架或板材等施工，这种滑模施工方式多用于高层建筑的内筒外框架结构体系，核心筒体主要承受水平荷载，框架则主要承受垂直荷载。

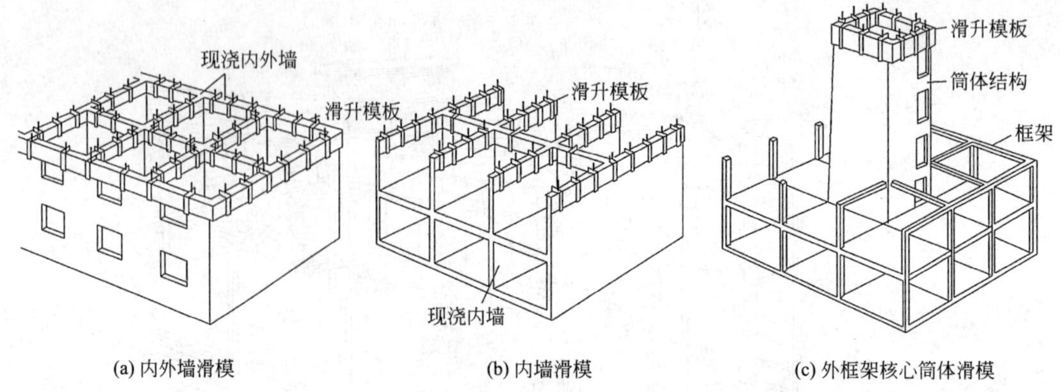

(a) 内外墙滑模　(b) 内墙滑模　(c) 外框架核心筒体滑模

图 8.33　滑模布置方式

滑模建筑由于墙体施工是很先进的工业化建筑方法，速度很快，但楼板施工速度跟不上，在墙体滑升过程中因楼板施工而不得不停下来。目前楼板施工的方法虽然比较多，但都不能很好地解决这一矛盾，如图 8.34 所示列举了 5 种楼板施工方法。这 5 种方法的楼板施工有的用预制，有的用现浇，有的是墙体滑至顶层后才回过头来施工楼板，有的则是边滑边施工楼板，各种方法各有利弊。例如集中先滑墙体，然后再做楼板的方式使两种构件的施工相对集中，有利于现场管理，但房屋在楼板未施工前的刚度很差，楼层越高情况越严重，必须有严格的安全措施才行。边滑边施工楼板的方法对施工过程中房屋的安全有利，但楼板与墙体交叉施工使施工组织较复杂。总之，可以根据各地的习惯采取不同的做法。

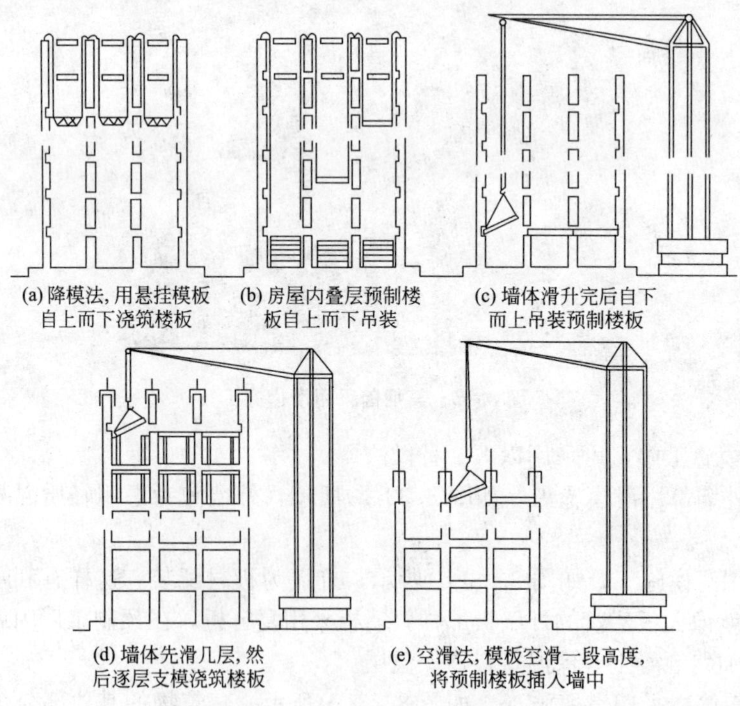

(a) 降模法，用悬挂模板自上而下浇筑楼板　(b) 房屋内叠层预制楼板自上而下吊装　(c) 墙体滑升完后自下而上吊装预制楼板

(d) 墙体先滑几层，然后逐层支模浇筑楼板　(e) 空滑法，模板空滑一段高度，将预制楼板插入墙中

图 8.34　滑模建筑的楼板做法

8.2.7 升板建筑

升板建筑是指利用房屋自身的柱子作导杆，将预制楼板和屋面板提升就位的一种建筑。

1. 升板建筑的施工顺序

如图 8.35 所示为用升板法建造房屋的过程。

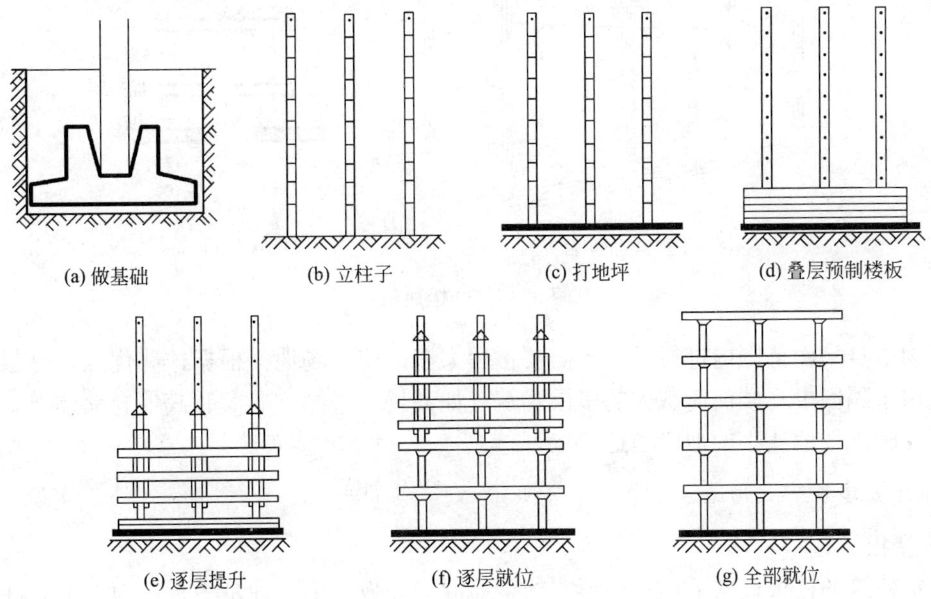

图 8.35 升板建筑施工顺序

(1) 做基础，即在平整好的场地开挖基槽，浇筑柱基础。

(2) 在基础上立柱子，大多采用预制桩。

(3) 打地坪，先做地坪的目的是为了在上面叠层预制楼板。

(4) 叠层预制楼板和屋面板，板与板之间用隔离剂分开，注意柱子是套在楼面和屋面板中的，楼板与柱交界处须留必要的缝隙。

(5) 逐层提升，即将预制好的楼板和屋面板由上而下逐层提升。为了避免在提升过程中柱子失去稳定性而使房屋倒塌，楼屋面板不能一次就提升到设计位置，而是分若干次进行，要防止上重下轻。

(6) 逐层就位，即从底层到顶层逐层将楼板和屋面板分别固定在各自的设计位置上。

2. 升板建筑的施工设备

升板建筑的主要施工设备是提升机，每根柱子上安装一台，以便楼板在提升过程中均匀受力、同步往上升。提升机悬挂在承重销上，如图 8.36(a)所示，承重销是用钢做的，可以临时支承提升机和楼板，提升完毕后承重销就永远固定在柱帽中了。提升机通过螺杆、提升架、吊杆将楼板吊住，当提升机开动时，使螺杆转动，楼板便慢慢往上升，如图 8.36(b)所示。这里还需要说明一点，图 8.36(b)中的吊杆可以提升任何一层楼板，其长度应能吊住最下一层楼板。

升板建筑是在建筑物的地坪上叠层预制楼板，利用地坪及各层楼板底模，可以大大节约模板。把许多高空作业转移到地面上进行，可以提高效率、加快施工进度。预制楼板是

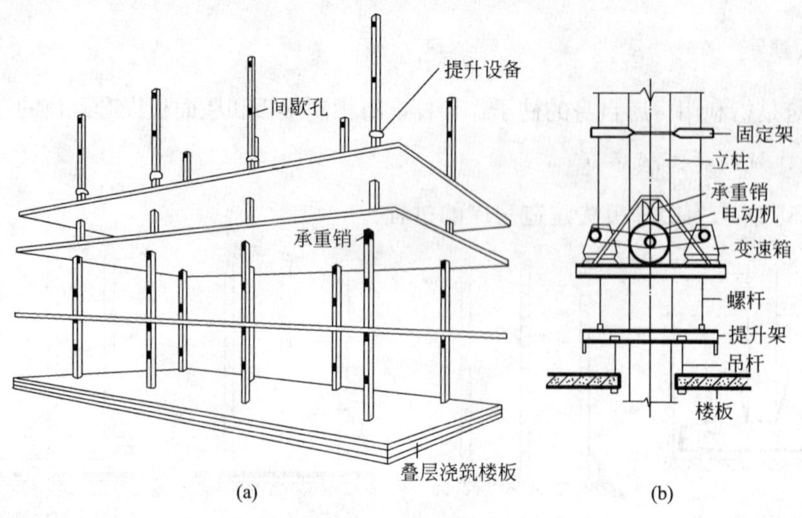

图 8.36 升板建筑

在建筑物本身平面范围内进行的，不需要占用太多的施工场地。根据这些优点，升板建筑主要适用于隔墙少、楼面荷载大的多层建筑，如商场、书库、车库和其他仓储建筑，特别适用于在施工场地狭小的地段建造房屋。

3. 升板建筑节点构造

1）楼板

升板建筑的楼板通常采用三种形式的钢筋混凝土板。第一种是平板，因上下表面都是平的，制作简单，对采光也有利，柱网尺寸常选用 6m 左右比较经济。第二种是双向密肋板，其刚度比第一种好，特别适用于 6m 以上的柱网尺寸。第三种是预应力钢筋混凝土板，由于施加预应力后改善了板的受力性能，可适用于 9m 左右的柱网。

2）外墙

升板建筑的外墙可以采用砖墙、砌块墙、预制墙板等。为了减轻承重框架的负荷，最好选用轻质材料作外墙。

3）板与柱的连接

楼板与柱的连接通常有后浇柱帽、承重销、剪力块等方法，后浇柱帽是我国目前大量采用的板柱连接法。当楼板提升到设计位置后，在其下穿承重销于柱间歇孔中，绑扎柱帽钢筋后从楼板的灌注孔中灌入混凝土形成柱帽，如图 8.37 所示。

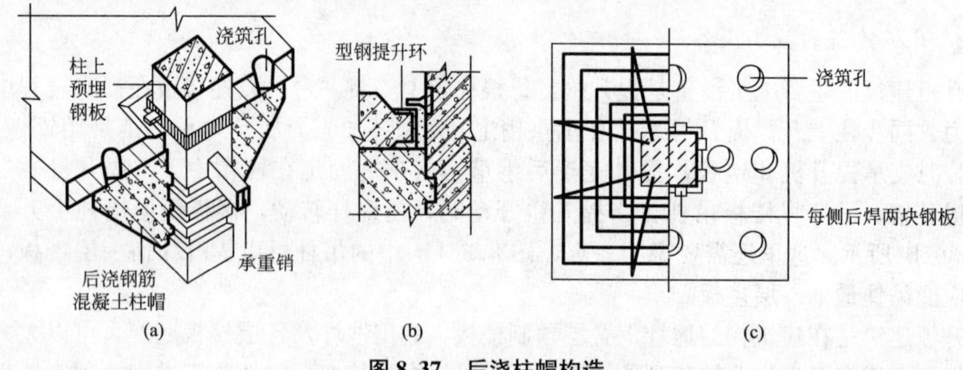

图 8.37 后浇柱帽构造

在升板建筑的基础上，还可以进一步发展升层建筑。即在提升楼板之前，在两层楼板之间安装好预制墙板和其他墙体，提升楼板时连同墙体一起提升。这种建筑可进一步简化工序，减少高空作业，加快施工速度，如图 8.38 所示。

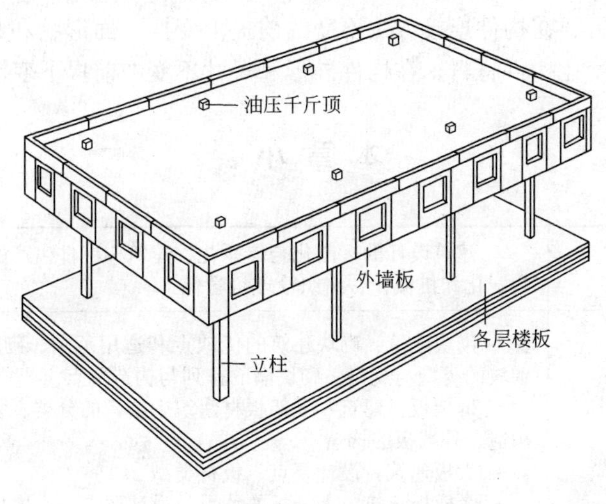

图 8.38 升层建筑

8.3 建筑工业化体系的标准化与多样化

多样化是指在推行标准化的同时，要解决好工业化建筑的适应性和艺术性。即采用标准化的方法建造起来的建筑要适应不同地形、不同地区、不同气候的变化，要适应不同的建筑标准，建筑物的内部空间要灵活，以适应功能上的多样化要求，建筑物的外观造型要丰富多彩，具有建筑艺术性。解决标准化与多样化矛盾的途径有以下几点。

1. 从规划设计方面考虑

工业化建筑的标准化与多样化，首先要从规划设计着手，环境设计是取得建筑空间整体艺术效果的重要一环。

2. 从建筑的平面空间上考虑

在进行平面空间设计时，要善于区分哪些是固定不能变的，哪些是可以灵活掌握的，并以不变因素为基础，充分运用可变因素的灵活多样性进行组合，使设计既体现标准化的特点，又能满足平面空间丰富多变的要求。要做到这一点，可以从三方面着手：选择合适的基本定型单位、采取灵活空间设计手法、采取错层或跃层布置。

3. 从建筑立面上考虑

在不影响标准化的前提下，注意建筑立面的艺术加工和细部处理，通常运用一些处理手法，比如利用屋顶和檐口的变化、利用外廊和阳台的阴影效果、利用结构构件装饰立面、利用入口形式的变化、利用色彩和材料质感等。

4. 各种建筑体系的综合运用

把两种以上的工业化建筑体系融合在一起，相互吸取优点，扬弃缺点，使之互相补充，为设计多样化创造有利条件。

5. 从建筑构造上考虑

从建筑构造上也可以通过一些变化实现多样化的目的，比如在构件尺寸不变的前提下变换洞口形状和位置、在构件连接方法不变的前提下变换平面形状和布局、在构件外形和尺寸不变的前提下变化构件材料、在构件外形和尺寸不变的前提下变换外饰面做法等。

本章小结

建筑工业化的内容	• 建筑设计的标准化与体系化、建筑构配件生产的工厂化、建筑施工的装配化和机械化、组织管理科学化
建筑工业化的类型	• 砌块建筑：砌块建筑的优缺点和适用范围、砌块建筑设计注意事项、砌块的类型与规格、砌块墙的排列与构造要点 • 框架板材建筑：框架板材建筑中结构的分类、装配式钢筋混凝土框架构造、外墙板的构造 • 大板建筑：设计要点、板材类型 • 大模板建筑：大模板的特点与设计要点、大模板技术、大模板建筑的类型 • 盒子建筑：类型、组装方式及构造 • 滑模建筑：主要采用内外墙同时滑模施工、内墙滑模施工、核心筒滑模施工的三种做法 • 升板建筑：施工顺序、施工设备、节点构造
建筑工业化体系的标准化与多样化	• 从规划设计方面考虑、从建筑的平面空间上考虑、从建筑立面上考虑、各种建筑体系的综合运用、从建筑构造上考虑

习　题

一、思考题

1. 如何理解建筑工业化的内容和主要技术路线？

2. 框架板材建筑与大板建筑有何区别？各自的适用范围有哪些？

3. 大模板建筑有哪些优点？设计要点有哪些？

4. 简述升板建筑的施工顺序及节点构造。

5. 建筑工业化体系的标准化包含哪些内容？如何解决建筑标准化与多样化之间的矛盾？

二、选择题

1. 砌块墙在排列设计时应优先采用大规格的砌块，使主砌块的总数量在（　　）以上。

A. 40%　　B. 50%　　C. 60%　　D. 70%

2.（　　）不是大模板建筑的优点。

A. 施工速度快，劳动强度低

B. 大型构件少，现浇墙的工艺较简单，技术要求不高，适应性强

C. 现浇混凝土工作量较小，水泥消耗较少

D. 结构整体性好，刚度大，提高了结构的抗震与抗风能力

3.“内浇外挂”是指(　　)。

A. 内墙用大模板现浇混凝土墙体，外墙用预制大墙板支承(悬挂)在现浇内墙上，楼板则用预制大楼板

B. 内外墙都用大模板现浇混凝土墙体，楼板用预制大楼板

C. 内外墙都用大模板现浇混凝土墙体，楼板用现浇混凝土楼板

D. 内外墙用预制大墙板，楼板用预制大楼板

4. 升板建筑的施工顺序一般为(　　)。

A. 做基础→打地坪→叠层预制楼板→立柱子→逐层提升→逐层就位→全部就位

B. 打地坪→作基础→叠层预制楼板→立柱子→逐层提升→逐层就位→全部就位

C. 打地坪→作基础→立柱子→叠层预制楼板→逐层提升→逐层就位→全部就位

D. 做基础→立柱子→打地坪→叠层预制楼板→逐层提升→逐层就位→全部就位

5.(　　)适用于减少构件规格，房屋的开间和进深不宜过多，开间控制在2～3种，进深控制在1～2种，层高控制为1种。

A. 大板建筑　　B. 盒子建筑

C. 框架板材建筑　　D. 滑模建筑

6. (　　)不是盒子建筑的优点。

A. 节省材料　　B. 布置灵活

C. 可以得到大空间　　D. 单元构件统一

三、判断题

1. 工业化建筑体系有通用建筑体系和专用建筑体系两类。(　　)

2. 砌块墙在排列设计时，内外墙交接处和转角处，砌块应彼此搭接。(　　)

3. 与传统建筑相比，大板建筑有利于改善劳动条件、提高生产率、缩短工期，与同类砖混结构相比，可增加使用面积5%～8%。(　　)

4. 隧道模是为适应纵横墙同时浇筑，在纵横墙相交处附加的一种模板。(　　)

第9章 建筑幕墙构造

知识目标

- 了解和掌握幕墙的分类、材料及相关要求。
- 熟悉和掌握建筑玻璃幕墙的分类及构造。
- 熟悉和掌握建筑石材幕墙的分类及构造。
- 熟悉和掌握建筑金属板材幕墙的分类及构造。

导入案例

瑞士哈拉斯树梢宾馆位于瑞士北部小村庄哈拉斯的附近，它接近北极圈，是一个树上的避难所，如图9.0所示。其形体由一个悬挂在树干上的4m×4m×4m的轻质铝结构盒子构成，外表面覆盖镜面玻璃幕墙。幕墙反射着周围的美景和湛蓝的天空，与周围环境很好地融为一体，人们还可以通过窗户360°地欣赏树林的美景。室内包括一张双人床、一间小浴室、一间起居室以及一个屋顶露台，可提供两个人住宿。为了防止小鸟撞到玻璃上，建筑师在玻璃板上压入了一层透明的紫外线的颜色，这种颜色只有鸟类才能看到。

图9.0 瑞士哈拉斯树梢宾馆

9.1 概述

建筑幕墙是由金属构件、玻璃、石材、金属板材、复合材料板等材料组成的，悬挂于建筑主体上的轻质外围护结构。它比传统墙体轻得多，使用幕墙可以减轻地基和主体结构承重，有利于建筑物向高空发展，显著减少地震对建筑的影响，同时又能满足保温、防水、防风砂、防火、隔声、隔热等诸多要求。它只承受自重和风荷载，并通过连接件将自重和风荷载传到主体结构。建筑幕墙可以设计成各种颜色、质感和各种造型，打破了传统的窗与墙的界限，巧妙地将它们融为一体。幕墙主要由型材和各种板材组成，用材规格标准，可工业化，施工简单无湿作业，操作工序少，施工速度快。

9.1.1 幕墙的分类

建筑幕墙的种类很多，可以按面板材料、施工方式、通风方式进行划分。

1. 按面板材料分类

按面板材料不同，幕墙可分为玻璃幕墙、石材幕墙、金属板幕墙、复合板材幕墙等。

2. 按施工方式分类

按施工方式不同，幕墙可分为构件式幕墙、单元式幕墙、半单元式幕墙。

3. 按通风方式分类

按通风方式不同，幕墙可分为单层幕墙、外通风双层幕墙、内通风双层幕墙。

9.1.2 幕墙的材料

1. 骨架材料

幕墙所采用的骨架材料主要有三大类，铝合金、钢材、不锈钢材。骨架材料主要用于制作幕墙框架(也称幕墙龙骨)和面板的副框。一般来讲，考虑到幕墙的保温节能性能，幕墙龙骨均采用隔热断桥形式。

1) 铝合金

用于幕墙的铝合金材料主要有铝合金型材和铝合金板材。为保证结构安全，铝合金幕墙骨架的立柱和横梁须使用铝合金板材。

2) 钢材

在建筑幕墙中，钢材一般较多应用于展厅、机场等较大工程项目的幕墙主骨架上。另外，铝合金幕墙与建筑的连接构件大部分也采用钢材。部分建筑以钢铝混合龙骨，即钢型材外侧套装铝合金型材的形式作为幕墙的主受力构件。幕墙钢材包括型钢、轻型钢、镀锌钢板、烤漆钢板等。用于幕墙的型钢主要有槽钢、工字钢、方钢、角钢等。钢材的耐用腐蚀性较差，必须采取防腐蚀措施，可采取热镀锌、静电喷涂等方式。

设计时，还应注意不同金属之间的接触腐蚀，例如钢和铝之间存在电位差，在潮湿环境中接触时，易发生电化学腐蚀，应在两种不同金属之间设置绝缘垫片。常用的绝缘垫片有合成橡胶、聚乙烯、尼龙等。

当钢结构幕墙高度超过 40m 时，应采用高耐候结构钢。

3) 不锈钢材

不锈钢具有较好的耐腐蚀性和良好的焊接性能，其屈服强度、抗拉强度、伸长率、硬度等物理性能都优于其他类型钢材。用于幕墙的不锈钢薄板类型多样，其表面处理方法有磨光(镜面)、拉毛、蚀刻等。

不锈钢是一种“不容易生锈的金属”，不是“不会生锈的金属”。在潮湿环境中接触时，仍然会发生电化学腐蚀，设计时应注意用绝缘垫片隔离两种不同金属。

2. 面板材料

幕墙的面板根据设计立意进行选择，实际工程中使用较多的面板材料为玻璃、铝板、石材等。

1）玻璃

玻璃的种类很多，选择玻璃时，应主要考虑玻璃的热工性能和安全性能。从热工性能方面来看，可考虑选择低辐射镀膜玻璃、热反射镀膜玻璃、中空玻璃等。从安全性能方面来看，幕墙玻璃应使用破坏时给人的伤害达到最小的安全玻璃。安全玻璃指破坏时安全破坏，包括钢化玻璃、夹丝玻璃、夹层玻璃、贴膜玻璃等。

2）铝板

铝板质感独特，色泽丰富、持久，而且外观形状可以多样化，并能与玻璃幕墙材料、石材幕墙材料完美地结合。它的自重轻，仅为大理石的1/5，是玻璃幕墙的1/3，大幅度减小了建筑结构和基础的负荷，并且维护成本低。目前国内使用的幕墙铝板，绝大部分是复合铝板和铝合金单板。

3）石材

建筑幕墙使用的石材主要为天然石材，天然石材中常用的主要为花岗岩。除花岗岩外，运用其他石材也逐渐增多，如砂岩、板岩、凝灰岩等。

(1) 花岗岩。

花岗岩具有不易风化、易切割、颜色美观、硬度高、耐磨损等特点，还具有高承载性，以及良好的抗压能力和延展性，是幕墙最常使用的石材。同时，花岗岩属于多孔材料，吸水、吸油性强，较易被污染，自重较大。

(2) 砂岩。

砂岩是一种无光污染、无辐射的优质天然石材，对人体无放射性伤害。它具有防潮、防滑、吸声、吸光、无味、不褪色、冬暖夏凉、户外不风化、耐磨、经久耐用等特征。

(3) 板岩。

板岩硬度和耐磨性介于大理石和花岗岩之间，具有吸水率低、耐酸、不易风化等特征。板岩沿片理方向容易分开，石材表面显示出自然的凹凸纹理。板岩开采后不需要特别加工，价格相对较便宜。

图 9.1　德国历史博物馆新馆

(4) 凝灰岩。

凝灰岩颜色典雅、纹理清晰、硬度较高，但孔隙较多，在大气中暴露时会产生内部的裂缝和分层，作为幕墙石材使用时应注意面板连接的细节，避免产生裂缝。其表面常采用涂覆有机硅防水剂进行处理，以达到防水加固的目的。贝聿铭的德国历史博物馆新馆的设计中就采用了米黄色凝灰岩(图 9.1)。

3. 结构黏结及密封填缝材料

1）结构黏结材料

幕墙的结构黏结材料主要包括硅酮结构胶、低发泡间隔双面胶带。

(1) 硅酮结构胶。

硅酮结构胶专为建筑幕墙中的结构黏结装配而设计，可用于隐框、半隐框玻璃幕墙中玻璃与铝合金骨架的黏结；也可用于全玻璃幕墙中玻璃肋骨与玻璃面板之间的固定。

硅酮结构胶直接与玻璃、金属构件接触，使用时必须通过材料相容性试验和性能检测，保证不产生影响黏结强度的化学变化，确保幕墙结构安全。例如隐框和半隐框玻璃幕墙，玻璃与铝型材的黏结必须采用中性硅酮结构胶；全玻幕墙和点支式幕墙采用非镀膜玻璃时，可选用酸性硅酮结构胶；采用镀膜玻璃时，不应选用酸性硅酮结构胶黏结，因其材料中的金属元素会与酸性硅酮结构胶发生反应，导致结构黏结性破坏。

硅酮结构胶有多种颜色，常用颜色有黑色、瓷白、透明、银灰、灰、古铜6种。其他颜色可根据设计要求选用。

(2) 低发泡间隔双面胶带。

目前国内使用的双面胶带有两种，即聚氨基甲酸乙酯(又称聚氨酯)低发泡间隔双面胶带和聚乙烯树脂低发泡间隔双面胶带。设计时，需要根据幕墙承受的风荷载、高度，玻璃的大小，玻璃、铝合金材料的重量，以及注胶厚度来选用双面胶带。

2）幕墙密封填缝材料

幕墙密封填缝材料主要包括橡胶密封胶、硅酮密封胶(硅酮耐候胶)、聚乙烯泡沫条等。

(1) 橡胶密封胶。

橡胶密封胶主要用于明框玻璃幕墙，其采用的橡胶制品宜采用三元乙丙橡胶、氯丁橡胶，它们依靠自身的弹性在槽内起密封作用。

(2) 硅酮密封胶。

硅酮密封胶，又称硅酮耐候胶，全玻幕墙胶缝需要传力，其胶缝必须采用硅酮密封胶。隐框、半隐框及点支式玻璃幕墙用于中空玻璃的二道密封必须采用硅酮密封胶。

(3) 聚乙烯泡沫条。

聚乙烯泡沫条在幕墙主要用于填缝，在硅酮密封胶密封之前，用泡沫棒填充空隙，然后再注胶。

3）其他材料

(1) 保温隔热材料。

幕墙的保温隔热材料，宜采用岩棉、矿棉、玻璃棉防火板等不燃或难燃的材料。对于松散类的保温隔热材料，需进行包封处理，以防水防潮。

(2) 垫片隔绝材料。

在主体结构与幕墙结构之间，应设耐热的硬质有机材料垫片；在幕墙安装过程中，凡是螺钉连接的地方，应加设耐热的硬质有机材料垫片；在幕墙竖梃与横档的连接处，加设柔性垫片；在不同金属材料接触处，应设置绝缘垫片或其他防化学腐蚀措施。垫片既要有一定的柔性，又要有一定的硬度。

9.1.3 幕墙设计的技术性能与要求

1. 幕墙的技术性能

幕墙的技术性能主要包括抗风压性能、水密性能、气密性能、保温性能、隔声性能、平面内变形性能、耐撞击性能、承重力性能、光学性能9个方面。它们与各个地区气候条件、地理位置、建筑物的高度、功能要求有关。

1）抗风压性能

幕墙的抗风压性也称风压变形性能，是指建筑物的幕墙在与其平面相垂直的风压作用下，保持正常工作状态与使用功能，不发生任何损坏的能力。此项是幕墙检测的重要性能之一。

2）水密性能

幕墙的水密性能也称雨水渗透性能，是指构件连接处的水密性要求。幕墙漏水受3个方面因素影响，雨水、缝隙和使水通过缝隙移动的某种力量。幕墙一旦漏水，很难处理，也被列为幕墙检测的重要性能之一。

幕墙的水密性能设计可采取下列措施。

(1) 在幕墙构件连接部位做好密封措施，填缝采用成型填缝材料。

(2) 幕墙的连接构件宜按等压原理设计，在易发生渗漏的部位应设置流向室外的泄水孔，在易产生冷凝水的部位，应设置冷凝水排出管道，排放渗漏水的路径宜设计成等压空间，以形成二次排水构造。

3）气密性能

幕墙的气密性能也称空气渗透性，指在风压作用下，其开启部分为关闭状况时阻止空气透过幕墙的性能。气密性能涉及建筑内部通风换气的要求，影响空调冷暖气负荷，也需通过幕墙检测测试。

4）保温性能

幕墙的保温性能是指在幕墙两侧存在空气温度差的条件下，幕墙阻隔从高温一侧向低温一侧传热的能力。它关系到建筑的热工性能和节能效果。设计时，需根据当地的气候条件，选择合适的材料和结构形式，符合相关规范的规定。

(1) 有保温要求的玻璃幕墙应采用中空玻璃，必要时采用隔热铝合金型材；有隔热要求的玻璃幕墙，宜设计适宜的遮阳装置或采用遮阳型玻璃。

(2) 玻璃幕墙的保温材料应安装牢固，并应与玻璃保持30mm以上的距离。

(3) 保温材料填塞应饱满、平整，不留间隙，其填塞密度、厚度应符合设计要求。

(4) 玻璃幕墙的保温、隔热层安装内衬板时，内衬板四周宜套装弹性橡胶密封条，内衬板应与构件接缝严密。

(5) 在冬季取暖地区，保温面板的隔汽铝箔面应朝向室内；无隔汽铝箔面时，应在室内侧有内衬隔汽板。

(6) 金属与石材幕墙的保温材料可与金属板、石板结合在一起，但应与主体结构外表面有50 mm以上的空气层(通气层)，以供凝结水从幕墙层间排出。

5）隔声性能

幕墙的隔声性能应根据建筑物的使用功能和所处环境进行设计。规范规定幕墙的隔声要求不能小于 32dB。隔声要求不满足时，仅靠提高普通单层玻璃的厚度，对隔声效果的提高不明显。一般采用复合玻璃，如夹层玻璃、中空玻璃等。

6）平面内变形性能

幕墙的平面内变形性能主要受地震力影响，地震力使得建筑各楼层间发生相对位移，形成幕墙层间变位，使幕墙构件水平方向产生强制位移。

计算楼层水平位移量，意在控制幕墙面板与金属骨架间的变形性能；对于轻质复合外墙挂板，则以安装预埋铁件的变位处理性能为对象。

7）耐撞击性能

幕墙的耐撞击性是指来自自然界外力撞击的耐力，对于人员流动密度大或青少年、幼儿活动的公共建筑的建筑幕墙，耐撞击性能指标不应低于 2 级。

8）承重力性能

幕墙的承重力性能要求幕墙应能承受自重和设计时规定的各种附件的重量，并能可靠地传递到主体结构。

9）光学性能

幕墙的光学性能主要考虑是有采光功能要求和有辨色要求的建筑。对于有采光功能要求的幕墙，其透光折减系数不应低于 0.2。

2. 幕墙的设计要求

1）玻璃安全要求

(1) 各种玻璃幕墙须采用钢化玻璃、夹层玻璃等安全玻璃，以及中空玻璃、反射玻璃等隔热玻璃。

(2) 玻璃幕墙下部宜设置绿化带，入口处宜设置遮阳棚或雨罩。

(3) 当楼面外缘无实体窗下墙时，建筑室内沿幕墙应设置防护措施，如栏杆、栏板。

(4) 非抗震设计的玻璃幕墙，在风力作用下玻璃不得破损；抗震设计的玻璃幕墙，在设防烈度地震作用下经修理后幕墙仍可使用；在罕遇地震作用下幕墙骨架不得脱落。

(5) 人员流动密度大、青少年或幼儿活动的公共场所以及使用中容易受到撞击的部位，其玻璃幕墙应采用安全玻璃；对使用中容易受到撞击的部位，尚应设置明显的警示标志。

2）幕墙防火要求

幕墙一般不具有防火性能，但它作为外围护结构，应与建筑整体防火要求相适应，在一些重要的部位应具有一定的耐火性。防火封堵是目前建筑设计中广泛运用的防火、隔烟的方法，是通过在缝隙间填塞不燃或难燃材料，达到防止火焰和高温烟气扩散的目的，如图 9.2 所示。幕墙的防火设计应符合现行国家标准的有关规定。

3）幕墙防雷要求

常用的防雷装置由三部分组成：接闪器(避雷针、避雷带、避雷网等)、引下线和接地装置。在幕墙防雷设计中，从女儿墙盖板至幕墙立柱、横梁，应自上而下地安装防雷装置。金属骨架与防雷装置的连接应采用焊接或机械连接，形成导电通路(图 9.3)。

幕墙的防雷设计还应符合国家现行标准《建筑物防雷设计规范》(GB 50057—2010)和《民用建筑电气设计规范》(JGJ 16—2008)的有关规定。

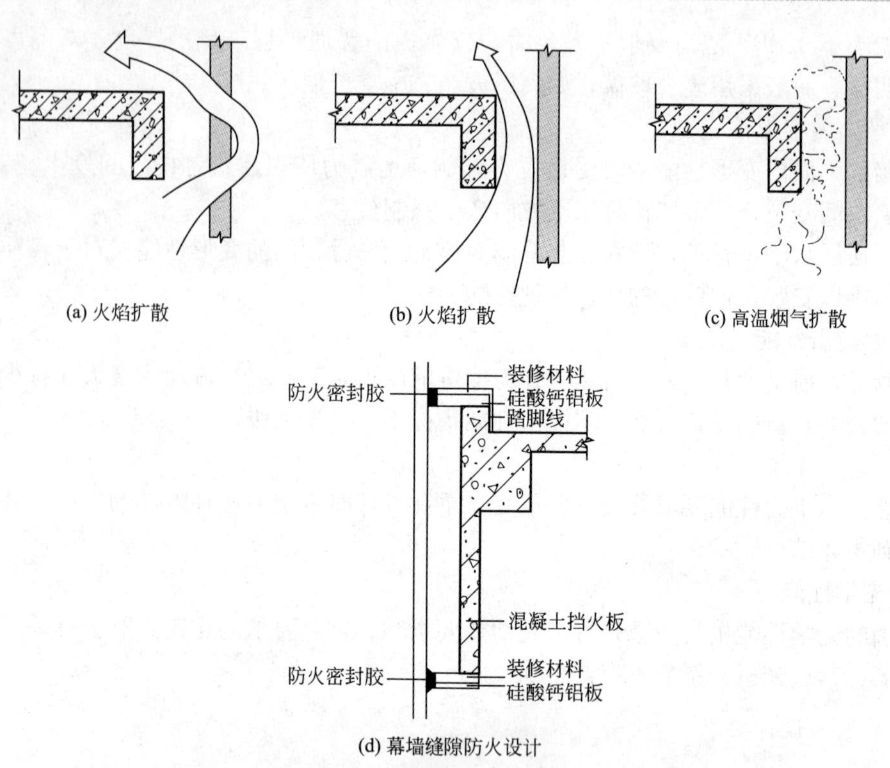

图 9.2　幕墙防火设计

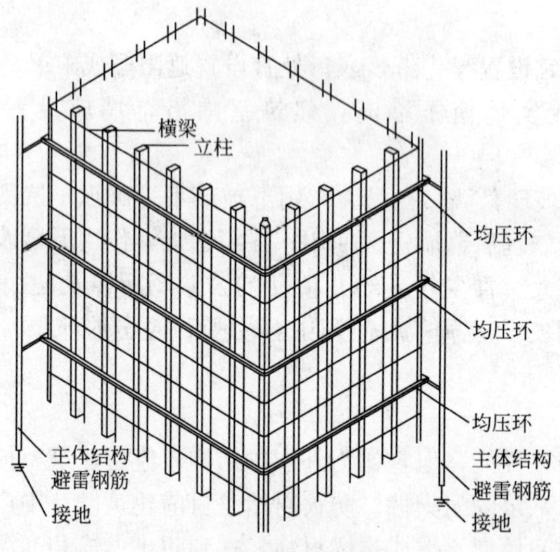

图 9.3　幕墙避雷系统示意

4）使用寿命和可维护性要求

(1) 幕墙结构设计使用年限不宜低于 25 年。

(2) 幕墙面板应易于安装和更换。

(3) 幕墙使用期间，应能适应当地的气候环境，不应产生附加噪声。

(4) 幕墙应有清洗、维护措施。高度超过 40m 的幕墙，应设置清洗设备或设置固定清洗设备的装置，并能实现对幕墙的日常维护。

9.2 玻璃幕墙

9.2.1 玻璃幕墙分类

1. 按构造方式分

1）框支式玻璃幕墙

框支式玻璃幕墙如图 9.4 所示，饰面玻璃宜采用安全玻璃。

(a) 明框玻璃幕墙　(b) 隐框玻璃幕墙　(c) 半隐框玻璃幕墙

图 9.4　框支玻璃幕墙

（1）明框玻璃幕墙。

明框玻璃幕墙的玻璃面材镶嵌在金属框内，成为四边有框的幕墙构件，幕墙构件镶嵌在横梁上，形成横梁立柱外露，框架分格明显的建筑立面［图 9.4(a)］。明框玻璃幕墙是最传统的幕墙形式，工作性能比较可靠，施工简单，应用最为广泛。

（2）隐框玻璃幕墙。

隐框玻璃幕墙是将玻璃用硅酮结构密封胶(简称结构胶)黏结在金属框上，框架全部隐藏在玻璃后面，表面不外露金属框架，形成大面积全玻璃建筑立面［图 9.4(b)］。并且玻璃是用结构胶与金属框黏结在一起的，结构胶的弹性非常好，能够吸收振动和变形，使得隐框玻璃幕墙具有极佳的抗震性能。

（3）半隐框玻璃幕墙。

半隐框玻璃幕墙即部分玻璃镶嵌在框架中，部分玻璃由结构胶黏结或金属扣件固定在金属框上的幕墙形式［图 9.4(c)］。半隐框玻璃幕墙又分为横明竖隐、竖明横隐两种形式。由结构胶与金属框黏结的半隐框玻璃幕墙，也具有较好的抗震性能。

2）点支式玻璃幕墙

点支式玻璃幕墙是由玻璃、驳接组件和支承结构组成，是指在幕墙玻璃四角打孔用幕墙驳接爪将玻璃连接起来并将荷载传给相应构件，最后传给主体结构的幕墙做法(图 9.5)。点支式玻璃幕墙的玻璃必须进行钢化处理，玻璃开孔应在玻璃未钢化前用专用工具打好，再进行钢化处理。

3）全玻璃幕墙

全玻璃幕墙是一种全透明、全视野的幕墙形式，利用玻璃的透明性，追求建筑物内外流通和融合的空间感。全玻璃幕墙多用于各类公共建筑的首层或者二层(图 9.6)。全玻璃幕墙包括座式全玻璃幕墙和吊挂式全玻璃幕墙两种类型。

图 9.5　点支式玻璃幕墙

图 9.6　全玻璃幕墙

2. 按施工方式分

玻璃幕墙按施工方式划分，可以分为构件式玻璃幕墙和单元式玻璃幕墙(图 9.7)。构件式玻璃幕墙的施工方式为现场组装，它适用于框支式、点支式和全玻璃幕墙。单元式玻璃幕墙的施工方式为预制装配，它适用于框支式玻璃幕墙。

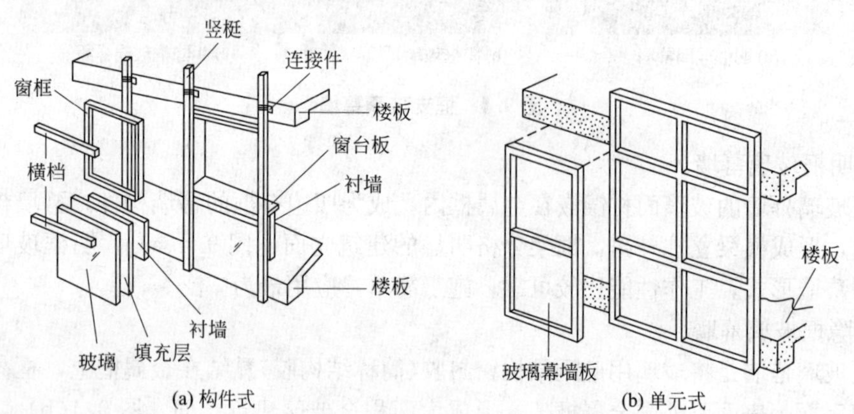

图 9.7　玻璃幕墙示意图

9.2.2　明框玻璃幕墙

1. 构件式玻璃幕墙

构件式明框玻璃幕墙是在施工现场将金属边框、玻璃、填充层和内衬墙，以一定顺序安装组合而成。较常见的形式是：竖框和横梁现场安装形成框格后将面板材料组件固定于骨架上，面板材料组件竖向边框连接在立柱上，横向边框连接在横梁上，并进行密封胶接逢处理，以防雨水渗透、空气渗透。

玻璃幕墙通过边框把自重和风荷载传递到主体结构，其传递方式有两种：一种是通过垂直方向的竖梃传递；另一种是通过水平方向的横档传递。采用横档传递方式时，需将横档固定在主体结构立柱上，由于横档跨度不宜过大，要求框架结构立柱间距也不能太大，所以实际工程中该种传递方式并不多见。通常情况下采用的是前一种方式。

1）构件式明框玻璃幕墙主要特点

(1) 施工手段灵活，经过较多工程实践检验，工艺较为成熟。

(2) 能很好地适应主体结构，安装顺序基本不受主体结构的影响。

(3) 接缝采用密封胶处理，水密性、气密性好，具有较好的保温、隔声降噪能力，具有一定的抗层间位移能力。

(4) 大量安装工序现场进行，要求现场管理工作量大。

2）金属框的断面与连接方式

(1) 金属框常用的断面形式。

金属框可用铝合金、不锈钢等型材制作。铝合金型材有实腹和空腹两种，空腹型材节约材料，对抗风有利。金属框断面的形式根据受力情况、连接方式、玻璃固定方式等各有不同(图 9.8)。

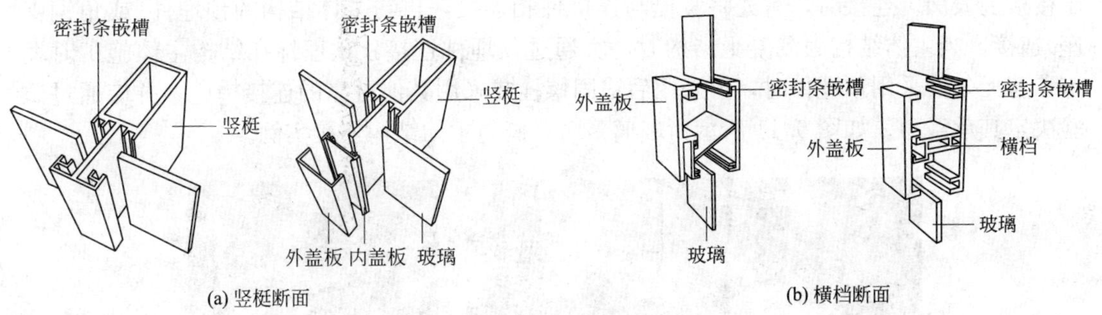

图 9.8　常用金属框断面形式

(2) 竖梃和主体结构的连接。

竖梃通过连接件固定在梁、楼板上或柱子上。安装时，应选择所有螺栓孔都呈椭圆形长孔的连接件，这样竖梃在上下、左右、前后三个方向均可调节移动，便于与其他构件连接。连接件与构件连接处螺栓不应少于两个(图 9.9)。竖梃与楼板(梁)之间应留有 100mm 左右的间隙，以方便施工安装时的调差工作(图 9.10)。

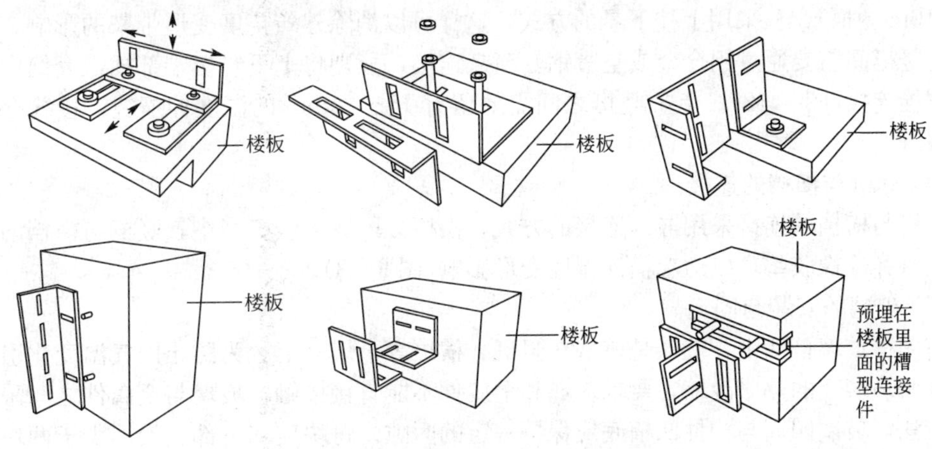

图 9.9　常用玻璃幕墙连接件

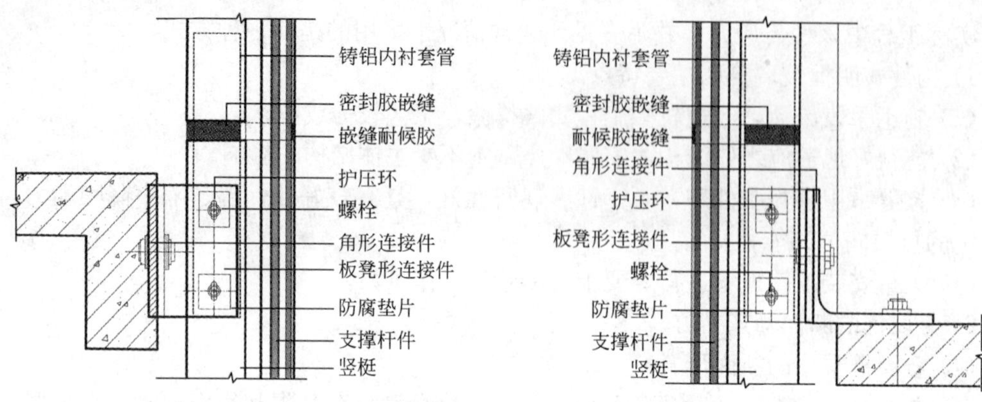

图 9.10　玻璃幕墙竖梃与楼板连接构造

连接件可以置于楼板的上表面、侧面和下表面。为了便于施工操作，一般情况是置于楼板上表面。连接时，首先将竖梃与连接件相连接，再与主体结构的预埋件(或角钢支座)连接。当主体结构为混凝土结构时，宜通过预埋件连接，预埋件在结构主体施工时埋入。若无条件采用预埋件时，可采用后锚固螺栓或采用其他可靠的连接措施，并应通过试验决定其承载力。如图 9.11 所示为玻璃幕墙竖梃与主体结构连接实例。

图 9.11　玻璃幕墙竖梃与主体结构连接实例

(3) 竖梃与竖梃的连接。

一般情况下，玻璃幕墙的竖梃按楼层高度来划分，即竖梃的高度等于层高(也可采用 7.5～10m 一根)，且采用上挂下悬的方式，这样可以消除建筑挠度变形带来的影响。相邻的两个竖梃间需要通过铝合金或空腹钢套筒来连接，分别将上下竖梃端部插入套筒中，然后用螺栓连接(图 9.12)。上下竖梃之间需要留有 15～20mm 的温度伸缩缝，接缝处用密封胶嵌缝。

(4) 竖梃与横档的连接。

竖梃与横档的连接采用嵌入连接的方式，横档分段嵌入竖梃当中，竖梃与横档的连接处应设置弹性橡胶垫，以适应横向温度变形影响(图 9.13)。

(5) 玻璃的安装与固定。

在明框玻璃幕墙中，玻璃是镶嵌在竖梃、横档等金属框上。为防止因气温变化引发的金属件和玻璃间的热胀冷缩，要求玻璃和金属件不能直接接触，玻璃与金属件之间采取弹性连接法，玻璃四周与构件凹槽底应保持一定的间隙，每块玻璃下部应设不少于两块弹性支承垫块。垫块能在建筑变形或温度变形时，使得玻璃在垫块的夹持下竖向或水平滑动，同时也对玻璃起定位作用(图 9.14)。

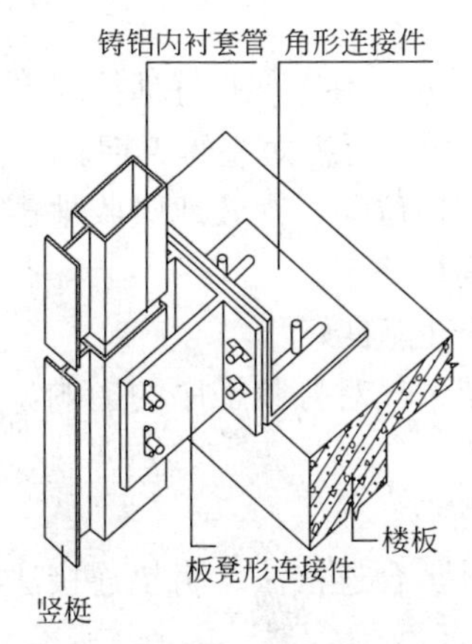

图 9.12 竖梃与竖梃连接

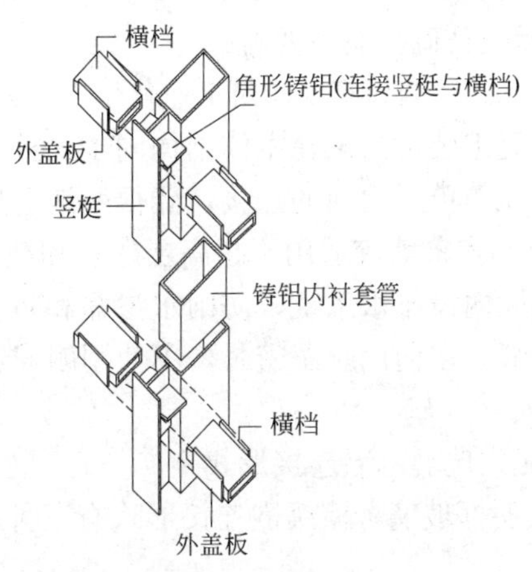

图 9.13 竖梃与横档连接

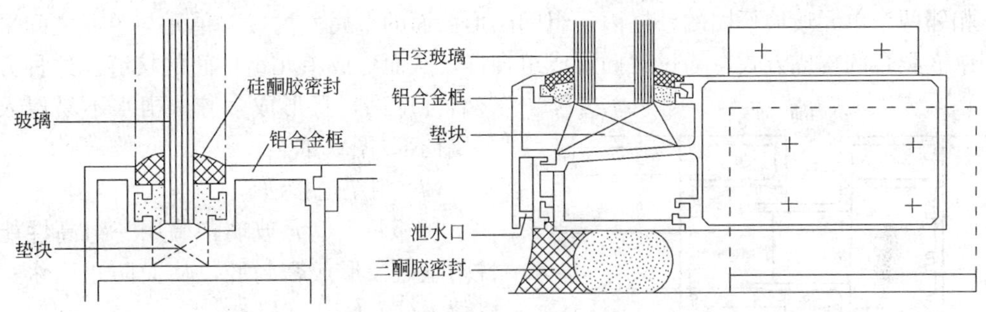

图 9.14 玻璃安装与连接

安装热反射玻璃时，其镀膜层应面向室内一侧，以保证其耐久性，装饰效果相对也好。玻璃与金属框接缝处的防水构造处理是保证幕墙防风雨性能的关键部位。接缝构造目前国内外普遍采用的方式有三层构造层，即密封层、密封衬垫层、空腔(图 9.15)。

2. 单元式玻璃幕墙

单元式玻璃幕墙是一种工厂预制组合玻璃幕墙，每个独立单元组件内部所有板块安装、板块间接缝密封均在工厂内加工组装完成，以幕墙单元形式运送到现场，直接安装到建筑主体结构上(图 9.16)。通常每个单元组件为一个楼层高，也可按照设计要求做成两三个楼层高。

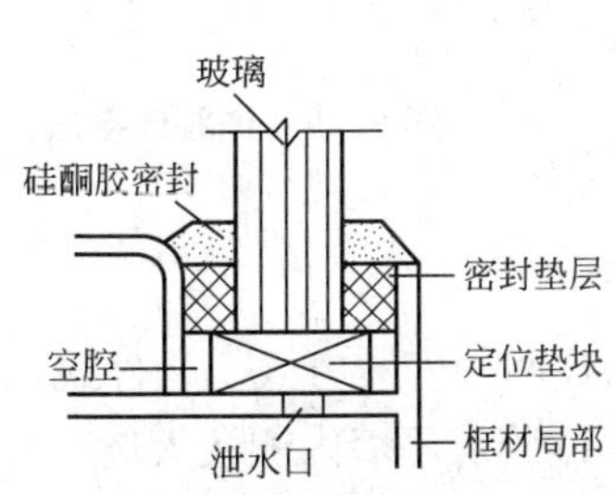

图 9.15 玻璃与金属框接缝构造

图 9.16 单元式玻璃幕墙

1）单元式玻璃幕墙主要特点

(1) 单元式幕墙易实现建筑工业化生产，人工费低，精度高，能很好地控制单元质量。

(2) 单元组装可与土建主体结构同步，且安装速度快，可缩短整体工期。

(3) 单元与单元之间的连接，能很好地适应主体结构位移，有效地吸收地震作用、温度变化，单元式幕墙较适用于超高层建筑和纯钢结构高层建筑。

(4) 单元内设排水系统，防雨水渗漏和防空气渗透性能良好。

(5) 接缝处多使用胶条密封，不使用耐候胶，不受天气对打胶工序的影响，工期进度易控制。

2）单元式玻璃幕墙连接形式

单元式明框玻璃幕墙镶嵌连接形式有三种，分别是契合连接法、附垫连接法和嵌胶连接法。

(1) 契合连接法。

相邻两个单元玻璃幕墙的外框由一组凹凸形截面的金属件构成，单元与单元之间采用阴阳镶嵌契合的构成方式，通过对插形成组合杆，从而形成单元组件间的接缝。这种方式契合强度高，且形成多腔，雨水不易侵入到幕墙内部(图 9.17)。

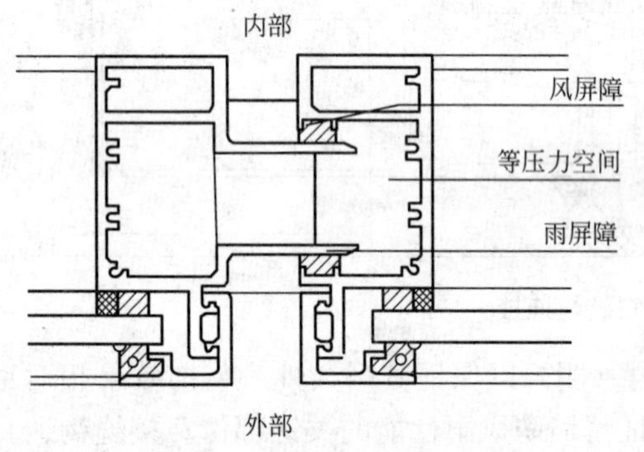

图 9.17　契合连接法

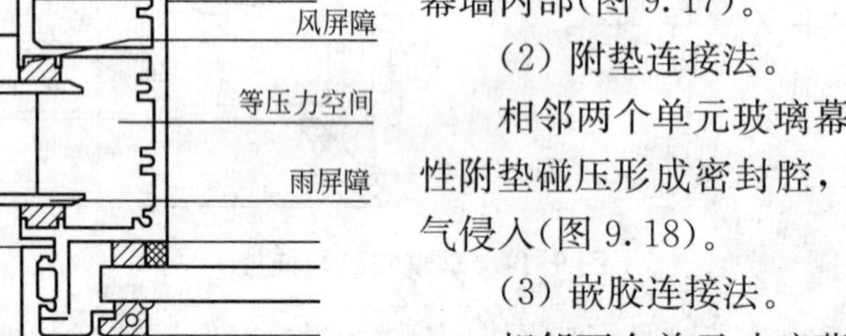

(2) 附垫连接法。

相邻两个单元玻璃幕墙用一组高性能弹性附垫碰压形成密封腔，从而防止雨水、空气侵入(图 9.18)。

(3) 嵌胶连接法。

相邻两个单元玻璃幕墙接口处采用两道密封胶嵌缝来连接，从而形成防止雨水、空气侵入的屏障(图 9.19)。

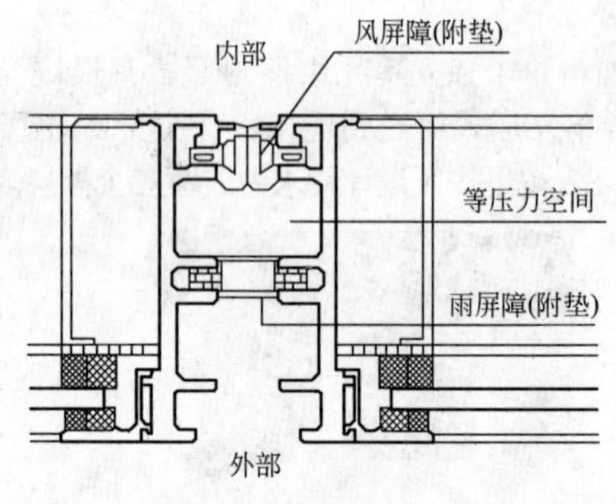

图 9.18　附垫连接法

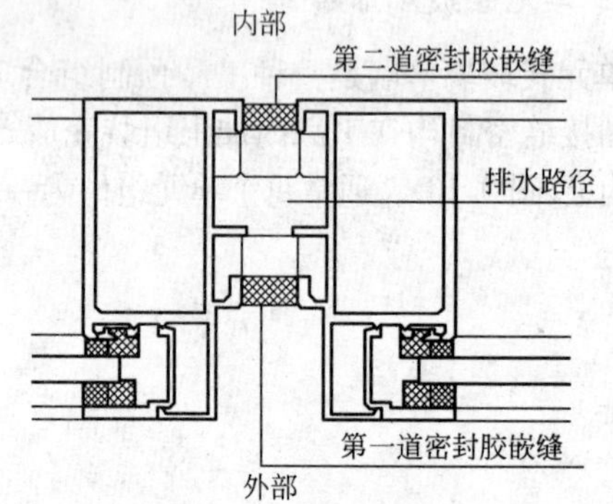

图 9.19　嵌胶连接法

9.2.3　隐框玻璃幕墙

在隐框玻璃幕墙连接中，也分为构件式和单元式两种安装方式。构件式，一般先在金属骨架表面用隔离衬垫条定位，然后再将中性结构硅酮胶从幕墙内侧注入玻璃与金属骨架的空腔中(图 9.20)。单元式现场施工时，是将单元构件采用压块、挂钩等方式连接在金属骨架上，四周用定型卡件固定(图 9.21)。注胶的宽度由计算确定，其宽度不得小于 7mm，厚度不得小于 6mm。

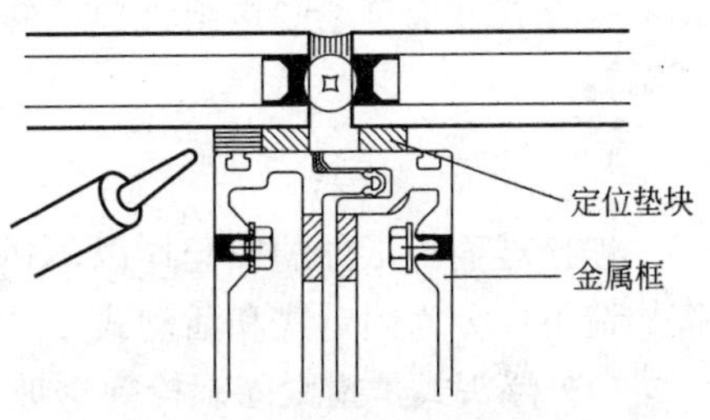

图 9.20 隐框幕墙玻璃注胶

玻璃与玻璃之间应留有一定的间隙，以适应幕墙平面变位造成的结构胶形变，避免玻璃碰撞。一般情况下，间隙为 12～20mm。在每块玻璃下，还应设不锈钢或铝合金托条，其长度不小于 100mm，厚度不应小于 2mm，高度不应露出玻璃外表面。

隐框玻璃幕墙一般设有两道密封措施，并且在两者之间留有空腔，此外还在玻璃十字交叉处留出通风排水口，使空腔内空气与室外压力取得平衡。这种方式的防水构造可以防止毛细孔作用下的渗漏水，同时还可将可能渗入的少量雨水自然排出(图 9.21)。

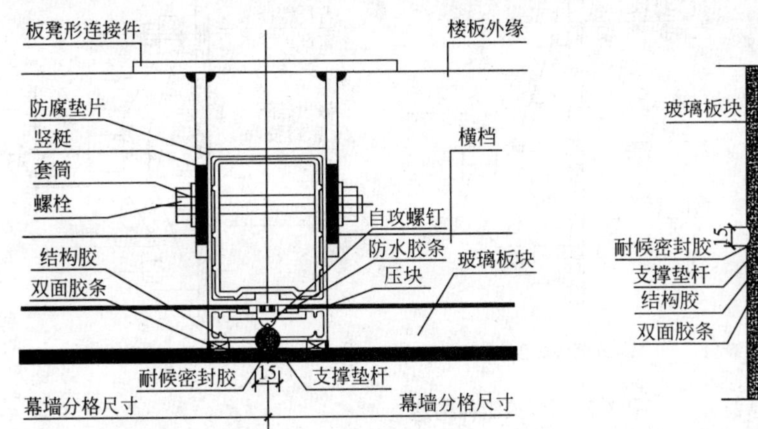

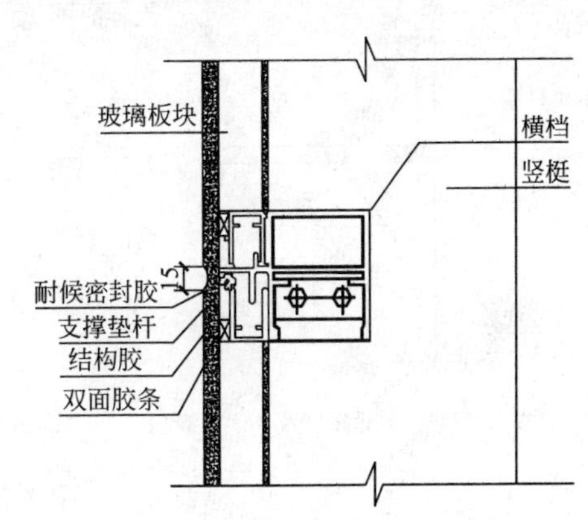

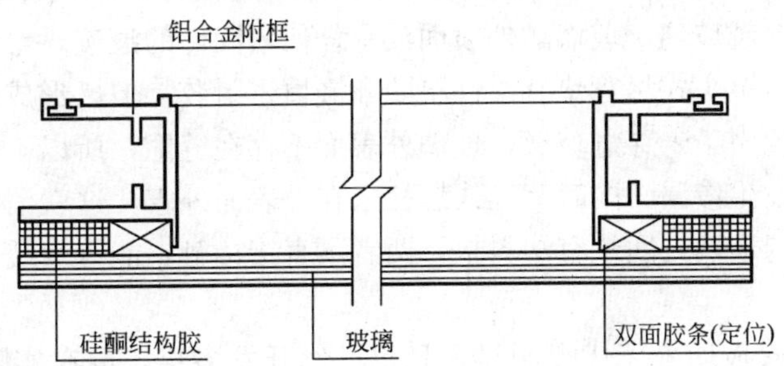

图 9.21 隐框幕墙玻璃安装

当立柱与主体结构间留有较大间距时，可在幕墙与主体结构之间设置过渡钢桁架，钢桁架与主体结构应可靠连接，幕墙与钢桁架也应可靠连接(图 9.22)。

图 9.22 过渡钢桁架

9.2.4 点支式玻璃幕墙

点支式玻璃幕墙是在支承结构上安装驳接件，玻璃四角打孔，驳接上的特殊螺栓穿过玻璃孔，紧固后将玻璃固定在驳接上形成的幕墙。

点支式玻璃幕墙驳接组件包括螺栓和爪件，玻璃通过螺栓固定在钢爪上，再连接到支承结构上。

1. 螺栓

连接玻璃与爪件的螺栓均以不锈钢制造，按外形可以分为浮头式、沉头式和背栓式。按构造可以分为固定式和活动式。

(1) 浮头式是指紧固螺栓穿透玻璃上的圆孔，螺栓已超出玻璃外表面［图 9.23(a)］。

(2) 沉头式是指紧固螺栓沉入玻璃外表面内，紧固螺栓与表面外表面平齐。采用这种形式时，玻璃表面平整美观，玻璃孔洞为锥形洞，加工复杂［图 9.23(b)］。

(3) 背栓式不锈钢驳接头不穿透玻璃，驳接头深入玻璃厚度的 60%左右［图 9.23(c)］。

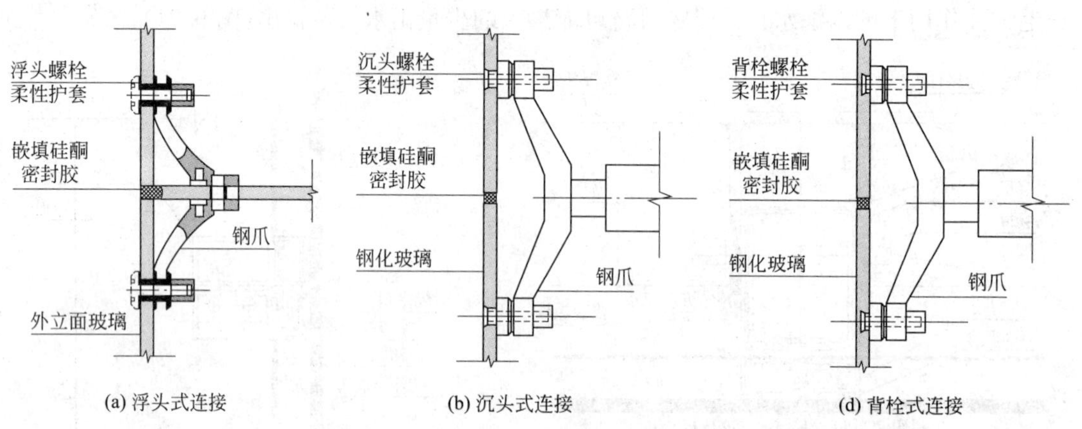

图 9.23　驳接组件构造

浮头式、沉头式两种连接在玻璃外表面均有外露连接件，只是外露的形式和大小不同；背栓式螺栓不穿越玻璃，玻璃的外表面没有任何紧固件的痕迹，看到的是一块完整无缺的玻璃。浮头式、沉头式尽管垫有柔性垫圈和嵌填密封胶，但已形成热桥，且易形成渗漏通道。背栓式螺栓由于未穿过玻璃，玻璃外表面不存在缝隙，所以不会发生渗漏，其他方式的连接孔处会发生渗漏。同时背栓式螺栓未在外表面外露，这就消除了钢螺栓的热桥作用。背栓式螺栓与玻璃之间垫有塑料垫，两者不直接接触，能有效缓冲背栓与玻璃之间的接触应力。

虽然背栓点支式玻璃幕墙优点明显，且也已经开发多年，但在实际工程中应用并不多见。关键在于玻璃上开孔工艺得不到解决，玻璃上要先打背栓孔再钢化，打孔时留下裂纹在玻璃钢化时会导致玻璃开裂破碎。随着技术的进步，相信这一问题会逐步得到解决。

2. 爪件

爪件一般用不锈钢或碳钢制造而成，外表面喷涂氟碳涂料，也可采用镀铬和镀钛等表面处理。爪件形式多样，常用的根据固定的点数可分为单点式、两点式、三点式和四点式。爪件的杆件有直杆和曲杆等形式。两点式有 I 形、V 形、S 形；三点式有 T 形和 Y 形；四点式有 X 形和 H 形(图 9.24)。在实际工程当中还有多点式和异形爪件。设计师可根据建筑设计需要和使用部位不同选用。

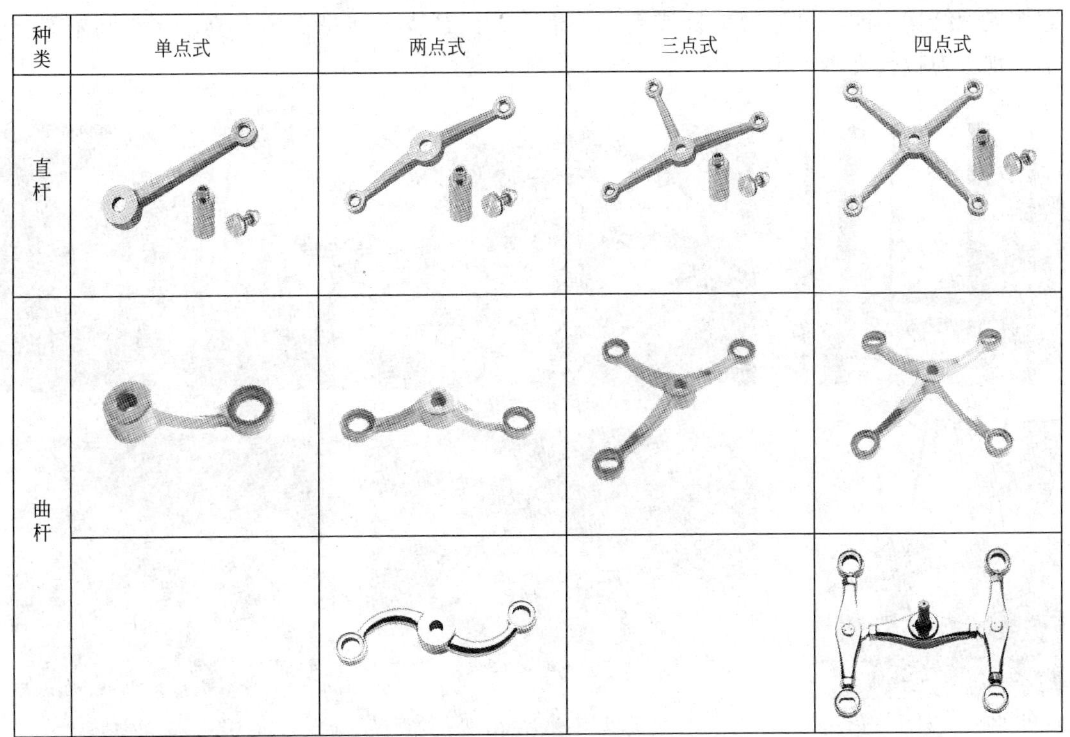

图 9.24 幕墙常用爪件

幕墙在正常工作情况下，会发生结构层间位移及玻璃变形，若玻璃与驳接组件直接硬性接触，玻璃易产生爆裂现象。同时，还易产生接触摩擦噪声。因此，驳接组件与玻璃之间应设衬垫或衬套，衬垫、衬套的厚度不宜小于 1mm，衬垫、衬套的材料应有适宜的韧性、弹性和耐久性，但不得产生明显蠕变。

3. 面板

点支式玻璃幕墙的玻璃面板必须经钢化处理，可采用单层钢化玻璃、单层防火玻璃、钢化夹层玻璃和钢化中空玻璃等，并且应经过均热处理。采用浮头式连接件的幕墙玻璃厚度不应小于 6mm，采用沉头式连接件的幕墙玻璃厚度不应小于 8mm，采用钢化夹层玻璃和钢化中空玻璃时，其单片玻璃厚度也应满足上述要求。

玻璃面板形状通常为矩形，一般采用四点支承，根据情况也可采用六点支承；对于三角形玻璃面板可采用三点支承。玻璃面板支承孔边与板边的距离不宜小于 70mm。玻璃面板的分格尺寸和玻璃厚度应根据计算确定。玻璃面板拼接时，须留有至少 10mm 的间隙，且应采用硅酮建筑密封胶嵌缝。

点支式玻璃支承孔周边应进行可靠的密封。中空玻璃在细部处理上，为了防止中空玻璃打孔后的漏气问题，在铰接螺栓处插入了一环状金属垫圈，并在与玻璃交接处加上聚异丁烯橡胶片保证密封，同时在玻璃的边沿先用聚异丁烯橡胶片覆盖，然后外面再用铝制的垫片加以保护，最后用硅酮密封胶进行填缝处理。在任何情况下，不得使用过期的硅酮密封胶。

点式玻璃幕墙所用玻璃规格限制不是那么严格，分格尺寸通常为 1.5～3.0m。

4. 支承结构

点支式玻璃幕墙支承结构设计应与建筑整体性相协调，使之成为建筑设计的一部分。

它按支承结构不同，可分为单杆式支承、格构式梁柱支承、平面桁架支承、空间桁架支承、预应力拉杆支承、预应力拉索支承、玻璃肋支承(图 9.25)。

(a) 单杆式支承结构　(b) 格构式梁柱支承结构　(c) 平面桁架支承结构
(d) 预应力拉杆支承结构　(e) 预应力拉索支承结构　(f) 玻璃肋支承结构

图 9.25　点支式幕墙常见结构形式

1）单杆式支承结构

单杆式支承结构是点支式玻璃幕墙较简单的一种结构形式，用铝合金型材或钢材做的立柱或横梁支承结构来承受玻璃表面的荷载的一种结构形式［图 9.25(a)］。

2）格构式梁柱支承结构

格构式梁柱支承结构，一般用钢材焊接成各种框架形式，根据设计要求可制成直立或空腹弯弓等形式。当点支式玻璃幕墙当跨度较大，单根杆件无法满足承重和刚度要求时，可采用此种结构支承方式［图 9.25(b)］。

3）平面桁架支承结构

平面桁架是结构杆件按一定规律组成的平面构架体系，常见的形式有：平行弦桁架、抛物线桁架、三角腹杆桁架等［图 9.25(c)］。

4）空间桁架支承结构

空间桁架结构是由几个平面桁架按一定连接系统组成一个空间体系来承受幕墙各个方向的荷载。

5）预应力拉杆支承结构

预应力拉杆结构是由受拉杆件经合理组合，并施加一定的预应力所形成的。拉杆桁架所构成的支撑桁架体态简洁轻盈，可以显示出金属结构典雅的气质［图 9.25(d)］。

6）预应力拉索支承结构

预应力拉索支承结构是不锈钢丝索通过合理布设，经过施加预拉力，形成的预应力悬索结构，又称索桁架。这种幕墙形式技术含量高，设计、施工难度很大［图 9.25(e)］。

桁架或空腹桁架可采用型钢或钢管作为杆件。采用钢管时宜在节点处直接焊接，主管不宜开孔，支管不应穿入主管内；钢管外直径不宜大于壁厚的50倍，支管外直径不宜小于主管外直径的0.3倍。钢管壁厚不宜小于4mm，主管壁厚不应小于支管壁厚；桁架弦杆与腹件、腹杆与腹杆之间的夹角不宜小于30°。

张拉杆索体系的连接件、受压杆或拉杆宜采用不锈钢材料，拉杆直径不宜小于10mm，自平衡体系的受压杆件可采用碳素结构钢。拉索宜采用不锈钢绞线、高强钢绞线，可采用铝包钢绞线。钢绞线的钢丝直径不宜小于1.2mm，钢绞线直径不宜小于8mm。采用高强钢绞线时，其表面应做防腐涂层。拉杆不宜采用焊接(图9.26)；拉索可采用冷挤压锚具连接，拉索不应采用焊接。

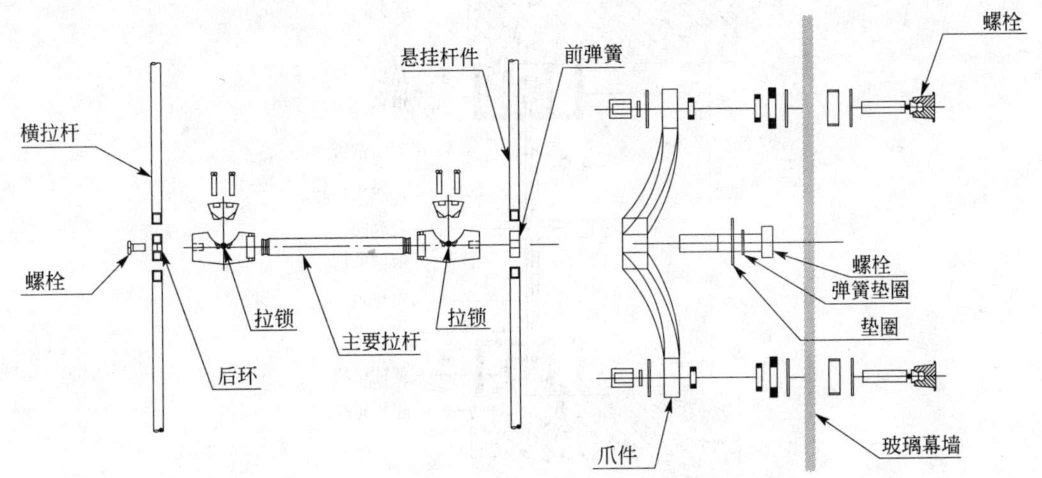

图9.26 拉杆支承点支式幕墙连接(拉锁为拉杆锁扣)

7）玻璃肋支承结构

玻璃肋支承结构应采用较厚的钢化玻璃制作肋板，玻璃肋与玻璃面板应通过驳接组件柔性连接。这种支承形式适用于高度、跨度较小的点支式幕墙(图9.27)。

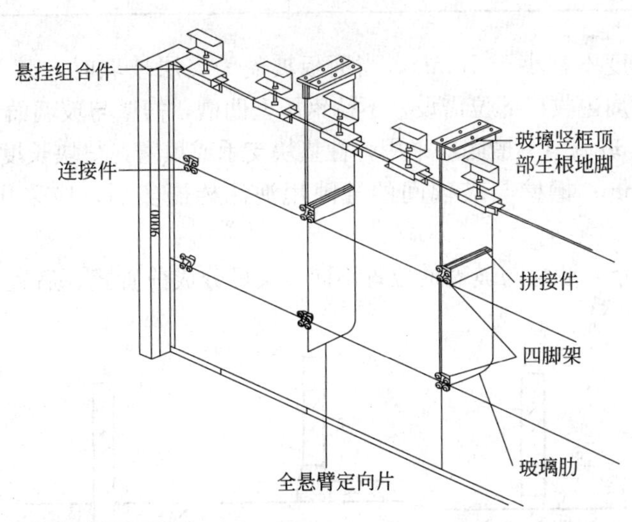

图9.27 玻璃肋支承点支式幕墙

9.2.5　全玻璃幕墙

1. 座式全玻璃幕墙

座式全玻璃幕墙是将玻璃幕墙分块固定在墙上或地面底座的 U 形凹槽里，一般作为首层橱窗玻璃使用，玻璃高度超过 2.5～3m 时，应采用玻璃肋作为支承结构(图 9.28)。按《玻璃幕墙工程技术规范》(JGJ 102—2003)的规定，玻璃高度大于表 9－1 限值的全玻璃幕墙应采用吊挂式，悬挂在主体结构上。

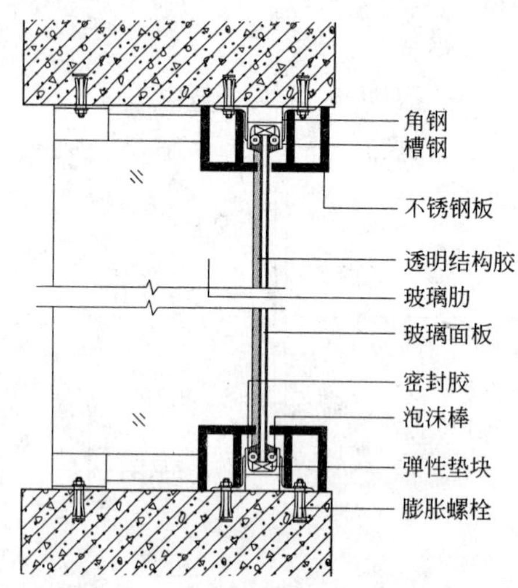

图 9.28　带玻璃肋座式全玻璃幕墙

表 9－1　下端支承全玻幕墙的最大高度

玻璃厚度/mm	10.12	15	19
最大高度/m	4	5	6

面板玻璃的厚度不宜小于 10mm，当面板玻璃为夹层玻璃时，其单片厚度不应小于 8mm。全玻幕墙的周边收口部位需设置不锈钢压型凹槽，槽壁与玻璃面板或玻璃肋的空隙均不宜小于 8mm，玻璃与下槽底应采用弹性垫块支承或填塞，垫块长度不宜小于 100mm，厚度不宜小于 10mm；槽壁与玻璃间的缝隙用泡沫棒嵌实后，应采用硅酮建筑密封胶密封。

若使用肋骨支承，肋骨与玻璃的位置不同，又可分成前置式、后置式、骑缝式、平齐式和突出式(图 9.29)。

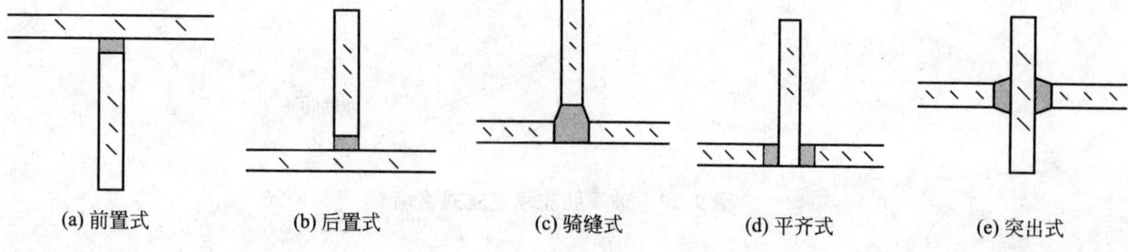

图 9.29　肋骨与玻璃面板位置示意

前置式是指玻璃肋置于大片玻璃面板的前面，用密封胶将玻璃肋与玻璃面板黏结成一个整体。后置式是指玻璃肋置于大片玻璃面板的后面，用密封胶将玻璃肋与玻璃面板黏结成一个整体。骑缝式是指玻璃肋位于两块玻璃面板接缝处，用密封胶将三块玻璃面板黏结成一个整体。平齐式是指玻璃肋位于两块玻璃面板之间，玻璃肋的一侧与左右两块玻璃面板表面平齐，并用密封胶黏结密封。突出式是指玻璃肋位于两块玻璃面板之间，其两侧均突出玻璃面板表面，并用密封胶黏结密封。

全玻幕墙玻璃肋应采用钢化夹层玻璃，截面厚度不应小于12mm，截面高度不应小于100mm。采用金属件连接的玻璃肋，其连接金属件的厚度不应小于6mm。连接螺栓宜采用不锈钢螺栓，其直径不应小于8mm。夹层玻璃肋的等效截面厚度可取两片玻璃厚度之和。

2. 吊挂式全玻璃幕墙

吊挂式全玻璃幕墙是将整片玻璃吊挂于结构梁下，玻璃面板采用吊挂支承，玻璃肋板也采用吊挂支承，重量由梁承受，玻璃自然伸直，板面平整。在地震或大风冲击下，整幅玻璃在一定限度内做弹性变形，避免应力集中造成玻璃破裂，抗震性能较好。1995年1月日本阪神大地震中吊挂式全玻璃幕墙的完好率远远大于座式全玻璃幕墙。

当全玻璃幕墙高度较高、面积较大时，可采用吊挂式全玻璃幕墙，一般单片玻璃的高度在4m以上，它是通过钢结构支架将玻璃吊挂，结构受力较为合理(图9.30和图9.31)。当单片玻璃的高度大于8m时，玻璃肋宜考虑平面外的稳定验算；当高度大于12m时，玻璃肋应采用多片钢板连接玻璃肋，并进行平面外稳定验算，必要时应采取防止侧向失稳的构造措施。

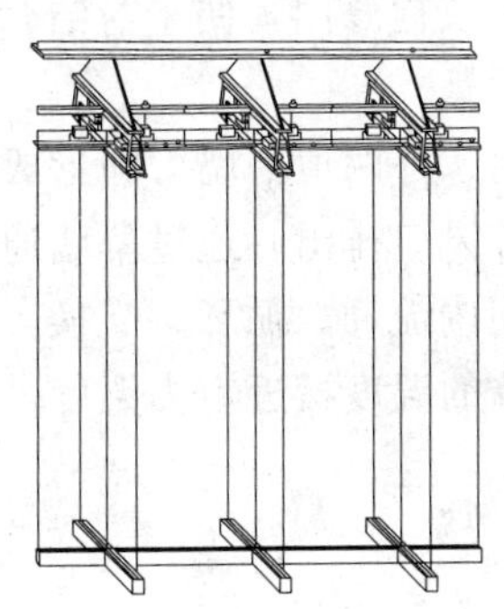
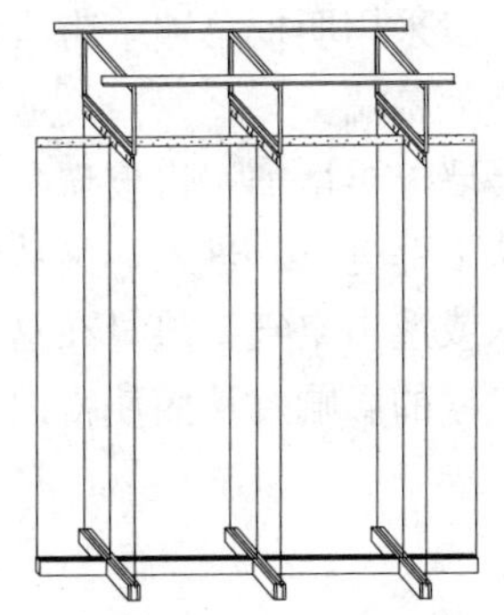
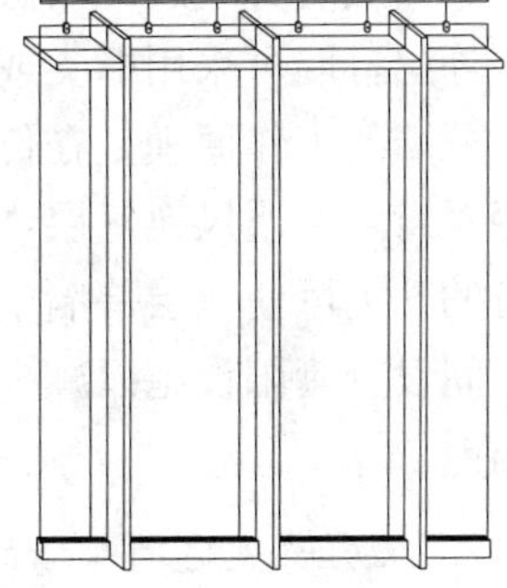

图9.30　吊挂式全玻璃幕墙形式

吊挂式全玻幕墙的主体结构或结构构件应有足够的刚度，玻璃自重不宜由结构胶缝单独承受，吊夹与主体结构间应设置刚性水平传力结构。按夹点吊夹数量可分为单吊夹、双吊夹。一般情况下采用单吊夹，即一块玻璃两个吊点。

9.2.6　双层通风玻璃幕墙

1. 双层通风玻璃幕墙的组成及工作原理

玻璃幕墙在建筑中广泛使用给人们带来许多好处，但同时也产生了大量问题，如能源损耗、严重的光污染、室内空气卫生质量下降等。因此，迫切需要一种新的幕墙解决上述

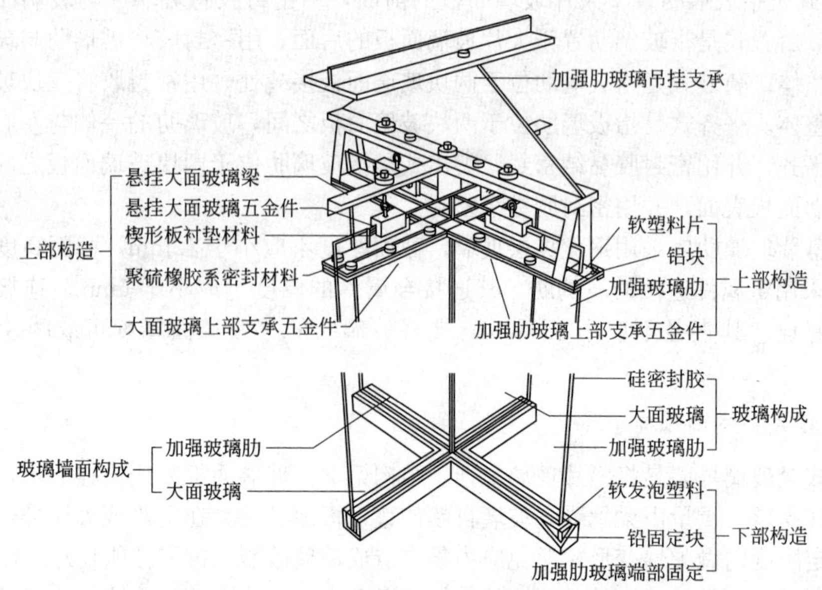

图 9.31　吊挂式全玻璃幕墙构造

问题，生态环保型幕墙成为建筑幕墙发展的方向。

双层通风玻璃幕墙，也称双层动态节能玻璃幕墙、呼吸式玻璃幕墙、热通道玻璃幕墙、智能通风玻璃幕墙等，由玻璃幕墙系统、通风系统、空调系统、环境监控系统、楼宇自动控制系统几个大部分组成。玻璃幕墙系统又由外层幕墙、内层幕墙、遮阳装置、进风装置、出风装置组成。内层幕墙一般采用明框幕墙，带有活动窗或检修门，便于清洁、维护。外层幕墙可采用框支或点支玻璃幕墙。

幕墙的工作原理是在传统的幕墙外再增加一道玻璃幕墙，内、外两道幕墙中间形成一个相对封闭的通风换气层，空气从下部进风口进入，又从上部排风口排出。通过幕墙通风设备的开关可使双层幕墙中间进入或逸出空气，热量在这个空间内流通、循环、交换，幕墙中间设有遮阳设施以减少外界气候的影响，从而使得内层幕墙的温度接近室内温度，减小温差。

2. 双层通风玻璃幕墙的特点

双层通风玻璃幕墙是生态环保幕墙之一，它具有卓越的冬季保温和夏季隔热功能、合理的采光功能及良好的整体隔声降噪性能。它技术含量高，构造特别，使得建筑具有较好的视觉美感。

双层通风玻璃幕墙也存在着设计复杂、技术要求高、成本较高等问题。幕墙系统与建筑结构、空调系统、通风系统需要统一协调，采用双层通风玻璃幕墙使得建筑实际有效使用面积损失 2.5%～3.5%。

3. 双层通风玻璃幕墙的分类及构造

1）按结构形式划分

双层通风玻璃幕墙的分类方式很多，按结构形式可分为三类：整体式、廊道式、箱式通风幕墙(图 9.32)。

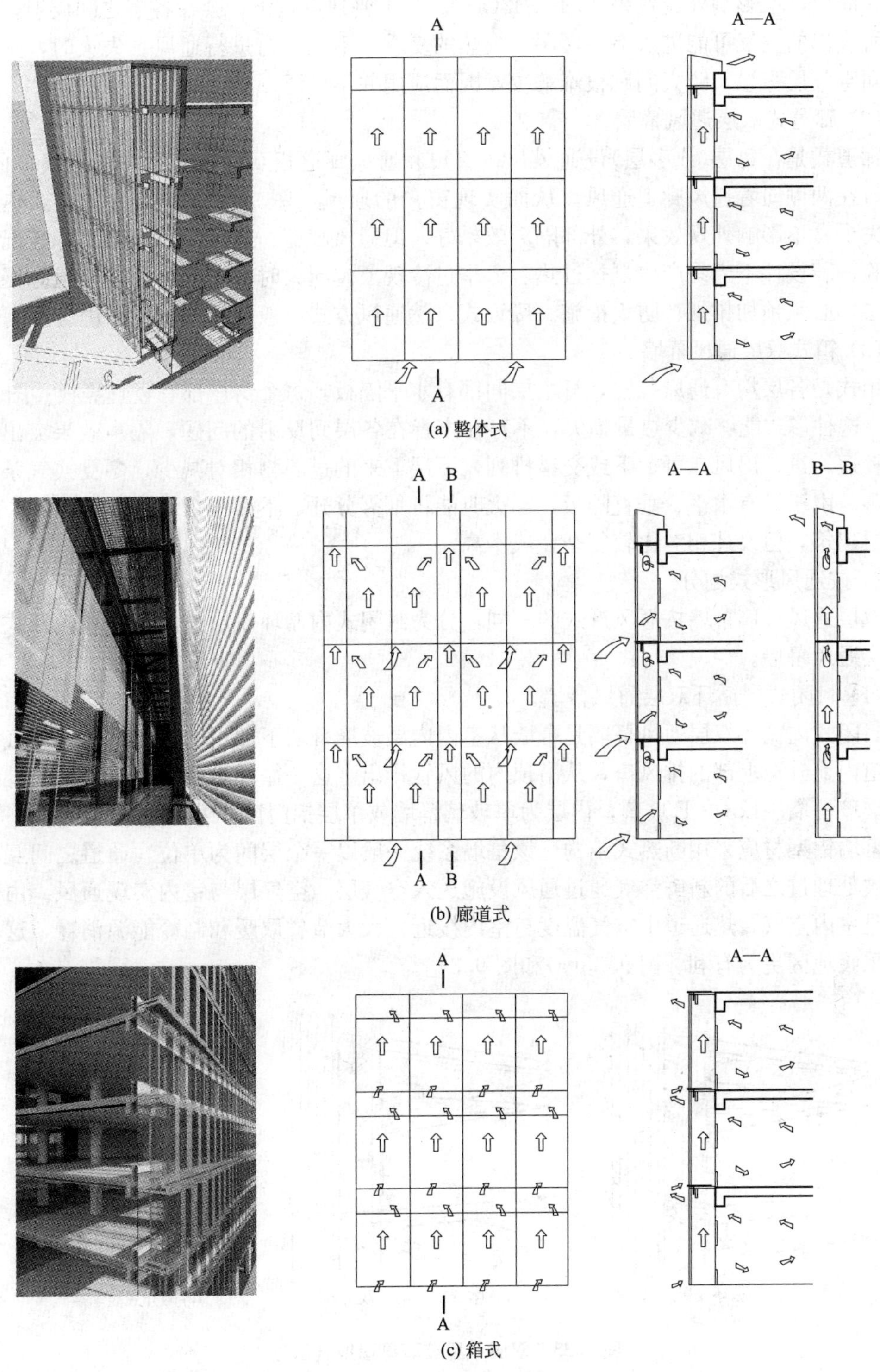

图 9.32 双层通风玻璃幕墙

(1) 整体式双层通风幕墙。

整体式是空气在幕墙中间从下到上整体流通，热量传送损失少，外部隔声效果好，而且安装简便，不影响外观效果［图 9.32(a)］。其主要缺点是声音会在各层之间反射，下一楼层所换出的空气可能进入上一楼层。炎热的夏季，不能开窗进行通风。失火时，烟雾会在中间空气层弥漫，防火问题很难解决，因而应用并不广泛。

（2）廊道式双层通风幕墙。

廊道式是在每层(或多层)设通风口，窗户和通风廊道相互交换，窗户的进气口向外，出气口在两侧向着通风廊道通风，从而实现窗户的通风［图 9.32(b)］。这种方式热量传送损失少，不影响外观效果，外部隔声效果好。但通风廊道、通风口需根据实际情况设计及试验，若设计不当易产生夏季过热、冬季过冷现象。起火时，烟火会顺着通道弥漫到各个楼层，必须预加排烟、防火措施。廊道式自然通风方式一般可适用于多层建筑。

（3）箱式双层通风幕墙。

箱式是各层均有通风装置，每个层间都有水平隔板，每个窗户都有竖直隔板［图 9.32(c)］。这种形式能够减少热量损失，不存在声音在各层间反射的问题，隔声效果突出；通风道较短，进、出风口可上下或交错排列，下层上来的过滤物相对减少，冬夏换气条件得到改善。由于设有水平、垂直隔板，起火时能将烟雾分开，不需预加其他防火措施，适用于高层建筑，但设计相对比较复杂，成本高。

2）按通风形式划分

双层通风玻璃幕墙按通风形式的不同，分为封闭式内循环双层通风幕墙和敞开式内循环双层通风幕墙。

（1）封闭式内循环双层通风幕墙。

封闭式内循环双层通风幕墙是幕墙从室内内层玻璃幕墙下部设的通风口吸入空气，在热通道内上升至上部的排风口，从吊顶内的风管排出。这一循环在室内进行，一般外层为中空玻璃幕墙、Low－E 玻璃，内层为单玻璃幕墙或单层铝门窗，外幕墙采用全封闭构造，外层幕墙铝型材应采用断热式结构。该幕墙系统一般以一个层间为单位，通道之间互不连通，被处理过之后的新鲜空气通过通风设施送入空气层，空气层与室内实现通风。由于进风口是室内空气，热通道中空气温度与室内接近，大大节省取暖和制冷能源消耗，这种形式对采暖地区更为有利［图 9.33(a)和图 9.34］。

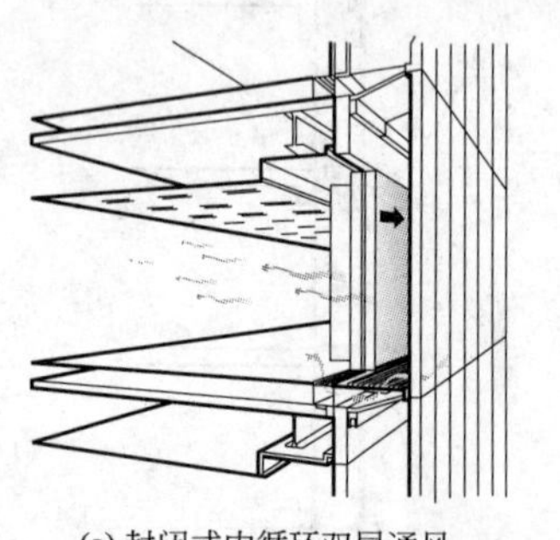
(a) 封闭式内循环双层通风

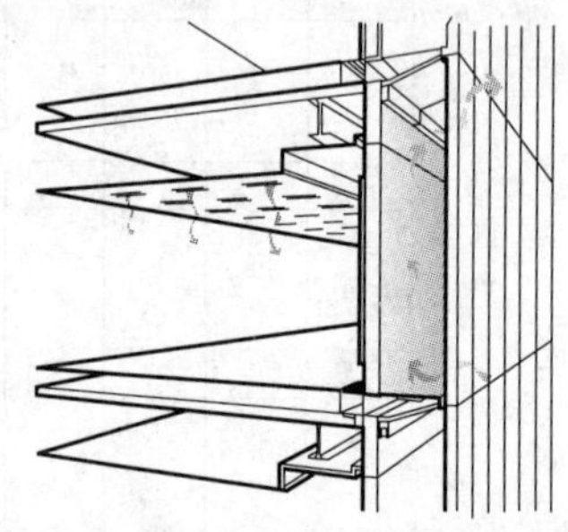
(b) 敞开式外循环双层通风

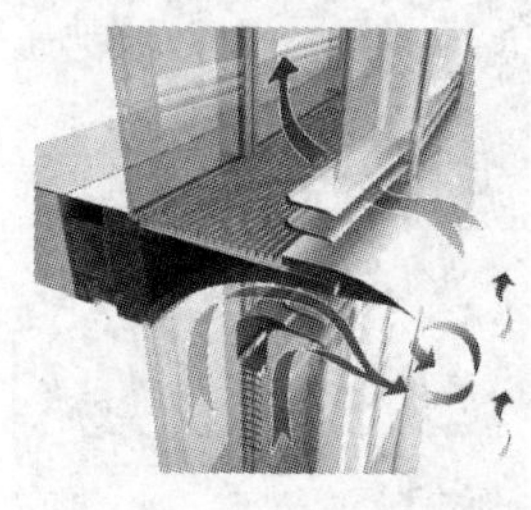
(c) 敞开式夏季换气

图 9.33　双层通风玻璃幕墙换气示意

（2）敞开式内循环双层通风幕墙。

敞开式外循环双层通风幕墙的内幕墙是封闭的，而在外层玻璃幕墙上下两端设有排风和进风装置，与热通道相连，将热量经热通道从上部排风口排出。这种形式完全靠自然通风，不需要借助于专门的设备，维护和运行费用较低，是目前应用比较广泛的双层通风幕墙形式。

敞开式外循环双层通风幕墙的风口可以开启和关闭。在夏季，将进、出风口打开，在阳光照射下，由于热压作用和烟囱效应，在内外两层结构之间的通道中，形成自下而上的气流，将通道内的热量带到室外，降低了内层幕墙的外表面温度，从而降低空调负荷和能耗。在冬季，不需要通风时，将外层通风口关闭。在阳光照射和室内热辐射等条件作用下，通道内的空气温度升高，形成介于室内与室外之间的热缓冲区。由于温室效应有效地降低了内层幕墙(或窗)的外表面温度，使室内热量的散失大幅度减少，从而达到很好的保温节能效果，减少了采暖运行费用和能耗［图 9.33(b)、(c)和图 9.35］。

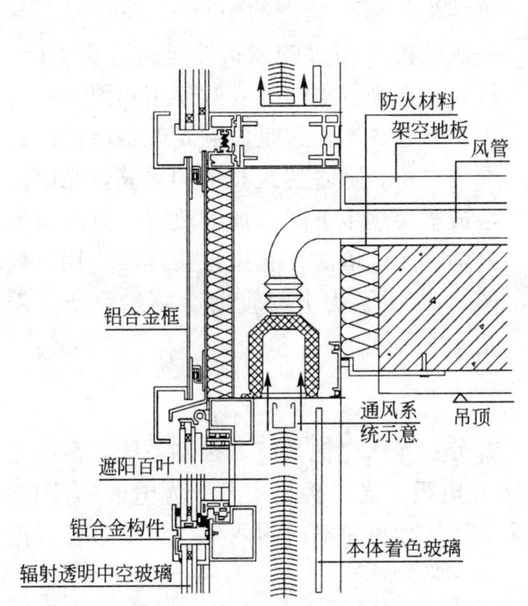

图 9.34　封闭式内循环双层玻璃幕墙剖面

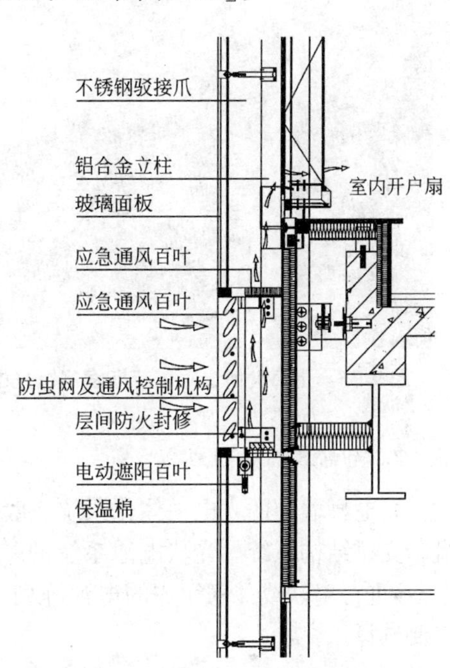

图 9.35　开敞式外循环双层玻璃幕墙剖面

9.2.7　光电幕墙

光电玻璃幕墙是将普通玻璃幕墙与光电原理相结合的建筑幕墙形式，是一种集发电、隔声、隔热、安全、装饰功能于一身的新型幕墙。光电幕墙近几年逐步得到建筑设计师和建筑投资者的青睐，在建筑市场中逐渐得到应用。

1. 光电幕墙特点

1) 节约能源

由于光电幕墙作为建筑外围护体系，直接吸收太阳能，避免了墙面温度和屋顶温度过高，可以有效降低墙面及屋面温升，减轻空调负荷，降低空调能耗。

2) 保护环境

光电幕墙不需燃料，不产生废气，无余热，无废渣，无噪声污染，可用来发电。

3) 新型实用

与建筑立面融为一体，避免了放置光电阵板额外占用的建筑空间，节省了传统的建筑

外立面装饰材料；还可原地发电、原地使用，减少电流运输过程的费用和能耗；多余的电还可纳入市政电网进行调配，舒缓白天用电高峰期电力需求，解决电力紧张地区及无电、少电地区供电情况。

4）特殊效果

光电幕墙本身具有很强的装饰效果。光电池根据其特性分为单晶硅电池、多晶硅电池及无定型硅电池，其物理性能不同，外表形状、颜色、光电池转化效率也有很大的差别。玻璃中间可采用各种不同的光伏组件，同时光电模板背面还可以衬以设计师喜欢的颜色，组合多样，可适应不同的建筑风格，使建筑具有丰富的艺术表现力。

图 9.36　上海世博会阿尔萨斯案例馆光电幕墙

5）工程投入高

目前，光伏幕墙成本比同单位面积同等结构普通幕墙贵约 1000～2000 元/m^2，一次性投入相对较高；按运行寿命 20 年计算，在光伏电池的有效使用年限内一般无法回收成本，这是影响光电幕墙推广的原因之一。随着建筑技术的提高，光电幕墙成本会逐步下降，加上政府优惠政策的鼓励，光伏幕墙在我国也会逐步应用。如图 9.36 所示为上海世博会阿尔萨斯案例馆光电幕墙。

2. 光电幕墙的组成

光电幕墙中的光电一体化系统一般分为四大部分：光伏电池系统、控制系统、蓄电池组和支撑结构系统。光伏电池系统的基本单元为光电板，光电板是由若干光电池（太阳能电池）进行串联或并联组成的电池阵列。光电板玻璃分透明和不透明两种，设计时可根据需要选择。

3. 光电幕墙的适用地区

光电幕墙的应用很关键的考虑因素是项目当地的太阳光照辐射情况，它从根本上直接影响光伏系统工程运行的效能和成本。我国太阳能资源丰富，按各地区接受年太阳辐射总量的多少，可以把全国划分为五类地区，四个太阳能资源带（图 9.37）。Ⅰ、Ⅱ、Ⅲ类地区可采用光电幕墙；Ⅳ类地区从照射角度来说，一般更适合采用玻璃幕墙的光电外遮阳等方式；而Ⅴ类地区一般不宜采用光电幕墙。

4. 光电幕墙的构造及安装

光电玻璃幕墙的玻璃应使用钢化玻璃，中间的黏结材料应具有良好的黏结性、韧性和弹性，具有吸收冲击的作用，可防止冲击物穿透（图 9.38）。即使玻璃破损，碎片也会牢牢黏附在 PVB 胶片上，不会脱落及四散伤人，从而提高建筑物的安全性。光电玻璃幕墙的金属骨架应使用断热铝型材，减少建筑物的热损失。

光电板一般朝南倾斜布置，并且周围无高大建筑物遮挡阳光，这样接受太阳辐射较多较均匀。我国南方地区一般以当地纬度增加 10°～15°为理想安装角度；北方地区则按当地纬度增加 5°～10°为佳。另外，还需要考虑到便于光电板的安装与更换。

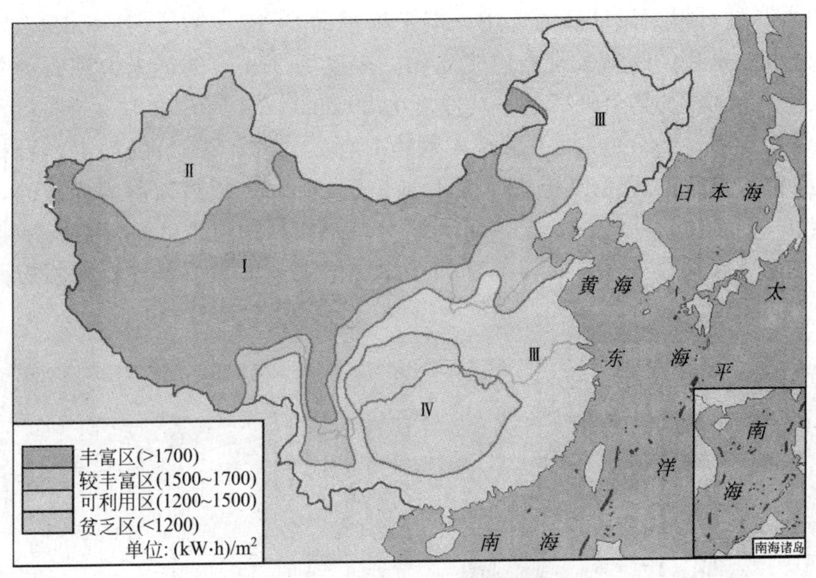

图 9.37 中国太阳能资源带

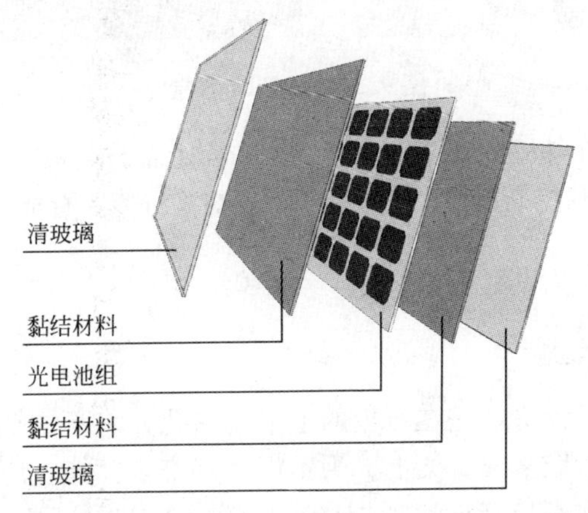

图 9.38 光电幕墙组成构造

9.3 石材幕墙

9.3.1 石材幕墙的分类

在我国，以花岗岩为主的火成岩石材以其优越的性能，成为石材幕墙的首选材料。而石材幕墙由于面积较大、墙面较高，一般采用干挂法。石材幕墙按面板的支撑固定形式，可分为钢销式、短槽式、通槽式、结构装配式、背栓式等；按面板的密封形式，可分为封闭式石材幕墙和敞开式石材幕墙。

9.3.2 石材幕墙的设计要求

用于幕墙的石材面板，四周不得有明显的色差，不允许有裂纹存在，且外形尺寸有精度要求。石材在切割、磨光、打洞及安装过程中，其连接部位应无崩坏、暗裂等缺陷。

石材面板厚度可根据设计意图选用，瑞士梅根的 St Pius 教堂(建于 1966 年，建筑师 Franz Fueg 设计)采用的超薄大理石透光立面，厚度为 21mm 的透光大理石为其教堂内部提供了特别的光环境(其整个外墙的平均厚度为 29mm)，St Pius 教堂又被称为大理石教堂(图 9.39)。按《金属与石材幕墙工程技术规范》(JGJ 133—2001)的规定，石材抛光薄板的厚度不应小于 25mm，烧毛厚板的厚度不应小于 28mm。板材太薄容易破碎，太厚则会加大外墙自重，常用的厚度为 25～30mm；部分要求较高的建筑，石材面板厚度可达 40～50mm。另外，考虑到经济性，石材幕墙的立面分格不宜太大，单块石材面板面积不宜大于 1.5m^2，其短边长度不宜大于 1.0m。

图 9.39　St Pius 教堂

石板重量重，悬挂在外墙的安全性不容忽视，固定石材面板的金属连接件必须为不锈钢材料。同时，还应考虑石材拆装方便。为了便于石材更换维修，石材间的留缝不应小于 8mm。

9.3.3　石材幕墙的构造

1. 钢销式干挂石材幕墙

钢销式干挂法又称插针法，是在石板的上下端钻孔，将不锈钢销钉插入板中，钢销连同不锈钢连接件固定在幕墙金属骨架上。为了提高其安全性能，应在石板的两侧或背面的中间另设安全措施，如在石板背面增加螺栓、挂钩等，以保证幕墙安全。如图 9.40 所示为钢销式干挂石材幕墙构造。

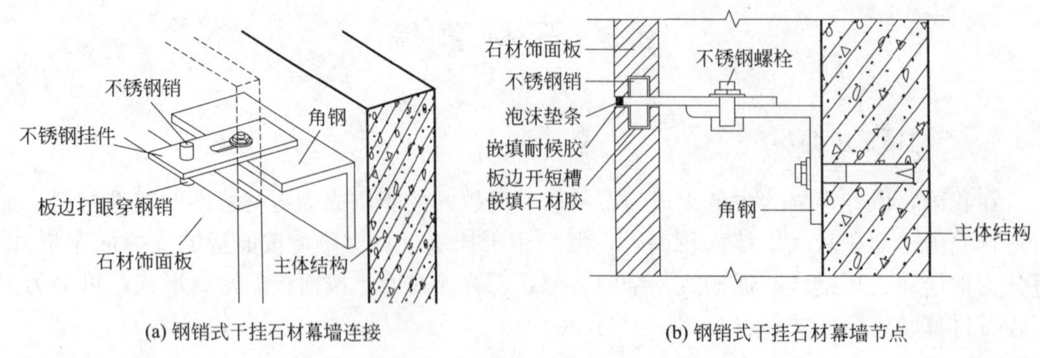

图 9.40　钢销式干挂石材幕墙构造

钢销式干挂法结构简便，采用销钉，在石材上钻孔，对石材破坏小。但板面为局部受力，固定连接比较薄弱，钢销式荷载通过钢销集中传递到孔洞边缘的石材上，易产生挤压应力，板块抗变形能力不好，且安装时不便调节，板块破损后不易更换，因此这种做法目前应用较少，仅适用于低层建筑。其使用范围为非抗震区或6度、7度抗震区，使用高度不宜大于20m，石板面积不宜大于1.0m²。

2. 槽式干挂石材幕墙

1）短槽式干挂石材幕墙

短槽式干挂石材幕墙是指在石板的上下端各开两个短槽，然后将T形或L形连接件一端插入相邻的两块石板凹槽内，另一端与幕墙金属骨架相连(图9.41)。T形或L形连接件一般多用不锈钢，也可以用铝合金(图9.42)。

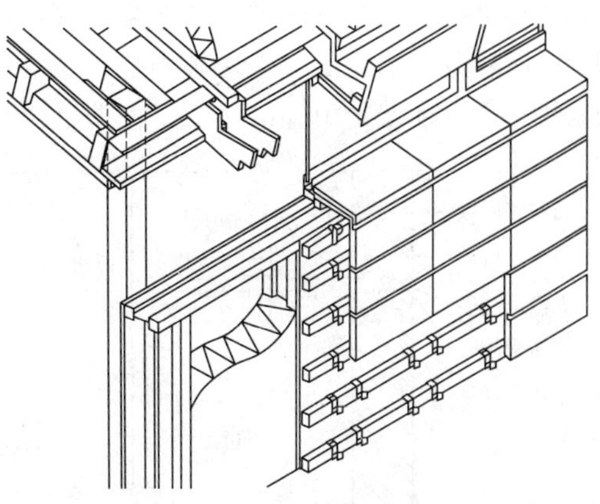

图9.41 短槽式干挂石材幕墙立体图

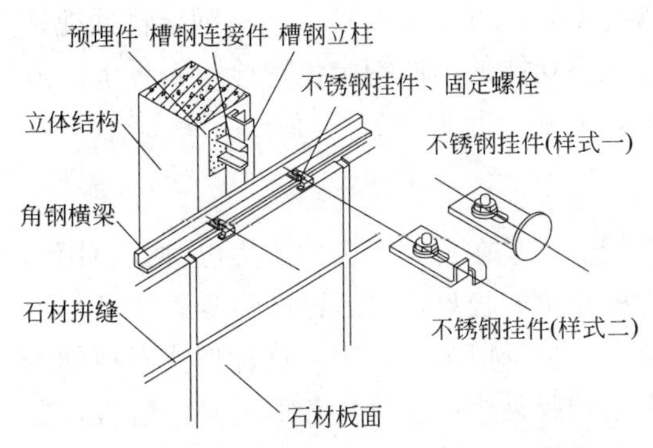

(a) 短槽式干挂石材幕墙连接立体图

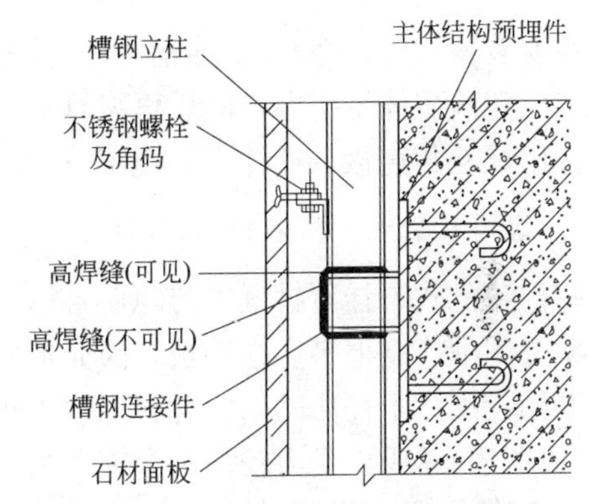

(b) 短槽式干挂石材幕墙连接纵剖面

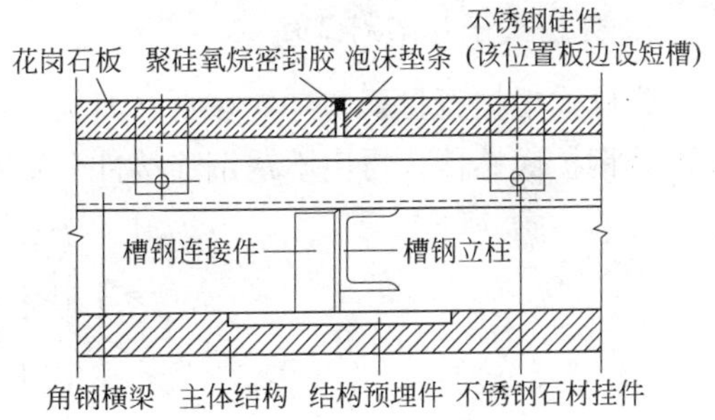

(c) 短槽式干挂石材幕墙连接横剖面

图9.42 短槽式干挂石材幕墙连接

每块石板上下边应各开两个短平槽，短平槽长度不应小于100mm，在有效长度内槽深度不宜小于15mm；开槽宽度宜为6mm或7mm；不锈钢支撑板厚度不宜小于3.0mm，弧形槽的有效长度不应小于80mm。两短槽边距离石板两端部的距离不应小于石板厚度的3倍且不应小于85mm，也不应大于180mm。石板开槽后不得有损坏或崩裂现象，槽口应打磨成45°倒角，槽内应光滑、洁净。石板经切割或开槽等工序后均应将石屑用水冲干净，石板与不锈钢挂件间应采用环氧树脂型石材专用结构胶黏结。

短槽式干挂法强度较钢销式干挂法高，且构造简单，操作方便；安装时，在连接螺栓

处增加弹性胶垫，可实现柔性连接，提高抗震性能，工程造价低，性价比高。其缺点是现场作业量多、精度低、板块破损后不易更换。其使用范围是抗震设防不大于 8 度的地区，使用高度不宜大于 100m。

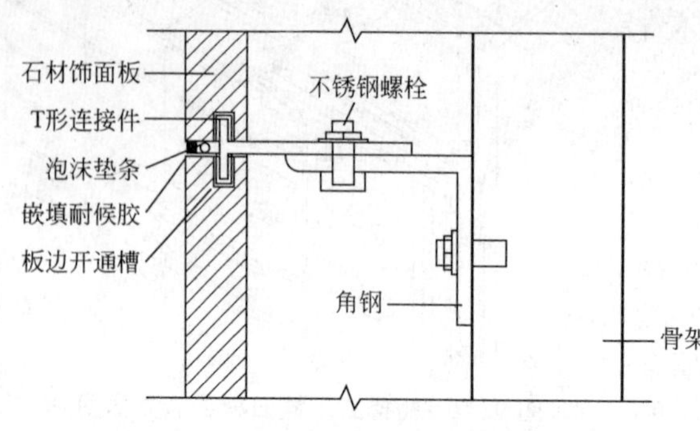

图 9.43 通槽式干挂石材幕墙连接

2）通槽式干挂石材幕墙

通槽式干挂石材幕墙是指在石板的上下端各开两个通槽，将 T 形或 L 形长连接件一端插入相邻的两块石板凹槽内，另一端与幕墙金属骨架相连(图 9.43)。这种方法采用通长铝合金型材并配合石材干挂胶连接，其受力合理，安全性较高，操作简单，采用柔性挂接方式，抗震性能较好；但其开槽量大，工序复杂，材料成本较高，相对应用较少。

在安装槽式(含短槽式、通槽式)干挂石材幕墙时，可预先将 C 形不锈钢导轨预埋件直接固定于建筑主体结构中，然后再将具有二维调整功能的不锈钢定位螺栓与石板上的燕尾支撑件用螺栓相连接，这样安装施工方便准确，也便于拆换。

3. 结构装配式干挂石材幕墙

结构装配式干挂石材幕墙与隐框幕墙构造相似，是在石材面板的两边(或四边)用结构胶粘贴上副框，副框带有挂钩板，因而形成隐框小单元板材，然后再挂到金属骨架上。

结构装配式干挂法的副框材料可以为铝合金，也可以为不锈钢。这种形式石板的力由两边(或四边)承受，受力较均匀合理，加上有结构胶黏结，安全性相对较高，各板块独立作用，更换方便；其缺点是开槽工艺复杂，工程造价相对较高。

4. 背栓式干挂石材幕墙

背栓式干挂石材幕墙是先在石材面板背面采用专用钻孔设备钻孔、孔底扩孔，然后安装不锈钢扩底螺栓，再由不锈钢连接件分别与幕墙金属骨架连接(图 9.44)。

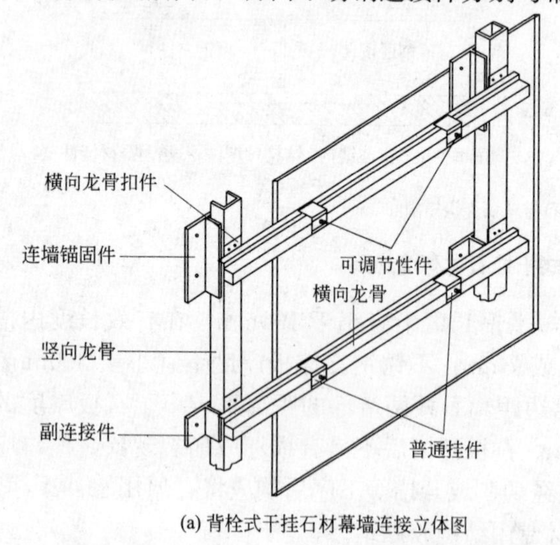

(a) 背栓式干挂石材幕墙连接立体图

微调螺钉
微调螺钉
泡沫垫条
耐候胶填缝
PZF扩底锚栓
微调挂件
压板
石材面板
主体结构
承重连接件
立柱
横龙骨

(b) 竖向节点详图

图 9.44 背栓式干挂石材幕墙

背栓式干挂石材幕墙与传统干挂工艺相比，它具有以下优点。

(1) 每块石材有四个背栓式挂件，每个挂件都均匀承受石材重量，且石材挂件与龙骨挂件间接触面积大，强度和稳定性较好。通过对比性试验证明，在板材规格相同、同等受力的条件下，背栓式干挂体系的承载性能比钢销式干挂体系高3～4倍，且板材变形不及钢销式干挂体系的1/2，安全性高，且抗震性能优越。因此，它可适用于高层、超高层或有抗震要求的幕墙饰面。

(2) 石材独立安装、单独受力，破裂后石材不易脱落且易于更换，也避免因相互连接而产生的不利影响。

(3) 工厂化程度高，现场作业少，可有效地利用机械化施工，加快工程进度。

(4) 石材拼缝平直、整齐，表面平整度高；板缝不打胶，表面清洁，不易受污染。

(5) 利用幕墙内外等压对流原理，提高了结构防水抗渗性能，具有保温节能的效果，降低维护费用。

5. *复合石材幕墙*

纯天然石材密度大，稀缺品种价格高昂，且常常存在局部瑕疵，影响石材结构强度。因此，一种由石材与结构增强板互相黏结而成的轻质高强薄型石材复合板应运而生。

用于幕墙的石材复合板，外表层常常采用5～10mm的超薄天然石材，中间层为铝蜂窝，内表层为铝板或玻璃丝网增强树脂板。内、外表层之间为玻璃丝网载体胶膜。

使用石材复合板作为石板幕墙的材料，可大大减轻幕墙的重量、结构荷载，减少金属型材用量；增加了抗冲击性，且受强力冲击后，表面不会产生辐射性裂纹、整体破裂、脱落等现象，有利于结构整体安全；大大提高了天然石材的利用率，节约了天然资源；具有良好的保温隔热、隔声等性能。

除了使用石材蜂窝板作为幕墙材料外，还可使用超薄石材与钢化(夹胶玻璃)黏结在一起的复合透光板作为石材幕墙面板。复合透光板作幕墙面板时，可将玻璃置于室外一侧，石材花纹清晰可见。同时，又可避免天然石材在室外恶劣环境中的污染腐蚀，提高了石材幕墙的耐候性、耐久性，且更易于维护清理。

9.4 金属板材幕墙

金属板材幕墙具有以下优点。

(1) 耐候性、耐久性好。作为外墙的金属板材一般都具有良好的耐候性和耐久性，特别是不锈钢板、铜板、钛合金板、锌合金板等，它们的耐久年限可以达到甚至超过主体结构耐久年限。

(2) 水密性好。金属的特性决定了金属板材具有优异的防水能力，能有效地阻止雨水渗透对外墙结构造成的破坏。

(3) 质轻。金属板材作为幕墙面材，可大大减轻幕墙的重量和结构荷载。

(4) 施工快捷。金属板材工厂化程度高，现场作业少，可有效地利用机械化施工，施工速度快，且表面平整，质量易于控制。

用于幕墙的金属面板有铝合金板、钢板、不锈钢板、铜板、钛合金板、锌合金板等，下面主要介绍应用广泛的铝合金幕墙。

铝合金幕墙是由金属构件与铝合金板材组成的建筑外装饰结构。常用的幕墙铝合金板材分为铝合金单板、铝塑复合板、蜂窝铝板几种。铝板幕墙强度高，多用于高层建筑，且以其绝佳的物理性能、快速的加工组装、优越的防火性能、先进的表面处理技术，在我国当今建筑幕墙中使用最为广泛。

1. 铝合金单板幕墙

幕墙用铝合金单板一般厚度较薄(但不小于 2.5mm)，为提高其强度，在制作成面板时，应四边折边，角边焊接在一起；部分尺度较大时，还需要在板的背面加设边肋或中肋等加强肋。加强肋用铝合金材质的铝带或角铝制成，打孔后用铝合金螺栓焊接在板的背面。铝板可以是平板，也可以根据设计意图采用模具压制成瓦楞形或立体几何形板。

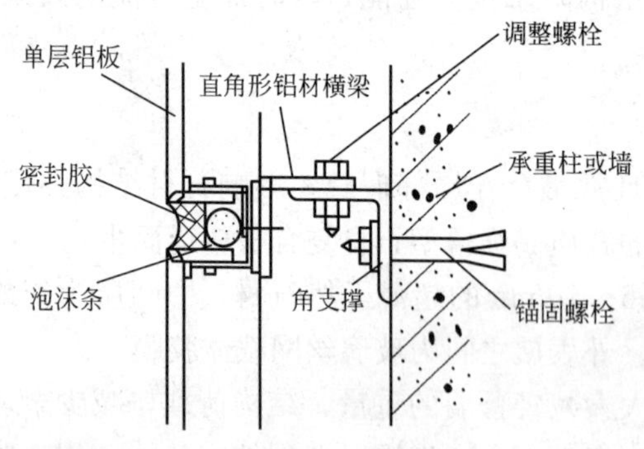

图 9.45　铝合金单板幕墙节点

铝板与铝型材骨架之间，一般沿周边应采用铆接、螺栓连接、胶粘与机械连接相结合的形式固定。除开缝式铝合金幕墙外，面板之间的缝隙用耐候性好、有弹性的防水密封材料(如聚乙烯泡沫棒)嵌缝，外表面再用耐候硅酮密封胶密封(图 9.45)。缝隙可以为垂直缝、水平缝，甚至任意角度的斜向缝。

单层铝板幕墙在与楼板交接缝隙处，应填塞防火材料，并外包经防腐处理、厚度不小于 1.5mm 的耐热钢板，周边采用防火密封胶密封，形成楼板端部防火带。

2. 复合铝板幕墙

复合铝板质轻、表面平整、美观、造价相对较低，分为普通型和防火型两种。普通型铝塑复合板是在两层厚 0.5mm 的铝板中夹入 2～5mm 厚的聚乙烯塑料，然后经热加工或冷加工而成。防火型铝塑复合板是在两层厚 0.5mm 的铝板中夹入一层难燃或不燃材料而制成。由于铝板和中间芯材膨胀系数不一致，且铝板较薄，表面相对容易变形，耐久性与铝单板比相对较差。中间的不导电芯材还会使得复合板幕墙无法接地，无法预防雷电对复合板幕墙的侧击，导致危险状况发生。

复合铝板也需要进行折边加工。折边时必须先在板的背面开槽，切去一定宽度的内层铝板和夹层，仅留下 0.5mm 厚的外层铝板，再将外层铝板折边，四周用结构胶黏结。复合铝板的折角需设加强肋，加强肋为铝合金制作的副框。

复合铝板的厚度有 2mm、3mm、4mm、5mm、6mm，用于幕墙的复合铝板厚度不小于 4mm，且一般为防火型。

3. 蜂窝铝板幕墙

蜂窝铝板是在两层铝板中夹入蜂窝状的夹层加工而成(图 9.46 和图 9.47)。蜂窝状的夹层可采用铝箔芯、玻璃钢芯、混合纸芯等，以铝箔芯为佳。蜂窝铝板刚度大，不需要加设加强肋；表面平整度高；还具有良好的保温、隔热及吸声隔声的效果。其缺点是价格相对偏高。

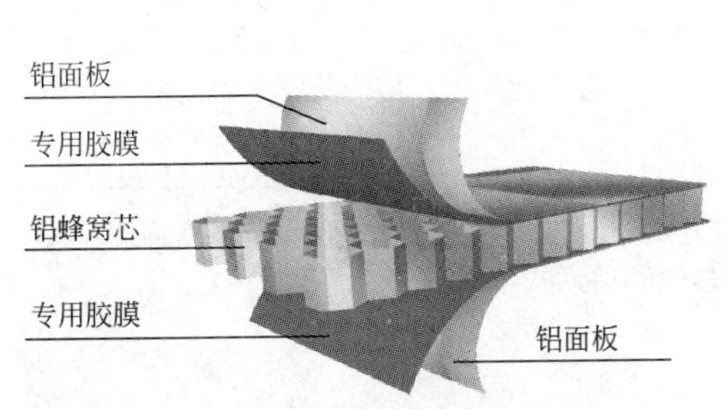

图 9.46 蜂窝铝板幕墙

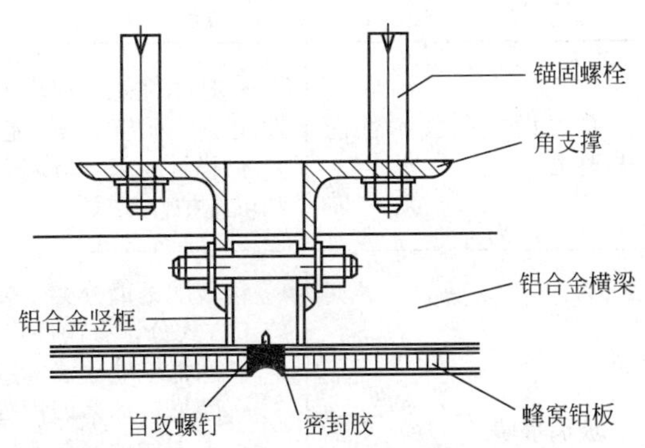

图 9.47 蜂窝铝板幕墙节点构造

蜂窝铝板需要进行封边加工。折边时，先用专用机械刻槽，使得蜂窝铝板外层铝板留出蜂窝宽度，四周内弯成直角，覆盖蜂窝，接缝焊接或胶合，防止雨水侵入。

铝合金幕墙可根据造型需要设计出各种各样的立面效果。2010 年上海世博会世博主题馆南北立面就是采用蜂窝铝板、穿孔铝单板、玻璃等作为建筑外围护结构；东西立面外层主要为立面绿化墙，内层为压型彩钢板幕墙及铝合金窗，一层为蜂窝铝板幕墙，地下一层主要为复合铝板幕墙(图 9.48)。

图 9.48 世博主题馆幕墙

本 章 小 结

幕墙的分类	• 按面板材料分：玻璃幕墙、金属板幕墙、石材幕墙、人造石材板幕墙、复合板材幕墙 • 按施工方式分：构件式幕墙、单元式幕墙、半单元式幕墙 • 按通风方式分：单层幕墙、外通风双层幕墙、内通风双层幕墙
幕墙的材料	• 骨架材料：铝合金、钢材、不锈钢材 • 面板材料：玻璃、铝板、石材 • 结构黏结材料：硅酮结构胶、低发泡间隔双面胶带 • 密封填缝材料：橡胶密封胶、硅酮密封胶(硅酮耐候胶)、聚乙烯泡沫条

（续）

幕墙设计的技术性能与要求	• 技术性能：包括抗风压性能、水密性能、气密性能、保温性能、隔声性能、平面内变形性能、耐撞击性能、承重力性能、光学性能 • 设计要求：玻璃安全要求、幕墙防火要求、幕墙防雷要求、使用寿命和可维护性要求
玻璃幕墙	• 玻璃幕墙分类：按构造方式分，有框支式、点支式和全玻璃幕墙；按施工方式分，有构件式玻璃幕墙和单元式玻璃幕墙 • 明框玻璃幕墙构造 • 隐框玻璃幕墙构造 • 点支式玻璃幕墙构造 • 全玻璃幕墙构造 • 双层通风玻璃幕墙 • 光电幕墙
石材幕墙	• 石材幕墙的分类：按面板的支撑固定形式分类，可分为钢销式、槽式、结构装配式、背栓式等；按面板密封形式分类，可分为封闭式石材幕墙和敞开式石材幕墙 • 石材幕墙的设计要求 • 石材幕墙的构造：钢销式、槽式、结构装配式、背栓式、复合石材幕墙
金属板材幕墙	• 铝合金幕墙：铝合金单板幕墙、复合铝板幕墙、蜂窝铝板幕墙

习　　题

一、思考题

1. 简述幕墙的分类。
2. 简述幕墙的材料。
3. 简述幕墙设计的技术性能与要求。
4. 简述幕墙玻璃的种类、特点以及适用范围。
5. 简述明框玻璃幕墙的种类及其构造特点。
6. 简述隐框玻璃幕墙的相关构造。
7. 点支式玻璃幕墙的结构形式有哪些？
8. 简述全玻璃幕墙构造的分类及构造特点。
9. 简述双层通风玻璃幕墙的分类及构造特点。
10. 简述光电幕墙的构造特点。
11. 简述石材幕墙的分类、设计要求及相关构造。
12. 简述金属幕墙的种类及其构造特点。

二、选择题

1. 金属框架完全不显露于面板外表面的框支承玻璃幕墙是(　　)。

A. 全玻幕墙　　B. 明框玻璃幕墙

C. 隐框玻璃幕墙　　D. 半隐框玻璃幕墙

2. 全玻幕墙的板面不得与其他刚性材料直接接触，板面与装修面或结构面之间的空隙不应小于(　　)mm，且应采用密封胶密封。

A. 6　　B. 8　　C. 10　　D. 12

3. 隐框、半隐框所采用的结构黏结材料必须是(　　)。

A. 玻璃胶　　B. 聚氨酯密封胶

C. 中性硅酮结构密封胶　　D. 硅酮结构密封胶

4. 同一幕墙玻璃单元不应跨越(　　)个防火分区。

A. 2　　B. 3　　C. 4　　D. 5

5. 短槽式石材幕墙安装加工时，每块石板的上下边各开两个短平槽，短平槽长度不应小于(　　)mm。

A. 50　　B. 80　　C. 100　　D. 120

6. 幕墙中常用的铝板种类有(　　)。

A. 单层铝板和复合铝板

B. 纯铝板和合金铝板

C. 单层铝板、铝塑复合铝板和蜂窝铝板

D. 光面铝板和毛面铝板

7. 以下有关钢销式石材幕墙有关规定中，不符合规范要求的是(　　)。

A. 使用范围是非抗震区或6度、7度抗震区

B. 使用高度不宜大于24m

C. 石板面积不宜大于1.0m^2

D. 销连接板的截面尺寸不宜小于40mm×4mm

三、判断题

1. 幕墙面板不应跨越变形缝。(　　)

2. 全玻幕墙玻璃肋的截面厚度不应小于12mm，截面高度不应小于80mm。(　　)

3. 光电幕墙可以适用于我国所有地区。(　　)

4. 石材幕墙为满足等强度计算的要求，烧毛石板的厚度应比抛光石板厚3mm。(　　)

第10章　天窗与中庭构造

知识目标

- 了解和掌握天窗的功能、设计要求及材料组成，以及在设计选用时应注意的问题。
- 熟悉和掌握采光天窗的形式和构造。
- 熟悉、了解各类建筑中庭的形式与设计要求。
- 熟悉、了解建筑中庭天窗在建筑功能、造型和构造技术设计方面的要求。

导入案例

中国国家图书馆(图10.0)位于首都北京，建筑的四个基本要素是：升起的基座和台阶、巨大的立柱，水平伸展的巨型屋顶和内院，追求文化和历史的密切联系及融合。建筑物地下三层、二层为闭架书库；地下一层的中央部分是阅览区，也是中庭的底面；二层是整个建筑的主要入口层；三层平面是四面通透的幕墙；处于“大屋顶”内的第四、五层为电子阅览、数字化图书馆等。中央阶梯形的中庭上下贯通六层，把历史、现在和未来联系在一起，互相交融，体现了建筑的时代性和技术美感。

图10.0　中国国家图书馆

天窗采光的大中庭是国家图书馆氛围营造的绝对重点，进入门厅，透过自动扶梯人们会隐约感受到它的存在，绕过扶梯来到大玻璃幕墙下或者登上扶梯，贯穿六层的共享空间便全然展现在读者面前。地下一层到入口的二层，中庭层层退却，由东南角的直跑楼梯将这三层连接。室内空间布置若干绿化，将自然引入室内环境。立面遮阳板高度不一，中庭天窗遮光布也会随阳光强弱而开启闭合，通过这些设计营造了一个安静优美的中庭阅读空间。

10.1 概　　述

屋顶天窗随着各类建筑在功能与空间上设计要求和构造技术的提高，在建筑中的应用也越来越广泛，常用的为采光天窗。各种造型别致的屋顶形式和结合建筑功能设计的屋顶采光天窗，不但会使城市风貌焕然一新，同时也丰富了建筑的室内空间造型。设计屋顶天窗，应具体考虑其设计使用功能、造型艺术及安全等技术内容。

中庭在20世纪末期已成为一种普遍的建筑形式。中庭设计常结合天窗，一方面是建筑内部有效的联系空间，另一方面又是室外环境的缓冲空间，设计中应注重对建筑空间的整体调节、气候控制、自然采光等方面的考虑。

10.2 天　　窗

10.2.1 天窗的功能和设计要求

1. 天窗的功能

屋顶天窗是指在屋面(平屋顶或坡屋顶)上设置采光口，用各种透光板或成品采光罩(分固定和开启两种)，以满足屋顶层采光和通风的需要，也称为屋顶采光天窗。采光天窗的设置在满足建筑的功能使用要求与空间造型的基础上，对采光、通风、节能、安全、防火排烟、防雷等方面也应统一考虑，尽可能利用自然采光，以起到调节温度和节能的作用。

屋顶采光天窗具有采光效率高、光线均匀、布置灵活、构造简单、施工方便等特点，已成为建筑设计中重要的组成部分。在公共建筑的门厅、通廊及共享中庭、公共活动用房及工业厂房等建筑中，通过设置不同形式的屋顶采光天窗，来解决室内空间的采光、通风，以及火灾时及时排烟的问题，优化空间效果与使用质量；而对于坡屋顶住宅的顶层阁楼，设置采光天窗则可以改善和创造可居住的坡屋顶空间，同时也丰富了建筑顶部空间造型。

2. 天窗的设计要求

屋顶天窗在构造设计时应重点考虑防水、保温、隔热、预防结露、遮挡直射阳光、通风及安全性等问题，同时，对于采光罩的加工制作要确保其抗风、水密性、气密性、隔热、隔声等具体要求。

1) 安全要求

采光屋顶构造比较特殊，屋顶构件承受的荷载也较为复杂，有风荷载、雪荷载、重力荷载及地震作用等。故采光屋顶的所有构件均需满足强度、刚度等力学性能要求，以防玻璃破碎造成伤人事故。设计应采用安全玻璃，并应采取必要的防护措施，并保证连接牢固

可靠，以确保屋顶结构的安全。

2）防水、排水要求

作为屋顶构件，防水与排水是采光屋顶的基本要求，因此屋顶构配件必须有良好的密封性能，并应设置必要的排水坡度和设施，以解决屋顶渗漏问题。

天窗常常是成片布置，有足够的排水坡度；排水路线应短捷畅通。在室内金属型钢上加设排水槽，以便将漏进内侧的少量雨水排走。对于大面积的屋顶采光天窗还应考虑便于排除冷凝水、屋面雨水及清除表面灰尘等。

3）采光与遮阳要求

对于天窗的采光与遮阳可通过设置电动制动、遥控或手控配套遮阳帘、百叶等，安装在采光天窗的下部，以此有效地调整和控制室内的采光量，还可采用配置全透或半透的玻璃来调节。在少雨多尘地区，采光天窗玻璃表面易积尘污染，从而影响采光效率，因此，设计中还应考虑为清洗擦窗提供便利条件等。

4）防结露要求

采光屋顶是一种围护构件，当室内外存在较大的温差时，玻璃表面遇冷会产生凝结水，即所谓的结露现象。要妥善设置排除凝结水的沟槽，防止冷凝水滴落到中庭地面，造成不良影响。为此，应采取以下措施以避免围护构件结露现象的发生，或者有组织地排除凝结水，使其不致滴落。

(1) 可在采光屋顶周围加暖水管或吹送热风，使透光材料及骨架内表面温度保持在结露点的温度之上，以防凝结水的产生。

(2) 保证排水坡度。采光屋顶坡度在1/3以上时，可利用其骨架材料上所设的排水槽将雨水排掉，也可如图10.1所示，纵横双向均设专门排冷凝水的水槽，排水路径不宜过长，以免因积水过多而导致凝结水滴落。

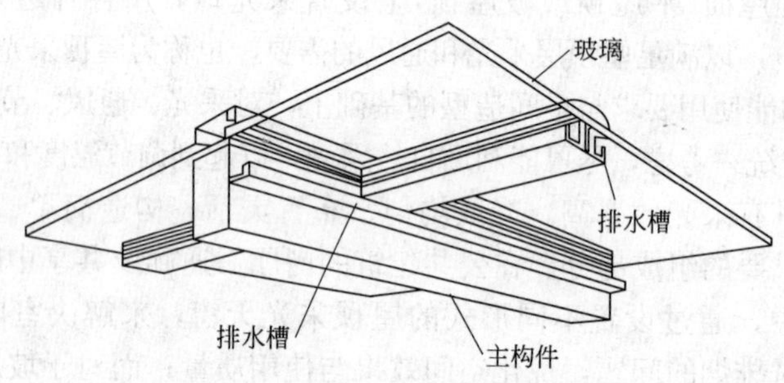

图 10.1　采光屋顶排除凝结水示意图

(3) 选择如中空玻璃等热工性能较好的透光材料，有利于室内空间的保温隔热，避免结露。

5）防眩光要求

天窗作为顶部采光方式，容易因阳光直射入内而形成眩光，给使用带来极大的不便，为此应采取必要的措施，根据实际使用要求来选择适宜的透光板材以防止眩光的产生。

(1) 使用磨砂玻璃、乳白玻璃等漫反射透光材料，或者在透光材料上粘贴柔光的太阳膜、玻璃贴等。

(2) 在透光材料下加设由塑料、有机玻璃、金属片等制作的管状或片状材料构成的遮光板，有规律地排列成各种图案组成搁栅式吊顶，如图10.2所示，可遮挡采光顶顶部的直射光线。

图 10.2　搁栅式折光片吊顶

6）防火要求

在一些大型公共建筑中使用采光屋顶，容易给建筑防火、排烟设计造成一定困难。因此，在采光屋顶的构造设计中应尽可能地配合建筑防火设计，处理好防火、排烟问题。

采光屋顶的金属骨架应采用自动灭火设备或喷涂防火材料等措施加以保护，并在屋顶设计中考虑防排烟构造措施等。为让火灾时的烟气及时排放，在屋顶采光天窗设计时还要考虑设置电动、手动或自动控制开启的防排烟天窗(图 10.3)，结合建筑节能要求，可采用钢化夹层中空玻璃等形式。

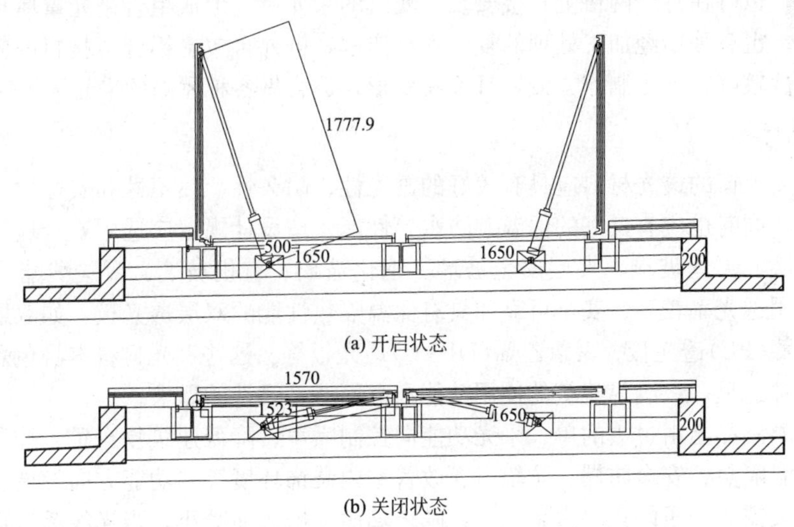

图 10.3　建筑中庭设置电动、手动或自动排烟采光天窗构造

7）防雷要求

采光屋顶的骨架构件多采用金属制造，防雷问题也非常突出，所以在采光屋顶的构造设计中要严格考虑防雷措施，以防止发生意外事故。

一般情况下不便在天窗的顶部设防雷装置，可将采光屋顶部分设置在建筑物防雷装置的 45°范围以内，并保证该防雷系统的接地电阻小于 4Ω。

8）节能要求

在建筑节能设计方面，应结合所在地区的气候特点，重点考虑屋顶采光天窗的保温、隔热、隔声、通风及遮阳等问题，满足建筑围护结构的热工设计要求。

如在炎热地区，大面积的采光玻璃顶易造成室内过热，设计时就需考虑通风问题。建筑中庭夏季应利用通风降温，必要时还可设置机械排风装置；在采暖地区，玻璃下表面易形成结露，设计时需采取排除冷凝水的具体构造措施，并采用中空玻璃形式加强屋顶保温。《公共建筑节能设计标准》(GB 50189—2005)规定：屋顶透明部分的面积不应大于屋顶总面积的 20%，当不能满足规定时，必须进行权衡判断。

10.2.2 天窗的材料

天窗主要由骨架材料、透光材料、连接件、胶结密封材料组成。

1. 骨架材料

采光屋顶的骨架主要有金属型材骨架(型钢、铝合金型材、不锈钢等)、钢筋混凝土梁架和复合木材等结构体系。骨架材料的截面形状和尺度不但要适合玻璃的安装固定，还必须经过结构计算，以保证采光屋顶的结构安全。

金属型材骨架体系是采用钢型材或铝合金型材做成的采光屋顶结构，用以支承玻璃饰面。钢材强度大，易生锈腐蚀，使用过程中需经常进行维护和保养；铝合金型材是较常用的一种形式，而且还可以加工成带热阻断的铝合金型材饰面等，有静电粉末喷涂、氟碳涂料等工艺做法；考究的还可以选用不锈钢材料，但价格较高。

钢筋混凝土梁架体系是采用钢筋混凝土梁架做成的网格形结构，可用来支承复合式采光屋顶构件，也可在每个网格上直接安装单元式的采光罩，形成组合采光罩屋顶，具有很强的装饰性。也有采用经加工处理的复合木材作框，框外再包裹铝合金材料的做法，由于木框热稳定性较好，加工制作方便，且不易变形，适合做各种屋面的采光天窗。

2. 透光材料

屋顶采光天窗的透光材料应具有较好的透光性、耐久性、热工性和安全性，有良好的抗冲击性能，同时也应有良好的保温、防水等性能。按设计规定应选用安全玻璃、夹层玻璃、中空玻璃、夹丝玻璃、夹层安全玻璃、钢化玻璃、有机玻璃、聚碳酸酯片及玻璃钢等。也可采用透光率较高、安全可靠和具有保温隔热性能的双层透光板，如双层有机玻璃罩、聚碳酸酯(PC)透光板、聚氯乙烯(UPVC)透光板等。这些透光材料本身色彩丰富，并可加工成各种造型，以满足建筑的使用功能和立面造型设计的需求。

建筑玻璃制品已由过去的单一采光功能向控制噪声、降低建筑物自重、控制光线、调节热量、保温隔热、安全防爆、防辐射、改善室内装饰环境等多功能方向发展。玻璃的透光率是影响天窗采光量的重要因素之一，随玻璃厚度增大而减小，当光线透过玻璃时，一部分光能被反射，一部分光能被玻璃吸收，从而使透光玻璃的光线强度降低。光线透过玻璃或透光板材的多少用透光率表示，它是确定玻璃性能的主要指标，见表 10-1。

表 10-1　屋顶采光天窗常用透光材料比较

透光材料名称	厚度/mm	透光率/(%)	透光材料名称	厚度/mm	透光率/(%)
钢化玻璃	6	78	普通玻璃加铁丝网	5～6	69
夹层玻璃(PVB)	3+3	78	磨砂玻璃加铁丝网	6	49
夹丝玻璃	6	66	压花玻璃加铁丝网	3	63
透明有机玻璃(PMMA)	2～6	85	塑料(UPVC)透光板	3	85
玻璃钢(本色)	3～4	70～75	聚碳酸酯(PC)透光板	1～12	75～91

由于天窗处于上空，当重物撞击或冰雹袭击天窗时，应防止玻璃碎后落下砸伤人，所以天窗玻璃要有足够的抗冲击性能。各个国家制定建筑规范时，对此都有严格的限制。要求选择不易碎裂或碎裂后不会脱落的玻璃，常用的有以下几种。

1）夹层安全玻璃

夹层安全玻璃也称作夹胶玻璃，是将两片或两片以上的平板玻璃，用聚乙烯塑料黏合在一起制成，其强度大大胜过老式的夹丝玻璃，而且被击碎后能借助于中间塑料层的黏合作用，仅产生辐射状的裂纹而不会脱落。这种玻璃有良好的吸热性能，有净白和茶色等多种颜色，透光系数为28%～55%。

2）丙烯酸酯有机玻璃

有机玻璃又称增塑丙烯酸甲酯聚合物，这种透光材料最初是用于军用飞机的座舱，可采用热压成型或压延工艺制成弯形、拱形或方锥形等标准单元的采光罩，然后再拼装成外观华丽、形式多样的大面积玻璃顶，其刚度非常好，耐冲击性能和保温性能良好，且透光率可高达91%以上，水密性和气密性均很好，安装维修方便。

早期的丙烯酸酯有机玻璃是净白的，现在已能产生乳白色、灰色、茶色等多种有机玻璃，这对消除眩光十分有利。染色的和具有反射性能的有机玻璃有利于控制太阳热的传入，隔热性能较好。

3）聚碳酸酯透光玻璃

聚碳酸酯片又称透明塑料片，是一种坚韧的热塑性塑料，又称阳光板，具有很高的抗冲击强度(约为玻璃的250倍)和很高的软化点，同时具有与有机玻璃相似的透光性能，透光率通常在82%～89%，保温性能优于玻璃，线膨胀系数是玻璃的7倍左右，容易冷弯成型。其缺点是耐磨性较差，时间久了易老化变黄，从而影响到各项性能。国外广泛用于商店橱窗，作为一种防破坏和防偷盗的玻璃材料，在天窗设计中常用于建造顶部进光的玻璃屋顶。

上述玻璃的热工性都较差，为了改善室内热环境，可以选用以下天窗玻璃。

1）镜面反射隔热玻璃

隔热玻璃是在普通钠-钙硅酸盐玻璃中引入有着色作用的氧化物，如氧化铁、氧化镍、氧化钴以及硒等，使玻璃着色而具有较高的吸热性能；或在玻璃表面喷涂氧化锡、氧化锑、氧化铁、氧化钴等着色氧化薄膜而制成。生产玻璃时，经热处理、真空沉积或化学方法，使玻璃的一面形成一层具有不同颜色的金属膜，呈现金、银、蓝、灰、茶等各种颜色，形成镜面反射隔热玻璃，能像镜子一样，具有将入射光反射出去的能力。

这种玻璃能吸收大量红外线辐射能而又保持良好的可见光透光率，根据玻璃的设计、厚度等不同有不一样的传热系数。它在建筑工程中应用广泛，凡既需采光又需隔热的情况均可采用。这种玻璃的隔热性能很好，它不但像镜子一样能反映四周景物，也能像普通玻璃一样透视，不会影响从室内向外眺望景，它的主要的性能特点如下。

(1) 吸收太阳的辐射热。吸热玻璃的颜色和厚度不同，对太阳的辐射热吸收程度也不同。可根据不同地区日照条件选择使用不同颜色的吸热玻璃，如6mm蓝色吸热玻璃能挡住50%左右的太阳辐射热。

(2) 吸收太阳的可见光。如6mm厚的普通玻璃能透过太阳可见光的78%，而同样厚度的古铜色镀膜玻璃仅能透过太阳可见光的26%，如图10.4(a)、(b)所示。

(3) 吸收太阳的紫外线。它除了能吸收红外线，还可以显著减少紫外线的透射对人体与物体的损害。

2）镜面中空隔热玻璃

镜面反射隔热玻璃虽有较好的隔热性能，但它的热导系数仍和普通玻璃一样。为了提高其保温性，可将镜面玻璃与普通玻璃共同组成带空气层的中空隔热玻璃，它的导热系数可由单层玻璃的5.8W/(m·k)降为1.7W/(m·k)，透过的阳光可降低到10%左右，如图10.4(c)所示，这种镜面中空隔热玻璃的保温和隔热性能均比其他玻璃好。

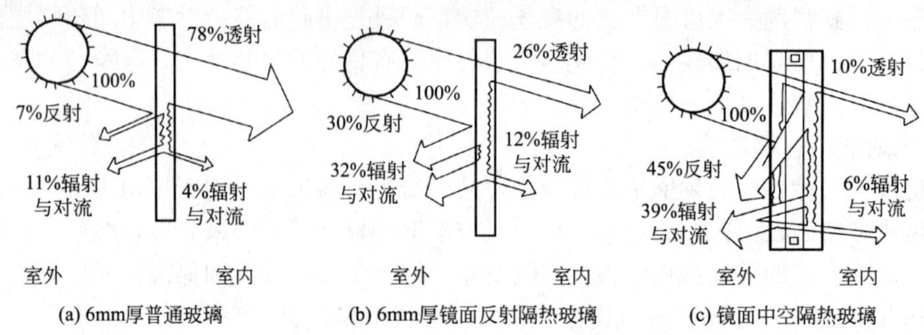

(a) 6mm厚普通玻璃　(b) 6mm厚镜面反射隔热玻璃　(c) 镜面中空隔热玻璃

图10.4　不同品种玻璃的热工性能比较

中空玻璃有双层和多层之分，用于天窗处可以根据要求选用各种不同性能的玻璃原片，如镜面反射玻璃、钢化玻璃等与边框(铝框架或玻璃条等)经胶接、焊接或熔结而制成，具有良好的保温、隔热、隔声等性能。如在玻璃之间充以各种漫射光材料或电介质等，则可获得更好的声控、光控、隔热等效果。中空玻璃主要用于需要采暖、空调、防止噪声、结露及需要无直射阳光和特殊光的建筑物上，广泛用于住宅、饭店、宾馆、办公楼、学校、医院、商店等需要室内空调的场合。

3）双层玻璃钢复合板

玻璃钢又叫加筋纤维玻璃，具有强度大、耐磨损、光线柔和及半透明等优点，有平板、弧形、波形等多个品种。双层玻璃钢复合板是将两层玻璃钢融合在蜂窝状铝芯上构成中空的玻璃钢板材，具有保温性好、强度高、半透明的优良性能。

4）双层有机玻璃

双层有机玻璃由丙烯酸酯有机玻璃挤压成型，纵向有加劲肋，肋间形成孔洞。这种双层中空有机玻璃的保温性能好，强度比单层有机玻璃高。

用采光罩作玻璃面时，采光罩本身具有足够的强度和刚度，不需要用骨架加强，只要直接将采光罩安装在玻璃屋顶的承重结构上，而其他形式的玻璃天窗必须设置骨架。大多数的玻璃天窗，安装玻璃的骨架与屋顶承重结构是分开来设计的，即玻璃安装在骨架上构成天窗标准单元，再将各单元装在承重结构上。而越来越多的玻璃天窗将安装玻璃面的骨架与承重结构合并起来，即玻璃装在承重结构上，结构杆件就是骨架。随着现代材料技术的发展和建筑设计的创新与实践，新的透光材料在采光天窗构造中甚至取代骨架材料的作用，使得天窗构造更加简洁、轻盈，建筑空间更加通透、开放。

随着国家对建筑节能和建筑安全强制性法规的出台，对建筑中庭及其他采光天窗屋顶的设计必须满足国家颁布的相关建筑设计法规。《建筑玻璃应用技术规程》(JGJ 113—2009)规定如下。

(1) 两边支承的屋面玻璃，应支撑在玻璃的长边。

(2) 屋面玻璃必须使用安全玻璃。当屋面玻璃最高点离地面的高度大于3m时，必须使用夹层玻璃。用于屋面的夹层玻璃，其胶片厚度不应小于0.76mm。

(3) 当屋面玻璃使用钢化玻璃时，钢化玻璃应进行均质处理。

5) 镀膜玻璃

镀膜玻璃是在玻璃表面上镀以金、银、铜、铝、铬、镍、铁等金属或金属氧化薄膜或非金属氧化物薄膜，或采用电浮法、等离子交换法，向玻璃表面层渗入金属离子以置换玻璃表面层原有的离子而形成热反射膜。镀膜玻璃具有突出的光、热效果，其品种主要有低辐射玻璃平Ⅱ热反射玻璃(又称为太阳能控制膜玻璃)，我国目前均能生产。

低辐射玻璃(Low-E)有较高的可见光透过率和良好的热阻隔性能，可让80%左右的可见光直射入室内而获得很好的采光效果，并对阳光中的长波部分有良好的反射作用，同时又能将90%左右的室内物体的红外辐射热保留在室内，起到保温的作用。此外，它还能阻隔紫外线，避免室内物体褪色、老化。

热反射玻璃对太阳辐射有较高的反射能力，热反射率达30%左右，并具有单向透像的特性。由于其面金属层极薄，使它在迎光面具有镜子的特性，而在背光面面又如窗玻璃那样透明，对建筑物内部起遮蔽及帷幕的作用。

3. 连接件

连接件是骨架之间及骨架与主体结构间的连接构件，一般有专用连接件。无专用连接件时，应根据所需连接的位置进行特殊设计。型钢骨架的连接件一般采用型钢与钢板加工制作，并应进行镀锌处理。铝合金型材骨架的所有连接件均应采用不锈钢制作。

4. 封缝材料

骨架与玻璃之间应设置缓冲材料，常用的是氯丁橡胶衬垫，各连接缝处应以密封膏密封，铝合金骨架用硅酮密封膏，型钢骨架可用氯磺化聚乙烯或丙烯酸密封膏等。

10.2.3 天窗的形式及构造

屋顶采光天窗结合不同的屋顶结构形式，主要依据采光天窗的造型、平面及剖面尺寸、透光材料的尺寸等因素来确定其形式及构造。

钢筋混凝土结构屋顶，当设置单个采光天窗时，其屋顶结构一般可采用钢筋混凝土井字梁的形式。当设计带状采光天窗时，屋顶结构可做成钢筋混凝土密肋梁的形式，屋面必须做好防水和排水构造。当屋顶采用钢结构形式时，采光天窗的设置可按照使用要求灵活布置，既可做单个采光天窗，也能设计成各种造型和面积较大的采光屋顶，满足建筑的使用功能。当屋顶采用空间网架结构形式时，整个屋顶系统全部可以做成采光玻璃屋顶，但在细部构造设计时应重点解决好屋面的排水以及钢网架的防腐和防火问题。

屋顶采光天窗的设置可平行或垂直于建筑的屋面结构布置，也可突出(高于)屋面或下沉于屋面进行布置，或水平与垂直组合布置。设计时应根据使用功能要求来选择，并确定采光天窗的形式。

1. 平屋顶采光天窗

平屋顶采光天窗构造如图10.5所示，分为以下几种。

1) 平天窗

平天窗是在屋盖上直接设置水平或接近水平的采光口而形成，它可以成点、成块或成带布置。平天窗的采光效率高，采光系数约为矩形天窗的2～2.5倍，即在同样采光标准

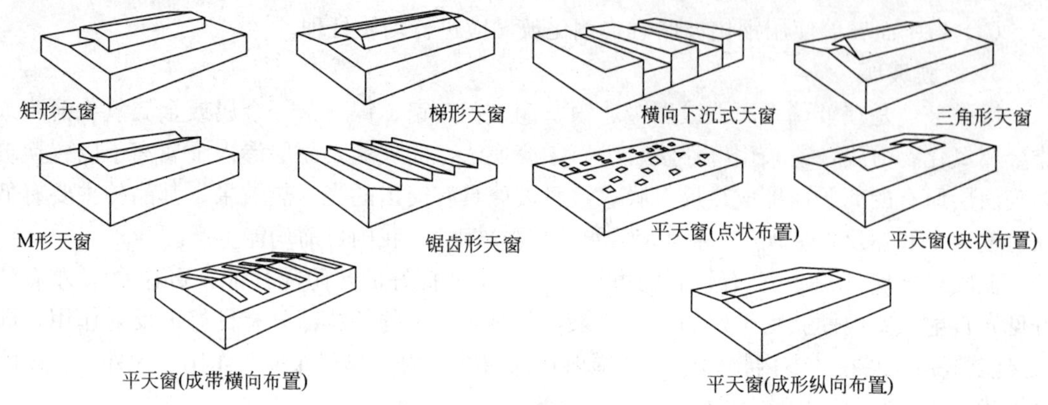

图 10.5　平屋顶采光天窗构造

要求下需要的采光面积约为矩形天窗的 1/2.5～1/2，同时具有布置灵活、构造简单、施工方便、造价低等优点，但也存在太阳光直射房间易产生眩光、采暖地区玻璃易结露造成水滴下落、玻璃表面易积尘或积雪、玻璃破碎落下伤人等缺点。常见的平天窗形式有采光罩、采光板、采光带、三角形等几种构造形式，如图 10.6 和图 10.7 所示。

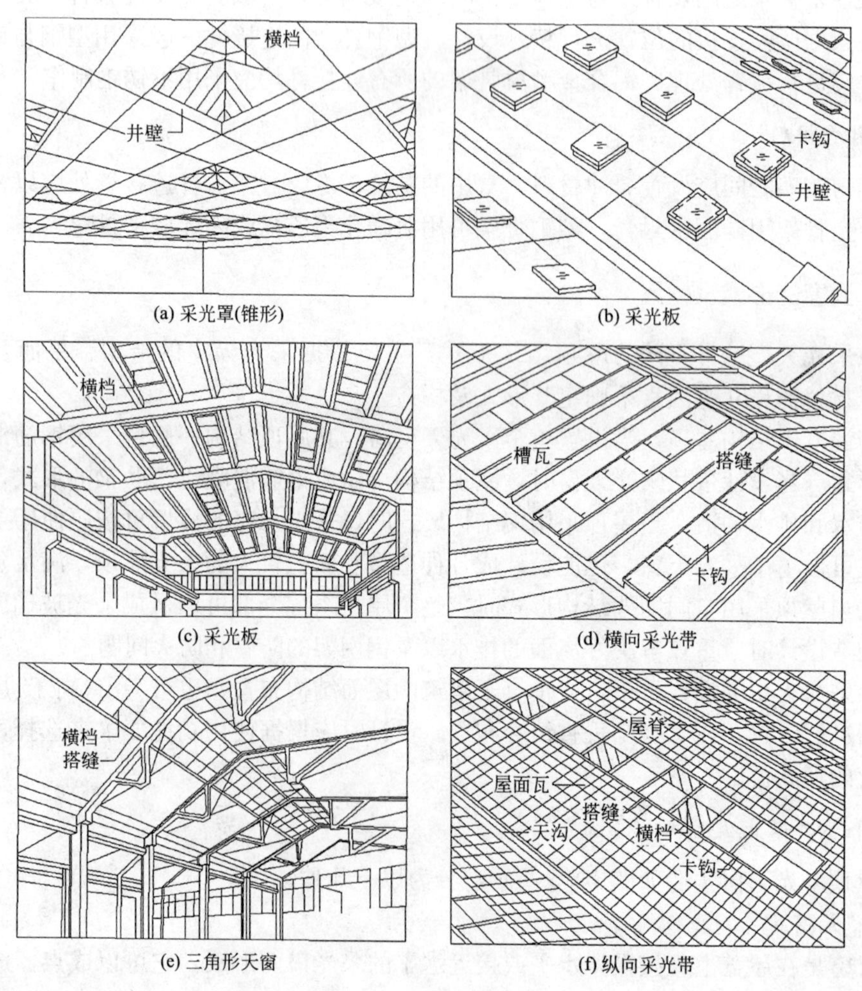

图 10.6　采光平天窗形式

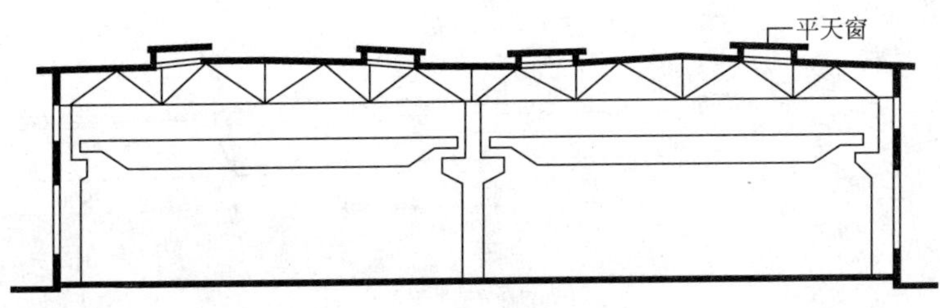

图 10.7 平天窗剖面

(1) 采光罩又称单元式采光顶，它是由透光罩体和各种防水围框、紧固件、开启件等组成。采光罩一般根据洞口形式分为圆形、方形、锥形或长方形洞口圆弧形罩等。使用类型有固定型、通风型、开启型及其组合型等，如图 10.8 和图 10.9 所示。

图 10.8 采光罩形式

透光罩体可采用单层或双层形式，如图 10.10 所示。采光罩的安装构造是按要求直接在现浇钢筋混凝土屋面板上预留孔洞，并在孔洞四周做出井壁，井壁一般应高出屋面面层 150mm 以上，并应设置预埋铁杆，上面按设计的要求选用曲面、四棱锥体或其他形式的成品采光罩覆盖于屋顶采光口之上。对于尺度较大或有特殊使用要求的采光带形式的天窗，则需另行设计，单独加工。如需安装开启式采光罩则需加设铝框及相应配件作为开合构件，做好采光罩四周密封防水构造。采光罩与相邻采光罩之间所形成的沟槽可作为排水沟，铺设防水及保温材料并找坡，以排除屋面积水。

单元式采光罩可以单独使用，也可以按设计要求组合成大型采光屋顶，其特点是设计灵活，不易破坏，具有良好的密封、防水、保温、隔热等性能，自重轻，施工也比较方便。

(2) 采光板或采光带因洞口的变化形式较多，其大小位置和造型应按设计要求，一般有一字形、工形、T 形、十字交叉形等。采光板是在屋面板的孔洞上设置平板透光材料，如图 10.11 所示。采光带是在屋面的通长(横向或纵向)孔洞上设置平板透光材料，如

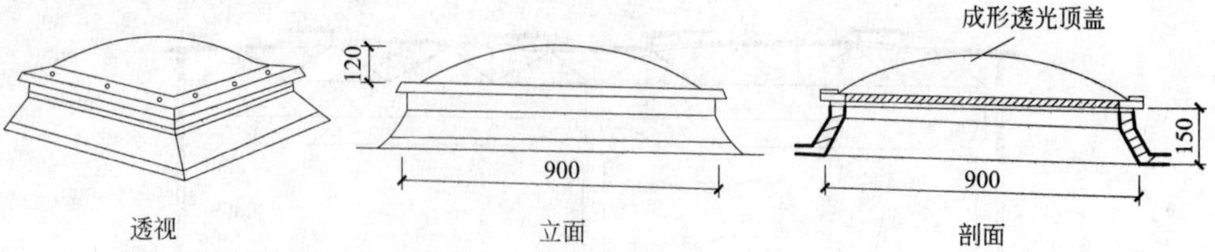

(a) 固定型

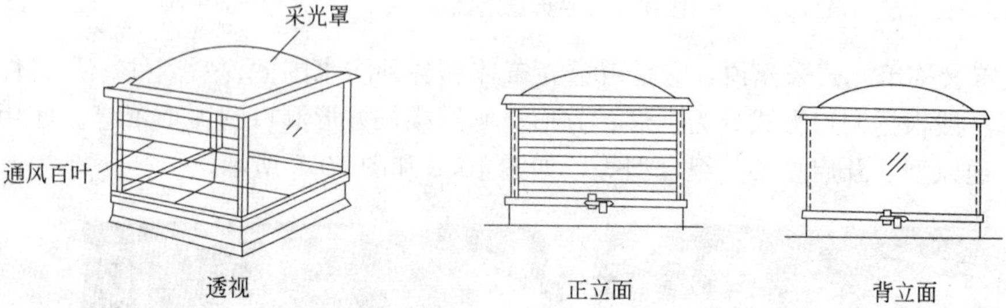

(b) 通风型

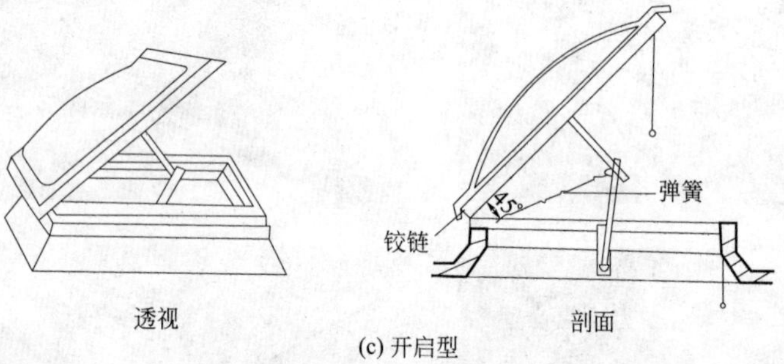

(c) 开启型

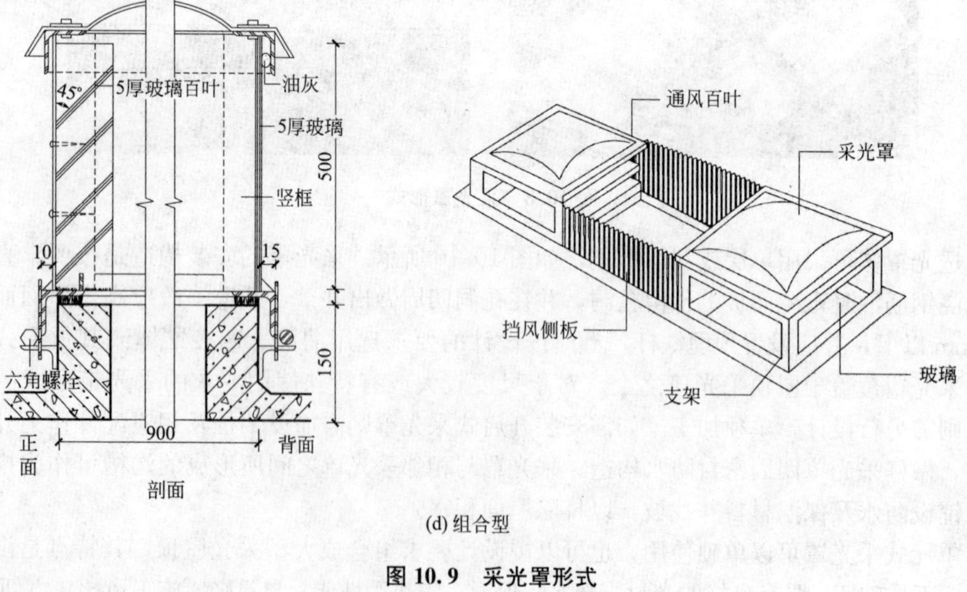

(d) 组合型

图 10.9　采光罩形式

图 10.12 所示。如图 10.6(d)、(f)所示是横向采光带和纵向采光带的两种形式(平行于屋架者为横向采光带，垂直于屋架者为纵向采光带)，如图 10.13 所示是纵向采光带的 3 种形式。

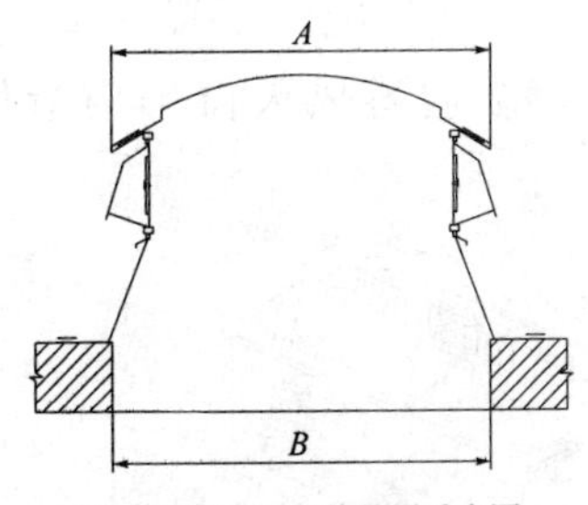

(a) 带有风扇通风的单层采光罩

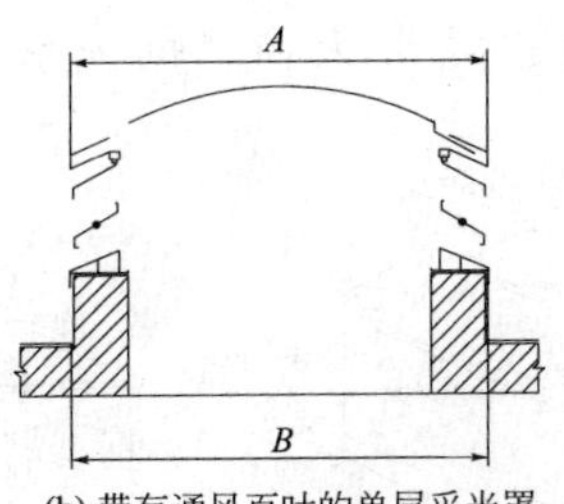

(b) 带有通风百叶的单层采光罩

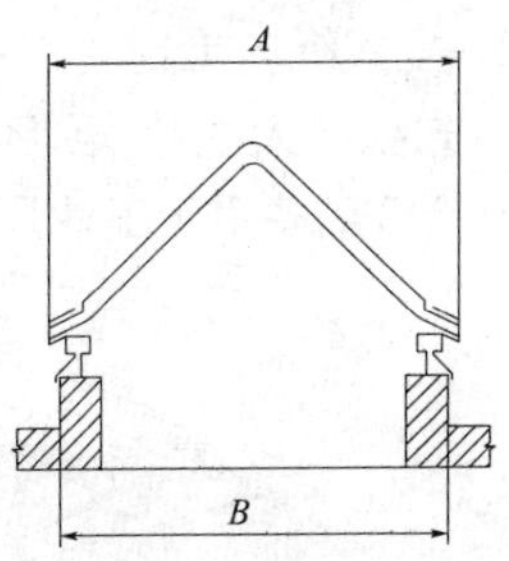

(c) 方锥形体双层采光罩

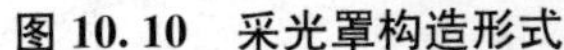

图 10.10 采光罩构造形式

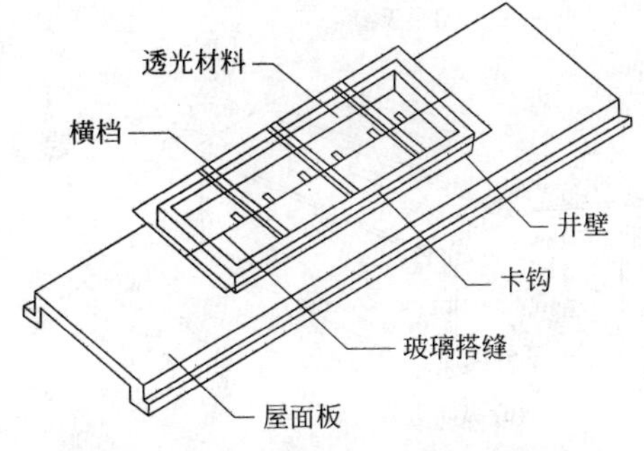

图 10.11 平天窗(采光板)的构造组成

图 10.12 平天窗(采光带)

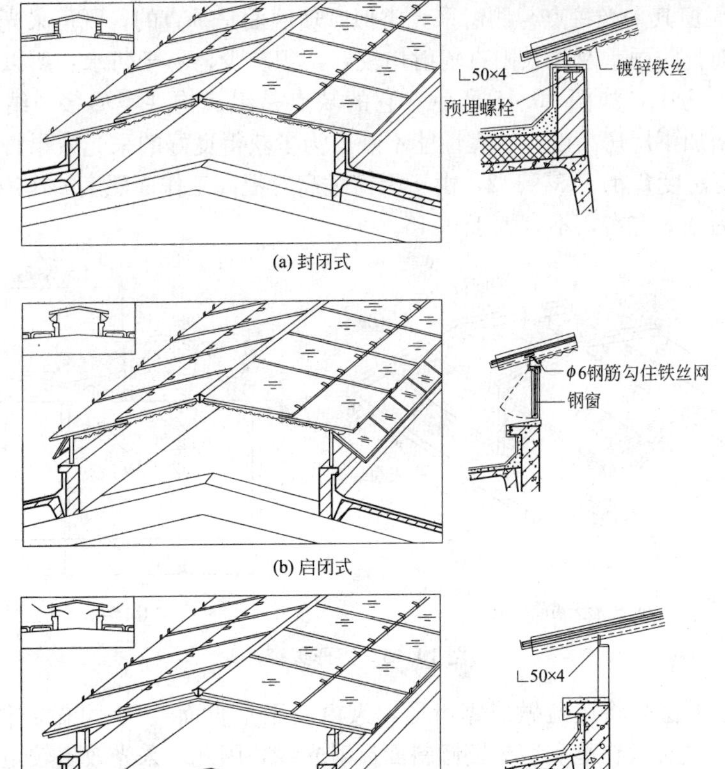

(a) 封闭式

(b) 启闭式

(c) 开敞式

图 10.13 屋脊纵向采光带

2）立式纵向天窗

立式纵向天窗有矩形天窗、M形天窗、锯齿形天窗、纵向避风天窗等构造形式（图10.14），多用于工业厂房。

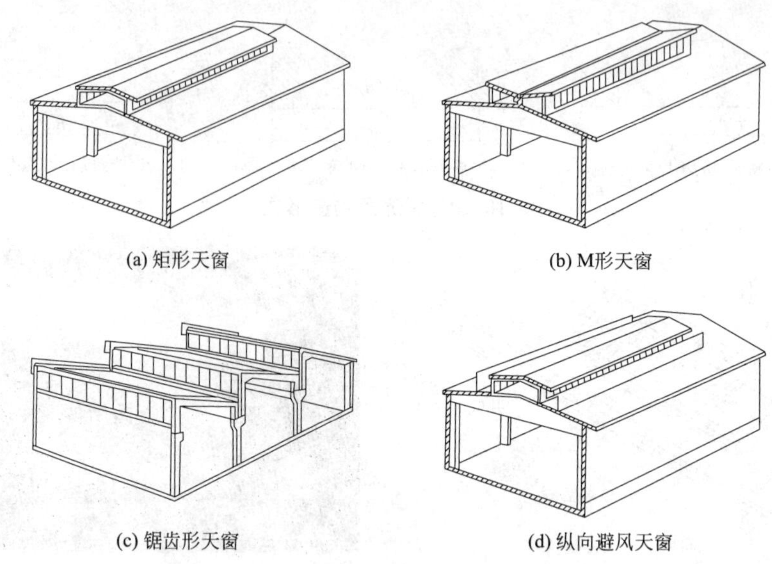
(a) 矩形天窗　(b) M形天窗　(c) 锯齿形天窗　(d) 纵向避风天窗

图10.14　立式纵向天窗形式

(1) 矩形天窗其采光特点与侧窗采光类似，玻璃面是垂直的，既可采光又可通风，具有中等照度；而且防雨水及防太阳直辐射均较好，积灰少，易于防水，所以广泛应用于单层厂房或双层厂房中，如图10.15所示。它的缺点是组成构件类型多、结构复杂、自重大、造价高、增加了厂房高度、抗震性能不好。为了获得良好的采光效果，矩形天窗的宽度b宜等于厂房跨度L的1/3～1/2，由于天窗过高对提高工作面照度的作用较小，天窗的高宽比h/b宜为0.3左右，不宜大于0.45。

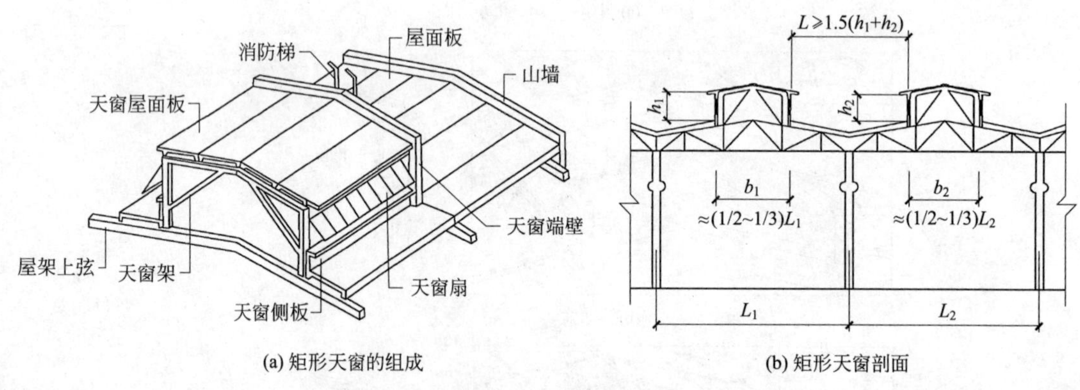

(a) 矩形天窗的组成　(b) 矩形天窗剖面

图10.15　矩形天窗

(2) 锯齿形天窗是将屋盖做成锯齿形，天窗设于垂直面上（也可做成稍倾斜面），如图10.16所示。这种天窗能利用天棚倾斜面反射光线，因此，采光效率较矩形天窗高，在满足同样的采光标准的前提下，该天窗可比矩形天窗节约玻璃面积30%左右。窗扇可开启，能兼起通风作用，窗口一般朝北或接近北向，无直射阳光进入室内，或射进的阳光很少，室内光线稳定、均匀，避免了产生眩光，且不增加空调设备负荷。因此，对于要求光线稳定、要调节温湿度等生产工艺有特殊要求的厂房，如纺织厂多采用这种天窗形式，其他如印染厂、机械厂等也可采用。

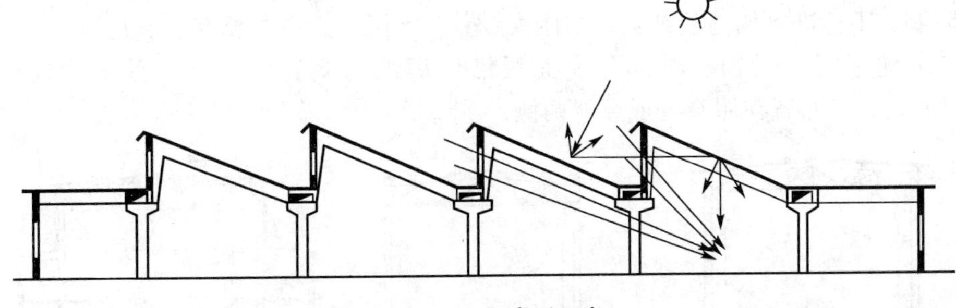

图 10.16 锯齿形天窗

(3) 纵向避风天窗以矩形通风天窗多见，是在矩形天窗两侧加挡风板形成的，如图 10.17 所示。此类天窗主要用于热加工车间，南方地区高温车间为了增大天窗的排气量，其窗口常做成开敞式，不设窗扇，但必须考虑挡雨设施。

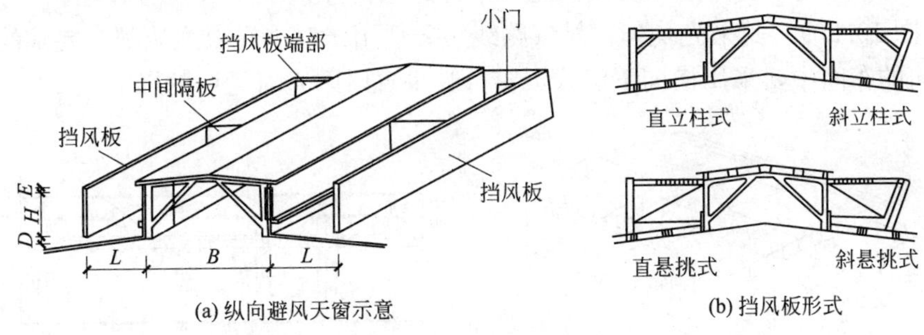

(a) 纵向避风天窗示意 (b) 挡风板形式

图 10.17 纵向避风天窗

3) 下沉式天窗

下沉式天窗主要有纵向下沉式天窗、横向下沉式天窗、中井式天窗和边井式天窗等几种，如图 10.18 所示。

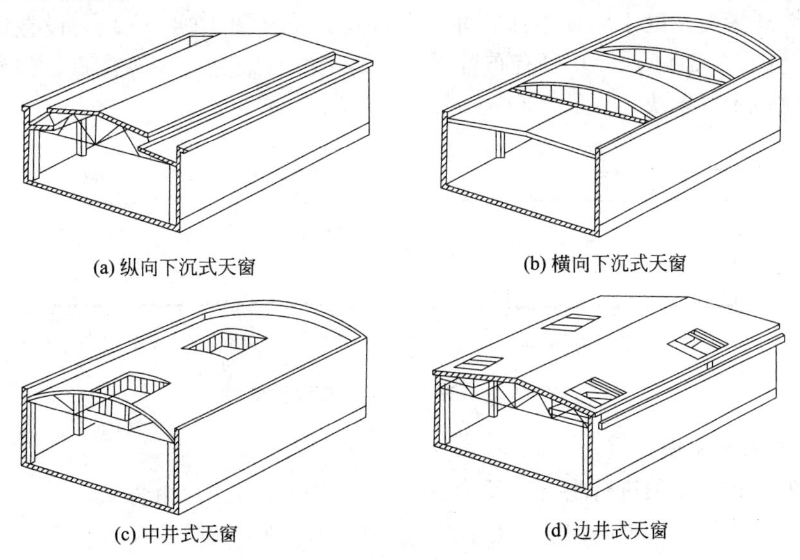

(a) 纵向下沉式天窗 (b) 横向下沉式天窗

(c) 中井式天窗 (d) 边井式天窗

图 10.18 下沉式天窗

下沉式天窗的一部分屋面板铺在屋架上弦上，另一部分屋面板铺在屋架下弦上。屋架上下弦之间的空间构成在任何风向下均处于负压区的排风口，也称为下沉式通风天窗。它较矩形天窗有经济可靠、抗震性能好、通风稳定、布置灵活等优点。但窗扇形式受屋面结构形式限制，不标准且构造复杂，厂房刚度较差。下沉式天窗主要有以下几种。

(1) 纵向下沉式天窗。将部分屋面板沿厂房纵向搁置在屋架下弦上形成的天窗(图 10.19)，它可布置在屋脊处或屋脊两侧。

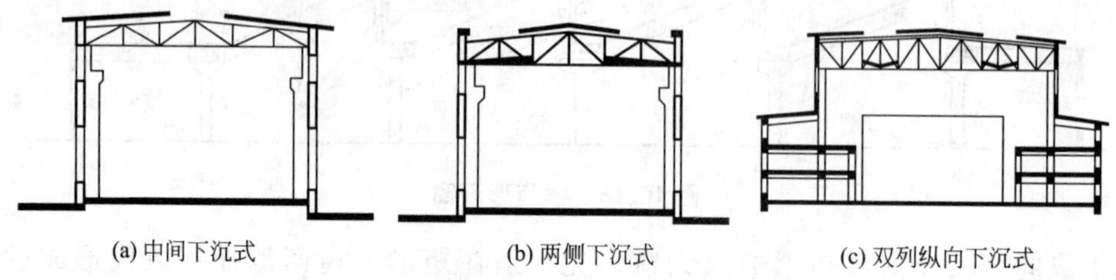

(a) 中间下沉式　　(b) 两侧下沉式　　(c) 双列纵向下沉式

图 10.19　纵向下沉式天窗布置示意图

(2) 横向下沉式天窗。沿厂房横向将一个柱距内的屋面板全部搁置在屋架下弦上所形成的天窗(图 10.20)。其采光均匀，排气路线短，适用于对采光、通风都有要求的热车间。在东西朝向的车间中，采用横向下沉式天窗可减少直射阳光对厂房的影响。

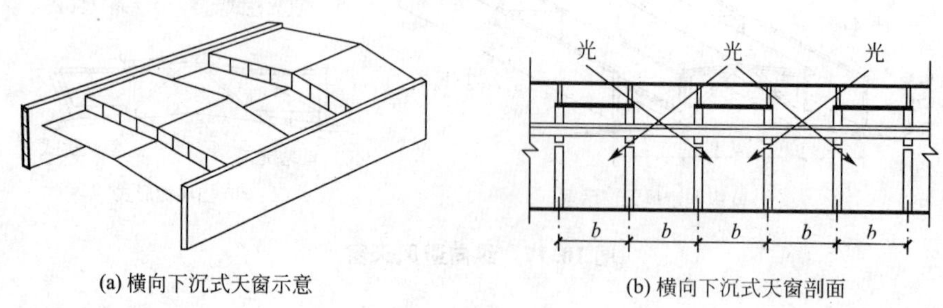

(a) 横向下沉式天窗示意　　(b) 横向下沉式天窗剖面

图 10.20　横向下沉式天窗

(3) 井式天窗。每隔一个或几个柱距将一定范围内的屋面板搁置在屋架下弦上，形成一个个“井”式天窗，处于屋顶中部的称为中井式天窗［图 10.21(a)］，设在边部的称为边井式天窗［图 10.21(b)］。其具有布置灵活、通风好、采光均匀等优点，但易积雪、积灰，排水问题也不好解决。

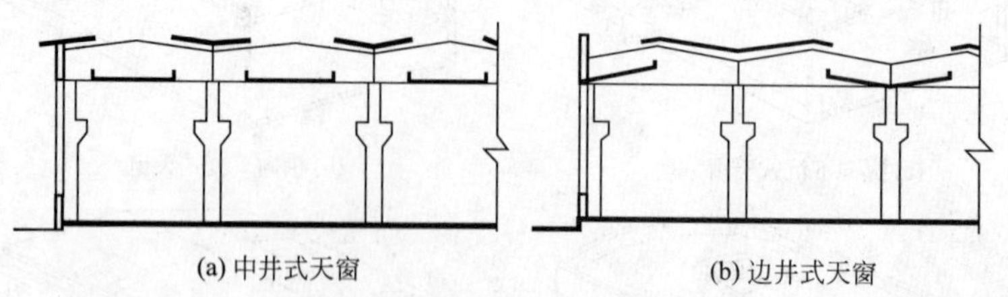

(a) 中井式天窗　　(b) 边井式天窗

图 10.21　井式天窗布置示意图

4) 复合式采光屋顶

将多个单元式采光顶进行组合，便形成复合式采光屋顶。它由骨架、透光材料及密封材料等组成，是一种较大型的组合式屋顶采光构件。这种采光屋顶尺度较大且可做成各种形状，如三角形、四坡顶、多边形及大型穹顶等，如图 10.22 所示。其特点是设计灵活、采光面积大，室内自然气氛较浓，装饰性也较好，但由于其安装节点多，安全密封、防结露等构造设计较为复杂，安装技术要求较高，维修也有一定困难。

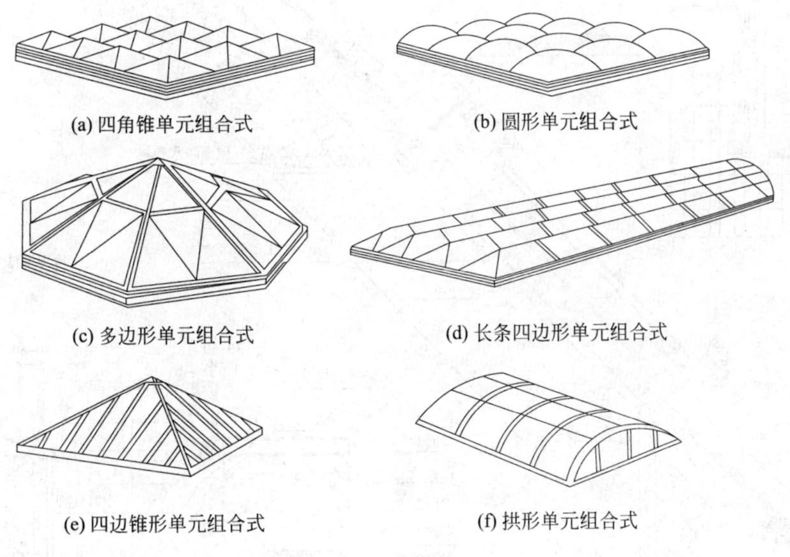

图 10.22 复合式采光顶形式

2. 坡屋顶采光天窗

坡屋顶采光天窗一般采用传统的老虎天窗(图 10.23)或顺坡式成品斜屋顶天窗(图 10.24)。从采光通风来讲，斜屋顶天窗比老虎天窗采光效果好，一樘玻璃面积相同的安装在坡度为45°的斜屋顶上的斜屋顶天窗，其采用光量要比普通老虎天窗多40%左右，而且能使室内外空气形成对流(图 10.25)。

图 10.23 老虎天窗示意图

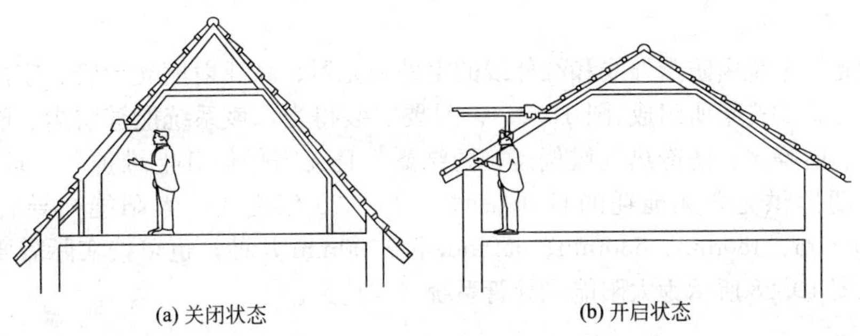

图 10.24 顺坡式成品斜屋顶天窗空间形式示意图

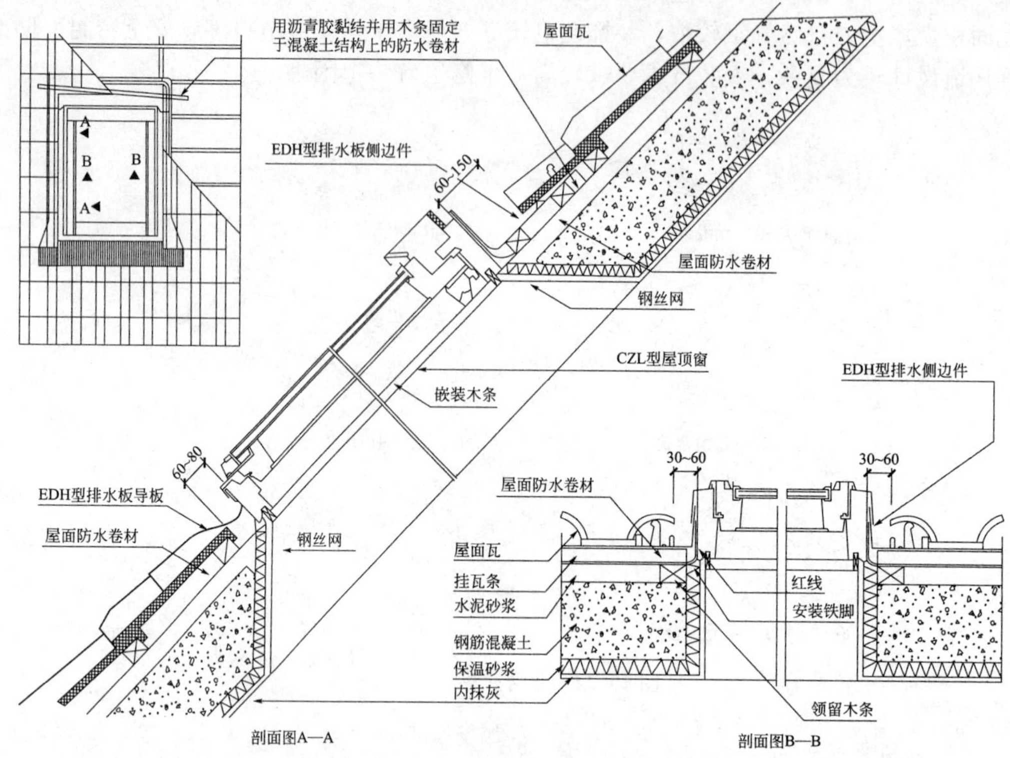

图 10.25　斜屋顶成品天窗构造节点

坡屋顶上可以开设各种造型的老虎天窗，窗台距地 900～1100mm，窗框顶部距地 1850～2200mm，这样可获得较佳的空间效果，同时便于操作控制。为防止溅水及保证铺瓦构造层次所需的高度，窗台还必须高出斜屋顶洞口之上 300mm，并做好四周泛水部位的防水处理，以满足使用要求(图 10.26)。

3. 太阳能采光天窗

伴随着太阳能光导新技术的发展，如何把太阳能光的新型日光照明系统引入建筑，也引起建筑师的关注。太阳能光导的作用是采集天然光，它可以从黎明到黄昏，甚至是阴雨天气，太阳能光导管系统都可以高效地将太阳光引入室内，如同建筑中的采光天窗，不需要光—热和光—电转换，就可直接引入建筑内部及地下室，尤其适用于大型购物中心、厂房、仓库等建筑及光照不佳的房间。太阳能采光天窗是一种健康、节能、环保的绿色照明系统。

太阳能光导系统由防紫外线和红外线的室外采光器、高反射度光导管、室内日光散射器和固定光导管的构架所组成(图 10.27)。只要安装得当，该系统能够防尘、防风、防雨雪、防昆虫、防噪声、防冷热气候侵袭、防结露，且无需任何其他维护。一旦安装完毕，便向用户长期提供完全无能耗的日间照明达 20～25 年之久。太阳能光导管的直径有 230mm、300mm、450mm、530mm、650mm 和 1000mm 几种，也可按实际需要的尺寸进行订制。如图 10.28 所示为太阳能光导管系统节点构造。

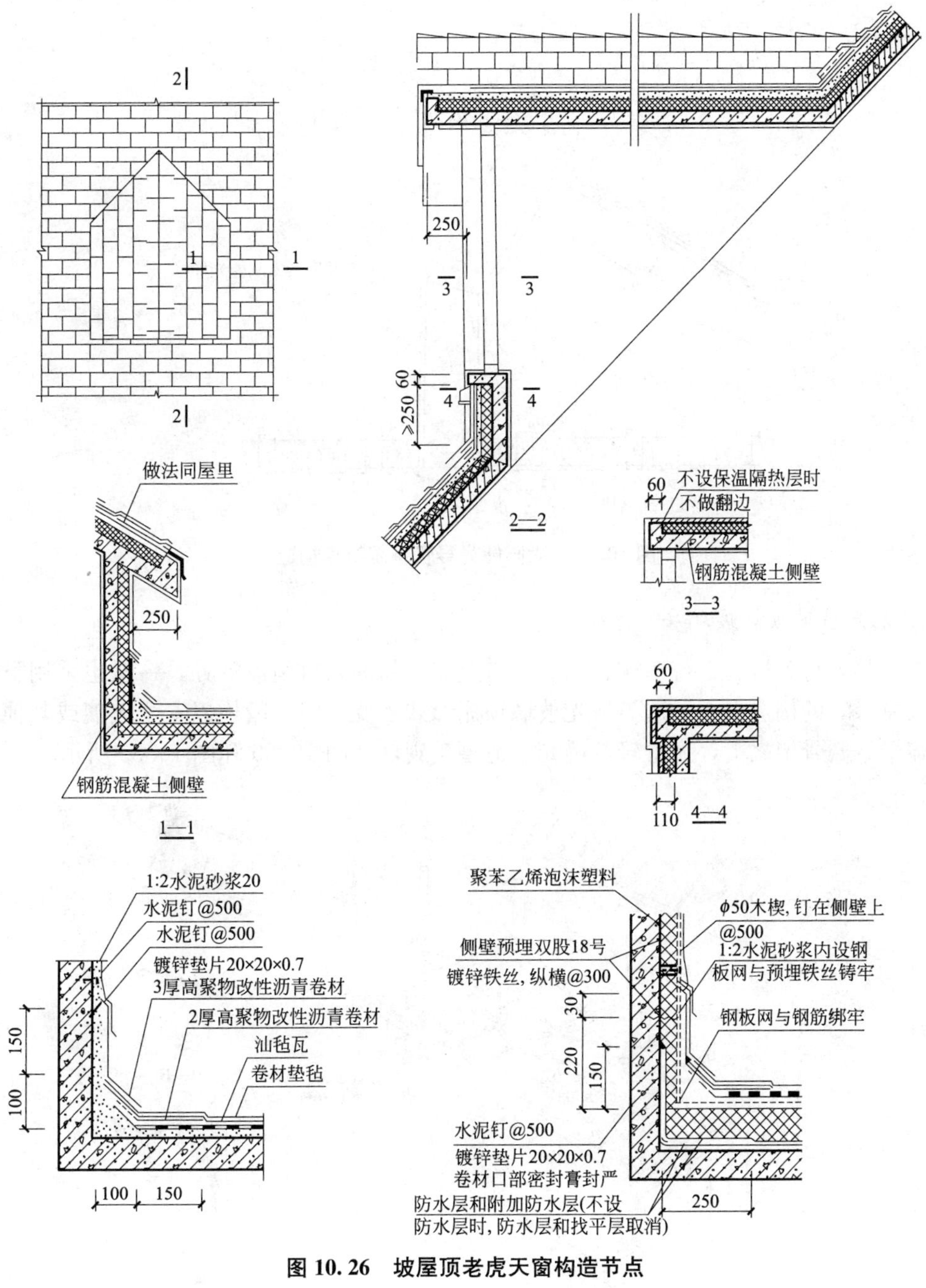

2—2

250

60

≥250

3 3

4 4

做法同屋里

250

钢筋混凝土侧壁

1—1

60 不设保温隔热层时不做翻边

钢筋混凝土侧壁

3—3

60

110 4—4

1:2水泥砂浆20

水泥钉@500

水泥钉@500

镀锌垫片20×20×0.7

3厚高聚物改性沥青卷材

2厚高聚物改性沥青卷材

汕毡瓦

卷材垫毡

150

100

100 150

聚苯乙烯泡沫塑料

φ50木楔，钉在侧壁上@500

侧壁预埋双股18号镀锌铁丝，纵横@300

1:2水泥砂浆内设钢板网与预埋铁丝铸牢

钢板网与钢筋绑牢

30

220

150

水泥钉@500

镀锌垫片20×20×0.7

卷材口部密封膏封严

防水层和附加防水层(不设防水层时，防水层和找平层取消)

250

图 10.26　坡屋顶老虎天窗构造节点

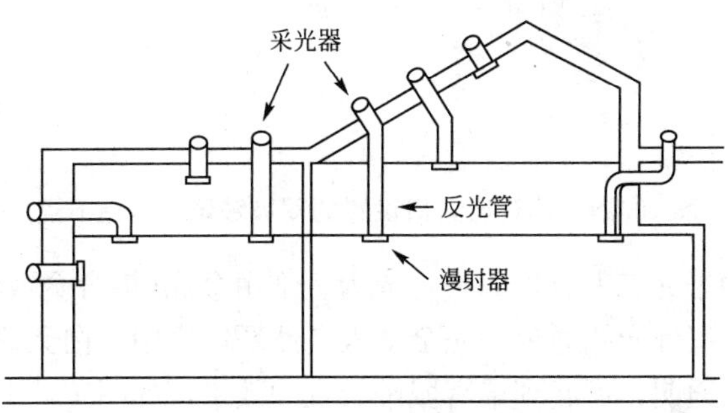

图 10.27　太阳能光导管系统

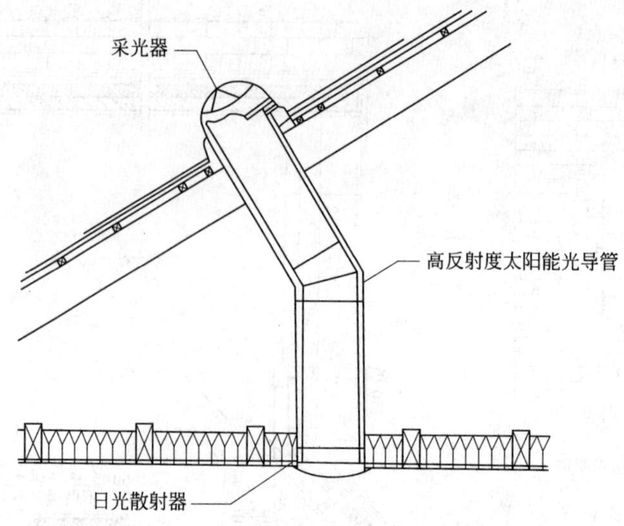

图 10.28　太阳能光导管系统节点构造

4. 采光玻璃顶、玻璃房

在一些人行天桥、自行车棚、车库入口及建筑物的入口雨篷等处，一般也采用类似于采光天窗(顶)的构造形式。这类采光玻璃顶棚形式多变，但一般均以安全玻璃或其他透光板材盖于金属骨架之上，显得轻盈透光、造型美观，如图 10.29 和图 10.30 所示。

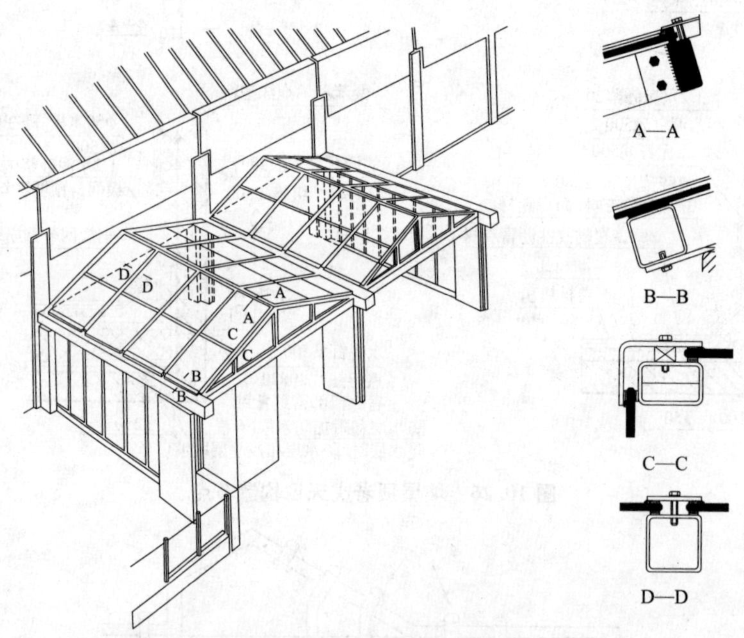

图 10.29　建筑出入口设置的双坡玻璃顶构造节点

将屋面采光和墙面采光二者合而为一，成为全部由金属(铝合金或钢结构骨架)和玻璃构成的玻璃房，使玻璃房室外光线通透，完全融入自然环境之中。白天室内具有光影变化的效果，夜晚由外看内灯火通明，可起到丰富城市景观的效果，如图 10.31 和图 10.32 所示。

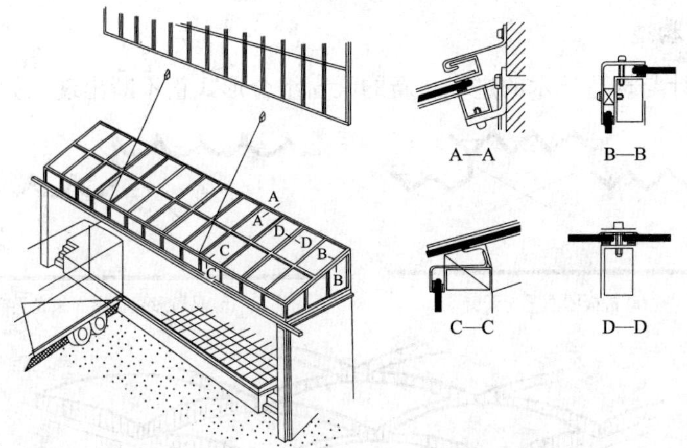

图 10.30 结合入口设置的单坡玻璃顶棚构造节点

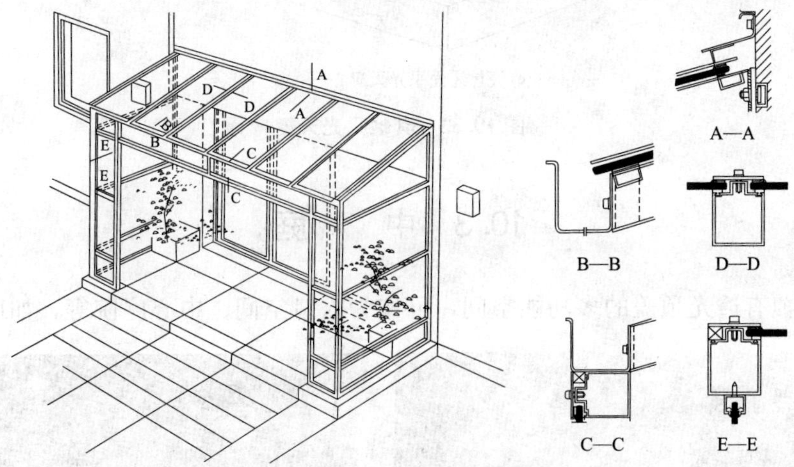

图 10.31 入口设置的玻璃房构造节点

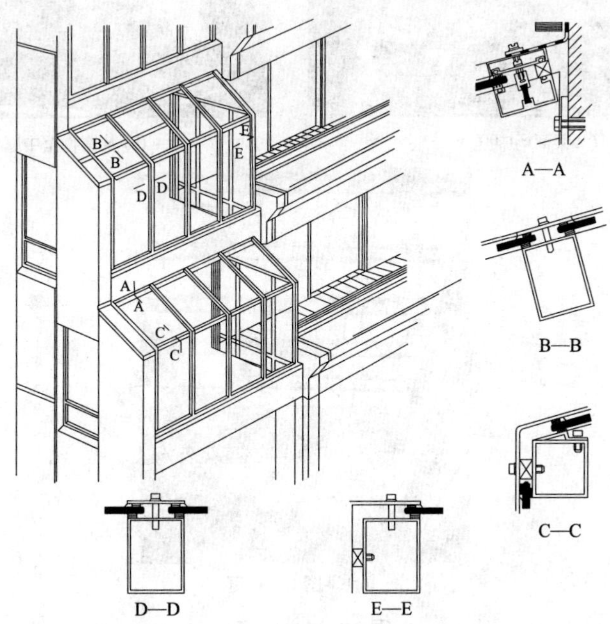

图 10.32 玻璃阳光房构造节点

5. 其他天窗构造

随着建筑设计与构造技术的进步，新的天窗组合形式正不断出现，如图 10.33 所示。

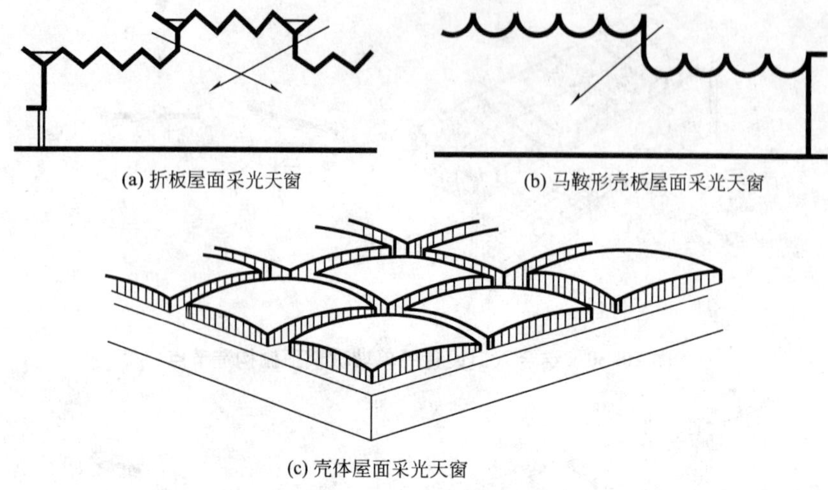

(a) 折板屋面采光天窗　(b) 马鞍形壳板屋面采光天窗

(c) 壳体屋面采光天窗

图 10.33　其他采光天窗

10.3 中　庭

中庭是覆有透光顶盖的多功能空间，可作为入口空间、中心庭院等，如图 10.34 所

(a) 某商场中庭

(b) 某博物馆中庭

(c) 某图书馆中庭

图 10.34　中庭

示。这种全天候的公共聚集空间，既是交通枢纽，又是人们交往活动的中心，因此被称作“共享大厅”。中庭内常布置庭院、小岛、水景、绿色植物，一般要求有充足的自然采光，所以也被誉为“四季大厅”。由于中庭具有半室内半室外的空间环境性质，使得其围护结构及组织方式有别于普通的建筑空间。在技术的带动下中庭能提供给现代建筑新的环境意义，并能较好地满足现代建筑的容身、庇护、经济以及文化需求，同时兼顾传统街区的延续，以促进生活方式的多元化发展。

10.3.1 中庭的形式及设计要求

1. 中庭的基本形式

中庭形式的选用一般应根据建筑规模的大小、建筑空间的组合方式、建筑基地的气候条件以及光热环境要求等因素确定。

根据中庭与周围建筑的相互位置关系，中庭可以采用简单型中庭，如单向中庭、双向中庭、三向中庭、四向中庭以及环绕建筑的中庭和贯穿建筑的条形中庭等形式，也可以将两种或几种基本形式的中庭加以组合，构成多种中庭形态，即综合型中庭，如图 10.35 所示。

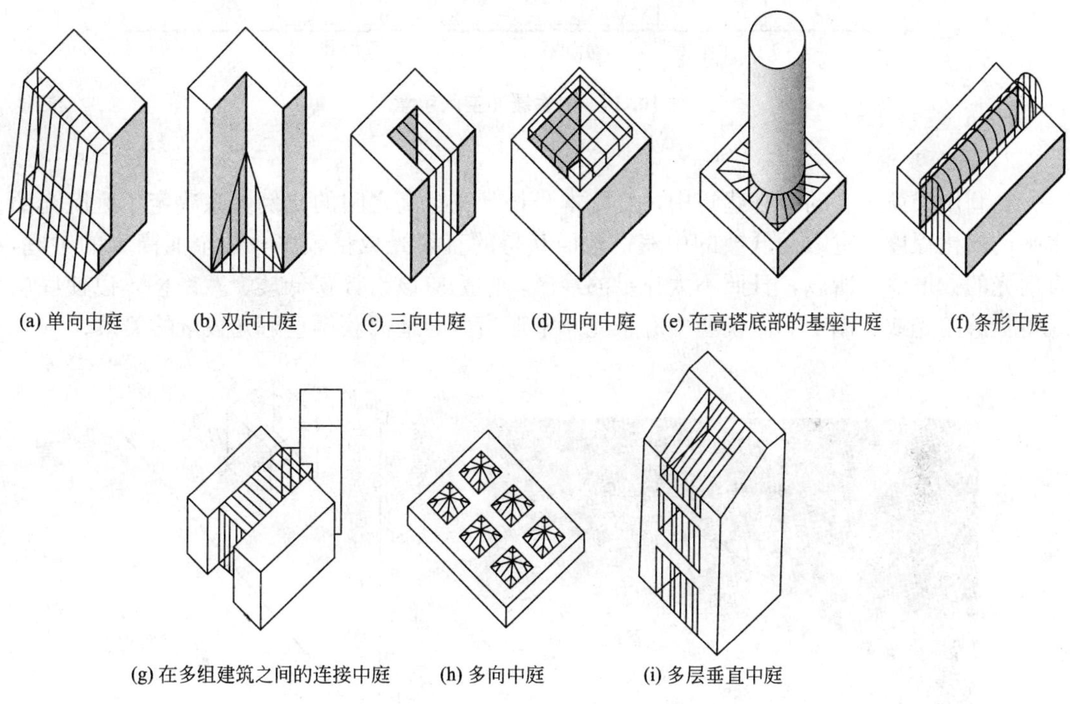

图 10.35 中庭的形式

2. 中庭的设计要求

中庭一方面是建筑内部有效的联系空间，同时又是室内外环境的缓冲空间，对建筑空间的整体节能、气候控制、自然采光、环境净化等各方面都起着重要的作用，设计中应注重以下几方面的考虑。

1）节能要求

中庭带来的大进深和开敞式平面，使建筑设计可以综合运用储能技术，对节能做出新

的考虑。中庭使建筑平面有一部分空间可以利用顶部采光，解决了较大进深建筑平面常有的内部自然采光问题，与相同面积通过外侧墙采光的建筑相比，减少了围护结构的面积和热量的交换，从而节省了热能。

中庭以庭院的形式出现，减少了夏日的降温负荷，并且可以收集、储存冬日热能。中庭可以用最小的外表面来减少内部环境的温度变化要求，减少外墙体的热工损耗，如图 10.36所示。在日照时间允许的情况下，可以将中庭设置为有效的太阳能采集器，一方面利用中庭来收集太阳能使空气升温，并将中庭与强制通风、回风系统相结合；另一方面通过建筑物及中庭顶部的调节设备控制热量的交换。

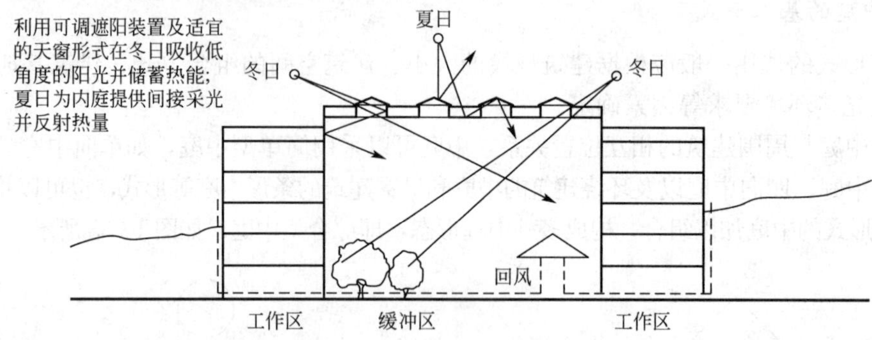

图 10.36　中庭缓冲空间示意

2）采光要求

在利用天窗采光的中庭建筑中，庭院本身长、宽、高之间的比例关系决定了庭院光照水平的变化程度。宽敞而低矮的中庭，地面获得的直射光数量较多；狭窄而高大的中庭，直射光的数量少。所以，日照不太充足的地区，中庭应该设计得低矮、宽敞些，以使底层获得足够的光线。图 10.37 说明中庭采光及室形指数与地面获得直射光数量的关系。

(a) 中庭光照情况

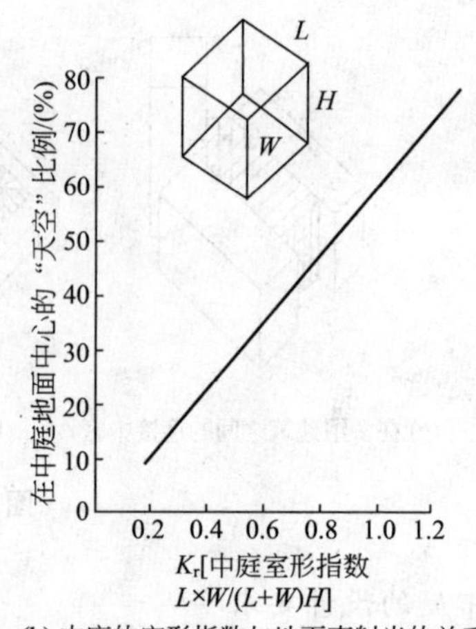

(b) 中庭的室形指数与地面直射光的关系

图 10.37　中庭采光分析

侧面反射对于中庭内部采光也具有重要的作用，要妥善地安排中庭各个墙面的反光性质。高反光的墙面能使中庭底层地面获得较多的光线，反之只能有极少的光反射到地面。中庭如果全部用玻璃墙或透空的走廊围合时，反射到地面的光线几乎为零，同时挑廊上的绿色布置也会极大地降低光线反射。逻辑上理想的反射模式是中庭内部各层的天窗位置不同，自下而上开窗面逐渐减少，从而形成一个从全玻璃窗到实墙的反射过渡，不过这样会导致中庭内景观设计的局限性。

3）气候控制要求

中庭含有两种自然现象：温室效应和烟囱效应。温室效应是由来自太阳的短波辐射，通过玻璃窗而使内部界面升温；烟囱效应是高低处压力不同的作用结果，在封闭的空间里，空气从较低的开口处流向较高的开口处，通道上的风流动将增加吸风效应。根据不同的设计要求，中庭有采暖中庭、降温中庭和可调温中庭三种不同的处理方式。

(1) 采暖中庭：适用于常年寒冷气候较多的地区。如北欧国家，冬季严寒，春秋季阴冷，夏季短暂且气候反复无常。在建筑设计中，利用中庭尽量减少照明、制冷所需的耗电量，同时通过良好的绝热或周边能源的收集来降低采暖的能耗，以较低的基本能耗获取建筑使用所需的热量。

采暖中庭应能无阻碍地接受阳光，以使室内外保持一定的温差，中庭内墙和地面应具备贮热能力，尤其是墙面宜采用浅色调，使昼光反射热能而不是吸收热量，减缓有阳光直射时中庭周围房间内热量的聚集，并且在短暂的多云天气里，中庭内外的正温差可以使热量由中庭向周围房间散发，从而使建筑使用空间的温差波动减缓到最小。中庭的围护结构(即内墙与外壳)应具有较高的绝热性能，以减缓热量的传递。

(2) 降温中庭：用于建筑内部要求保持不受高温、高湿以及强烈日晒影响的情况。中庭对于建筑的室内使用空间起着空气冷却和除湿的缓冲作用，通过中庭形成强制送、回风系统，为内部使用空间供应冷空气，同时通过夜间对内部空间及围护结构的冷却来减缓白天的热量积聚。如图 10.38 所示为建筑中庭采用绿化形式降温遮阳。

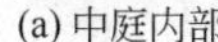

(a) 中庭内部

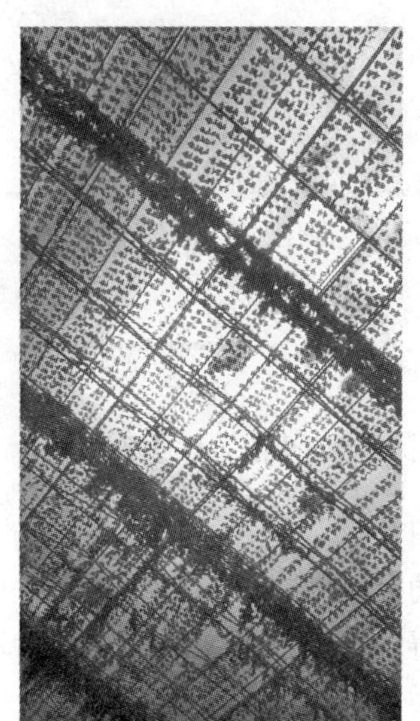

(b) 中庭顶部

图 10.38　中庭顶采用绿化形式降温遮阳

在降温中庭中，一般应避免阳光对中庭的直射，避免东、西向开窗，在天空亮度充足的情况下，可以利用全遮阳、有色玻璃、篷布结构等处理方式避免无阻拦的直射昼光。降温中庭对于外围护结构的绝热性能要求不高，主要通过通风组织、遮阳和反射等方式进行防热处理，如图 10.39 所示。

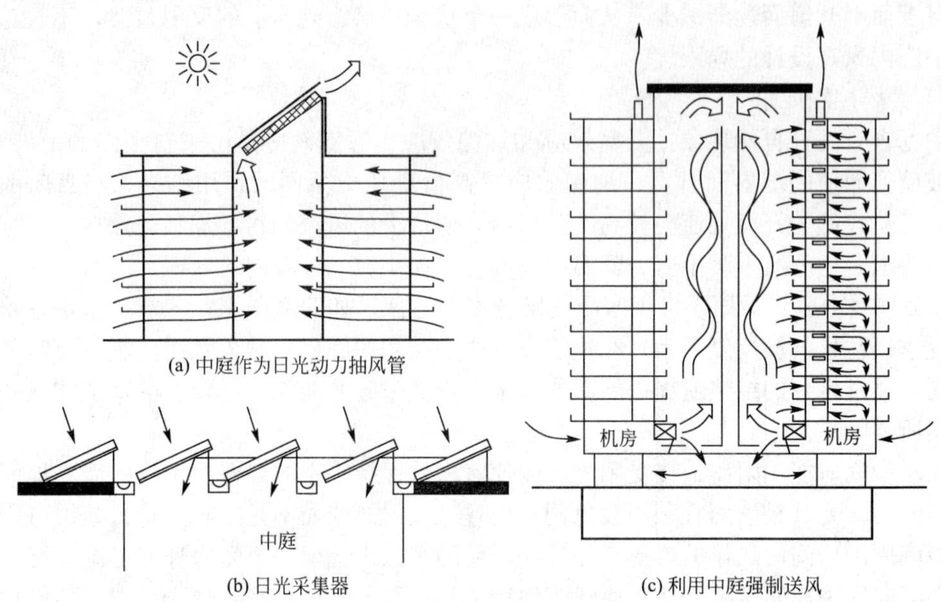

图 10.39　降温中庭的形式

(3) 可调温中庭：在冬季起着采暖中庭的作用，夏季又要防止中庭内阳光直射带来的热量积聚，在不同季节分别具有采暖与降温的特性。

可调温中庭在设计中可以针对气候控制的可变性，按照气候与日常特点设置符合气候变化的固定或可操控的遮阳装置，如遮阳板、遮阳帘、遮阳百叶等，以改变建筑围护结构的隔热性能。比如冬季的太阳高度角较小，夏季的太阳高度角较大，在设计中可以有计划地遮挡高度角较大的阳光，同时不影响冬季的基本日照需求。另外在不同的控制要求下，还可以通过对通风系统的操控来改变冬季、夏季的气候控制特点。可调温中庭工作原理如图 10.40 所示，冬季可将隔热百叶窗挂于中庭顶端，代替双层玻璃并作为阳光反射器；夏季则将百叶窗移至阳面排除直射阳光。

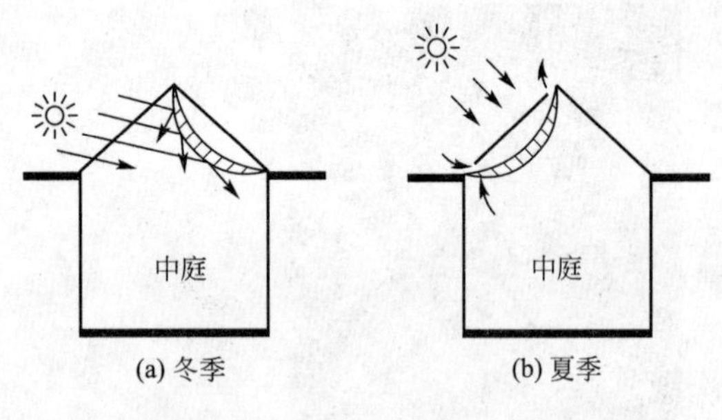

图 10.40　可调温中庭工作原理

在计算机辅助设计中，有一些计算机程序已经可以对一般传统尺度空间建立起有效的计算模型，以取得设计中各种参考因素的计算数值。随着计算机技术的发展，将会有完整的有关中庭热效能计算的模型来辅助建筑设计。

10.3.2　中庭的消防安全设计

中庭的防灾性能具有两面性：一方面，公共建筑中庭往往贯穿多层楼层，楼层间相互通透，通过中庭串联的房间组成了一个天然无阻挡的空间，给建筑防火分区和排烟设计带来一些麻烦。中庭的烟囱效应会使火焰及烟雾更容易向高处蔓延，会增加高处楼层扩散火灾的速度。另一方面，在安装了探测器和火控、烟控系统以后，中庭建筑能够有比较高的可见度和清晰的疏散通道，可以方便地发现和接近火源。中庭空间具有巨大的空气体积，具有冷却火焰、稀释烟雾的非负面影响。

1. 中庭的防火分区

中庭建筑的防火分区划分，不能简单地只按中庭空间水平投影面积计算。在一些大型公共建筑当中，由于设置采光顶而形成的共享空间贯穿了全楼或多个楼层，而通常围绕中庭的各层空间可能面向中庭开敞，在无防火隔离措施的情况下，如果贯通的全部空间作为一个区域对待，则可能导致区域范围超过相应的标准要求，因此在设计过程中必须合理地划分防火分区，如图 10.41 所示。

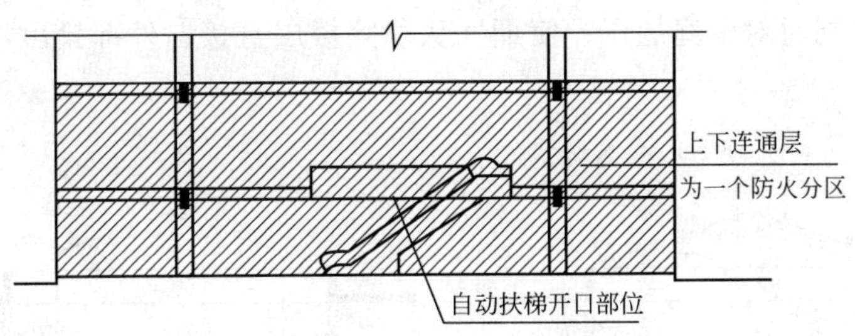

图 10.41 中庭防火分区设置

根据中庭周围使用空间与中庭空间的联系情况，中庭有开敞式、屏蔽式及混合式等不同类型。我国现行《建筑设计防火规范》(GB 50016—2006)、《高层民用建筑设计防火规范(2005 年版)》(GB 50045—1995)规定如下：建筑物内设置中庭时，其防火分区面积应按上下层相连通的面积叠加计算；当超过一个防火分区最大允许建筑面积时，应符合下列规定。

(1) 房间与中庭相通的开口部位应设置能自行关闭的甲级防火门窗。

(2) 与中庭相通的过厅、通道等处应设置甲级防火门或耐火极限大于 3.00h 的防火卷帘；防火门或防火卷帘应能在火灾时自动关闭或降落。

(3) 中庭每层回廊应设有自动喷水灭火系统。

(4) 中庭每层回廊应设火灾自动报警系统。

2. 中庭的防排烟

在发生火灾的情况下，喷淋设备的作用比较有限，一般喷头之间最大允许防火范围的直径为 2～3.8m，而喷淋使烟尘与清洁空气更快地混合会加速空气的污染，因此中庭应按规定设置排烟设施。中庭的排烟分为自然排烟和机械排烟两种方式。此外，还要在中庭顶棚、走道、周围房间等部位设有烟感探测器。同时还要采取隔离措施，保证周围房间的烟火不蹿入中庭空间。

1) 自然排烟

自然排烟指不依靠机械设备，通过中庭上部开启的平开窗口的自然通风方式排烟。净空高度小于 12m 的中庭，其可开启的天窗或高侧窗的面积不小于该中庭地面面积的 5%时，可采用自然排烟措施，中庭其自然排烟口的净面积不应小于该中庭地面面积的 5%。

2) 机械排烟

机械排烟指利用机械设备对建筑内部加压的方式使烟气排除室外。机械排烟可以通过从中庭上部排烟或将烟雾通过中庭侧面的房间排出这两种途径来完成。不具备自然排烟条件及净空高度超过 12m 的室内中庭应设置机械排烟设施。中庭体积≤17000m³ 时，其排烟量按其体积的 6 次/h 换气计算；中庭体积>17000m³ 时，其排烟量按其体积的 4 次/h 换气计算，但最小排烟量不应小于 102000m³/h。

(1) 通过中庭顶部排烟。在紧急情况下，对中庭内部不加压，而对安全楼层和有火源的楼层同时加压，烟气可以从中庭的上部排出，这时应保证火情在可控制范围内，并且没有沿中庭蔓延的危险性。如果是内部开敞式中庭，则应在设计中避免烟气进入上一楼层，如图 10.42(a)所示。

(2) 通过中庭侧面的房间排烟。在紧急情况下，对安全楼层加压使烟气不能进入，将中庭封闭并且同时对中庭加压，使烟气从危险楼层直接向外部排出，如图 10.42(b)所示。

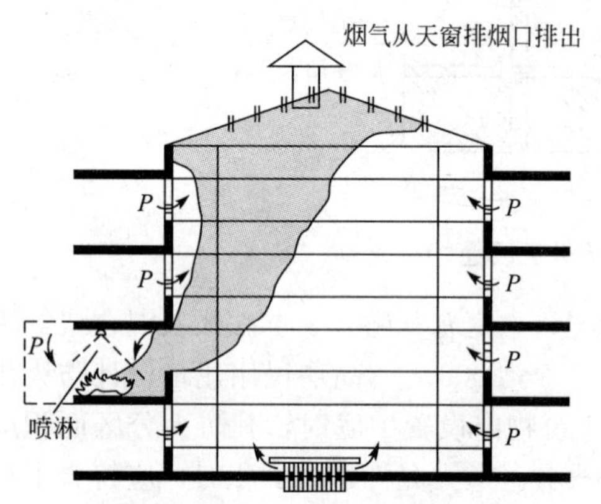

(a) 为避免烟气进入上部楼层，可以将楼层与中庭空间隔离(利用有防火处理的隔断形成内部屏蔽的中庭)，并通过其他楼层向中庭空间加压，使烟气从上部排出

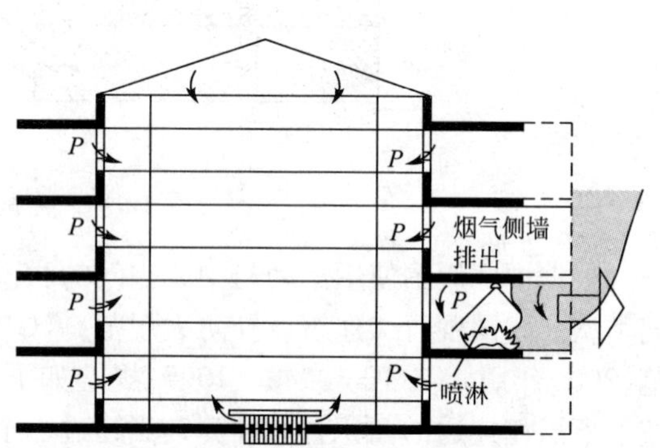

(b) 在中庭内部及其他楼层同时向中庭加压的情况下，可以使烟气从危险层的侧墙上的开口直接排出室外

图 10.42　中庭内部排烟

3. 中庭的人流疏散

中庭建筑的防火疏散应考虑大量人流的使用特性。多数人在紧急情况下习惯于选择熟悉的通道，由于自动扶梯和电梯在火灾情况下，其控制系统受热极易损坏，同时电梯井会成为烟道，而自动扶梯的单向运行会给大股人流的反向疏散带来危险，因此，应将疏散楼梯与人们熟悉的日常使用通道相邻，并设置明显的标志引导人流。

中庭周围的人流疏散路线可以有不同形式的选择，一般情况下疏散路线需与中庭完全分开；但在整个中庭是一个非燃烧结构，内部没有火源，并且可以对整个中庭内部加压的情况下，可以将紧急疏散路线与中庭日常流通路线混合。疏散路线需采用有效的保护措施，以避免烟气和热辐射的影响，疏散距离应符合建筑防火规范的相关规定。

10.3.3　中庭天窗的形式

中庭天窗按进光的形式不同，可以分为两大类：一类是光线从顶部来的天窗，通常称为玻璃顶；另一类是光线从侧面来的天窗。地处温带气候或常年阴天较多的地区最好选用玻璃顶，它的透光率高，比侧向进光的天窗透光率至少高出 5 倍以上，所以在阴天多和不太炎热的地区选用这类天窗，既可使中庭获得足够的自然光，又不至造成室内过热现象，光环境和热环境都容易满足要求，但是在炎热地区则以选用侧向进光天窗为宜。

天窗的具体形式应根据中庭的规模大小、中庭的屋顶结构形式、建筑造型要求因素确定。

1. 斜坡式天窗

斜坡式天窗分为单坡、双坡、多坡等形式，玻璃面的坡度一般为 15°～30°，每一坡面的长度不宜过大，一般控制在 15m 以内，用钢或铝合金作天窗骨架。

1）单坡天窗

单坡天窗构造如图 10.43 所示。

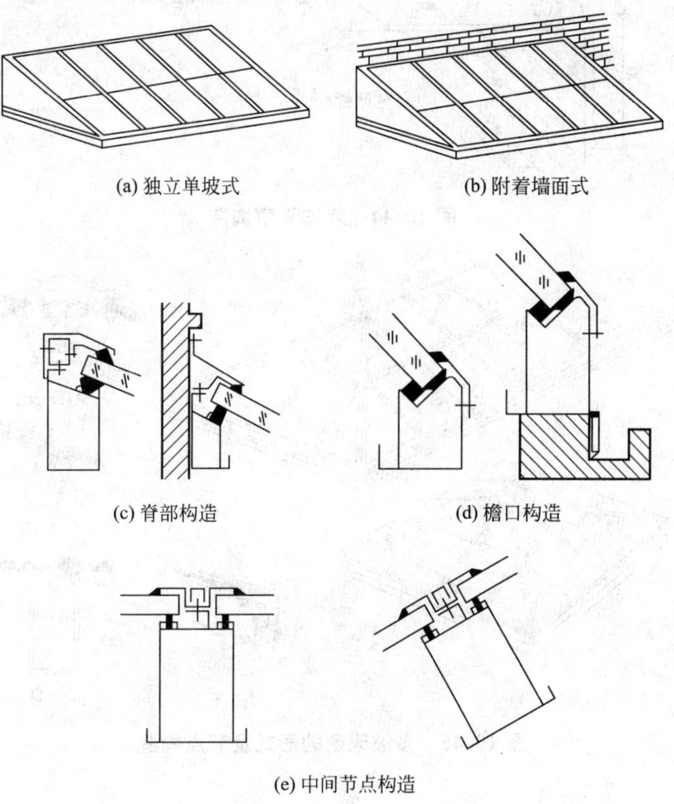

图 10.43 单坡天窗构造

2）双坡天窗

双坡天窗中较为常见的是双坡铝合金型材玻璃采光屋顶，其骨架为铝合金型材，外观整洁，装饰性较好。该屋顶的构造要点是骨架与主体结构、骨架与骨架之间一般采用型钢或钢板制成的专用连接件进行连接；骨架与透光材料则需通过金属压条、螺栓及密封衬垫等材料连接固定，如图 10.44 所示。

3）多坡天窗

多坡天窗如图 10.45 所示。

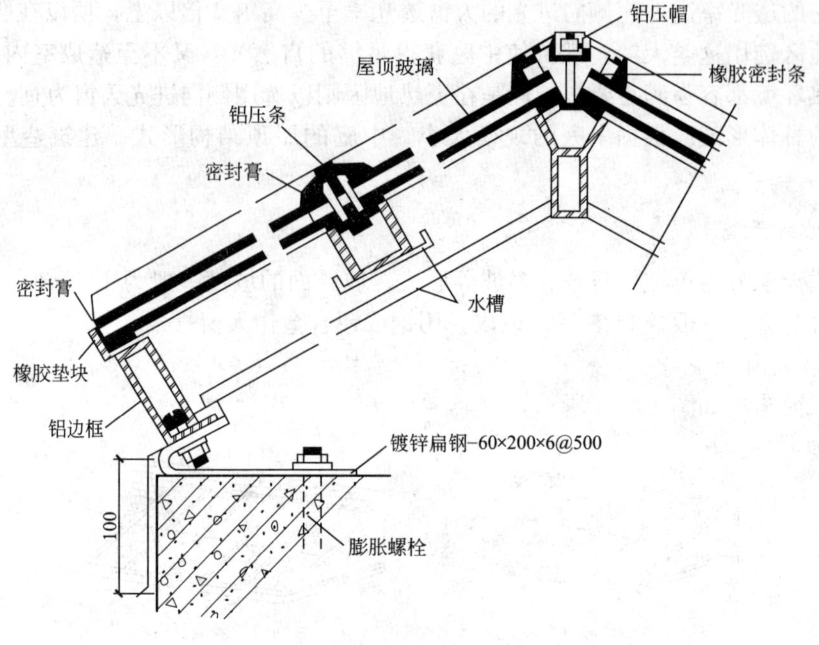

图 10.44　双坡天窗构造

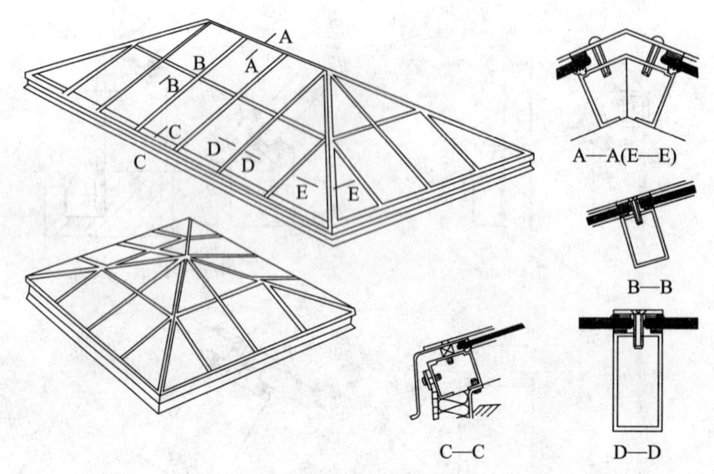

图 10.45　多坡天窗的形式及节点构造

2. 棱锥形天窗

棱锥形天窗有方锥形、六角锥形等多种形式，如图 10.46 所示。尺寸不大(2m 以内)的棱锥形天窗，可用有机玻璃热压成采光罩。这种采光罩为厂家生产的定型产品，也可按设计要求定制。它具有很好的刚度和强度，不需要金属骨架，外形光洁美观，透光率高，可以单个使用，也可以将若干个采光罩安装在井式梁上组成大片玻璃顶，其构造简单，施工安装方便。

多边形铝合金型材锥体天窗的构造做法与双坡天窗基本相同，只是其骨架布置呈放射形式，玻璃为梯形或三角形，骨架断面根据玻璃倾斜角度的不同而有一定的变化。

当中庭采用角锥体系平板网架作屋顶承重结构时，可利用网架的倾斜腹杆作支架，构成棱锥式玻璃顶，如图 10.47 所示。

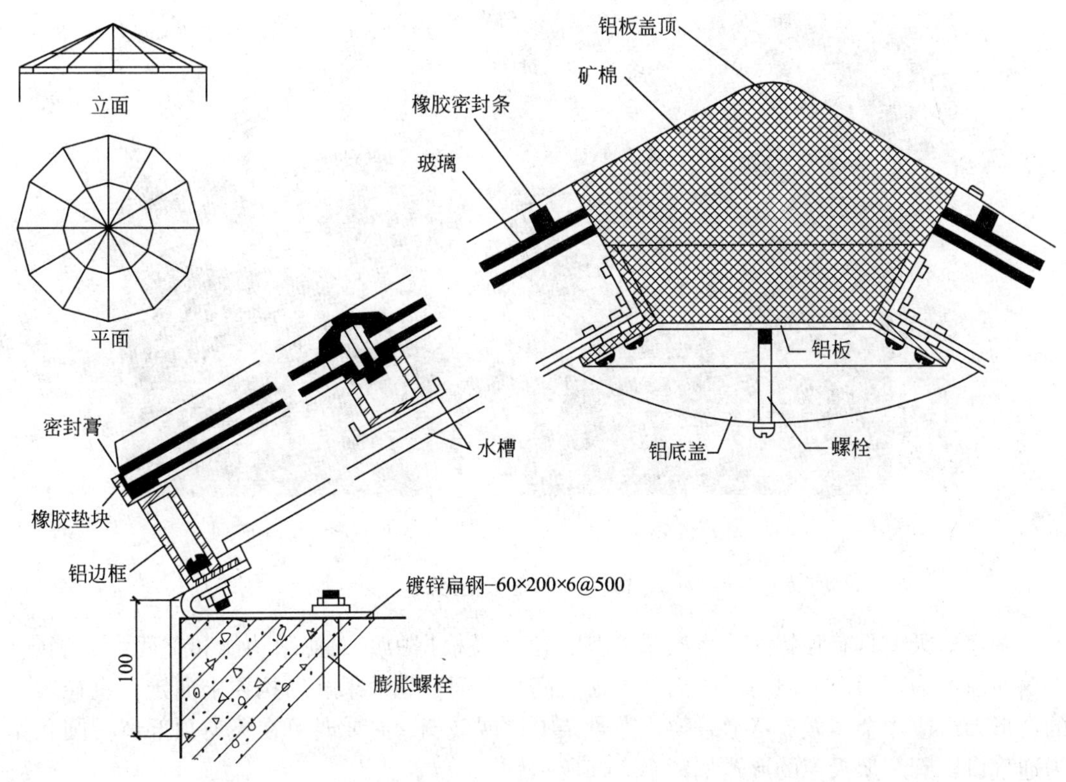

图 10.46 多边形锥体天窗构造

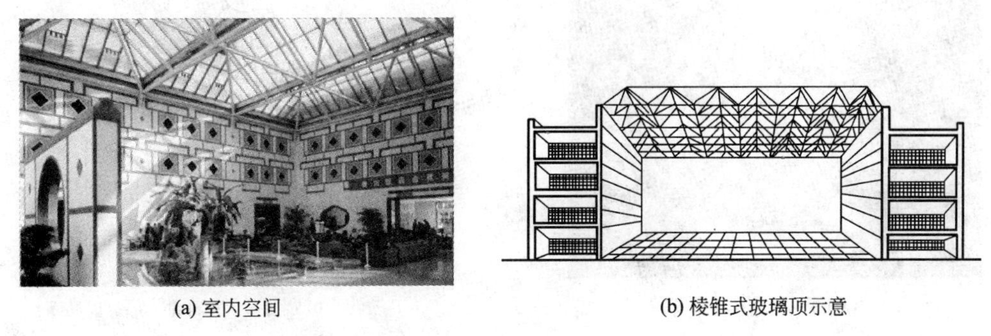

(a) 室内空间

(b) 棱锥式玻璃顶示意

图 10.47 棱锥式玻璃顶天窗

3. 拱形天窗

拱形天窗的外轮廓一般为半圆形，用金属材料作拱骨架，根据中庭空间的尺度大小和屋顶结构形式，可布置成单拱或几个拱并列布置成连续拱。透光部分一般采用有机玻璃或玻璃钢，也可以用拱形有机玻璃采光罩组成大片玻璃顶，如图 10.48 所示。

4. 圆穹形天窗

如果中庭平面为方形或矩形等较规整的形状，也可以采用穹形采光罩构成成片的玻璃顶。采光罩用有机玻璃热压成型。穹形采光罩也可以单个使用，有方底穹形采光罩和圆底穹形采光罩。

(a) 拱形天窗外观

(b) 拱形天窗室内空间

图 10.48 拱形天窗形式

圆穹形天窗具有独特的艺术效果。其天窗直径根据中庭的使用功能和空间大小确定，天窗曲面可为球形面或抛物形曲面，天窗矢高视空间造型效果和结构要求而定。直径较大的穹形天窗应用金属做成穹形骨架，在骨架上镶嵌玻璃。必要时可在天窗顶部留一圆孔作为通气口，圆穹形天窗的形式如图 10.49 所示。

(a) 圆穹形天窗顶部

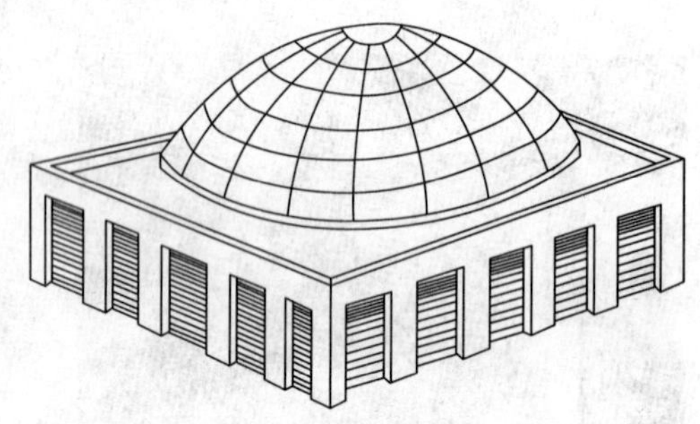
(b) 圆穹形天窗外部

图 10.49 圆穹形天窗形式

5. 其他形式的中庭天窗

图 10.50(a)、(b)是利用双曲扁壳和扭壳构成的侧向进光天窗，为了防止挡光，相邻天窗应保持一定的距离。图 10.50(c)、(d)是由薄壳组成的锯齿形天窗，每一壳面的一端为直线，另一端为拱曲线，可采用无斜腹杆形钢筋混凝土桁架作为薄壳的边缘构件。图 10.50(e)是利用高层建筑两翼之间的空缺位置布置中庭，屋顶层层后退构成的台阶形侧向进光天窗，是锯齿形天窗在特定条件下的变化形式。图 10.50(f)是一种树状式玻璃顶，它采用树状式悬挑钢结构作天窗骨架，树状式结构的数目视中庭面积大小而定，该天窗形式布局非常灵活自由。

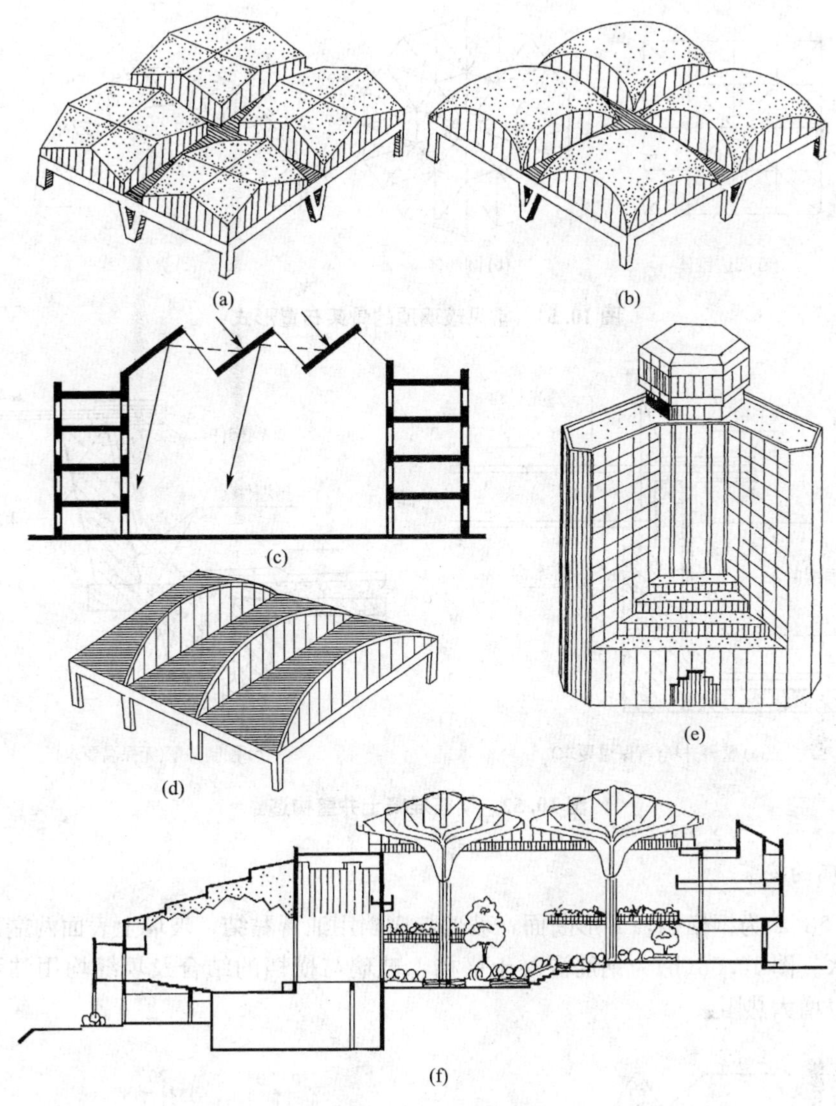

图 10.50 中庭天窗形式

10.3.4 中庭天窗的构造

下面着重介绍玻璃顶及其相关组成部分的细部构造。

1. 玻璃顶的承重结构

玻璃顶的承重结构都是暴露在大厅上空的，结构断面应尽可能设计得小些，以免遮挡天窗光线。常用的结构形式有梁结构、拱结构、桁架结构、网架结构等，骨架布置形式如图 10.51 所示。

2. 井壁构造

采光口的边框称为井壁。它的材料主要采用钢筋混凝土，一般做法是将井壁与屋面板浇成整体，也可以将两者预制后，再现场焊接。井壁高度一般为 150～250mm，且应大于积雪深度，如图 10.52 所示。

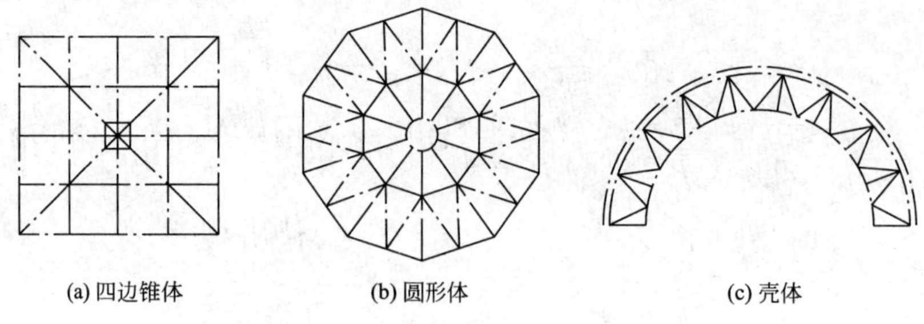

图 10.51　常见玻璃顶的骨架布置形式

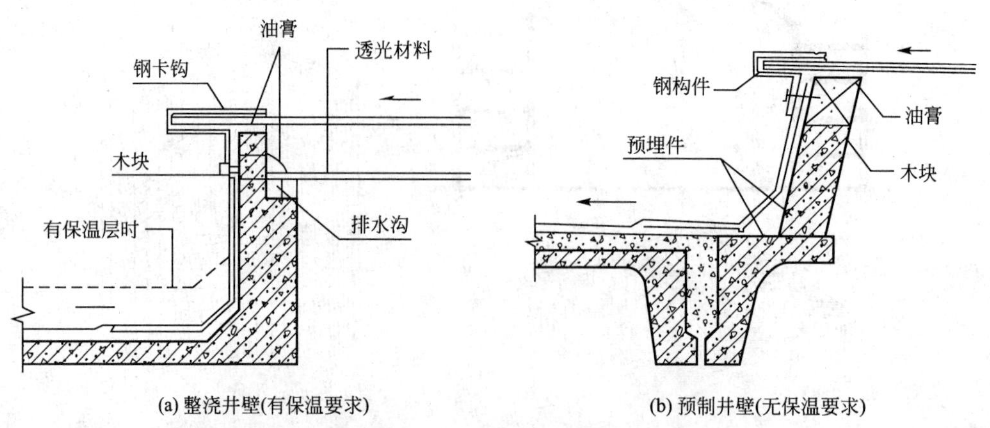

图 10.52　钢筋混凝土井壁构造

3. 玻璃的安装

图 10.53(a)为钢横档，T 形断面，玻璃与横档用油膏黏结，玻璃上表面两端部分用油灰填缝防水。图 10.53(b)为钢筋混凝土横档，玻璃与横档的结合及填缝均用油膏，采用双层玻璃以增大热阻。

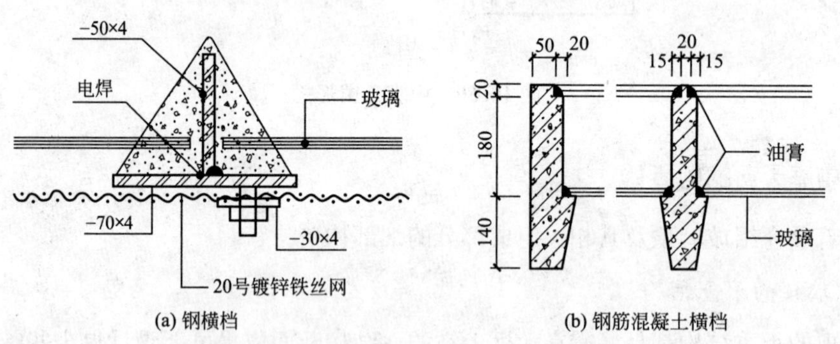

图 10.53　平天窗横档构造

4. 天窗的排水处理

当天窗面积较小时，天窗顶部的雨水可以顺坡排至旁边的屋面，由屋面排水系统统一带走。当天窗面积较大或者由于其他原因不便将水排至旁边屋面时，可设置天沟，如图 10.54 所示。

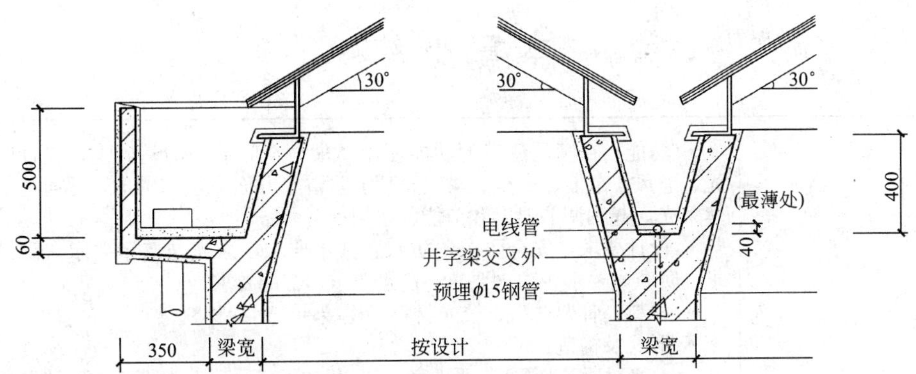

图 10.54 结合井字梁的天沟设置

5. 防护措施

根据不同的使用要求和条件，天窗部位有不同的构造处理措施。有的天窗在使用中为强调玻璃的安全性，可以在玻璃的上下两侧或一侧附设防护网，如图 10.55 和图 10.56 所示。

图 10.55 中庭隔层设防护网

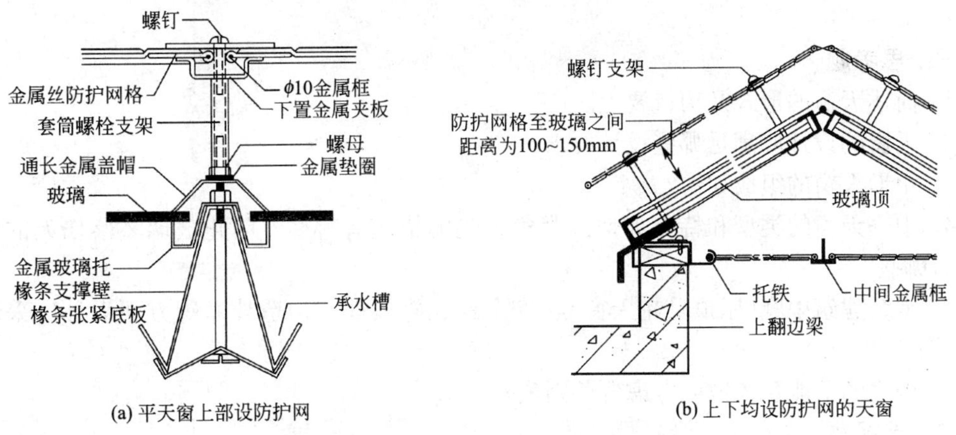

图 10.56 天窗玻璃防护网的安装

本章小结

<table>
<tr><td>天窗</td><td>• 功能：在满足建筑的功能使用要求与空间造型的基础上，设计时对采光、通风、节能、安全、防火排烟、防雷等方面应统一考虑，尽可能利用自然采光，起到调节温度和节能的作用
• 设计要求：安全要求，防水、排水要求，采光与遮阳要求，防结露要求，防眩光要求，防火要求，防雷要求，节能要求
• 材料：骨架材料、透光材料、连接件、封缝材料
• 形式及构造：
平屋顶采光天窗：平天窗、立式纵向天窗、下沉式天窗、复合式采光屋顶
坡屋顶采光天窗：老虎天窗、顺坡式成品斜屋顶天窗
太阳能采光天窗
采光玻璃顶棚、玻璃房
其他天窗</td></tr>
<tr><td>中庭</td><td>• 中庭的基本形式：单向中庭、双向中庭、三向中庭、四向中庭、在高塔底部的基座中庭、条形中庭、在多组建筑之间的连接中庭、多向中庭、多层垂直中庭
• 中庭的设计要求：节能要求、采光要求、气候控制要求
• 中庭的消防安全设计：中庭的防火分区、中庭的防排烟、中庭的人流疏散
• 中庭天窗的形式
斜坡式天窗：单坡天窗、双坡天窗、多坡天窗
棱锥形天窗
拱形天窗
圆穹形天窗
其他形式的天窗
• 中庭天窗构造：玻璃顶的承重结构、井壁构造、玻璃的安装、天窗的排水处理、防护措施</td></tr>
</table>

习　题

一、思考题

1. 简述天窗的形式及构造要点。

2. 天窗的设计应满足哪些设计要求？

3. 矩形天窗的组成如何？

4. 中庭天窗的类型和特点如何？避免眩光的措施有哪些？防止玻璃坠落伤人的安全措施有哪些？

5. 围绕建筑中庭(屋顶采光天窗)在安全性、舒适性和构造技术等方面设计应采取哪些措施？

6. 中庭的节能及疏散应考虑哪些因素？

二、选择题

1. 中庭天窗，采光屋顶所用玻璃，(　　)最为合适。

A. 钢化玻璃　　B. 吸热玻璃
C. 夹层安全玻璃　　D. 热反射玻璃

2. 采光天窗屋顶部分该防雷系统的接地电阻应小于(　　)。
A. 2Ω　　B. 3Ω　　C. 4Ω　　D. 5Ω

3. 采光罩又称单元式采光顶，有(　　)几种形式。
A. 固定型、通风型、开启型
B. 固定型、通风型、开启型及其组合型
C. 固定型、通风型、开启型及其综合型
D. 通风型、开启型及其综合型

4. 矩形天窗的高宽比 h/b 宜为(　　)左右，不宜大于0.45。
A. 0.2　　B. 0.3　　C. 0.4　　D. 0.5

5. 中庭是覆有透光的顶盖的多功能空间，根据不同的气候控制要求，有(　　)三种不同的处理方式。
A. 采暖中庭、降温中庭、可调温中庭
B. 冬季中庭、夏季中庭、过渡中庭
C. 共享大厅、四季大厅、公共大厅
D. 防火中庭、排烟中庭、疏散中庭

6. 净空高度小于(　　)的中庭，其可开启的天窗或高侧窗的面积不小于该中庭地面面积的5%时，可采用自然排烟措施。
A. 10m　　B. 11m　　C. 12m　　D. 13m

7. 天窗的具体形式应根据(　　)因素确定。
A. 建设方和设计师的喜好
B. 天窗所在的地区
C. 共享大厅、四季大厅、公共大厅
D. 中庭的规模大小、中庭的屋顶结构形式、建筑造型要求

8. 天窗井壁高度一般为(　　)。
A. 100～150mm　　B. 150～250mm
C. 250～300mm　　D. 300～450mm

三、判断题

1. 井式天窗不属于下沉式天窗。　(　　)
2. 天窗设计时可先不考虑排水，在屋面装修时再一并考虑。　(　　)
3. 从采光通风来讲，斜屋顶天窗比老虎天窗采光效果好。　(　　)
4. 天空越是不亮的地区，中庭越应该设计高大些，以便使底层获得足够的光线。　(　　)
5. 玻璃顶的承重结构都是暴露在大厅上空的，结构断面可设计得大些，这样较牢固。　(　　)

参考文献

[1] 叶雁冰，刘克难．房屋建筑学［M]．北京：机械工业出版社，2012.

[2] 刘建荣，翁季．建筑构造(下册)［M]．北京：中国建筑工业出版社，2008.

[3] 杨维菊．建筑构造设计(下册)［M]．北京：中国建筑工业出版社，2005.

[4] 安艳华，裴刚．建筑构造(下册)［M]．武汉：华中科技大学出版社，2011.

[5] 颜宏亮．建筑特种构造［M]．上海：同济大学出版社，2008.

[6] 林涛，彭朝晖．房屋建筑学［M]．北京：中国建材工业出版社，2012.

[7] 姜涌．建筑构造——材料，构法，节点［M]．北京：中国建筑工业出版社，2011.

[8] 刘学贤．建筑技术构造与设计［M]．北京：机械工业出版社，2011.

[9] 毛小敏，薛宝恒．房屋构造与识图［M]．北京：中国建材工业出版社，2013.

[10] 付云松，李晓玲．房屋建筑学［M]．北京：中国水利水电出版社，2009.

[11] 王万江，金少蓉，周振伦．房屋建筑学［M]．重庆：重庆大学出版社，2011.

[12] 西安建筑科技大学，等．建筑材料［M]．3 版．北京：中国建筑工业出版社，2004.

[13] 樊振和．建筑构造原理与设计［M]．4 版．天津：天津大学出版社，2012.

[14] 住房和城乡建设部执业资格注册中心网．建筑材料与构造［M]．8 版．北京：中国建筑工业出版社，2012.

[15] 郝竣弘．房屋建筑学［M]．北京：清华大学出版社，2010.

[16] 马光红．建筑材料与房屋构造［M]．北京：中国建筑工业出版社，2007.

[17] 褚智勇．建筑设计的材料语言［M]．北京：中国电力出版社，2006.

[18] 完海鹰，黄炳生．大跨度空间结构［M]．北京：中国建筑工业出版社，2000.

[19] 舒秋华．房屋建筑学［M]．武汉：武汉理工大学出版社，2011.

[20] 冉茂宇．生态建筑［M]．武汉：华中科技大学出版社，2008.

[21] 同济大学，等．房屋建筑学［M]．4 版．北京：中国建筑工业出版社，2005.

[22] 住房和城乡建设部强制性条文协调委员会．中华人民共和国工程建设标准强制性条文——房屋建筑部分(2013 年版)［M]．北京：中国建筑工业出版社，2013.

[23] 中华人民共和国行业标准．民用建筑电气设计规范(JGJ 16—2008)［S]．北京：中国建筑工业出版社，2008.

[24] 中华人民共和国国家标准．高层民用建筑设计防火规范(GB 50045—1995)(2005 版)［S]．北京：中国计划出版社，2005.

[25] 中华人民共和国国家标准．建筑设计防火规范(GB 50016—2006)［S]．北京：中国计划出版社，2006.

[26] 中华人民共和国国家标准．民用建筑设计通则(GB 50352—2005)［S]．北京：中国建筑工业出版社，2005.

[27] 中华人民共和国国家标准．厂房建筑模数协调标准(GB/T 50006—2010)［S]．北京：中国计划出版社，2011.

[28] 中华人民共和国国家标准．建筑模数协调统一标准(GBJ 2—1986)［S]．北京：中国计划出版社，1986.

[29] 中华人民共和国国家标准．建筑制图标准(GB/T 50104—2010)［S]．北京：中国计划出版社，2011.

[30] 中华人民共和国行业标准. 高层建筑混凝土结构技术规程(JGJ 3—2010) [S]. 北京：中国建筑工业出版社，2011.

[31] 中华人民共和国国家标准. 坡屋面工程技术规范(GB 50693—2011) [S]. 北京：中国计划出版社，2012.

[32] 中华人民共和国国家标准. 屋面工程技术规范(GB 50345—2012) [S]. 北京：中国建筑工业出版社，2012.

[33] 中华人民共和国国家标准. 住宅建筑规范(GB 50368—2005) [S]. 北京：中国建筑工业出版社，2005.

[34] 中华人民共和国国家标准. 住宅设计规范(GB 50096—2011) [S]. 北京：中国建筑工业出版社，2011.

[35] 中华人民共和国国家标准. 钢结构设计规范(GB 50017—2003) [S]. 北京：中国计划出版社出版，2003.

[36] 中华人民共和国国家标准. 砌体结构设计规范(GB 50003—2011) [S]. 北京：中国计划出版社，2012.

[37] 中华人民共和国行业标准. 空间网格结构技术规程(JGJ 7—2010) [S]. 北京：中国建筑工业出版社，2011.

[38] 中华人民共和国国家标准. 建筑抗震设计规范(GB 50011—2010) [S]. 北京：中国建筑工业出版社，2010.

[39] 中华人民共和国国家标准. 混凝土结构设计规范(GB 50010—2010) [S]. 北京：中国建筑工业出版社，2011.

[40] 中华人民共和国国家标准. 民用建筑热工设计规范(GB 50176—1993) [S]. 北京：中国计划出版社，1993.

[41] 中华人民共和国国家标准. 建筑节能设计规范(GB 50763—2012) [S]. 北京：中国建筑工业出版社，2012.

[42] 中华人民共和国国家标准. 建筑采光设计标准(GB/T 50033—2013) [S]. 北京：中国建筑工业出版社，2013.

[43] 中华人民共和国行业标准. 严寒和寒冷地区居住建筑节能设计标准(JGJ 26—2010) [S]. 北京：中国建筑工业出版社，2010.

[44] 中华人民共和国行业标准. 夏热冬暖地区居住建筑节能设计标准(JGJ 75—2012) [S]. 北京：中国建筑工业出版社，2012.

[45] 中华人民共和国行业标准. 被动式太阳能建筑技术规范(JGJ/T 267—2012) [S]. 北京：中国建筑工业出版社，2012.

[46] 中华人民共和国国家标准. 房屋建筑制图统一标准(GB/T 50001—2010) [S]. 北京：中国计划出版社，2011.

[47] 中华人民共和国国家标准. 总图制图标准(GB/T 50103—2010) [S]. 北京：中国计划出版社，2011.

[48] 中华人民共和国行业标准. 种植屋面工程技术规程(JGJ 155—2007) [S]. 北京：中国建筑工业出版社，2007.

[49] 中华人民共和国国家标准. 无障碍设计规范(GB 50763—2012) [S]. 北京：中国建筑工业出版社，2012.

[50] 中国建筑标准设计研究院. 防空地下室建筑构造(07FJ02) [S]. 北京：中国计划出版社，2007.

[51] 中国建筑标准设计研究院. 防空地下室建筑设计(FJ01～03) [S]. 北京：中国计划出版社，2007.

[52] 中华人民共和国国家标准．人民防空地下室设计规范(GB 50038—2005)北京：中国计划出版社，2005.

[53] 中华人民共和国国家标准．地下工程防水技术规范(GB 50108—2008)［S］．北京：中国计划出版社，2008.

[54] 中华人民共和国国家标准．地下防水工程质量验收规范(GB 50208—2011)［S］．北京：中国建筑工业出版社，2011.

[55] 中华人民共和国国家标准．公共建筑节能设计标准(GB 50189—2005)［S］．北京：中国建筑工业出版社，2005.

[56] 中华人民共和国行业标准．玻璃幕墙工程技术规范(JGJ 102—2003)［S］．北京：中国建筑工业出版社，2003.

[57] 中华人民共和国行业标准．金属与石材幕墙工程技术规范(JGJ 133—2001)［S］．北京：中国建筑工业出版社，2001.

[58] 中华人民共和国国家标准．建筑物防雷设计规范(GB 50057—2010)［S］．北京：中国计划出版社，2010.

[59] 姜忆南，李世芬．房屋建筑教程［M］．北京：化学工业出版社，2004.

[60] 高远，张艳芳．建筑构造与识图［M］．北京：中国建筑工业出版社，2004.

[61] 沈祖炎，陈扬骥．网架与网壳［M］．上海：同济大学出版社，1997.

[62] 沈祖炎，严慧，陈扬骥．网架结构［M］．贵州：贵州人民出版社，1987.

[63] 沈世钊，徐崇宝，赵臣．悬索结构设计［M］．北京：中国建筑工业出版社，1997.

[64] 建筑设计资料集编委会．建筑设计资料集［M］．2 版．北京：中国建筑工业出版社，1995.

[65] 中国建筑西北设计研究院．建筑施工图示例图集［M］．2 版．北京：中国建筑工业出版社，2006.

北京大学出版社土木建筑系列教材(已出版)

序号	书名	主编	定价	序号	书名	主编	定价
1	建筑设备(第2版)	刘源全　张国军	46.00	50	土木工程施工	石海均　马　哲	40.00
2	土木工程测量(第2版)	陈久强　刘文生	40.00	51	土木工程制图(第2版)	张会平	45.00
3	土木工程材料(第2版)	柯国军	45.00	52	土木工程制图习题集(第2版)	张会平	28.00
4	土木工程计算机绘图	袁　果　张渝生	28.00	53	土木工程材料(第2版)	王春阳	50.00
5	工程地质(第2版)	何培玲　张　婷	26.00	54	结构抗震设计(第2版)	祝英杰	37.00
6	建设工程监理概论(第3版)	巩天真　张泽平	40.00	55	土木工程专业英语	霍俊芳　姜丽云	35.00
7	工程经济学(第2版)	冯为民　付晓灵	42.00	56	混凝土结构设计原理(第2版)	邵永健	52.00
8	工程项目管理(第2版)	仲景冰　王红兵	45.00	57	土木工程计量与计价	王翠琴　李春燕	35.00
9	工程造价管理	车春鹂　杜春艳	24.00	58	房地产开发与管理	刘　薇	38.00
10	工程招标投标管理(第2版)	刘昌明	30.00	59	土力学	高向阳	32.00
11	工程合同管理	方　俊　胡向真	23.00	60	建筑表现技法	冯　柯	42.00
12	建筑工程施工组织与管理(第2版)	余群舟　宋会莲	31.00	61	工程招投标与合同管理(第2版)	吴　芳　冯　宁	43.00
13	建设法规(第2版)	肖　铭　潘安平	32.00	62	工程施工组织	周国恩	28.00
14	建设项目评估	王　华	35.00	63	建筑力学	邹建奇	34.00
15	工程量清单的编制与投标报价	刘富勤　陈德方	25.00	64	土力学学习指导与考题精解	高向阳	26.00
16	土木工程概预算与投标报价(第2版)	刘　薇　叶　良	37.00	65	建筑概论	钱　坤	28.00
17	室内装饰工程预算	陈祖建	30.00	66	岩石力学	高　玮	35.00
18	力学与结构	徐吉恩　唐小弟	42.00	67	交通工程学	李　杰　王　富	39.00
19	理论力学(第2版)	张俊彦　赵荣国	40.00	68	房地产策划	王直民	42.00
20	材料力学	金康宁　谢群丹	27.00	69	中国传统建筑构造	李合群	35.00
21	结构力学简明教程	张系斌	20.00	70	房地产开发	石海均　王　宏	34.00
22	流体力学(第2版)	章宝华	25.00	71	室内设计原理	冯　柯	28.00
23	弹性力学	薛　强	22.00	72	建筑结构优化及应用	朱杰江	30.00
24	工程力学(第2版)	罗迎社　喻小明	39.00	73	高层与大跨建筑结构施工	王绍君	45.00
25	土力学(第2版)	肖仁成　俞　晓	25.00	74	工程造价管理	周国恩	42.00
26	基础工程	王协群　章宝华	32.00	75	土建工程制图	张黎骅	29.00
27	有限单元法(第2版)	丁　科　殷水平	30.00	76	土建工程制图习题集	张黎骅	26.00
28	土木工程施工	邓寿昌　李晓目	42.00	77	材料力学	章宝华	36.00
29	房屋建筑学(第2版)	聂洪达　郄恩田	48.00	78	土力学教程(第2版)	孟祥波	34.00
30	混凝土结构设计原理	许成祥　何培玲	28.00	79	土力学	曹卫平	34.00
31	混凝土结构设计	彭　刚　蔡江勇	28.00	80	土木工程项目管理	郑文新	41.00
32	钢结构设计原理	石建军　姜　袁	32.00	81	工程力学	王明斌　庞永平	37.00
33	结构抗震设计	马成松　苏　原	25.00	82	建筑工程造价	郑文新	39.00
34	高层建筑施工	张厚先　陈德方	32.00	83	土力学(中英双语)	郎煜华	38.00
35	高层建筑结构设计	张仲先　王海波	23.00	84	土木建筑CAD实用教程	王文达	30.00
36	工程事故分析与工程安全(第2版)	谢征勋　罗　章	38.00	85	工程管理概论	郑文新　李献涛	26.00
37	砌体结构(第2版)	何培玲　尹维新	26.00	86	景观设计	陈玲玲	49.00
38	荷载与结构设计方法(第2版)	许成祥　何培玲	30.00	87	色彩景观基础教程	阮正仪	42.00
39	工程结构检测	周　详　刘益虹	20.00	88	工程力学	杨云芳	42.00
40	土木工程课程设计指南	许　明　孟茁超	25.00	89	工程设计软件应用	孙香红	39.00
41	桥梁工程(第2版)	周先雁　王解军	37.00	90	城市轨道交通工程建设风险与保险	吴宏建　刘宽亮	75.00
42	房屋建筑学(上：民用建筑)	钱　坤　王若竹	32.00	91	混凝土结构设计原理	熊丹安	32.00
43	房屋建筑学(下：工业建筑)	钱　坤　吴　歌	26.00	92	城市详细规划原理与设计方法	姜　云	36.00
44	工程管理专业英语	王竹芳	24.00	93	工程经济学	都沁军	42.00
45	建筑结构CAD教程	崔钦淑	36.00	94	结构力学	边亚东	42.00
46	建设工程招投标与合同管理实务(第2版)	崔东红	49.00	95	房地产估价	沈良峰	45.00
47	工程地质(第2版)	倪宏革　周建波	30.00	96	土木工程结构试验	叶成杰	39.00
48	工程经济学	张厚钧	36.00	97	土木工程概论	邓友生	34.00
49	工程财务管理	张学英	38.00	98	工程项目管理	邓铁军　杨亚频	48.00

序号	书名	主编	定价	序号	书名	主编	定价
99	误差理论与测量平差基础	胡圣武　肖本林	37.00	127	土木工程地质	陈文昭	32.00
100	房地产估价理论与实务	李　龙	36.00	128	暖通空调节能运行	余晓平	30.00
101	混凝土结构设计	熊丹安	37.00	129	土工试验原理与操作	高向阳	25.00
102	钢结构设计原理	胡习兵	30.00	130	理论力学	欧阳辉	48.00
103	钢结构设计	胡习兵　张再华	42.00	131	土木工程材料习题与学习指导	鄢朝勇	35.00
104	土木工程材料	赵志曼	39.00	132	建筑构造原理与设计(上册)	陈玲玲	34.00
105	工程项目投资控制	曲　娜　陈顺良	32.00	133	城市生态与城市环境保护	梁彦兰　阎　利	36.00
106	建设项目评估	黄明知　尚华艳	38.00	134	房地产法规	潘安平	45.00
107	结构力学实用教程	常伏德	47.00	135	水泵与水泵站	张　伟　周书葵	35.00
108	道路勘测设计	刘文生	43.00	136	建筑工程施工	叶　良	55.00
109	大跨桥梁	王解军　周先雁	30.00	137	建筑学导论	裘　鞠　常　悦	32.00
110	工程爆破	段宝福	42.00	138	工程项目管理	王　华	42.00
111	地基处理	刘起霞	45.00	139	园林工程计量与计价	温日琨　舒美英	45.00
112	水分析化学	宋吉娜	42.00	140	城市与区域规划实用模型	郭志恭	45.00
113	基础工程	曹　云	43.00	141	特殊土地基处理	刘起霞	50.00
114	建筑结构抗震分析与设计	裴星洙	35.00	142	建筑节能概论	余晓平	34.00
115	建筑工程安全管理与技术	高向阳	40.00	143	中国文物建筑保护及修复工程学	郭志恭	45.00
116	土木工程施工与管理	李华锋　徐　芸	65.00	144	建筑电气	李　云	45.00
117	土木工程试验	王吉民	34.00	145	建筑美学	邓友生	36.00
118	土质学与土力学	刘红军	36.00	146	空调工程	战乃岩　王建辉	45.00
119	建筑工程施工组织与概预算	钟吉湘	52.00	147	建筑构造	宿晓萍　隋艳娥	36.00
120	房地产测量	魏德宏	28.00	148	城市与区域认知实习教程	邹　君	30.00
121	土力学	贾彩虹	38.00	149	幼儿园建筑设计	龚兆先	37.00
122	交通工程基础	王富	24.00	150	房屋建筑学	董海荣	47.00
123	房屋建筑学	宿晓萍　隋艳娥	43.00	151	园林与环境景观设计	董　智　曾　伟	46.00
124	建筑工程计量与计价	张叶田	50.00	152	中外建筑史	吴　薇	36.00
125	工程力学	杨民献	50.00	153	建筑构造原理与设计(下册)	梁晓慧　陈玲玲	38.00
126	建筑工程管理专业英语	杨云会	36.00	154	建筑结构	苏明会　赵　亮	50.00

相关教学资源如电子课件、电子教材、习题答案等可以登录 www.pup6.cn 下载或在线阅读。

扑六知识网(www.pup6.com)有海量的相关教学资源和电子教材供阅读及下载(包括北京大学出版社第六事业部的相关资源)，同时欢迎您将教学课件、视频、教案、素材、习题、试卷、辅导材料、课改成果、设计作品、论文等教学资源上传到 pup6.com，与全国高校师生分享您的教学成就与经验，并可自由设定价格，知识也能创造财富。具体情况请登录网站查询。

如您需要免费纸质样书用于教学，欢迎登录第六事业部门户网(www.pup6.cn)填表申请，并欢迎在线登记选题以到北京大学出版社来出版您的大作，也可下载相关表格填写后发到我们的邮箱，我们将及时与您取得联系并做好全方位的服务。

扑六知识网将打造成全国最大的教育资源共享平台，欢迎您的加入——让知识有价值，让教学无界限，让学习更轻松。

联系方式：010-62750667，donglu2004@163.com，pup_6@163.com，欢迎来电来信咨询。